国家科学技术学术著作出版基金资助出版

中国石油大学（北京）学术专著系列

各向异性与应力敏感裂缝性油藏的渗流理论及开发应用

刘月田　于　鹏　孙　璐　著

科学出版社

北　京

内 容 简 介

油藏各向异性和应力敏感均对油气田开发生产有显著的影响。本书首先论述了一般各向异性油藏的基本概念、渗流理论和开发研究方法，发现了位势流场等势线趋圆规律及椭圆区域与平行直线内区域流动的相似性；建立了椭圆流动问题的相似替换和分区域求解方法，建立了各向异性渗透率测试方法；揭示了各向异性渗透率对井网的破坏重组机理和混沌特性，改进并完善了各向异性油藏井网设计方法。然后针对裂缝性油藏普遍存在的各向异性和应力敏感特征，论述了二者相互作用及裂缝系统渗透率转向机理；建立了可描述裂缝网络非均匀分布和压裂缝不规则形态的油藏渗透率动态模型；建立了裂缝性油藏产能评价及数值模拟方法；分析了各向异性应力敏感裂缝性油藏开发规律和生产特征。

本书可供石油、采矿、岩土工程等领域的科研、教学人员及研究生阅读参考。

图书在版编目(CIP)数据

各向异性与应力敏感裂缝性油藏的渗流理论及开发应用／刘月田，于鹏，孙璐著．—北京：科学出版社，2020. 5

（中国石油大学（北京）学术专著系列）

ISBN 978-7-03-065013-9

Ⅰ. ①各…　Ⅱ. ①刘…　②于…　③孙…　Ⅲ. ①裂缝性油气藏-油气藏渗流力学-研究　Ⅳ. ①TE312

中国版本图书馆CIP数据核字（2020）第075629号

责任编辑：焦　健　柴良木／责任校对：王　瑞

责任印制：吴兆东／封面设计：无极书装

科学出版社 出版

北京东黄城根北街16号

邮政编码：100717

http://www.sciencep.com

北京虎彩文化传播有限公司 印刷

科学出版社发行　各地新华书店经销

*

2020年5月第　一　版　开本：720×1000　1/16

2020年5月第一次印刷　印张：17

字数：340 000

定价：168.00元

（如有印装质量问题，我社负责调换）

前　言

各向异性指物质的物理化学性质在不同方向的强弱或大小不同。各向异性是客观世界的物质普遍具有的属性，在物质的运动变化中往往起着支配或决定作用。

油藏各向异性是指油藏的渗透率具有方向性，即油藏内同一点处不同方向的渗透率不同。渗透率具有方向性的油藏叫作各向异性油藏。油藏各向异性对油气田开发过程和开发效果都具有显著的影响。油藏各向异性是物质世界中各向异性现象的一种。

各向异性油藏主要有两大类，一类是裂缝各向异性油藏，另一类是沉积各向异性油藏。各向异性油藏的分布十分广泛，所有裂缝性油藏及微观成岩结构具有方向性的油藏都属于各向异性油藏。页岩油气藏、致密油气藏、超低渗油气藏等非常规油气藏以及各种特低渗、低渗油气藏，由于需要储层中的裂缝系统提供产能，所以在开发过程中都具有裂缝各向异性特征，属于各向异性油气藏范畴。

油藏应力敏感指的是油藏的渗透率随着油藏内流体压力的变化而变化。其机理是，油藏岩石内流体的压力变化引起岩石骨架承受的应力即有效应力发生变化，有效应力变化使岩石骨架发生形变，从而使得岩石的导流能力即油藏的渗透率发生变化。

裂缝性油藏普遍具有明显的应力敏感特征，其主要表现是，油藏内流体压力的变化所造成的岩石形变会显著改变裂缝的开度及裂缝系统的渗透率，从而显著影响该类油藏的生产能力。在非常规油藏开发过程中，油藏压力随时间和空间的变化幅度非常大，因而油藏应力敏感对开发生产的影响也非常显著。

各向异性和应力敏感常常同时存在且相互作用。由于沉积作用、地应力作用、微观结构和物质组成等的影响，油藏储层的弹性力学参数一般也具有各向异性特征，可称作弹性各向异性。弹性各向异性使得岩石的形变具有方向性，即形变各向异性。这样，弹性各向异性裂缝介质中不同方向裂缝的开度变化会不同，不同方向裂缝的渗透率变化程度也不同，即裂缝系统的应力敏感具有各向异性特点。裂缝渗透率的各向异性和裂缝性介质应力敏感的各向异性相互作用，使得裂缝系统渗透率的主值大小和方向都会随着油藏压力的变化而变化，形成裂缝性油藏更为复杂的应力敏感特征。

油藏各向异性和应力敏感概念提出的时间较早，但许多相关的渗流问题一直没有得到解决。从20世纪90年代开始，特别是进入21世纪以来，由于非常规油气藏开发需要，国内外各向异性及应力敏感油藏渗流与开发研究进入快速发展阶段，各向异性及应力敏感渗流理论不断创新，油藏工程方法不断得到完善。

尽管跟各向异性与应力敏感油藏相关的文章已经很多，但一本专门研究论述油藏各向异性与应力敏感的书仍是有价值的，它对于人们全面正确地理解油藏各向异性的概念、掌握各向异性油藏应力敏感渗流规律、改进各向异性油藏开发方法、提高各向异性与应力敏感油藏开发水平有着特殊的帮助作用。本书就是为了这一目的而撰写的。

本书主要总结了作者近年来在各向异性应力敏感裂缝性油藏渗流理论和开发应用方面的研究成果，共分10章。第1章和第2章介绍各向异性油藏开发地质基础与渗流基础，从油藏实际出发，利用张量理论，建立各向异性渗透率的概念，揭示渗透率张量的物理性质及其在渗流中的作用本质，提出各向异性渗流研究的主要问题和基本方法。第3~6章介绍各向异性油藏渗流理论，以渗流基本理论研究为基础，从基本到复杂，从均质到非均质，从单一到多重，从简单理想情况到实际开发井网，对各向异性油藏各种典型渗流和开发问题进行了比较系统的理论分析。其中，包括各向异性地层有界与无界区域渗流理论、非均质各向异性介质场渗流理论、多重各向异性介质场渗流理论、各向异性介质水平井及多分支水平井渗流理论，以及各向异性油藏开发井网渗流理论与设计方法、各向异性油藏水平井网渗流理论与设计方法等。在这部分内容里，发现了位势流场中的等势线趋圆规律，以及椭圆形区域位势流动与平行直线内区域流动的相似性，提出了求解椭圆形区域位势流动问题的相似流动替换理论和分区域求解理论，揭示了各向异性渗透率对油藏开发井网的破坏与重组机理及其混沌特性，建立了各向异性油藏开发井网设计方法。第7章介绍各向异性油藏渗透率测试方法，它既是各向异性油藏开发研究方法，也是前述渗流理论的应用。第8章介绍裂缝性油藏各向异性应力敏感机理，定量分析了弹性各向异性介质中裂缝开度变化与弹性力学参数间的关系，给出了裂缝系统各向异性渗透率主值及主方向的变化规律。第9章介绍各向异性应力敏感裂缝性油藏产能预测与开发分析，以实际非常规油藏地质与开发特征为背景，考虑裂缝网络和主裂缝的压力敏感与各向异性相互作用，以及主裂缝不规则形态，建立了压裂水平井产能解析计算模型，分析了产能变化规律。第10章建立了能够描述裂缝网络不均匀分布、压裂主裂缝不规则形态的非常规油藏数值模拟模型，开发了计算模块，利用此模型软件进行了实际非常规油藏模拟计算，分析了各向异性应力敏感裂缝性油藏开发规律和生产特征。

若无特别说明，本书中所述油藏（petroleum reservoir）包括油藏和气藏（oil and gas reservoir）。

参加本书相关研究工作的还有研究生王宇、冯月丽、黄建树、丁燕飞等，研究生马欢参加了全书内容的编辑整理工作。此外，还有许多参与和关心本书撰写出版工作的同志，在此一并表示感谢。

各向异性与应力敏感裂缝性油藏的渗流理论研究涉及范围比较宽，内容比较多，目前已有其他研究者发表的许多相关成果，且随着科学技术进步，该领域的研究正在不断深入。本书主要介绍了作者近年来的相关工作成果，希望通过本书与同行专家进行交流，以期有利于促进和发展各向异性与应力敏感裂缝性油藏的渗流理论与开发应用。由于作者水平有限，书中不足之处在所难免，希望读者批评指正。

目　录

第 1 章 各向异性油藏开发地质基础

油藏地质是油藏开发的基础，任何一种油气田开发理论都必须建立在相应的油藏客观地质条件之上。本章主要从开发地质角度出发，介绍和讨论各向异性油藏的概念、数学表征——广义渗透率张量、成因与分类，以及油藏各向异性与非均质。

1.1 各向异性油藏的概念

各向异性油藏就是渗透率具有方向性的油藏。具有方向性的渗透率叫作各向异性渗透率，因此，各向异性油藏也叫作各向异性渗透率油藏。渗透率不具有方向性的油藏叫作各向同性油藏。

渗透率的各向异性表现为，在地层中同一点上，不同方向的渗透率不同，其中某一个方向的渗透率比其他方向大，而在与该方向垂直的方向上渗透率达到最小。上述方向称为各向异性渗透率的主方向，它们对应的渗透率值称作各向异性渗透率的主值，如图 1.1 所示。二维空间的各向异性渗透率具有两个渗透率主方向和两个渗透率主值，如图 1.1（a）所示，图中 K_x 和 K_y 分别表示最大渗透率主值和最小渗透率主值。三维各向异性渗透率具有三个渗透率主方向和三个渗透率主值，三个主方向两两相互垂直；若取任意两个主方向所在的平面，则在此平面内渗透率的最大值和最小值分别在该两个主方向上取得，如图 1.1（b）所示，图中 K_x、K_y、K_z 表示三维各向异性渗透率的三个主值，K_x 和 K_z 分别表示最大和最小渗透率主值。在各向异性油藏中，当且仅当位势梯度作用于渗透率主方向时，所产生的流体渗流速度与位势梯度平行。各向异性渗透率是油藏介质客观存在的物理属性，它的基本要素包括主方向和主值。

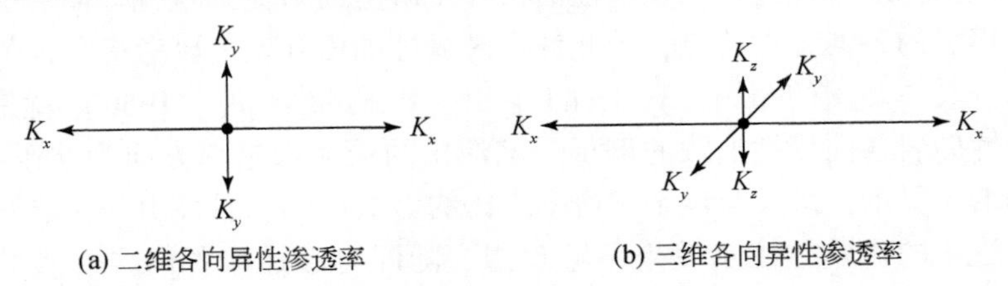

(a) 二维各向异性渗透率　　(b) 三维各向异性渗透率

图 1.1 各向异性渗透率示意图

各向异性油藏开发实例很多，研究历史也比较长。早在20世纪30年代以前，人们对油藏储层渗透率的方向性就已有所认识（Muskat，1937），但只限于垂向渗透率跟水平方向渗透率的不同。

到20世纪40年代，随着二次采油（油田注水开发）方法的应用，人们发现同一地层平面内渗透率的方向性同样普遍存在，并且对油田注水开发效果有着非常明显的影响，人们对油藏渗透率各向异性的认识进入一个新的阶段。Johnson和Hughes（1949）关于美国Pennsylvania州Bradford油田方向性渗透率的研究，就是这一阶段的标志性成果。该研究发现，Bradford油田最大渗透率方向为北西–南东方向，岩心实验中，油水流动方向不同，可以使流量增减25%～30%。该文献还提出了顺着渗透率最大方向增大井网间距的设想，如图1.2所示，图中的椭圆表示方向性渗透率张量，椭圆上任一点到中心的距离表示该方向上渗透率的相对大小。最大的圆环表示实验测出的最大渗透率值。该文献还报道了当时美国纽约州的Scio油田、宾夕法尼亚州的Second Venango油田也普遍存在渗透率的方向性。

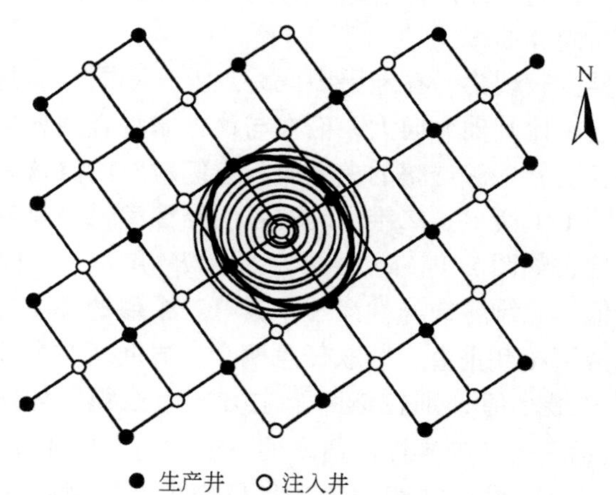

图1.2 Bradford油田各向异性渗透率方位与注水井网设计

从20世纪60年代开始，裂缝性油田开发研究逐渐受到重视，而裂缝性油田往往具有很强的各向异性特点，因此许多裂缝性油田开发都要考虑各向异性渗透率的影响。其中美国的Spraberry Trend油田（Barfield *et al.*，1959）就是一个典型的裂缝性砂岩各向异性油藏的例子。该油田的最大渗透率方向为北东–南西方向，如图1.3所示，最大与最小渗透率之比约为150∶1。注水开发后，由于强各向异性渗透率的影响，注水效果不够理想，随即对渗透率各向异性参数进行研究，并调整了注水井网，使开发效果明显提高。另外，美国阿拉斯加州的Lisburne油藏是一个典型的裂缝性碳酸盐岩各向异性油藏。

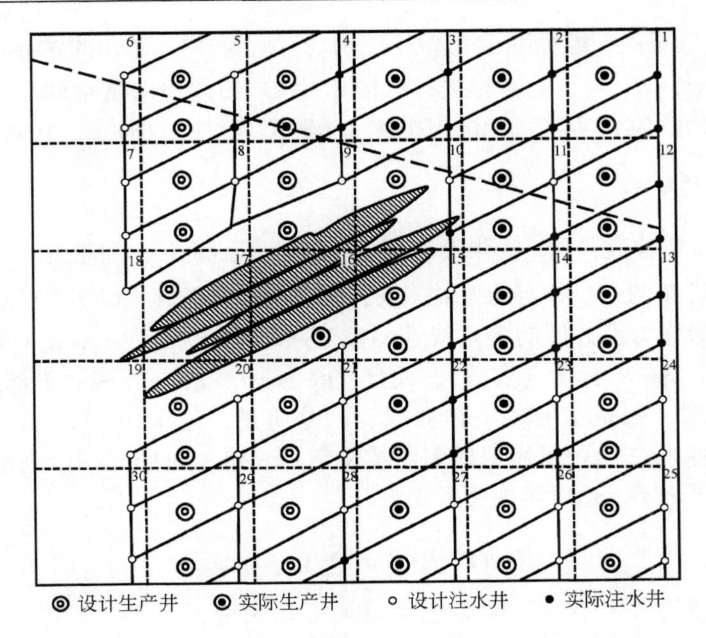

图 1.3　Spraberry Trend 油田裂缝各向异性方位及注水开发井网

20 世纪 90 年代以前，我国油田开发中对各向异性渗透率的影响研究不多。从 90 年代开始，由于低渗透储量所占比例逐年增大，低渗、特低渗油田开发逐渐受到重视。低渗油田必须依靠天然或人工裂缝进行开发，这些裂缝的存在引起油藏渗透率的方向性，所以属于各向异性渗透率油藏（刘月田和葛家理，1999）。当时已发现和投入开发的低渗油藏大量分布在长庆油田、新疆油田、大庆油田、吉林油田等油区内（中国石油天然气总公司开发生产局，1994；李道品，1997；崔辉和王世信，1998）。从 20 世纪 90 年代中期开始，结合低渗裂缝油藏、碳酸盐岩裂缝性油藏及其他具有方向性渗透率油藏的开发，国内开始较多地进行油藏渗透率各向异性的研究。

进入 21 世纪以来，由于非常规油藏及天然裂缝性油藏开发需要，国内外各向异性油藏渗流与开发研究进入快速发展阶段，各向异性渗流理论不断创新，各向异性油藏工程方法不断得到完善。目前，该领域研究正方兴未艾。

1.2　各向异性油藏的数学表征——广义渗透率张量

1.2.1　相关数学基础

为不失一般性又比较接近问题的物理特点，讨论的开始放在 n 维欧氏空间

$\boldsymbol{E}^n$ 中，并在选定的一组标准正交基 $\{\boldsymbol{e}_1, \boldsymbol{e}_2, \cdots, \boldsymbol{e}_n\}$ 上和由此诱导出的一个直角坐标系（x_1，x_2，…，x_n）里进行；记 $\boldsymbol{\Gamma}$ 为 $\boldsymbol{E}^n$ 的内积向量空间。讨论中将同时采用张量的抽象（实体）记法与指标（分量）记法（郭仲衡，1988）。

1. 张量的概念

设 r 为非负整数，则 r 阶张量表示从任意一组（r 个）向量 $\boldsymbol{u}_1$，$\boldsymbol{u}_2$，…，$\boldsymbol{u}_r \in \boldsymbol{\Gamma}$ 到实数域 $\boldsymbol{R}$ 的一个特定的映射关系，或者说 r 阶张量是以 r 个任意向量为自变量的以标量作为函数值的多重线性函数 $\boldsymbol{T}$，即 $\forall \boldsymbol{u}_1$，$\boldsymbol{u}_2$，…，$\boldsymbol{u}_r \in \boldsymbol{\Gamma}$，$\boldsymbol{T}$（$\boldsymbol{u}_1$，$\boldsymbol{u}_2$，…，$\boldsymbol{u}_r$）是一个标量（实数），而且 $\forall \boldsymbol{u}_i$（$i=1$，2，…，r），$\boldsymbol{T}$ 都是线性的。

当 $r=1$ 时，张量 $\boldsymbol{T}$ 称为一阶张量，就是向量，记作 $\boldsymbol{t}=(t_1, t_2, \cdots, t_n)$。为区别计，将 $r\geqslant 2$ 阶张量用黑体大写英文字母表示，向量（一阶张量）用黑体小写英文字母表示。这时函数关系变为

$$\boldsymbol{T}(\boldsymbol{u}) = \boldsymbol{t} \cdot \boldsymbol{u} = \sum_{i=1}^{n} t_i u_i = t_i u_i \tag{1.1}$$

当 $r=0$ 时，$\boldsymbol{T}$ 退化为一个标量 t，也称 0 阶张量。

更直观的张量的定义如下：

r 阶张量是一个物理量或几何量，在标准正交基上或直角坐标系中用 n^r 个分量（标量）表示；当基向量（或坐标系）发生转换时，这些分量按照坐标系转换确定的规则进行变换（黄克智等，1986）。

在标准正交基 $\{\boldsymbol{e}_i\}$ 上，r 阶张量 $\boldsymbol{T}$ 可表示为

$$\boldsymbol{T} = T_{i_1 i_2 \cdots i_r} \boldsymbol{e}_{i_1} \boldsymbol{e}_{i_2} \cdots \boldsymbol{e}_{i_r} \tag{1.2}$$

$\boldsymbol{e}_i \boldsymbol{e}_j$ 表示向量 $\boldsymbol{e}_i$ 与 $\boldsymbol{e}_j$ 的并积（也叫张量积）。r 个基向量的并积 $\boldsymbol{e}_{i_1} \boldsymbol{e}_{i_2} \cdots \boldsymbol{e}_{i_r}$ 是 r 阶张量空间的基，$T_{i_1 i_2 \cdots i_r}$ 是张量 $\boldsymbol{T}$ 相应于此基的分量，两者的数量都是 n^r 个。当 $r=1$时，$\boldsymbol{T}$ 为一阶张量，即向量，共有 n 个分量。其表达式为

$$\boldsymbol{T} = \boldsymbol{t} = t_i \boldsymbol{e}_i = t_1 \boldsymbol{e}_1 + t_2 \boldsymbol{e}_2 + \cdots + t_n \boldsymbol{e}_n \tag{1.3}$$

r 阶张量经常用其分量简单表示为 $\boldsymbol{T}=T_{i_1 i_2 \cdots i_r}$，一阶张量（向量）$\boldsymbol{t}=t_i$。

两个张量相等，当且仅当它们是同阶张量时，它们的分量都一一对应相等。

2. 张量场的概念

设 $\boldsymbol{T}(x)$ 是一个空间分布函数，如果对应于开集 $A \subset \boldsymbol{E}^n$ 中的每一点（x_1，x_2，…，x_n），函数 $\boldsymbol{T}(x_1, x_2, \cdots, x_n)$ 的值是一个同阶的张量

$$\boldsymbol{T}(x_1, x_2, \cdots, x_n) = T_{i_1 \cdots i_r}(x_1, x_2, \cdots, x_n) \boldsymbol{e}_{i_1} \boldsymbol{e}_{i_2} \cdots \boldsymbol{e}_{i_r}$$

或

$$\boldsymbol{T}(x_1, x_2, \cdots, x_n) = T_{i_1 \cdots i_r}(x_1, x_2, \cdots, x_n) \tag{1.4}$$

则称 $\boldsymbol{T}(x_1, x_2, \cdots, x_n)$ 为 $A\subset\boldsymbol{E}^n$ 上的张量场或空间张量分布。

如果 $T_{i_1\cdots i_r}(x_1, x_2, \cdots, x_n)$ 在 A 上对于坐标 $\{x_i\}$ 是 C^N（N 阶连续可微）函数，则称 $\boldsymbol{T}(x_1, x_2, \cdots, x_n)$ 在 A 上 C^N，这里 $N\geqslant 0$，为整数。

3. 二阶张量

二阶张量有着非常鲜明的物理与几何意义以及广泛的应用领域，它除了具有以上张量的一般性质外，还具有如下特点。

二阶张量在点乘意义下定义一个从向量空间到向量空间的线性变换 $\boldsymbol{v}\to\boldsymbol{u}$：$\boldsymbol{T}\cdot\boldsymbol{v}=\boldsymbol{u}$；任何一个从向量空间到向量空间的线性变换 $\boldsymbol{v}\to\boldsymbol{u}$ 由唯一的二阶张量 $\boldsymbol{T}$ 在点乘意义下实现：$\boldsymbol{T}\cdot\boldsymbol{v}=\boldsymbol{u}$。

如果 $T_{ij}=T_{ji}$，则 $\boldsymbol{T}$ 称为二阶对称张量，二阶对称张量可以表示为 $\boldsymbol{T}=\sum_{i=1}^{n}\lambda_i\boldsymbol{g}_i\boldsymbol{g}_i$，其中 λ_i 为 $\boldsymbol{T}$ 的特征值，$\boldsymbol{g}_i$ 为属于 λ_i 的特征向量，同时也是 $\boldsymbol{E}^n$ 中的一组标准正交基。选取二阶对称张量的特征方向为直角坐标轴方向，则二阶对称张量的矩阵形式为

$$\boldsymbol{T}=\begin{bmatrix}\lambda_1 & 0 & 0 & \cdots & 0\\ 0 & \lambda_2 & 0 & \cdots & 0\\ \vdots & \vdots & \vdots & & \vdots\\ 0 & 0 & 0 & \cdots & \lambda_n\end{bmatrix}\tag{1.5}$$

各向同性二阶张量可以表示为 $\boldsymbol{T}=\lambda\boldsymbol{I}=\lambda\boldsymbol{e}_i\boldsymbol{e}_i$。用矩阵形式表示为

$$\boldsymbol{T}=\lambda\begin{bmatrix}1 & 0 & 0 & \cdots & 0\\ 0 & 1 & 0 & \cdots & 0\\ \vdots & \vdots & \vdots & & \vdots\\ 0 & 0 & 0 & \cdots & 1\end{bmatrix}\tag{1.6}$$

式中，$\boldsymbol{I}=\begin{bmatrix}1 & 0 & 0 & \cdots & 0\\ 0 & 1 & 0 & \cdots & 0\\ \vdots & \vdots & \vdots & & \vdots\\ 0 & 0 & 0 & \cdots & 1\end{bmatrix}$，称作单位张量。

若一个二阶张量可写为式（1.6），则此张量为各向同性张量，显然，各向同性张量一定是对称张量；反之，则不然。

1.2.2　广义渗透率张量

1. 广义达西公式

传统达西渗流公式常写成如下形式：

$$\boldsymbol{v} = -\frac{k}{\mu}(\nabla p) = k\boldsymbol{f} \tag{1.7}$$

式中，向量 $\boldsymbol{v}$ 为渗流速度；∇p 为压力梯度；向量 $\boldsymbol{f}=-\frac{1}{\mu}\nabla p$；$k$ 为渗透率，被认为是一个标量常数；μ 为流体黏度系数。

式（1.7）是对达西定律传统的狭义理解和表达，反映的是各向同性介质的线性渗流性质，无法满足各向异性油气藏渗流研究的需要，因此必须用更开阔的眼光和思路去观察和思考问题，建立新型渗流运动方程，用以表述更广泛、更复杂的各向异性渗流现象，研究解决更复杂的各向异性渗流问题。

下面是对达西定律的广义表述。

达西定律描述了油藏介质内的线性渗流规律，即在自然界的三维欧氏空间 $\boldsymbol{E}^3$ 中，油藏区域 $\boldsymbol{A}$ 内的任何一点上，任给一个位势梯度，就可以得到一个唯一的渗流速度；反之，若存在一个渗流速度，则肯定有唯一一个位势梯度与之对应；两个位势梯度之和产生的渗流速度，等于这两个位势梯度产生的渗流速度之和；一个位势梯度增大某个倍数，产生的渗流速度也增大相同的倍数。此物理现象可用数学方法表示为如下线性变换：

（1）$\forall \boldsymbol{f}$，$\exists!\ \boldsymbol{v}$（存在唯一的 $\boldsymbol{v}$），使得 $\boldsymbol{f}\to\boldsymbol{v}$；$\forall \boldsymbol{v}$，$\exists!\ \boldsymbol{f}$，$\boldsymbol{f}\to\boldsymbol{v}$；

（2）$\forall \alpha_1, \alpha_2 \in \boldsymbol{R}$，$\forall \boldsymbol{f}_1, \boldsymbol{f}_2$，若 $\boldsymbol{f}_1\to\boldsymbol{v}_1$，$\boldsymbol{f}_2\to\boldsymbol{v}_2$，则 $\alpha_1\boldsymbol{f}_1+\alpha_2\boldsymbol{f}_2\to\alpha_1\boldsymbol{v}_1+\alpha_2\boldsymbol{v}_2$。

根据张量理论（郭仲衡，1988；黄克智等，1986），必定存在唯一的一个二阶张量 $\boldsymbol{K}$，使得上述变换关系即线性渗流规律可以表述为

$$\boldsymbol{v} = \boldsymbol{K}\cdot\boldsymbol{f} = -\frac{\boldsymbol{K}}{\mu}\cdot\nabla p \tag{1.8}$$

这就是广义达西公式。

2. *渗透率张量与渗流规律*

式（1.8）中的张量 $\boldsymbol{K}$ 就是渗透率张量。它包含着油藏渗透率的完全属性，它的性质决定和表征着油藏渗流的规律和特点。因此，也可以说达西定律反映的是油藏介质渗透率的特性。在一般情况下，渗透率张量 $\boldsymbol{K}$ 是各向异性张量，它所表征的油藏为各向异性油藏。油藏中的渗透率张量一般为对称张量，这是由实际油藏的内在物理属性决定的。根据张量理论，通过直角坐标系之间的变换，可以使 $\boldsymbol{K}$ 具有对角线矩阵形式（葛家理等，2001）：

$$\boldsymbol{K} = \begin{bmatrix} k_x & 0 & 0 \\ 0 & k_y & 0 \\ 0 & 0 & k_z \end{bmatrix} \tag{1.9}$$

式中，k_x，k_y，k_z 为 $\boldsymbol{K}$ 的特征值即渗透率主值；渗透率张量 $\boldsymbol{K}$ 的特征方向称渗透

率主方向。

当 $k_x = k_y = k_z = k$ 时，渗透率 $\boldsymbol{K}$ 变为各向同性张量，它所表征的油藏就是各向同性油藏。这时式（1.9）变为

$$\boldsymbol{K} = \begin{bmatrix} k & 0 & 0 \\ 0 & k & 0 \\ 0 & 0 & k \end{bmatrix} = k\begin{bmatrix} 1 & 0 & 0 \\ 0 & 1 & 0 \\ 0 & 0 & 1 \end{bmatrix} = k\boldsymbol{I} \tag{1.10}$$

式中，$\boldsymbol{I}$ 为三维二阶单位张量。式（1.8）变成传统形式即式（1.7）。由此可见，各向同性油藏只是各向异性油藏中的一个特殊类型，所以各向异性油藏渗透率张量也称作广义渗透率张量。

3. 各向异性渗透率场

因为在油藏区域 $A \subset \boldsymbol{E}^3$ 中的每一点（x，y，z）上，都有一个渗透率张量值 $\boldsymbol{K}(x, y, z)$。据张量理论知，渗透率是分布于油藏内空间上的一个张量场 $\boldsymbol{K}(x, y, z) = K_{ij}(x, y, z)$。如果每一个分量 $K_{ij}(x, y, z)$ 在 A 内连续，则张量渗透率 $\boldsymbol{K}(x, y, z) = K_{ij}(x, y, z)$ 在油藏 A 内连续变化。同样，如果每一个分量 K_{ij} 在 A 内 C^N（N 阶连续可微），则渗透率 $\boldsymbol{K}(x, y, z)$ 在 A 内 C^N。

广义地理解压力梯度、渗流速度和渗透率的数学物理关系对于研究油气藏各向异性渗流是很有助益的。油藏中的渗流过程就是由动力克服油藏内阻力使流体流动的过程，也就是由作用于油藏内的压力梯度转化为油藏内流体渗流速度的过程。压力梯度和渗流速度都属于油藏三维空间范围内的向量，压力梯度和渗流速度的全体分别组成压力梯度向量空间和渗流速度向量空间。油藏渗流过程唯一给定了这两个向量空间之间的一个映射，这个映射关系就是油藏的渗流规律。这个映射由一个唯一的渗透率张量来表征，而这个渗透率张量一般是各向异性的，即一般地油藏都是各向异性的。

1.2.3 不同坐标系下渗透率张量的换算

当所建坐标系的三个坐标轴与渗透率主轴方向重合时，各向异性渗透率张量可用对角线矩阵表示，对角线上的值分别取渗透率的三个主值，如式（1.9）所示。为叙述方便，记作：

$$\boldsymbol{K}_0 = \begin{bmatrix} k_1 & 0 & 0 \\ 0 & k_2 & 0 \\ 0 & 0 & k_3 \end{bmatrix} \tag{1.11}$$

但是，在通常情况下，坐标系的坐标轴不一定与渗透率主轴方向一致，这时就需要进行坐标变换，求出渗透率张量在新坐标系中的形式（各分量值），以便

于进行各种渗流计算。

设渗透率主轴方向坐标系为（$\boldsymbol{e}_1$，$\boldsymbol{e}_2$，$\boldsymbol{e}_3$），新坐标系为（$\boldsymbol{e}_x$，$\boldsymbol{e}_y$，$\boldsymbol{e}_z$），且二者有如下关系：

$$\begin{bmatrix} \boldsymbol{e}_x \\ \boldsymbol{e}_y \\ \boldsymbol{e}_z \end{bmatrix} = \begin{bmatrix} a_{x1} & a_{x2} & a_{x3} \\ a_{y1} & a_{y2} & a_{y3} \\ a_{z1} & a_{z2} & a_{z3} \end{bmatrix} \cdot \begin{bmatrix} \boldsymbol{e}_1 \\ \boldsymbol{e}_2 \\ \boldsymbol{e}_3 \end{bmatrix} \tag{1.12}$$

$[a_{ij}] = \begin{bmatrix} a_{x1} & a_{x2} & a_{x3} \\ a_{y1} & a_{y2} & a_{y3} \\ a_{z1} & a_{z2} & a_{z3} \end{bmatrix}$ 为坐标变换系数矩阵，$i=x$，y，z；$j=1$，2，3。实际上，a_{ij}是渗透率主轴 $\boldsymbol{e}_j$ 与新坐标轴 $\boldsymbol{e}_i$ 之间的方向余弦。那么渗透率张量在坐标系［$\boldsymbol{e}_x$，$\boldsymbol{e}_y$，$\boldsymbol{e}_z$］中的形式及各分量为

$$\boldsymbol{K} = \begin{bmatrix} K_{xx} & K_{xy} & K_{xz} \\ K_{yx} & K_{yy} & K_{yz} \\ K_{zx} & K_{zy} & K_{zz} \end{bmatrix} \tag{1.13}$$

与其在坐标系［$\boldsymbol{e}_1$，$\boldsymbol{e}_2$，$\boldsymbol{e}_3$］中的各分量的关系为

$$\boldsymbol{K} = [a_{ij}] \cdot \boldsymbol{K}_0 \cdot [a_{ij}]^{\mathrm{T}} \tag{1.14}$$

式中，$[a_{ij}]^{\mathrm{T}}$ 为$[a_{ij}]$ 的转置。写成分量形式则为

$$\begin{bmatrix} K_{xx} & K_{xy} & K_{xz} \\ K_{xy} & K_{yy} & K_{yz} \\ K_{xz} & K_{yz} & K_{zz} \end{bmatrix} = \begin{bmatrix} a_{x1} & a_{x2} & a_{x3} \\ a_{y1} & a_{y2} & a_{y3} \\ a_{z1} & a_{z2} & a_{z3} \end{bmatrix} \cdot \begin{bmatrix} k_1 & 0 & 0 \\ 0 & k_2 & 0 \\ 0 & 0 & k_3 \end{bmatrix} \cdot \begin{bmatrix} a_{x1} & a_{y1} & a_{z1} \\ a_{x2} & a_{y2} & a_{z2} \\ a_{x3} & a_{y3} & a_{z3} \end{bmatrix} \tag{1.15}$$

1.3 各向异性油藏的成因与分类

形成油藏渗透率各向异性的原因有多种，因而各向异性渗透率油藏也有不同类型，根据其成因可分为两大类。一类是沉积作用造成的各向异性渗透率油藏，称为沉积各向异性油藏。这种渗透率各向异性在沉积岩油层中广泛存在，只是表现程度不同。Bradford 油田（Johnson and Hughes，1949）就是沉积各向异性油藏。另一类是油藏内裂缝作用造成的各向异性油藏，称裂缝各向异性油藏。例如，非常规油藏、低渗透裂缝油藏、碳酸盐岩裂缝性油藏等，Spraberry Trend 油田（Barfield *et al.*，1959）就是裂缝各向异性油藏。下面分别对这两类各向异性油藏进行讨论。

1.3.1 沉积各向异性油藏

沉积过程中可能形成两种各向异性油藏。一种是渗透率在油层平面内不同方

向上的各向异性，也叫层内各向异性；一种是渗透率在竖直与水平两个方向上的各向异性，也叫层间各向异性。

1. 沉积层内各向异性

许多文献（陈永生，1993；李传亮，1997）和油田开发实例表明，油田注水开发中的油水流动往往在油层内具有明显的方向性。在同样大小的压力梯度下，在同一个注采井组中，平行于古水道水流的方向油水推进速度快，油井见水早；与之垂直方向的油水推进慢，油井见水晚。其结果使水驱扫油面积减小，综合采收率降低。这一现象是由地层沉积作用引起的。沉积过程通过水流对物源颗粒的运移和沉淀完成，物源颗粒的形状一般都带有方向性，当物源颗粒的长轴方向平行于水流方向时，物源颗粒受到的水流冲击力最小，最容易停止运移而沉淀下来，沉积形成地层，如图1.4（a）所示。这样，所有的物源颗粒都按照平行于水流的方向沉积，就使得所形成的沉积岩在微观结构上具有方向性，渗透率也具有方向性，即顺物流流动的方向渗透率 $K_{//}$ 较大，与之垂直方向的渗透率 $K_{\perp}$ 较小，由此造成渗透率的各向异性。沉积层内渗透率各向异性是地层岩石的微观属性。沉积层内各向异性渗透率的平面分布如图1.4（b）所示。

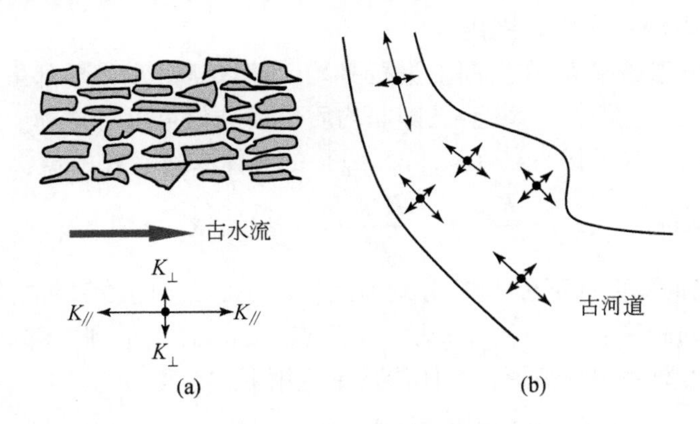

图1.4　沉积作用引起的渗透率各向异性

2. 沉积层间各向异性

沉积过程中，常常在砂层之间会形成泥质隔层，或者在厚砂层内形成泥质夹层。泥质层的渗透率比砂层渗透率小，从而形成这些薄互层之间的局部非均质。这种非均质在微观上对任一局部点的渗透率不产生各向异性影响；但从宏观上看，泥质层增加了穿过地层的竖直方向流动的阻力，等于减小了岩石的竖直方向渗透率，从而使油藏渗透率产生方向性：竖直方向渗透率明显小于水平方向渗透率。这样，油藏的渗透率在宏观上表现出各向异性特点，沉积层间各向异性是地层的宏观属性。

1.3.2 裂缝各向异性油藏

裂缝性油藏一般都要靠裂缝获得产能，国内外大量的油田开发实践表明，油藏中裂缝可能有一组或几组，同一组裂缝的方向大都比较一致。由于裂缝的存在，油藏岩石介质的渗透率发生变化，这一变化包括两个方面。

一方面是渗透率产生非均质性。因为裂缝的渗透率明显大于基质岩块的孔隙渗透率，所以一条裂缝内部的渗透率会远远大于两条裂缝之间区域的渗透率，从而造成渗透率在油藏内空间分布的不均匀，即渗透率的非均质性。这种非均质性属于微观或局部的特性，可称作裂缝-孔隙非均质性。裂缝-孔隙非均质性引起的渗透率的空间变化是不连续的。这种非均质性的强弱决定于两个因素，一是单条裂缝的渗透率 $\boldsymbol{K}_{\mathrm{f}}$ 与基质孔隙渗透率 $\boldsymbol{K}_{\mathrm{m}}$ 之比（取其绝对值或范数含义之比值），二是裂缝在空间上出现的频率或者平均两条裂缝之间的距离 d。$\boldsymbol{K}_{\mathrm{f}}/\boldsymbol{K}_{\mathrm{m}}$ 越大，d 越小（频率越大），则非均质性越强；反之越弱。当 d 趋于无穷小时，裂缝性油藏就是双重介质油藏。油田开发中遇到最多的情况是，$\boldsymbol{K}_{\mathrm{f}}/\boldsymbol{K}_{\mathrm{m}}$ 和 d 的大小都限制在一定范围内。

如果对裂缝渗透率 $\boldsymbol{K}_{\mathrm{f}}$ 在空间上进行平均，即忽略微观或局部影响，只保留其宏观的总体效果，那么，裂缝-孔隙非均质性影响就可以忽略掉。对于可数裂缝情形，可以用下式求任一点（x_0，y_0，z_0）的总体渗透率 $\boldsymbol{K}$ 的值：

$$\boldsymbol{K}(x_0,y_0,z_0)=\frac{\boldsymbol{K}_{\mathrm{fr}}w_{\mathrm{r}}}{d^2}h+\frac{\boldsymbol{K}_{\mathrm{fl}}w_{\mathrm{l}}}{d^2}(d-h)+\boldsymbol{K}_{\mathrm{m}}(x_0,y_0,z_0) \tag{1.16}$$

式中，w 为裂缝的宽度；下标 r 和 l 分别为点(x_0，y_0，z_0) 的右邻和左邻裂缝；d 为两片裂缝之间的距离；$h=h$(x_0，y_0，z_0) 为点(x_0，y_0，z_0) 到左邻裂缝的距离。对于分布型不可数微裂缝情形，总体渗透率值用下式求得

$$\boldsymbol{K}(x_0,y_0,z_0)=\frac{1}{L^3}\int_{x_0-\frac{L}{2}}^{x_0+\frac{L}{2}}\int_{y_0-\frac{L}{2}}^{y_0+\frac{L}{2}}\int_{z_0-\frac{L}{2}}^{z_0+\frac{L}{2}}\boldsymbol{K}_{\mathrm{f}}(x,y,z)\mathrm{d}x\mathrm{d}y\mathrm{d}z+\boldsymbol{K}_{\mathrm{m}}(x_0,y_0,z_0) \tag{1.17}$$

式中，L 为特征长度。

在不同的场合 L 可以取不同的值，如在数值模拟中可以取网格尺度，在油藏工程分析中可以取井距或半井距，但必须大于裂缝间距 d。这样处理后，从大尺度上看来，裂缝-孔隙非均质性已经不存在了。当然，$\boldsymbol{K}_{\mathrm{f}}/\boldsymbol{K}_{\mathrm{m}}$ 和 d 本身分布不均匀引起的非均质性仍可能存在，但这种非均质性在空间上是连续变化的，与裂缝-孔隙非均质性不同，属于宏观非均质。

另一方面，裂缝的存在使油藏的渗透率具有各向异性特点。由于裂缝的高

导流能力只表现在平行于裂缝的方向，而对垂直于裂缝方向的渗流流动没有影响，所以不同方向的渗透率有明显不同；同时，位于两条裂缝之间的岩块基质的孔隙渗透率没有方向性。这是从微观或局部角度观察到的情况。但是，如果用式（1.16）和式（1.17）对油藏总体渗透率（$\boldsymbol{K}_\mathrm{f}+\boldsymbol{K}_\mathrm{m}$）进行处理，那么裂缝渗透率在将其绝对值贡献给相邻基质区域的同时，也将其方向性平均到相邻基质区域。从更宏观（比裂缝间距大一级以上）尺度来看，油藏的总体渗透率就具有了方向性，平行于裂缝方向的渗透率 $K_{/\!/}$ 大于垂直于裂缝方向的渗透率 $K_{\perp}$，即油藏渗透率具有各向异性特点，如图 1.5 所示。裂缝性油藏渗透率各向异性的强弱，决定于单条裂缝的渗透率 $\boldsymbol{K}_\mathrm{f}$ 与孔隙渗透率 $\boldsymbol{K}_\mathrm{m}$ 之比以及裂缝之间的距离 d（或裂缝出现的空间频率）。$\boldsymbol{K}_\mathrm{f}/\boldsymbol{K}_\mathrm{m}$ 越大，d 越小（频率越大），各向异性特点越明显；反之，越微弱。

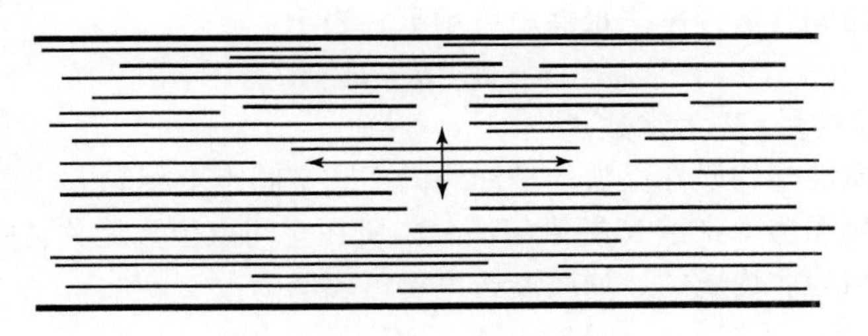

图 1.5　裂缝作用引起的渗透率各向异性

从以上两方面分析看出，由裂缝引起的非均质性属于微观（局部）性质，在宏观上可以忽略；而由方向性裂缝引起的各向异性则兼属于微观和宏观性质，无论是微观还是宏观上都必须加以考虑。

当油藏中发育多组裂缝且各方向完全对称时，其叠加以后得到的油藏总体渗透率将是各向同性的。但实际油藏中这种情况很少，几乎不可能出现；决定裂缝发育分布形态的因素很多，而这么多因素在实际油藏中很难同时处于对称形态，因而油藏中发育的裂缝也很难完全对称分布。

1.3.3　两者强度比较

沉积各向异性油藏中渗透率的各向异性程度一般较弱，即最大渗透率主值与最小渗透率主值之比较小，一般不超过 3；裂缝各向异性油藏中渗透率各向异性程度一般都比较强，最大与最小渗透率主值之比在 10～200 之间。上述区别，主要是它们的不同成因决定的。

1.4 油藏各向异性与非均质

各向异性与非均质都是物质固有的物理属性，但却是两种完全不同的物理性质。各向异性的概念虽然早已提出，并且在不少的文献中研究和引用，但在油田开发实践中应用得还不够广泛和深入，时常与油藏非均质概念相混淆，甚至被错误地用非均质性代替。因此有必要对各向异性和非均质的概念及其区别加以讨论和明确。

油藏各向异性和各向同性反映的是油藏内同一空间点上不同方向渗透率之间的相互关系。如果在油藏内同一点上，从任意不同方向施加相同大小的位势梯度，得到相同大小的渗流速度，则此油藏渗透率是各向同性的，否则渗透率是各向异性的。各向同性渗透率张量性质可用下式表示：

$$\boldsymbol{n} \cdot \boldsymbol{K} \cdot \boldsymbol{n} = k \tag{1.18}$$

式中，$\boldsymbol{n}$ 为单位向量；k 为常数。

油藏非均质性与均质性反映的是油藏内不同空间点上相同方向渗透率之间的相互关系。如果渗透率张量 $\boldsymbol{K}$ 的值与油藏内所在空间点位置无关，则油藏渗透率是均质的；否则为非均质的。均质渗透率场可表示为

$$\frac{\partial \boldsymbol{K}}{\partial x} = \frac{\partial \boldsymbol{K}}{\partial y} = \frac{\partial \boldsymbol{K}}{\partial z} = \boldsymbol{O} \tag{1.19}$$

即

$$\forall K_{ij}, \quad \frac{\partial K_{ij}}{\partial x} = \frac{\partial K_{ij}}{\partial y} = \frac{\partial K_{ij}}{\partial z} = 0 \tag{1.20}$$

$$(i, j = 1, 2, 3)$$

式中，$\boldsymbol{O}$ 为三维二阶零张量，其分量全部为 0。

油藏非均质性可以通过在一定尺度上对空间求平均而“消除”，即用一个平均值代替非均匀分布值，从而忽略非均质的影响。但是，各向异性无法通过空间平均方法消除，即使通过空间平均得到一个平均渗透率，它仍然是各向异性的。二者的这一区别经常反映在实际油藏开发中，常规砂岩油藏可以仅用一个平均渗透率值来表示该油藏的导流和供液能力，而裂缝性油藏必须分别给出两个渗透率值：裂缝系统平均渗透率和岩石基质平均渗透率。这是因为，常规砂岩油藏一般是非均质的，但非各向异性；裂缝性油藏一般既是非均质的，也是各向异性的，而裂缝系统平均渗透率和岩石基质平均渗透率就相当于裂缝性油藏各向异性渗透率的两个主值。

从理论上讲，各向异性或各向同性油藏均可以同时是非均质或均质油藏。实际油藏的渗透率都是非均质的，均质渗透率只是实际情况的简化模型。

第2章　各向异性油藏渗流基础

本章讨论各向异性油藏的基本渗流特征、渗流模型和研究方法。

2.1　各向异性油藏渗流基本特征

1.2节中给出了各向异性油藏渗流的广义达西公式及其广义渗透率张量。下面对各向异性油藏基本渗流特征进行考察。设在平面直角坐标系 (x, y) 中，各向异性地层渗透率张量取如下形式：

$$\boldsymbol{K}=\begin{bmatrix} k_x & 0 \\ 0 & k_y \end{bmatrix},\quad k_x > k_y \tag{2.1}$$

这意味着渗透率最大和最小主值分别为 k_x 和 k_y，它们所在方向分别与坐标轴 x 和 y 平行，如图2.1所示。

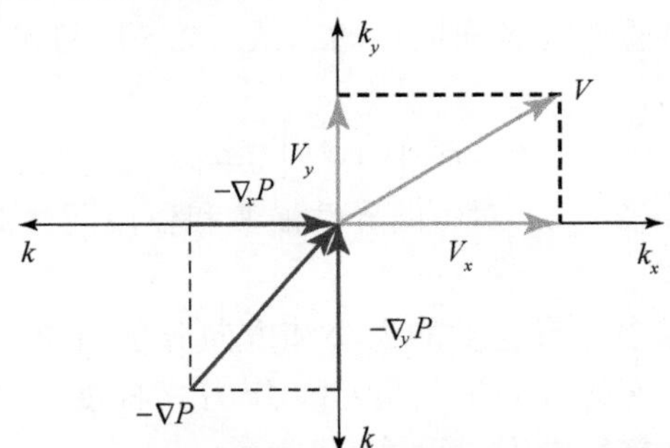

图2.1　各相异性地层渗流速度与位势梯度的关系

设油藏内存在一个位势梯度向量 $\nabla\boldsymbol{\Phi}$，作用于油藏内的任意点 O 上，它的方向与 x 轴夹角为 α。则 $\nabla\boldsymbol{\Phi}$ 在 x 轴上的分量为 $\nabla_x\boldsymbol{\Phi}=|\nabla\boldsymbol{\Phi}|\cos\alpha$，在 y 轴上的分量为 $\nabla_y\boldsymbol{\Phi}=|\nabla\boldsymbol{\Phi}|\sin\alpha$。即有

$$\nabla\boldsymbol{\Phi}=(\nabla_x\boldsymbol{\Phi},\nabla_y\boldsymbol{\Phi})=|\nabla\boldsymbol{\Phi}|(\cos\alpha,\sin\alpha) \tag{2.2}$$

根据式（2.2），油藏内渗流速度为

$$\boldsymbol{v}=\begin{pmatrix} v_x \\ v_y \end{pmatrix}=-\boldsymbol{K}\cdot\nabla\boldsymbol{\Phi} \tag{2.3}$$

将式（2.1）和式（2.2）代入式（2.3），得

$$\boldsymbol{v}=-|\nabla\boldsymbol{\Phi}|\begin{pmatrix} k_x\cos\alpha \\ k_y\sin\alpha \end{pmatrix} \tag{2.4}$$

或者写成：

$$\begin{cases} v_x = - |\nabla \Phi| k_x \cos\alpha \\ v_y = - |\nabla \Phi| k_y \sin\alpha \end{cases}$$

渗流速度 v 与 x 轴的夹角为

$$\theta = \mathrm{arctg}\left(\frac{k_y}{k_x}\mathrm{tg}\alpha\right) \tag{2.5}$$

渗流速度的大小为

$$|\boldsymbol{v}| = |\nabla \Phi| \sqrt{k_x^2 \cos^2\alpha + k_y^2 \sin^2\alpha} \tag{2.6}$$

只要知道各向异性渗透率的主方向和主值，利用式（2.4）~式（2.6）就可以根据位势梯度方便地计算渗流速度。

由式（2.5）可以看出，一般情况下渗流速度 v 跟 x 轴的夹角 θ 和位势梯度向量 $\nabla \Phi$ 跟 x 轴的夹角 α 并不相等，即 v 和 $\nabla \Phi$ 不在一条直线上；只有当 $\alpha=0$ 或 $\alpha=\pi/2$，位势梯度平行于渗透率主方向时，才有 $\theta=\alpha$，即 v 和 $\nabla \Phi$ 平行（处于同一条直线上）。同时由式（2.6）可以看出，渗流速度的大小 $|\boldsymbol{v}|$ 不仅决定于位势梯度的大小 $|\nabla \Phi|$，还决定于位势梯度的方向 α。

若 $k_x=k_y=k$，即渗透率为各向同性时，式（2.5）和式（2.6）将变为如下形式：

$$\theta = \alpha, |\boldsymbol{v}| = k|\nabla \Phi| \tag{2.7}$$

由式（2.5）~式（2.7），对各向异性油藏和各向同性油藏渗流特点进行比较，可以得到如下规律。

（1）各向同性油藏中渗流速度的大小和方向分别由位势（压力）梯度的大小和方向决定，渗流速度的方向恒与位势（压力）梯度的方向平行，渗流速度的大小与位势（压力）梯度的方向无关。

（2）各向异性油藏中，渗流速度的方向由位势梯度的方向确定，但两者在一般情况下不平行，当且仅当位势梯度方向在渗透率主轴上时，渗流速度的方向和位势梯度的方向平行；渗流速度的大小由位势梯度的大小和方向共同决定，即无论位势梯度的大小还是方向发生变化，渗流速度的大小都会改变。位势梯度大小发生变化，只影响渗流速度的大小；位势梯度方向改变，同时影响渗流速度的大小和方向。

上述规律特征意味着，在各向异性油藏中某个方向上施加压力梯度（或注采压差）驱油时，油、气、水等流体通常并不沿着施加压力梯度方向（注采方向）流动，而是流往别的方向。采用同样大小的压力梯度（或注采压差）往不同方向驱油时，流体的流动速度是不同的，也就是说，有的方向注采生产过程容易实现，有的方向注采过程很难进行。

以上是各向异性油藏渗流主要的基本特征。各向异性油藏渗流与开发的各种复杂问题中都包含着这些特征，解决各种复杂问题的关键也就在于正确认识、掌握和利用这些特征。油气流体能否经过油藏内渗流到达井筒最终被开采出来，既决定于流体的流速大小，也决定于流动方向。传统上常认为油藏内渗流方向和位势梯度方向总是一致的，因而主要研究流速大小，很少研究流动方向及其与流速大小的关系；但这种做法只适合于常规的各向同性油藏，各向异性油藏开发中必须对渗流大小和方向给予同样的重视。

各向异性渗透率作为客观存在的油藏物理属性，它的基本要素是其各个主方向和主值，只要找到了主方向和主值，就得到了完整的各向异性渗透率。

需要说明的是，各向异性渗透率各主方向上的主值不同，使得各向异性油藏介质在所有方向上的导流能力均不相同；但是，这并不意味着每一个方向上都存在一个不同的渗透率值。实际上，当位势梯度与渗透率主方向不平行时，渗流速度与位势梯度就不在同一个方向上；此时，渗流速度与位势梯度的比值可以表示此种情况下各向异性渗透率的导流能力，但这种导流能力是渗透率各主方向和各主值共同作用的结果，而不是某单一方向提供的导流能力；无论将此导流能力归于位势梯度方向还是渗流速度方向，都是缺少依据、难以令人信服的，因此无法在每一个方向上给出一个科学的、合理的渗透率的定义。认为各向异性油藏中每一个方向都存在一个渗透率，因而每一点上都存在无数多个渗透率值的说法是不妥当的，无益于甚至误导人们对各向异性渗透率的正确理解和使用。

2.2　各向异性油藏渗流数学模型

各向异性油藏渗流模型与各向同性渗流模型（韩大匡等，1993）的主要区别在于介质渗透率的不同（科林斯，1984；葛家理等，2001）。

2.2.1　各向异性介质单相不可压缩液体稳定渗流

取渗透率主方向坐标系（x，y，z），张量 $\boldsymbol{K}$ 取对角线形式：

$$\boldsymbol{K}=\begin{bmatrix} k_x & 0 & 0 \\ 0 & k_y & 0 \\ 0 & 0 & k_z \end{bmatrix} \tag{2.8}$$

模型由下面两个方程组成。

（1）运动方程：

$$\boldsymbol{v}=-\frac{1}{\mu}\boldsymbol{K}\cdot \operatorname{grad}p \tag{2.9}$$

(2) 连续性方程：

$$\mathrm{div}\boldsymbol{v} = 0 \tag{2.10}$$

式中，μ 为液体黏度；$\mathrm{div}\boldsymbol{v}$ 为散度；$\mathrm{grad}p$ 为梯度，p 为压力。

由于是不可压缩液体，不必考虑状态变化，所以没有状态方程。

将式（2.9）代入式（2.10）：

$$\mathrm{div}\left(-\frac{1}{\mu}\boldsymbol{K}\cdot\mathrm{grad}p\right) = 0 \tag{2.11}$$

由于 $\boldsymbol{K}$ 是张量常数，展开得到：

$$\frac{\partial}{\partial x}\left(k_x\frac{\partial p}{\partial x}\right) + \frac{\partial}{\partial y}\left(k_y\frac{\partial p}{\partial y}\right) + \frac{\partial}{\partial z}\left(k_z\frac{\partial p}{\partial z}\right) = 0$$

即

$$k_x\frac{\partial^2 p}{\partial x^2} + k_y\frac{\partial^2 p}{\partial y^2} + k_z\frac{\partial^2 p}{\partial z^2} = 0 \tag{2.12}$$

式(2.12)即单相不可压缩液体在均质各向异性地层中稳定渗流的三维数学模型。它的条件是：①各向异性渗透率介质；②单相均质液体；③线性运动规律；④不考虑多孔介质及液体的压缩性；⑤稳定渗流；⑥渗流过程是等温的。

式(2.12)是一个二阶椭圆形偏微分方程，但与各向同性地层渗流模型不同，其并不是拉普拉斯方程。

式(2.12)是用直角坐标表示的，也可以换为圆柱坐标系或球坐标系。如果渗透率主轴不平行于圆柱坐标轴或球坐标轴，其渗透率张量不是对角线形式，相应的方程也将变得大为复杂。当渗透率主轴与圆柱坐标轴或球坐标轴平行，用圆柱或球坐标系表示的方程将比直角坐标系形式简单，这在第 4 章中可以看到。

2.2.2 弹性各向异性介质单相可压缩液体不稳定渗流

取渗透率主方向坐标系(x,y,z)。模型由下列方程组合而成。

(1)运动方程：

$$\boldsymbol{v} = -\frac{1}{\mu}\boldsymbol{K}\cdot\mathrm{grad}p = -\frac{1}{\mu}\left(k_x\frac{\partial p}{\partial x}, k_y\frac{\partial p}{\partial y}, k_z\frac{\partial p}{\partial z}\right) \tag{2.13}$$

(2) 状态方程中，多孔介质和液体都是可压缩的。

对弹性孔隙介质：

$$\phi = \phi_o + C_\phi(p - p_o) \tag{2.14}$$

式中，ϕ 为孔隙压力为 p 时的孔隙度；ϕ_o 为孔隙压力为 p_o 时的孔隙度；p_o 为参照孔隙压力；C_ϕ 为孔隙压缩系数。

对弹性液体：

$$\rho = \rho_o e^{C_\rho(p-p_o)} = \rho_o[1 + C_\rho(p - p_o)] \tag{2.15}$$

式中，ρ 为孔隙压力为 p 时的液体密度；ρ_o 为孔隙压力为 p_o 时的液体密度；C_ρ 为液体压缩系数。

（3）单相流体质量守恒方程：

$$\frac{\partial(\phi\rho)}{\partial t} + \mathrm{div}(\rho \boldsymbol{v}) = 0 \tag{2.16}$$

式中，t 为时间。

将式（2.14）、式（2.15）代入式（2.16）第一项 $\frac{\partial(\phi\rho)}{\partial t}$ 中，因为：

$$\phi\rho = \phi_o\rho_o + \rho_o C_\phi(p - p_o) + \phi_o\rho_o C_\rho(p - p_o) + \rho_o C_\phi C_\rho(p - p_o)^2 \tag{2.17}$$

考虑到 C_ϕ，C_ρ 都是很小的数，可略去 $C_\phi \times C_\rho$ 项得

$$\phi\rho = \phi_o C_o + \rho_o(p - p_o)(\phi_o C_\rho + C_\phi) \tag{2.18}$$

引进一个新的压缩系数 $C = \phi_o C_o + C_\phi$，称其为综合压缩系数，它的物理意义是单位岩石体积在降低单位压力时，由孔隙收缩和液体膨胀总共排挤出来的液体体积，可以看成一个常数。

$$\phi\rho = \phi_o\rho_o + \rho_o C(p - p_o) \tag{2.19}$$

$$\frac{\partial(\phi\rho)}{\partial t} = \rho_o C \frac{\partial(p)}{\partial t} \tag{2.20}$$

式（2.16）的第二项由三部分组成：$\frac{\partial(\rho v_x)}{\partial x}, \frac{\partial(\rho v_y)}{\partial y}, \frac{\partial(\rho v_z)}{\partial z}$。先研究 $\frac{\partial(\rho v_x)}{\partial x}$：

$$\begin{aligned}
\frac{\partial(\rho v_x)}{\partial x} &= \frac{\partial}{\partial x}\left[\rho_o \mathrm{e}^{C_\rho(p-p_o)}\left(-\frac{k_x}{\mu}\mathrm{grad}p\right)\right] = -\frac{k_x}{\mu}\rho_o \frac{\partial}{\partial x}\left[\mathrm{e}^{C_\rho(p-p_o)}\frac{\partial p}{\partial x}\right] \\
&= -\frac{k_x\rho_o}{\mu}\frac{\partial}{\partial x}\left[\frac{\partial}{\partial x}\frac{\mathrm{e}^{C_\rho(p-p_o)}}{C_\rho}\right] = -\frac{k_x\rho_o}{\mu C_\rho}\frac{\partial}{\partial x}\left\{\frac{\partial}{\partial x}\left[1 + C_\rho(p - p_o)\right]\right\} \\
&= -\frac{k_x}{\mu}\frac{\rho_o}{C_\rho}C_\rho\frac{\partial^2 p}{\partial x^2} = -\frac{k_x\rho_o}{\mu}\frac{\partial^2 p}{\partial x^2}
\end{aligned} \tag{2.21}$$

同理求得

$$\frac{\partial(\rho v_y)}{\partial y} = -\frac{k_y\rho_o}{\mu}\frac{\partial^2 p}{\partial y^2} \tag{2.22}$$

$$\frac{\partial(\rho v_z)}{\partial z} = -\frac{k_z\rho_o}{\mu}\frac{\partial^2 p}{\partial z^2} \tag{2.23}$$

由此可得

$$\frac{\partial(\rho v_x)}{\partial x} + \frac{\partial(\rho v_y)}{\partial y} + \frac{\partial(\rho v_z)}{\partial z} = -\frac{\rho_o}{\mu}\left(k_x\frac{\partial^2 p}{\partial x^2} + k_y\frac{\partial^2 p}{\partial y^2} + k_z\frac{\partial^2 p}{\partial z^2}\right) \tag{2.24}$$

将式（2.24）和式（2.20）代入式（2.16）中得

$$\frac{1}{\mu C}\left(k_x\frac{\partial^2 p}{\partial x^2} + k_y\frac{\partial^2 p}{\partial y^2} + k_z\frac{\partial^2 p}{\partial z^2}\right) = \frac{\partial p}{\partial t} \tag{2.25}$$

$$k_x \frac{\partial^2 p}{\partial x^2} + k_y \frac{\partial^2 p}{\partial y^2} + k_z \frac{\partial^2 p}{\partial z^2} = \frac{1}{\mho} \frac{\partial p}{\partial t} \tag{2.26}$$

式中，$\mho = \frac{1}{\mu C}$ 为拟导压系数。

式（2.26）就是弹性各向异性介质单相可压缩液体渗流数学模型。它的条件为：①渗透率为各向异性；②单相液体；③流动符合线性阻力规律（层流状态）；④多孔介质和液体都认为是可以压缩的；⑤渗流是不稳定的；⑥等温渗流过程。

式（2.26）是一个二阶抛物线型偏微分方程，又称为傅里叶方程（或称热传导方程）。当 $\frac{\partial p}{\partial t} = 0$ 时，式（2.26）就是前面的稳定渗流方程式（2.12），所以也可以把 2.2.1 节稳定渗流模型看成 2.2.2 节不稳定渗流模型的一个特例。

2.2.3 各向异性介质三维三相渗流数学模型

以常规油藏黑油模型的假设条件为基础，研究各向异性渗透率介质条件下三维黑油模型的表现形式。各向异性介质多相流体渗流的运动方程形式如下。

$$\begin{cases} \text{油相：} \boldsymbol{v}_o = -\frac{k_{ro}}{\mu_o} \boldsymbol{K} \cdot [\nabla p_o - (\gamma_o + \gamma_{gd}) \nabla D] \\ \text{气相：} \boldsymbol{v}_g = -\frac{k_{rg}}{\mu_g} \boldsymbol{K} \cdot [\nabla p_g - \gamma_g \nabla D] \\ \text{水相：} \boldsymbol{v}_w = -\frac{k_{rw}}{\mu_w} \boldsymbol{K} \cdot [\nabla p_w - \gamma_w \nabla D] \end{cases} \tag{2.27}$$

式中，$\boldsymbol{v}_o = (v_{ox}, v_{oy}, v_{oz})$，$\boldsymbol{v}_g = (v_{gx}, v_{gy}, v_{gz})$ 和 $\boldsymbol{v}_w = (v_{wx}, v_{wy}, v_{wz})$ 分别为油、气、水三相的渗流速度；$k_{ro} = k_{ro}(S_o)$，$k_{rg} = k_{rg}(S_g)$ 和 $k_{rw} = k_{rw}(S_w)$ 分别为油、气、水的相对渗透率；μ、p、γ 分别为黏度、压力和相对密度，下标 o、g、w 分别为油、气、水三相；D 为深度；$\boldsymbol{K} = K_{ij}$，$(i, j = x, y, z)$ 为各向异性渗透率张量；∇为哈密顿算子；γ_{gd}为油相中溶解气的相对密度。

按组分表达的物质守恒方程如下。

$$\begin{cases} \text{油组分：} -\nabla \cdot (\rho_o \boldsymbol{v}_o) = \frac{\partial(\phi \rho_o S_o)}{\partial t} \\ \text{气组分：} -\nabla \cdot (\rho_{gd} \boldsymbol{v}_o + \rho_g \boldsymbol{v}_g) = \frac{\partial[\phi(\rho_{gd} S_o + \rho_g S_g)]}{\partial t} \\ \text{水组分：} -\nabla \cdot (\rho_w \boldsymbol{v}_w) = \frac{\partial(\phi \rho_w S_w)}{\partial t} \end{cases} \tag{2.28}$$

式中，ρ、S、ϕ 分别为密度、饱和度和岩石孔隙度；下标 d 为油相中的溶解气。

将式（2.27）代入式（2.28），并考虑产量项，得

$$
\begin{cases}
\text{油组分}:\nabla\cdot\left[\dfrac{k_{ro}\rho_o}{\mu_o}\boldsymbol{K}\cdot(\nabla P_o-\gamma_{og}\nabla D)\right]+q_o=\dfrac{\partial(\phi\rho_o S_o)}{\partial t}\\
\text{气组分}:\nabla\cdot\left[\dfrac{k_{ro}\rho_{gd}}{\mu_o}\boldsymbol{K}\cdot(\nabla P_o-\gamma_{og}\nabla D)\right]\\
\qquad+\nabla\cdot\left[\dfrac{k_{rg}\rho_g}{\mu_g}\boldsymbol{K}\cdot(\nabla P_g-\gamma_g\nabla D)\right]+R_s q_o+q_g\\
\qquad=\dfrac{\partial(\phi\rho_{gd}S_o)}{\partial t}+\dfrac{\partial(\phi\rho_g S_g)}{\partial t}\\
\text{水组分}:\nabla\cdot\left[\dfrac{k_{rw}\rho_w}{\mu_w}\boldsymbol{K}\cdot(\nabla P_w-\gamma_w\nabla D)\right]+q_w=\dfrac{\partial(\phi\rho_w S_w)}{\partial t}
\end{cases}
\tag{2.29}
$$

式中，q_o、q_g 和 q_w 分别为油、气、水三相的质量源；$\boldsymbol{K}$ 为对称张量；R_s 为气油比。

将式（2.29）用下标形式表达如下。

$$
\begin{cases}
\text{油组分}:\dfrac{\partial}{\partial x_i}\left[\dfrac{k_{ro}\rho_o}{\mu_o}K_{ij}\left(\dfrac{\partial p_o}{\partial x_j}-\gamma_{og}\dfrac{\partial D}{\partial x_j}\right)\right]+q_o=\dfrac{\partial}{\partial t}(\phi\rho_o S_o)\\
\text{气组分}:\dfrac{\partial}{\partial x_i}\left[\dfrac{k_{ro}\rho_{gd}}{\mu_o}K_{ij}\left(\dfrac{\partial p_o}{\partial x_j}-\gamma_{og}\dfrac{\partial D}{\partial x_j}\right)+\dfrac{k_{rg}\rho_g}{\mu_g}K_{ij}\left(\dfrac{\partial p_g}{\partial x_j}-\gamma_g\dfrac{\partial D}{\partial x_j}\right)\right]+R_s q_o+q_g\\
\qquad=\dfrac{\partial}{\partial t}(\phi\rho_{gd}S_o)+\dfrac{\partial}{\partial t}(\phi\rho_g S_g)\\
\text{水组分}:\dfrac{\partial}{\partial x_i}\left[\dfrac{k_{rw}\rho_w}{\mu_w}K_{ij}\left(\dfrac{\partial p_w}{\partial x_j}-\gamma_w\dfrac{\partial D}{\partial x_j}\right)\right]+q_w=\dfrac{\partial(\phi\rho_w S_w)}{\partial t}
\end{cases}
\tag{2.30}
$$

式中，$K_{ij}=K_{ji}$。

将式（2.30）按（x，y，z）坐标展开后，变成如下形式。

油组分：

$$
\begin{aligned}
&\frac{\partial}{\partial x}\left\{\frac{k_{ro}\rho_o}{\mu_o}\left[K_{xx}\left(\frac{\partial p_o}{\partial x}-\gamma_{og}\frac{\partial D}{\partial x}\right)+K_{xy}\left(\frac{\partial p_o}{\partial y}-\gamma_{og}\frac{\partial D}{\partial y}\right)+K_{xz}\left(\frac{\partial p_o}{\partial z}-\gamma_{og}\frac{\partial D}{\partial z}\right)\right]\right\}\\
&+\frac{\partial}{\partial y}\left\{\frac{k_{ro}\rho_o}{\mu_o}\left[K_{yx}\left(\frac{\partial p_o}{\partial x}-\gamma_{og}\frac{\partial D}{\partial x}\right)+K_{yy}\left(\frac{\partial p_o}{\partial y}-\gamma_{og}\frac{\partial D}{\partial y}\right)+K_{yz}\left(\frac{\partial p_o}{\partial z}-\gamma_{og}\frac{\partial D}{\partial z}\right)\right]\right\}\\
&+\frac{\partial}{\partial z}\left\{\frac{k_{ro}\rho_o}{\mu_o}\left[K_{zx}\left(\frac{\partial p_o}{\partial x}-\gamma_{og}\frac{\partial D}{\partial x}\right)+K_{zy}\left(\frac{\partial p_o}{\partial y}-\gamma_{og}\frac{\partial D}{\partial y}\right)+K_{zz}\left(\frac{\partial p_o}{\partial z}-\gamma_{og}\frac{\partial D}{\partial z}\right)\right]\right\}\\
&+q_o=\frac{\partial(\phi\rho_o S_o)}{\partial t}
\end{aligned}
\tag{2.31}
$$

气组分：

$$\frac{\partial}{\partial x}\left\{\frac{k_{ro}\rho_{gd}}{\mu_o}\left[K_{xx}\left(\frac{\partial p_o}{\partial x}-\gamma_{og}\frac{\partial D}{\partial x}\right)+K_{xy}\left(\frac{\partial p_o}{\partial y}-\gamma_{og}\frac{\partial D}{\partial y}\right)+K_{xz}\left(\frac{\partial p_o}{\partial z}-\gamma_{og}\frac{\partial D}{\partial z}\right)\right]\right.$$
$$\left.+\frac{k_{rg}\rho_g}{\mu_g}\left[K_{xx}\left(\frac{\partial p_o}{\partial x}-\gamma_g\frac{\partial D}{\partial x}\right)+K_{xy}\left(\frac{\partial p_o}{\partial y}-\gamma_g\frac{\partial D}{\partial y}\right)+K_{xz}\left(\frac{\partial p_o}{\partial z}-\gamma_g\frac{\partial D}{\partial z}\right)\right]\right\}$$
$$+\frac{\partial}{\partial y}\left\{\frac{k_{ro}\rho_{gd}}{\mu_o}\left[K_{yx}\left(\frac{\partial p_o}{\partial x}-\gamma_{og}\frac{\partial D}{\partial x}\right)+K_{yy}\left(\frac{\partial p_o}{\partial y}-\gamma_{og}\frac{\partial D}{\partial y}\right)+K_{yz}\left(\frac{\partial p_o}{\partial z}-\gamma_{og}\frac{\partial D}{\partial z}\right)\right]\right.$$
$$\left.+\frac{k_{rg}\rho_g}{\mu_g}\left[K_{yx}\left(\frac{\partial p_o}{\partial x}-\gamma_g\frac{\partial D}{\partial x}\right)+K_{yy}\left(\frac{\partial p_o}{\partial y}-\gamma_g\frac{\partial D}{\partial y}\right)+K_{yz}\left(\frac{\partial p_o}{\partial z}-\gamma_g\frac{\partial D}{\partial z}\right)\right]\right\}$$
$$+\frac{\partial}{\partial z}\left\{\frac{k_{ro}\rho_{gd}}{\mu_o}\left[K_{zx}\left(\frac{\partial p_o}{\partial x}-\gamma_{og}\frac{\partial D}{\partial x}\right)+K_{zy}\left(\frac{\partial p_o}{\partial y}-\gamma_{og}\frac{\partial D}{\partial y}\right)+K_{zz}\left(\frac{\partial p_o}{\partial z}-\gamma_{og}\frac{\partial D}{\partial z}\right)\right]\right.$$
$$\left.+\frac{k_{rg}\rho_g}{\mu_g}\left[K_{zx}\left(\frac{\partial p_o}{\partial x}-\gamma_g\frac{\partial D}{\partial x}\right)+K_{zy}\left(\frac{\partial p_o}{\partial y}-\gamma_g\frac{\partial D}{\partial y}\right)+K_{zz}\left(\frac{\partial p_o}{\partial z}-\gamma_g\frac{\partial D}{\partial z}\right)\right]\right\}$$
$$+R_s q_o+q_g=\frac{\partial}{\partial t}(\phi\rho_{gd}S_o)+\frac{\partial}{\partial t}(\phi\rho_g S_g) \tag{2.32}$$

水组分：

$$\frac{\partial}{\partial x}\left\{\frac{k_{rw}\rho_w}{\mu_w}\left[K_{xx}\left(\frac{\partial p_w}{\partial x}-\gamma_w\frac{\partial D}{\partial x}\right)+K_{xy}\left(\frac{\partial p_w}{\partial y}-\gamma_w\frac{\partial D}{\partial y}\right)+K_{xz}\left(\frac{\partial p_w}{\partial z}-\gamma_w\frac{\partial D}{\partial z}\right)\right]\right\}$$
$$+\frac{\partial}{\partial y}\left\{\frac{k_{rw}\rho_w}{\mu_w}\left[K_{yx}\left(\frac{\partial p_w}{\partial x}-\gamma_w\frac{\partial D}{\partial x}\right)+K_{yy}\left(\frac{\partial p_w}{\partial y}-\gamma_w\frac{\partial D}{\partial y}\right)+K_{yz}\left(\frac{\partial p_w}{\partial z}-\gamma_w\frac{\partial D}{\partial z}\right)\right]\right\}$$
$$+\frac{\partial}{\partial z}\left\{\frac{k_{rw}\rho_w}{\mu_w}\left[K_{zx}\left(\frac{\partial p_w}{\partial x}-\gamma_w\frac{\partial D}{\partial x}\right)+K_{zy}\left(\frac{\partial p_w}{\partial y}-\gamma_w\frac{\partial D}{\partial y}\right)+K_{zz}\left(\frac{\partial p_w}{\partial z}-\gamma_w\frac{\partial D}{\partial z}\right)\right]\right\}$$
$$+q_w=\frac{\partial(\phi\rho_w S_w)}{\partial t} \tag{2.33}$$

式中，$K_{xy}=K_{yx}$；$K_{xz}=K_{zx}$；$K_{yz}=K_{zy}$。

这就是各向异性渗透率介质条件下的油、气、水三相渗流基本微分方程组，即所谓黑油模型。求解时，除基本方程组外，还需要一些辅助方程，它们是

$$S_o+S_g+S_w=1$$
$$p_w=p_o-p_{cow}$$
$$p_g=p_o-p_{cog}$$

式中，p_{cow} 和 p_{cog} 分别为油水两相和油气两相的毛细管压力。上述方程组的求解变量为 p_o、p_w、p_g、S_o、S_g 和 S_w 共 6 个，方程组的方程数也是 6 个，所以这个方程组是封闭的。当然，这个方程组的各项参数还需要由另外一些辅助方程来确定：

$$\rho_o = \rho_o(p_o, p_b)$$
$$\rho_g = \rho_g(p_g)$$
$$\rho_{gd} = \rho_{gd}(p_o, p_b)$$
$$\rho_w = \rho_w(p_w)$$
$$k_{ro} = k_{ro}(S_g, S_w)$$
$$k_{rg} = k_{rg}(S_g)$$
$$k_{rw} = k_{rw}(S_w)$$
$$\mu_o = \mu_o(p_o, p_b)$$
$$\mu_g = \mu_g(p_g)$$
$$\mu_w = \mu_w(p_w)$$
$$p_{cow} = p_{cow}(S_w)$$
$$p_{cog} = p_{cog}(S_g)$$

一个完整的数学模型，除了控制方程组外，还包括适当的定解条件，即边界条件和初始条件。油藏渗流问题的边界条件分外边界条件和内边界条件。

外边界条件常见的有两种，即定压边界与封闭边界，定压边界条件是给出边界 S 上各点 $S(x, y, z)$ 在任意时刻 t 的压力值 p，即

$$p_s = f(s,t) = f_s(x,y,z,t) \tag{2.34}$$

这里 f_s 为已知函数。封闭边界条件用下式表示：

$$\boldsymbol{n} \cdot \boldsymbol{K} \cdot \nabla p = 0 \tag{2.35}$$

或

$$n_i K_{ij} \frac{\partial p}{\partial x_j} = 0 \tag{2.36}$$

式中，$\boldsymbol{n} = (n_1, n_2, n_3)$ 为边界的单位法线向量。

内边界主要是指油藏内分布的采油井和注水井。由于渗透率各向异性的影响，井筒外的流动不再是圆形径向流动。但因井筒半径相对于井距为小量，有时可忽略井筒变形的影响，直接使用常规油藏数模中处理井的方法。各向异性油藏中井的精确处理方法可参考本书第 3 章内容。

初始条件主要是给定未知量压力 p 及油气水饱和度 S_o、S_w、S_g 中的两个在初始状态的分布值。一般表示为

$$\begin{cases} p(x,y,z,0) = \phi(x,y,z) \\ S_w(x,y,z,0) = S_{w0}(x,y,z) \\ S_g(x,y,z,0) = S_{g0}(x,y,z) \end{cases} \tag{2.37}$$

式中，$\phi(x, y, z)$、$S_{w0}(x, y, z)$、$S_{g0}(x, y, z)$ 为已知函数。

2.3　各向异性与各向同性介质空间的转换

2.2 节中给出了各向异性渗透率介质渗流数学模型。这些模型中的控制方程很难直接处理，即便最简单的稳定渗流模型也是如此。其主要原因是方程中的系数（渗透率主值）不相等。经研究发现（科林斯，1984；Muskat，1937；高尔夫拉特，1989），通过坐标变换，原各向异性渗透率空间可以变为等价的各向同性空间，同时，控制方程也将大大简化。下面以 2.2 节中的单相稳定渗流模型式（2.12）和单相不稳定渗流模型式（2.26）为例进行说明。

在 2.2 节中的直角坐标系之外，引进新的直角坐标系，两者变换关系为

$$x_1 = x\left(\frac{k}{k_x}\right)^{1/2}, y_1 = y\left(\frac{k}{k_y}\right)^{1/2}, z_1 = z\left(\frac{k}{k_z}\right)^{1/2} \tag{2.38}$$

此坐标变换的实质作用就是将渗流空间尺度在 x、y、z 方向上分别变为原来的$\sqrt{k/k_x}$、$\sqrt{k/k_y}$和$\sqrt{k/k_z}$倍；这意味着在最大渗透率主方向压缩渗流空间，在最小渗透率主方向伸展渗流空间。同时采用如下参数：

$$k = (k_x k_y k_z)^{1/3}, \beta_1 = \sqrt{\frac{k_y}{k_z}}, \beta_2 = \sqrt{\frac{k_z}{k_x}}, \beta_3 = \sqrt{\frac{k_x}{k_y}} \tag{2.39}$$

把式（2.38）代入式（2.12），得

$$k\left(\frac{\partial^2 p}{\partial x_1^2} + \frac{\partial^2 p}{\partial x_2^2} + \frac{\partial^2 p}{\partial x_3^2}\right) = 0 \tag{2.40}$$

$$\frac{\partial^2 p}{\partial x_1^2} + \frac{\partial^2 p}{\partial x_2^2} + \frac{\partial^2 p}{\partial x_3^2} = 0 \tag{2.41}$$

由式（2.40）和式（2.41）知，原各向异性介质渗流方程变成了各向同性介质渗流的拉普拉斯（Laplace）方程。同样式（2.26）通过式（2.38）坐标变换，变为如下的各向同性介质不稳定渗流方程：

$$\frac{\partial^2 p}{\partial x_1^2} + \frac{\partial^2 p}{\partial x_2^2} + \frac{\partial^2 p}{\partial x_3^2} = \frac{1}{\mho}\frac{\partial p}{\partial t} \tag{2.42}$$

式中，$\mho = k/\mu C$。各向异性渗透率介质黑油模型式（2.31）~式（2.33）通过式（2.38）坐标变换可以变为各向同性介质黑油模型。各向同性介质黑油模型可参看文献（韩大匡等，1993）。

模型的方程形式发生变化，意味着原各向异性渗透率空间变成了等价的各向同性渗透率空间，各向同性空间的渗透率值为 $k = (k_x k_y k_z)^{1/3}$。同时，空间中的几何关系也将发生变化。

设原各向异性空间中某条直线段长为 l，与坐标轴 x、y、z 的夹角分别为 α、θ 和 γ，则 l 在等价各向同性空间中的长度将变成 l_1：

$$l_1 = l\sqrt{k}\sqrt{\frac{\cos^2\alpha}{k_x} + \frac{\cos^2\theta}{k_y} + \frac{\cos^2\gamma}{k_z}} \tag{2.43}$$

各向同性空间中 l_1 与坐标轴 x_1、y_1、z_1 的夹角 α_1、θ_1 和 γ_1 为

$$\begin{cases}\alpha_1 = \operatorname{arctg}[(\beta_3^2\cos^2\theta + \cos^2\gamma/\beta_2^2)^{1/2}/\cos\alpha] \\ \theta_1 = \operatorname{arctg}[(\beta_1^2\cos^2\gamma + \cos^2\alpha/\beta_3^2)^{1/2}/\cos\theta] \\ \gamma_1 = \operatorname{arctg}[(\beta_2^2\cos^2\alpha + \cos^2\theta/\beta_1^2)^{1/2}/\cos\gamma]\end{cases} \tag{2.44}$$

在上述变换中，任一空间区域的体积将保持不变。

若是二维情况，则式（2.38）、式（2.39）、式（2.43）、式（2.44）将分别变为

$$x_1 = x/\sqrt{\beta}, \quad y_1 = y/\sqrt{\beta} \tag{2.45}$$

$$k = \sqrt{k_x k_y}, \quad \beta = \sqrt{k_x/k_y} \tag{2.46}$$

$$l_1 = l\sqrt{\cos^2\alpha/\beta + \beta\sin^2\alpha} \tag{2.47}$$

$$\alpha_1 = \operatorname{arctg}(\beta\operatorname{tg}\alpha) \tag{2.48}$$

变换中任一区域的面积将保持不变。

［讨论］

除了变换公式［式（2.38）或式（2.45）］之外，还有人提出另外一些变换公式。

科林斯（1984）提出用式（2.49）进行坐标变换：

$$\begin{cases}x_1 = x, \quad y_1 = y\sqrt{\dfrac{k_x}{k_y}} \\ l_1 = l\sqrt{1 + \dfrac{k_x - k_y}{k_y}\sin^2\alpha}, \quad \alpha_1 = \operatorname{arctg}\left(\sqrt{\dfrac{k_x}{k_y}}\operatorname{tg}\alpha\right)\end{cases} \tag{2.49}$$

Muskat（1937）提出式（2.50）坐标变换：

$$\begin{cases}x_1 = x/\sqrt{k_x}, \quad y_1 = y\sqrt{k_y} \\ l_1 = \dfrac{l}{\sqrt{k_x}}\sqrt{1 + \dfrac{k_x - k_y}{k_x}\sin^2\alpha}, \quad \alpha_1 = \operatorname{arctg}\left(\sqrt{\dfrac{k_x}{k_y}}\operatorname{tg}\alpha\right)\end{cases} \tag{2.50}$$

利用式（2.49）和式（2.50）代入原各向异性定解模型后，无法直接得到等价各向同性渗透率 k，而必须利用如下规则才能求得。

设 $\mathrm{d}x$ 和 $\mathrm{d}y$ 分别是平行于 x 和 y 轴的任意线元，变换后成为 $\mathrm{d}x_1$ 和 $\mathrm{d}y_1$，根据渗流场物理含义，通过 $h\mathrm{d}x$ 和 $h\mathrm{d}y$ 这两个条带的流量在坐标变换前后应保持不变，即

$$\begin{cases}u\cdot h\mathrm{d}y = u_1\cdot h\mathrm{d}y_1 \\ v\cdot h\mathrm{d}x = v_1\cdot h\mathrm{d}x_1\end{cases} \tag{2.51}$$

式中，$u=-\frac{k_x}{\mu}\frac{\partial p}{\partial x}$，$v=-\frac{k_y}{\mu}\frac{\partial p}{\partial y}$分别为各向异性介质中 x 和 y 方向的渗流速度；$u_1=-\frac{k}{\mu}\frac{\partial p}{\partial x_1}$，$v_1=-\frac{k}{\mu}\frac{\partial p}{\partial y_1}$为等价各向同性介质中的渗流速度。

将式（2.45）、式（2.49）和式（2.50）分别代入式（2.51），可以得到三种等价各向同性介质的渗透率是相同的，即 $k=\sqrt{k_x k_y}$。

由此容易看出，式（2.49）和式（2.50）相当于分别把式（2.45）表示的各向同性介质空间面积变为其 $\sqrt{k_x/k_y}$ 倍和其 $1/\sqrt{k_x k_y}$，它们既改变了原各向异性渗流区域的形状，也改变了渗流区域的大小。式（2.50）不但改变了介质空间的大小，还改变了其物理量和几何量的量纲，这会给问题的分析与求解带来一些麻烦和困扰。

2.4　各向异性油藏渗流研究的主要问题

由 2.3 节研究可以看出，各向异性渗流微分方程（组）可以通过坐标变换化为各向同性渗流微分方程（组），方程中的其他特征，如岩石的可压性、流体的多相流动等都跟各向同性渗流情况完全相同，可以用各向同性渗流理论去处理。渗透率各向异性并没有增加处理其他渗流问题如岩石的可压性、流体的多组分、多相态特性、非达西渗流特性等的困难程度，它们分属于不同的渗流现象，具有互相独立的物理本质。研究各向异性介质渗流现象及其作用规律，不必跟其他的渗流现象和机理掺杂在一起，以便突出其特性，利于深入分析。

渗流介质就是渗流空间，各向异性渗流介质通过空间变换化为等价各向同性渗流介质的同时，介质空间的形状随之发生改变。这意味着渗流介质的各向异性等价于渗流介质空间的形变。需要说明的是，这种空间形状的变化是伸缩形变，既不是正交变换也不是保角变换。一般地，这种形变都是将规则边界化为不规则边界，将对称边界化为不对称边界，将简单边界化为复杂边界。因此，各向异性介质渗流研究最终归结为各种复杂边界区域内的各向同性介质渗流研究。其核心问题是对各种复杂边界及其影响的处理。

第3章　各向异性渗流基本理论

本章内容主要包括各向异性油藏各种基本流动的求解理论，它是各向异性复杂渗流的基础，许多复杂的各向异性渗流问题都包含了本章所讨论的基本流动，并需用到其理论成果。

3.1　椭圆形流场相似流动替换理论

本节分析中心点源（汇）与椭圆形边界之间的位势流动，并利用其结果解决了油气田开发工程领域中一直没有解决的椭圆形各向同性油藏向中心井渗流的问题；而在各向异性油藏开发中的许多复杂问题都包含这一基本渗流问题。

3.1.1　问题的描述

如图3.1所示，取坐标系（x，y）与求解区域的椭圆形边界 Γ_e 共轴，Γ_o 为内边界。椭圆边界为稳定等势边界，它在 x 和 y 方向的半轴长度分别为 a_e 和 b_e，且 $a_e>b_e$。中心点源的流量为 Q。该问题用速度势函数 Φ 表述为

$$\begin{cases}\dfrac{\partial^2\Phi}{\partial x^2}+\dfrac{\partial^2\Phi}{\partial y^2}=0\\ \Gamma_e:\dfrac{x^2}{a_e^2}+\dfrac{y^2}{b_e^2}=1,\Phi=\Phi_e\\ \forall\Gamma:\oint_\Gamma\dfrac{\partial\Phi}{\partial n}ds=Q\end{cases}\tag{3.1}$$

式中，Γ 为求解区域内环绕点源的封闭曲线；n 为 Γ 的外法线方向；ds 为沿 Γ 的线元。该问题是求解 Φ 的分布。

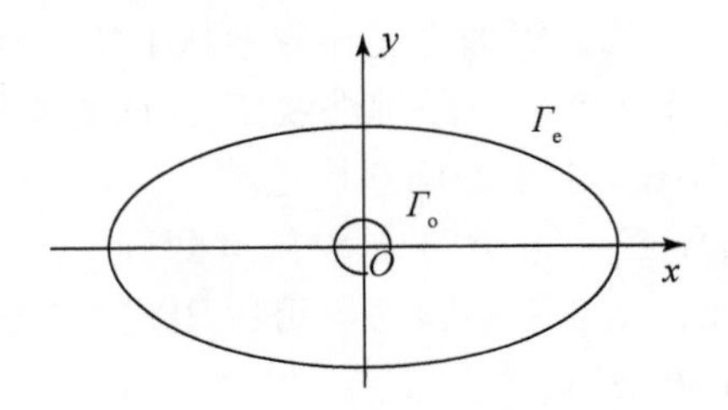

图3.1　中心点源到椭圆边界的流动区域

3.1.2　椭圆流动问题的相似流动替换理论

现考察位于两条平行直线等压边界之间的点源到直线边界的流动。设有两条无限长直线等压边界 Γ_1，相距 $2d$，与 x 轴平行，位势为 Φ_1。与两条边界等距处有一点源，跟坐标原点重合，其流量为 Q，如图 3.2 所示。该问题用速度位势 Φ 表述为

$$\begin{cases}\dfrac{\partial^2\Phi}{\partial x^2}+\dfrac{\partial^2\Phi}{\partial y^2}=0\\ \Gamma_1: y=\pm d, \Phi=\Phi_1\\ \forall\,\Gamma: \oint_\Gamma \dfrac{\partial\Phi}{\partial n}\mathrm{d}s=Q\end{cases}\tag{3.2}$$

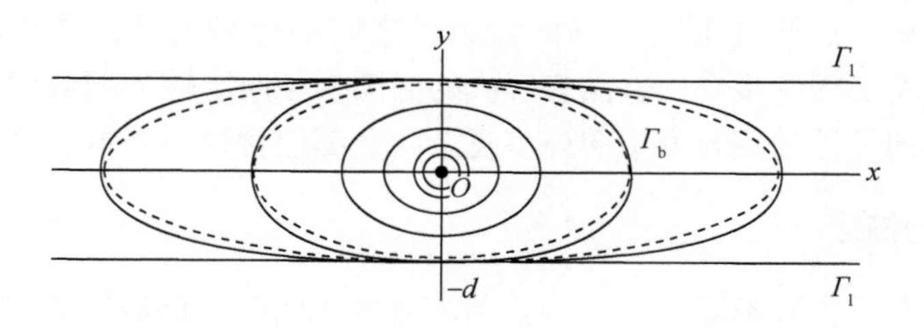

图 3.2　中间点源到两平行直线边界的流动

根据 Muskat（1937）提供的方法，并采用位势叠加原理，得到该流动问题的解析解：

$$\Phi=\Phi_1-\frac{Q}{4\pi}\ln\frac{\mathrm{ch}\dfrac{\pi x}{2d}-\cos\dfrac{\pi y}{2d}}{\mathrm{ch}\dfrac{\pi x}{2d}+\cos\dfrac{\pi y}{2d}}\tag{3.3}$$

其等势线形状如图 3.2 中实线所示，图中虚线表示与等势线共轴的椭圆。

观察图 3.2 可知，流动问题的等势线是一组形状近似椭圆的封闭曲线，尤其在位势变化较快的中间区域，等势线与共轴椭圆基本重合。这些分布曲线从点源开始一直扩大到直线边界，其长短轴之比相应地从 1 扩大到∞。

据上所述，我们选择图 3.2 的一条等势线 Γ_b，该等势线的长轴为 $2a_e$，短轴为 $2b_e$，则该等势线 Γ_b 与图 3.1 中的椭圆形边界 Γ_e 十分接近，我们可以近似地用 Γ_b 作为图 3.1 中的边界 Γ_e，而图 3.2 中从点源到 Γ_b 的流动就是图 3.1 整个求解区域内的流动。因此，图 3.1 问题的解可以用式（3.3）表示。现在的问题是确定式（3.3）中参数 Φ_1 和 d。

在图 3.1 中椭圆边界上取两点 A（a_e，0）和 B（0，b_e），则这两点位势值

$\Phi_A = \Phi_B = \Phi_e$，分别代入式（3.3），得

$$\begin{cases} \Phi_e = \Phi(a_e, 0) = \Phi_1 - \dfrac{Q}{4\pi}\ln \dfrac{\operatorname{ch}\dfrac{\pi a_e}{2d} - 1}{\operatorname{ch}\dfrac{\pi a_e}{2d} + 1} \\ \Phi_e = \Phi(0, b_e) = \Phi_1 - \dfrac{Q}{4\pi}\ln \dfrac{1 - \cos\dfrac{\pi b_e}{2d}}{1 + \cos\dfrac{\pi b_e}{2d}} \end{cases} \tag{3.4}$$

由式（3.4）中两方程联立，并记 $d = d_e$，得

$$\operatorname{tg}\frac{\pi b_e}{4d_e} = \operatorname{th}\frac{\pi a_e}{4d_e}$$

即

$$\operatorname{ch}\frac{\pi a_e}{2d_e} \cdot \cos\frac{\pi b_e}{2d_e} = 1 \tag{3.5}$$

由式（3.5）可确定参数 d_e/b_e，它由椭圆长短轴之比 $\beta = a_e/b_e$ 决定。表 3.1 和图 3.3 中给出了 d_e/b_e 随 a_e/b_e 的变化关系。

表 3.1　参数 d_e/b_e 随 a_e/b_e 的变化关系

a_e/b_e	1.004	1.02	1.05	1.10	1.20	1.50	2.00	3.00	4.00	8.00
d_e/b_e	10.00	4.60	2.97	2.18	1.65	1.228	1.072	1.012	1.002	1.000

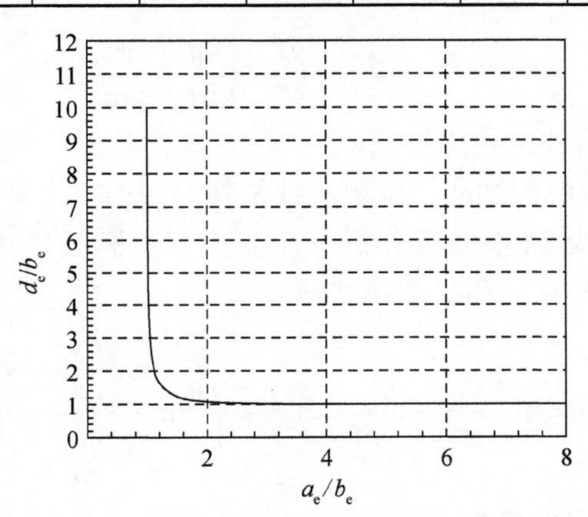

图 3.3　d_e/b_e 相对于 a_e/b_e 的变化关系曲线

将式（3.5）代入式（3.4），得到参数 Φ_1：

$$\Phi_1 = \Phi_e + \frac{Q}{2\pi}\ln\left(\operatorname{tg}\frac{\pi b_e}{4d_e}\right) \tag{3.6}$$

将式（3.5）和式（3.6）代入式（3.3），得

$$\Phi = \Phi_e + \frac{Q}{2\pi}\ln\left(\mathrm{tg}\frac{\pi b_e}{4d_e}\right) - \frac{Q}{4\pi}\ln\frac{\mathrm{ch}\frac{\pi x}{2d_e} - \cos\frac{\pi y}{2d_e}}{\mathrm{ch}\frac{\pi x}{2d_e} + \cos\frac{\pi y}{2d_e}}, |x| \leqslant a_e, |y| \leqslant b_e \quad (3.7)$$

这就是原椭圆区域流动问题的解析解，其等势线分布如图3.2中实线所示。在点源附近，$|x|\leqslant d_e$，$|y|\leqslant d_e$，并记$r=x^2+y^2$，代入式（3.7）得

$$\begin{aligned}\Phi &= \Phi_e + \frac{Q}{2\pi}\ln\left(\mathrm{tg}\frac{\pi b_e}{4d_e}\right) - \frac{Q}{4\pi}\ln\frac{2\,\mathrm{sh}^2\frac{\pi x}{4d_e} + 2\sin^2\frac{\pi y}{4d_e}}{\mathrm{ch}\frac{\pi x}{2d_e} + \cos\frac{\pi y}{2d_e}} \\ &\approx \Phi_e + \frac{Q}{2\pi}\ln\left(\mathrm{tg}\frac{\pi b_e}{4d_e}\right) - \frac{Q}{4\pi}\ln\left[\left(\frac{\pi x}{4d_e}\right)^2 + \left(\frac{\pi y}{4d_e}\right)^2\right]\end{aligned}$$

即

$$\Phi = \Phi_e + \frac{Q}{2\pi}\ln\left(\mathrm{tg}\frac{\pi b_e}{4d_e}\right) - \frac{Q}{2\pi}\ln\frac{\pi r}{4d_e} \quad (3.8)$$

从式（3.8）可看出，点源附近的等势线为圆形。

3.1.3 误差分析与计算

设图3.1中椭圆区域的内边界Γ_o为小圆周，其半径$r=r_o \ll b_e$，其位势为Φ_o，代入式（3.8）得

$$\Delta\Phi = \Phi_o - \Phi_e = \frac{Q}{2\pi}\ln\left(\frac{4d_e}{\pi r_o}\mathrm{tg}\frac{\pi b_e}{4d_e}\right) \quad (3.9)$$

式（3.9）表示内外边界位势差。

根据Laplace方程解的性质，位势函数及其误差均在边界上取最大值。所以，我们只需对边界上位势误差进行分析。在图3.1中椭圆形边界Γ_e上任取一点(x_e, y_e)，代入式（3.7），得此点位势值：

$$\Phi(x_e,y_e) = \Phi_e + \frac{Q}{2\pi}\ln\left(\mathrm{tg}\frac{\pi b_e}{4d_e}\right) - \frac{Q}{4\pi}\ln\frac{\mathrm{ch}\frac{\pi x_e}{2d_e} - \cos\frac{\pi y_e}{2d_e}}{\mathrm{ch}\frac{\pi x_e}{2d_e} + \cos\frac{\pi y_e}{2d_e}} \quad (3.10)$$

因此，该点位势误差值为

$$\delta\Phi_e = \Phi(x_e,y_e) - \Phi_e = \frac{Q}{2\pi}\ln\left(\mathrm{tg}\frac{\pi b_e}{4d_e}\right) - \frac{Q}{4\pi}\ln\frac{\mathrm{ch}\frac{\pi x_e}{2d_e} - \cos\frac{\pi y_e}{2d_e}}{\mathrm{ch}\frac{\pi x_e}{2d_e} + \cos\frac{\pi y_e}{2d_e}} \quad (3.11)$$

由式（3.11）除以式（3.9），得该边界点的相对误差 ε 为

$$\varepsilon = \frac{\delta\Phi_e}{\Delta\Phi} = \ln\left(\frac{\operatorname{ch}\frac{\pi x_e}{2d_e} + \cos\frac{\pi y_e}{2d_e}}{\operatorname{ch}\frac{\pi x_e}{2d_e} - \cos\frac{\pi y_e}{2d_e}} \cdot \operatorname{tg}^2\frac{\pi b_e}{4d_e}\right) \Big/ 2\ln\left(\frac{4d_e}{\pi r_o}\operatorname{tg}\frac{\pi b_e}{4d_e}\right)$$

$$= \ln\left(\frac{\operatorname{ch}\frac{\pi x_e/b_e}{2d_e/b_e} + \cos\frac{\pi y_e/b_e}{2d_e/b_e}}{\operatorname{ch}\frac{\pi x_e/b_e}{2d_e/b_e} - \cos\frac{\pi y_e/b_e}{2d_e/b_e}} \cdot \operatorname{tg}^2\frac{\pi b_e}{4d_e}\right) \Big/ 2\ln\left(\frac{4d_e/b_e}{\pi r_o/b_e}\operatorname{tg}\frac{\pi b_e}{4d_e}\right) \quad (3.12)$$

在足够高的精度内依次取 Γ_e 上的点代入式（3.12）进行计算，即可找出相对误差最大的点，此点的相对误差也就是整个椭圆形求解区域上位势分布的最大相对误差。由式（3.12）可看出，位势解析解相对误差决定于参数 d_e、b_e 和 r_o，但由于 d_e 是 a_e 和 b_e 的函数，最后解的误差只取决于两个参数：椭圆边界长短轴之比 a_e/b_e 和内外边界短轴之比 b_e/r_o。

表3.2中列出了式（3.7）解析解的最大相对误差随 a_e/b_e 和 b_e/r_o 变化的计算结果。从表3.2中可看出，内外边界尺度相差越大，即 b_e/r_o 越大，解析解的最大相对误差越小；在同样的 b_e/r_o 条件下，$a_e/b_e=2.3$ 时，解析解的最大相对误差最大，当 a_e/b_e 变大和变小时，解析解的最大相对误差都将变小。在 $b_e/r_o>500$ 的任何情况下，解析解的最大相对误差均小于0.5%。

表3.2 不同情况下解析解的最大相对误差（$\delta\Phi/\Delta\Phi$）

a_e/b_e	b_e/r_o		
	10	100	1000
1.01	3.78×10^{-6}	1.89×10^{-6}	1.26×10^{-6}
1.2	1.33×10^{-3}	6.76×10^{-4}	4.53×10^{-4}
1.5	5.30×10^{-3}	2.73×10^{-3}	1.84×10^{-3}
2	9.91×10^{-3}	5.16×10^{-3}	3.49×10^{-3}
2.3	1.09×10^{-2}	5.72×10^{-2}	3.78×10^{-3}
3	1.02×10^{-2}	5.36×10^{-3}	3.63×10^{-3}
4	7.46×10^{-3}	3.91×10^{-3}	2.65×10^{-3}
5	5.21×10^{-3}	2.73×10^{-3}	1.85×10^{-3}
6	3.71×10^{-3}	1.94×10^{-3}	1.32×10^{-3}
8	2.04×10^{-3}	1.07×10^{-3}	7.26×10^{-4}
10	1.32×10^{-3}	6.92×10^{-4}	4.69×10^{-4}
12	9.67×10^{-4}	5.07×10^{-4}	3.44×10^{-4}

3.1.4 油藏工程应用

油藏内流体运动常常简化为位势流动（葛家理等，2001）。设椭圆形定压边界油藏的厚度为 h，中心有一口生产井，圆形井筒 Γ_o 的半径为 r_o，$r_o \ll b_e < a_e$，如图 3.1 所示。油藏外边界 Γ_e 和内边界（井筒）Γ_o 的压力分别为 p_e 和 p_o，需求油藏内压力 p 的分布及井的产量 Q_o。该问题的数学描述为

$$\begin{cases} \dfrac{\partial^2 \Phi}{\partial x^2} + \dfrac{\partial^2 \Phi}{\partial y^2} = 0 \\ \Gamma_e:\ \dfrac{x^2}{a_e^2} + \dfrac{y^2}{b_e^2} = 1,\ \Phi = \Phi_e \\ \Gamma_o:\ r = \sqrt{x^2 + y^2} = r_o,\ \Phi = \Phi_o \end{cases} \tag{3.13}$$

式中，$\Phi = \dfrac{k}{\mu} p$，k 为油藏渗透率常数，μ 为流体黏度常量。

首先求压力分布。该问题可以看作中心点汇的流动，与图 3.1 的问题相同，可直接利用其结果。将 $\Phi = \dfrac{k}{\mu} p$ 和 $Q = -Q_o/h$ 代入式（3.7）得

$$p = p_e - \frac{\mu Q_o}{2\pi k h} \ln\left(\mathrm{tg}\,\frac{\pi b_e}{4d_e}\right) + \frac{\mu Q_o}{4\pi k h} \ln \frac{\mathrm{ch}\,\dfrac{\pi x}{2d_e} - \cos\dfrac{\pi y}{2d_e}}{\mathrm{ch}\,\dfrac{\pi x}{2d_e} + \cos\dfrac{\pi y}{2d_e}} \tag{3.14}$$

式中，d_e 的意义同式（3.5）。式（3.14）就是椭圆形油藏区域的压力分布，其压力等值线分布与图 3.2 中实线所示相同。

接着求井产量。一般情况下，井筒 r_o 比油藏区域的尺度小得多，即 $r_o \ll b_e$，因此可直接利用式（3.9）结果。将 $\Phi = \dfrac{k}{\mu} p$ 和 $Q = -Q_o/h$ 代入式（3.9），得到井产量公式：

$$Q_o = \frac{2\pi k h (p_e - p_o)}{\mu \ln\left(\dfrac{4d_e}{\pi r_o} \mathrm{tg}\,\dfrac{\pi b_e}{4d_e}\right)} \tag{3.15}$$

式（3.14）和式（3.15）即式（3.13）的解。

3.1.5 工程方法讨论

在此之前，油气田开发工程中常用等体积（面积）圆形油藏的产量代替椭圆油藏的产量，但是这样处理有时会产生较大的误差。

设椭圆形油藏长、短半轴分别为 a_e 和 b_e，其体积为 $V = \pi a_e b_e h$，则同等体积

$V=\pi r_e^2 h$ 的圆形油藏半径为 $r_e=\sqrt{a_e b_e}$。圆形油藏的产量计算公式（葛家理等，2001）为

$$Q_c=\frac{2\pi kh(p_e-p_o)}{\mu\ln\frac{r_e}{r_o}}=\frac{2\pi kh(p_e-p_o)}{\mu\ln\frac{\sqrt{a_e b_e}}{r_o}} \tag{3.16}$$

由式（3.16）和式（3.15）相除，可以得相同体积的圆形油藏跟椭圆形油藏产量之比：

$$\frac{Q_c}{Q_o}=\ln\left(\frac{4d_e}{\pi r_o}\cdot \mathrm{tg}\frac{\pi b_e}{4d_e}\right)/\ln\frac{r_e}{r_o}=\ln\left[\frac{4}{\pi\sqrt{\beta}}\frac{r_e}{r_o}\cdot\frac{d_e}{b_e}\mathrm{tg}\left(\frac{\pi}{4}/\frac{d_e}{b_e}\right)\right]/\ln\frac{r_e}{r_o} \tag{3.17}$$

由式（3.5）和式（3.17）可以看出，一般椭圆形油藏产量跟同体积的圆形油藏产量是不相等的，两者的比值既决定于圆形油藏半径 r_e 与井筒半径 r_o 之比 r_e/r_o（即油藏体积的大小），又决定于椭圆形油藏长短轴之比 $\beta=a_e/b_e$，但与其他地层参数无关。表 3.3 列出了 Q_c/Q_o 随 β 变化的计算数据，图 3.4 所示为 Q_c/Q_o 随 β 变化曲线，其中线 1 到线 4 对应的 r_e/r_o 值分别为 100、1000、3000 和 5000。若井筒半径为 $r_o=0.1$m，则四条曲线对应的圆形油藏区域的半径 r_e 分别为 10m、100m、300m 和 500m。

表 3.3 同等体积圆形与椭圆形油藏产量之比 Q_c/Q_o

r_e/r_o	β									
	1	2	3	4	5	6	7	8	9	10
100	100	96.8	93.1	90.2	87.7	85.7	84.1	82.6	81.3	80.2
1000	100	97.9	95.4	93.4	91.8	90.5	89.4	88.4	87.5	86.8
3000	100	98.1	95.8	94.0	92.6	91.3	90.3	89.5	88.7	88.0
5000	100	98.2	96.1	94.3	92.9	91.8	90.8	90.0	89.2	88.6
r_e/r_o	β									
	11	12	13	14	15	16	17	18	19	20
100	79.2	78.2	77.4	76.5	75.8	75.1	74.5	73.8	73.2	72.8
1000	86.1	85.5	84.9	84.3	83.8	83.4	82.9	82.6	82.2	81.8
3000	87.4	86.8	86.3	85.8	85.3	84.9	84.5	84.2	83.8	84.5
5000	88.0	87.5	87.0	86.5	86.5	85.7	85.3	85.0	84.6	84.3

计算结果表明，β 越大，r_e/r_o 越小，则同体积圆形油藏区域产量跟椭圆形油藏区域产量的差值越大。当 β 较大而 r_e/r_o 较小时，不能用同体积圆形区域产量代替椭圆形区域产量。这一结论适合于各种工程领域中的类似问题。

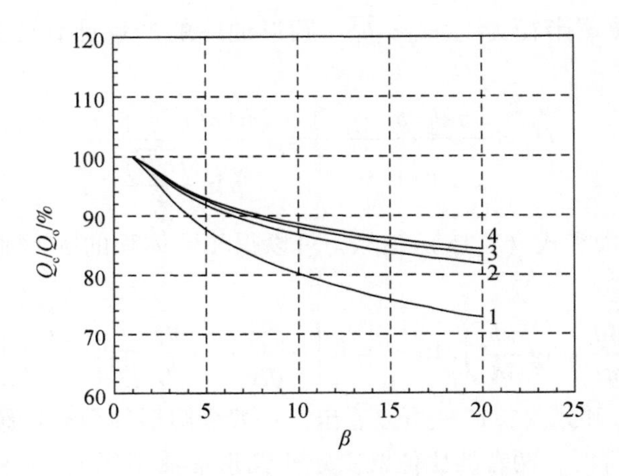

图 3.4　同体积圆形与椭圆形油藏产量比值变化曲线

3.2　有界各向异性地层渗流的分区域求解理论

本节主要内容是利用分区域求解和相似流动替换理论，考虑井筒形状影响，处理有界各向异性地层向一口井的稳定流动问题，给出该问题的解析解。

3.2.1　问题的数学描述

设各向异性均质有界地层为圆形，半径为 r_e，厚度为 h，x、y 方向上的渗透率分别为 k_x 和 k_y，$k_x>k_y$。圆形地层中心有一口生产井，井筒半径为 r_w，$r_w \ll r_e$，井底流压为 p_w；地层的外边界为定压边界，压力为 p_e。油藏内流体为单相不可压流体，黏度为 μ。整个流场为稳定流动，求压力 p 的分布及生产井产量 Q。数学模型描述为

$$\begin{cases} k_x \dfrac{\partial^2 p}{\partial x^2} + k_y \dfrac{\partial^2 p}{\partial y^2} = 0 \\ \Gamma_i: \ r = \sqrt{x^2 + y^2} = r_w, \ p = p_w \\ \Gamma_e: \ r = \sqrt{x^2 + y^2} = r_e, \ p = p_e \end{cases} \tag{3.18}$$

为了求解式（3.18），用如下坐标变换将各向异性地层空间转换为等价各向同性空间：

$$\xi = y\sqrt{\beta}, \quad \eta = -\frac{x}{\sqrt{\beta}} \tag{3.19}$$

式中，$\beta=\sqrt{k_x/k_y}>1$。在（ξ，η）空间中，原问题变成如下形式：

$$\begin{cases} \dfrac{\partial^2 p}{\partial \xi^2} + \dfrac{\partial^2 p}{\partial \eta^2} = 0 \\ \Gamma_{\mathrm{i}}: \dfrac{\xi^2}{a_{\mathrm{i}}^2} + \dfrac{\eta^2}{b_{\mathrm{i}}^2} = 1, p = p_{\mathrm{w}} \\ \Gamma_{\mathrm{e}}: \dfrac{\xi^2}{a_{\mathrm{e}}^2} + \dfrac{\eta^2}{b_{\mathrm{e}}^2} = 1, p = p_{\mathrm{e}} \end{cases} \tag{3.20}$$

此时，流动控制方程变为 Laplace 方程，各向同性空间渗透率 $k=\sqrt{k_x k_y}$，内外边界 Γ_{i} 和 Γ_{e} 变为两个共轴的相似椭圆，如图 3.5 所示。其长、短轴的半轴长度分别为 a_{i}、b_{i} 和 a_{e}、b_{e}：

$$\begin{cases} a_{\mathrm{i}} = r_{\mathrm{w}}\sqrt{\beta}, \quad b_{\mathrm{i}} = r_{\mathrm{w}}/\sqrt{\beta} \\ a_{\mathrm{e}} = r_{\mathrm{e}}\sqrt{\beta}, \quad b_{\mathrm{e}} = r_{\mathrm{e}}/\sqrt{\beta} \end{cases} \tag{3.21}$$

当 r_{e} 趋向无穷大，有界油藏变为无界油藏时，式（3.20）与 Muskat（1937）中相同。所以，Muskat（1937）中的问题只是上述问题的特例之一。

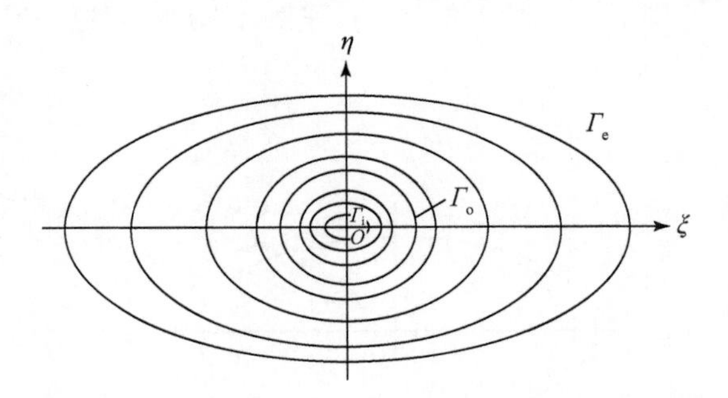

图 3.5　等价各向同性地层共轴相似椭圆间的流动

3.2.2　数值实验与求解区域划分

1. 数值计算结果

在 $r_{\mathrm{w}} \ll r_{\mathrm{e}}$ 的条件下，选择不同 β 值用数值方法计算 p 的分布。所有结果均表明，p 的等值线是一组椭圆形的封闭曲线。离边界越近，这些等值线的形状与相邻边界的形状越相似；当逐渐远离椭圆形边界时，p 的等值线由椭圆形逐渐向圆形变化，并在某一条等值线 Γ_{o} 上达到极限；Γ_{o} 的形状近似为圆形，也是整个区域中最接近圆形的等值线。如图 3.5 所示，我们称这种位势分布现象为“位势趋圆效应”。

2. 求解区域的划分

将图3.5中问题的求解区域以等压线 Γ_o 为界划分为内外两个区域：内区域由 Γ_i 到 Γ_o，外区域由 Γ_o 到 Γ_e。在两个子区域中，Γ_o 可看作等压边界（$p=p_o$）。这样，图3.5中问题可化为两个问题的组合：内区域流动问题Ⅰ和外区域流动问题Ⅱ，分别如图3.6和图3.7所示。

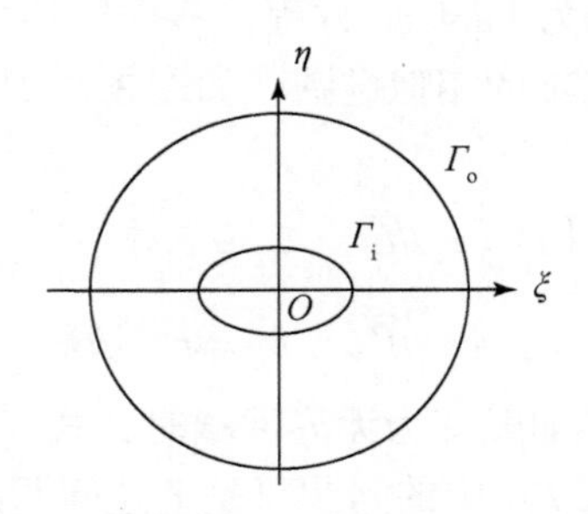

图3.6　问题Ⅰ在 $(\xi,\ \eta)$ 平面上的求解区域

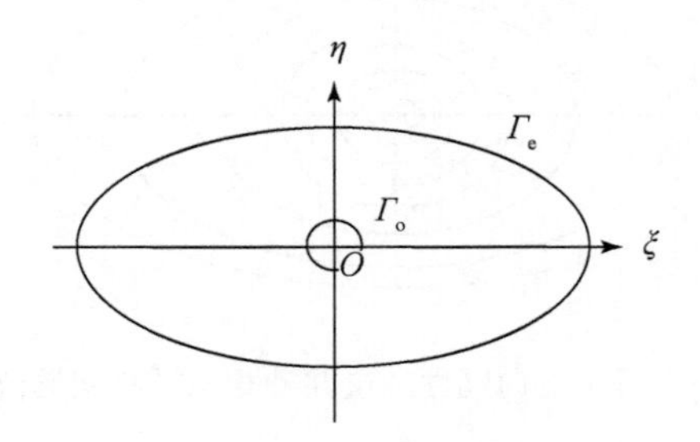

图3.7　问题Ⅱ在 $(\xi,\ \eta)$ 平面上的求解区域

3.2.3　问题的求解

1. 内区域问题Ⅰ的保角变换求解

根据数值实验结果，可以近似地取 Γ_o 的长短轴分别为 a_o 和 b_o，使它们同时满足如下关系：

$$\begin{cases} a_i \ll b_o \approx a_o \ll b_e \\ a_o^2 - b_o^2 = a_i^2 - b_i^2 = c_i^2 \end{cases} \tag{3.22}$$

根据式（3.22）定义，问题Ⅰ的内外边界 Γ_i 和 Γ_o 是两个共焦的椭圆（图3.6）。

因此，在求解区域内压力 p 的任一条等值线皆为与两边界共焦的椭圆（Muskat，1937；郎兆新等，1993）。该问题的主要求解步骤是利用下列保角变换

$$\zeta = c_i \mathrm{ch} w \tag{3.23}$$

将 $\zeta = \xi + i\eta$ 平面上的问题 I 变为 $w = u + iv$ 平面上的平行流动问题，再进行回代求解，其中，ζ 为（ξ，η）平面，w 为（u，v）平面，经推导可得问题 I 的解为

$$\begin{cases} p = p_w + \dfrac{\mu Q}{2\pi kh}\ln\dfrac{a+b}{a_i+b_i}, (\xi,\eta) \in [\Gamma_i, \Gamma_o] \\ Q = \dfrac{2\pi kh(p_o - p_w)}{\mu \ln \dfrac{a_o+b_o}{a_i+b_i}} \end{cases} \tag{3.24}$$

式中，a 和 b 分别为任一条等压线的长轴和短轴的半轴长度，用坐标（ξ，η）表示为

$$\begin{cases} a = \left(\dfrac{\xi^2+\eta^2+c_i^2+\sqrt{(\xi^2+\eta^2+c_i^2)^2-4c_i^2\eta^2}}{2}\right)^{1/2} \\ b = \left(\dfrac{\xi^2+\eta^2-c_i^2+\sqrt{(\xi^2+\eta^2+c_i^2)^2-4c_i^2\eta^2}}{2}\right)^{1/2} \end{cases} \tag{3.25}$$

2. 外区域问题Ⅱ的相似流动替换解法

外区域问题Ⅱ相当于 3.1 节中椭圆区域流动问题，可用相似流动替换方法求解。经推导得

$$p = p_e - \frac{\mu Q}{2\pi kh}\ln\left(\mathrm{tg}\frac{\pi b_e}{4d_e}\right) + \frac{\mu Q}{4\pi kh}\ln\frac{\mathrm{ch}\dfrac{\pi\xi}{2d_e} - \cos\dfrac{\pi\eta}{2d_e}}{\mathrm{ch}\dfrac{\pi\xi}{2d_e} + \cos\dfrac{\pi\eta}{2d_e}}, \quad (\xi,\eta) \in [\Gamma_o, \Gamma_e] \tag{3.26}$$

这就是外椭圆区域流动问题Ⅱ的压力分布解析解，其中参数 d_e/b_e 由椭圆长短轴之比 $\beta = a_e/b_e$ 决定：

$$\mathrm{tg}\frac{\pi b_e}{4d_e} = \mathrm{th}\frac{\pi a_e}{4d_e} \quad 或写成 \quad \mathrm{ch}\frac{\pi a_e}{2d_e}\cdot\cos\frac{\pi b_e}{2d_e} = 1 \tag{3.27}$$

同理，可以得到等压线 Γ_o 的长短轴应满足的关系式：

$$\mathrm{tg}\frac{\pi b_o}{4d_e} = \mathrm{th}\frac{\pi a_o}{4d_e} \quad 或写成 \quad \mathrm{ch}\frac{\pi a_o}{2d_e}\cdot\cos\frac{\pi b_o}{2d_e} = 1 \tag{3.28}$$

在 Γ_o 与 η 轴的交点（0，b_o）上有 $p = p_o$，代入式（3.26），得问题Ⅱ的流量公式：

$$Q=\frac{2\pi kh(p_e-p_o)}{\mu\ln\left(\operatorname{tg}\frac{\pi b_e}{4d_e}/\operatorname{tg}\frac{\pi b_o}{4d_e}\right)} \tag{3.29}$$

3.2.4 原问题的解

由式（3.24）、式（3.26）、式（3.29）联立，并写成（x，y）平面上的形式，得到：

$$\begin{cases} p(x,y)=\begin{cases} p_w+\dfrac{\mu Q}{2\pi kh}\ln\dfrac{(a+b)\sqrt{\beta}}{r_w(1+\beta)}, & (x,y)\in[\Gamma_i,\Gamma_o] \\ p_e-\dfrac{Q}{2\pi}\ln\left(\operatorname{tg}\dfrac{\pi b_e}{4d_e}\right)+\dfrac{Q}{4\pi}\ln\dfrac{\operatorname{ch}\dfrac{\pi\sqrt{\beta}y}{2d_e}-\cos\dfrac{\pi x}{2d_e\sqrt{\beta}}}{\operatorname{ch}\dfrac{\pi\sqrt{\beta}y}{2d_e}+\cos\dfrac{\pi x}{2d_e\sqrt{\beta}}}, & (x,y)\in[\Gamma_o,\Gamma_e] \end{cases} \\ Q=\dfrac{2\pi kh(p_e-p_w)/\mu}{\ln\left(\operatorname{tg}\dfrac{\pi b_e}{4d_e}/\operatorname{tg}\dfrac{\pi b_o}{4d_e}\right)+\ln\dfrac{a_o+b_o}{a_i+b_i}} \end{cases} \tag{3.30}$$

式（3.30）就是原各向异性渗流问题的整体解析解。其中 a、b 由式（3.19）和式（3.25）联合给定，d_e 由式（3.27）给定。Γ_o 在原各向异性空间中是一个椭圆，其长、短轴分别在 x、y 方向，长、短轴的半长度分别为 $b_o\sqrt{\beta}$ 和 $a_o/\sqrt{\beta}$，a_o 和 b_o 由式（3.22）和式（3.28）联立求得。

当 $\beta\to1$，即油藏渗透率趋于各向同性时，由式（3.21）和式（3.22）知 $a_i\approx r_w\approx b_i$，$a_e\approx r_e\approx b_e$，$a_o\approx b_o$。代入式（3.27）可得 $d_e\gg b_e>b_o$，即$\frac{\pi b_e}{4d_e}\ll1$，$\frac{\pi b_o}{4d_e}\ll1$。因此有 $\operatorname{tg}\frac{\pi b_e}{4d_e}\approx\frac{\pi b_e}{4d_e}$，$\operatorname{tg}\frac{\pi b_o}{4d_e}\approx\frac{\pi b_o}{4d_e}$。把这些关系式代入式（3.30），得到圆形各向同性油藏产量公式：

$$Q_c=\frac{2\pi kh(p_e-p_w)}{\mu\ln(r_e/r_w)} \tag{3.31}$$

由式（3.30）和式（3.31），得到相同体积各向同性油藏与各向异性油藏井产量比值的关系式：

$$\frac{Q_c}{Q}=\frac{\ln\left(\operatorname{tg}\frac{\pi b_e}{4d_e}/\operatorname{tg}\frac{\pi b_o}{4d_e}\right)+\ln\frac{a_o+b_o}{a_i+b_i}}{\ln(r_e/r_w)} \tag{3.32}$$

表3.4给出了不同的r_e/r_w和β情况下，相同体积各向同性油藏与各向异性油藏井产量之比Q_c/Q的计算结果。结果表明，渗透率各向异性对有界油藏的产量有较明显的影响，这种影响随各向异性程度（β）的增加而增大，随油藏半径的增加而有所减小。

表3.4 同等体积各向同性与各向异性油藏产量之比Q_c/Q

r_e/r_w	β									
	1	2	3	4	5	6	7	8	9	10
10	100.0	91.4	80.4	71.2	63.7	57.5	52.1	47.6	43.6	40.1
100	100.0	95.7	90.1	85.3	81.4	78.0	75.2	72.6	70.3	68.2
1000	100.0	97.1	93.4	90.2	87.6	85.4	83.4	81.7	80.2	78.8
10000	100.0	97.8	95.0	92.7	90.7	89.0	87.6	86.3	85.1	84.1
r_e/r_w	β									
	11	12	13	14	15	16	17	18	19	20
10	37.1	34.4	31.9	29.8	27.8	26.1	24.5	23.1	21.8	20.7
100	66.4	64.6	63.0	61.5	60.1	58.8	57.6	56.4	55.3	54.3
1000	77.6	76.4	75.3	74.3	73.4	72.5	71.7	70.9	70.2	69.5
10000	83.2	82.3	81.5	80.7	80.0	79.4	78.8	78.2	77.6	77.1

3.3 无界各向异性地层渗流理论

科林斯（1984）、斯特列尔特索娃（1992）给出了无界各向异性地层内点源（汇）的位势分布，但没有考虑井筒形状的影响及油藏的开发指标。

3.3.1 问题的数学模型

设有一无限大平面各向异性地层，厚度为h。选取坐标系（x，y），使坐标轴方向与渗透率张量主方向一致，设x、y方向的渗透率分别为k_x和k_y，且$k_x>k_y$，在坐标原点处有一口直井生产，井筒半径为r_w，设油藏压力分布为p，无穷远处压力为p_e，井底流压为p_w，井产量为$Q=hq$，q为井筒在单位厚度地层的产量，记（r，θ）为柱坐标变量。则数学模型可表述如下：

$$\begin{cases} k_x \dfrac{\partial^2 p}{\partial x^2} + k_y \dfrac{\partial^2 p}{\partial y^2} = 0 \\ r = r_w, p = p_w \\ r = \infty, p = p_e \end{cases} \tag{3.33}$$

引进新的直角坐标系（x_1，y_1）和柱坐标系（r_1，θ_1），令两直角坐标系变换

关系为（Muskat，1937）

$$x_1 = x\left(\frac{k_y}{k_x}\right)^{1/4}, \quad y_1 = y\left(\frac{k_x}{k_y}\right)^{1/4} \tag{3.34}$$

这时，两个柱坐标系变换关系为

$$\begin{cases} r_1 = r \cdot \left(\dfrac{k_y}{k_x}\right)^{1/4}\sqrt{1+\dfrac{k_x-k_y}{k_y}\sin^2\theta} \\ \theta_1 = \operatorname{arctg}\left(\sqrt{\dfrac{k_x}{k_y}}\cdot \operatorname{tg}\theta\right) \end{cases} \tag{3.35}$$

将式（3.34）代入式（3.33），得

$$\begin{cases} \dfrac{\partial^2 p}{\partial x_1^2}+\dfrac{\partial^2 p}{\partial y_1^2}=0 \\ \dfrac{x_1^2}{r_\mathrm{a}^2}+\dfrac{y_1^2}{r_\mathrm{b}^2}=1, p=p_\mathrm{w} \\ r_1=\infty, p=p_\mathrm{e} \end{cases} \tag{3.36}$$

其中

$$r_\mathrm{a} = r_\mathrm{w}\left(\frac{k_y}{k_x}\right)^{1/4}, \quad r_\mathrm{b} = r_\mathrm{w}\left(\frac{k_x}{k_y}\right)^{1/4} \tag{3.37}$$

3.3.2 问题的解

等价各向同性渗流问题［式（3.36）］，与各向同性无限大地层中一口裂缝井的渗流情况相同（Muskat，1937）。经保角变换方法可求得解析解。其等势线为一组同焦点的椭圆：

$$\frac{x_1^2}{c_1^2\,\mathrm{sh}^2\xi}+\frac{y_1^2}{c_1^2\,\mathrm{ch}^2\xi}=1 \tag{3.38}$$

式中，c_1 为椭圆的半焦距，也是相应的裂缝井半长度；ξ 为无量纲位势值。其表达式分别是

$$\begin{cases} c_1 = r_\mathrm{w}\sqrt{(\beta^2-1)/\beta}, \quad \beta=(k_x/k_y)\,1/2 \\ \xi=\dfrac{2\pi kh(p-p_0)}{\mu Q}, \quad p_0\text{ 为一压力常数} \end{cases} \tag{3.39}$$

椭圆的长轴在 y_1 方向，长、短半轴长度分别为

$$b_1 = c_1\mathrm{ch}\xi, \quad a_1 = c_1\mathrm{sh}\xi \tag{3.40}$$

由式（3.40）得

$$\xi = \ln\frac{a_1+b_1}{c_1} \tag{3.41}$$

再代入式（3.39），得

$$p=\frac{\mu Q}{2\pi kh}\ln\frac{a_1+b_1}{c_1}+p_0 \tag{3.42}$$

这就是各向异性地层一口井渗流压力分布的通式。其中 a_1 和 b_1 可由式（3.38）及关系式 $c_1^2+a_1^2=b_1^2$ 求得。等价各向同性直角坐标和柱坐标形式分别为

$$\begin{cases} a_1=\left(\dfrac{x_1^2+y_1^2-c_1^2+\sqrt{(x_1^2+y_1^2-c_1^2)^2+4c_1^2x_1^2}}{2}\right)^{1/2} \\ b_1=\left(\dfrac{x_1^2+y_1^2+c_1^2+\sqrt{(x_1^2+y_1^2+c_1^2)^2-4c_1^2y_1^2}}{2}\right)^{1/2} \end{cases} \tag{3.43}$$

$$\begin{cases} a_1=\left(\dfrac{r_1^2-c_1^2+\sqrt{(r_1^2-c_1^2)^2+4c_1^2r_1^2\cos^2\theta_1}}{2}\right)^{1/2} \\ b_1=\left(\dfrac{r_1^2+c_1^2+\sqrt{(r_1^2+c_1^2)^2-4c_1^2r_1^2\cos^2\theta_1}}{2}\right)^{1/2} \end{cases} \tag{3.44}$$

考虑到式（3.34）、式（3.35）和式（3.39），由式（3.43）和式（3.44）可得原各向异性空间中的直角坐标和柱坐标形式：

$$\begin{cases} a_1=\left(\dfrac{x^2+\beta^2y^2-r_w^2(\beta^2-1)+\sqrt{[x^2+\beta^2y^2-r_w^2(\beta^2-1)]^2+4x^2r_w^2(\beta^2-1)}}{2\beta}\right)^{1/2} \\ b_1=\left(\dfrac{x^2+\beta^2y^2+r_w^2(\beta^2-1)+\sqrt{[x^2+\beta^2y^2+r_w^2(\beta^2-1)]^2-4y^2r_w^2(\beta^2-1)}}{2\beta}\right)^{1/2} \end{cases} \tag{3.45}$$

$$\begin{cases} a_1=\left(\dfrac{r^2-(\beta^2-1)(r^2\sin^2\theta-r_w^2)}{2\beta}+\dfrac{\sqrt{[r^2-(\beta^2-1)(r^2\sin^2\theta-r_w^2)]^2+4r^2r_w^2(\beta^2-1)\cos^2\theta}}{2\beta}\right)^{1/2} \\ b_1=\left(\dfrac{r^2+(\beta^2-1)(r^2\sin^2\theta-r_w^2)}{2\beta}+\dfrac{\sqrt{[r^2+(\beta^2-1)(r^2\sin^2\theta-r_w^2)]^2-4r^2r_w^2(\beta^2-1)\sin^2\theta}}{2\beta}\right)^{1/2} \end{cases} \tag{3.46}$$

将式（3.33）或式（3.36）中的内边界条件代入式（3.42），得到定解问题的精确解为

$$p=p_w+\frac{\mu Q}{2\pi kh}\ln\frac{a_1+b_1}{r_w(\sqrt{\beta}+\sqrt{1/\beta})} \tag{3.47}$$

为了应用方便，需要对式（3.42）近似简化。事实上，在离井点稍远区域都

满足 $b_1+a_1 \gg c_1=r_w\sqrt{(\beta^2-1)/\beta}$，又由 $b_1^2-a_1^2=c_1^2$ 可得 $b_1-a_1 \ll c_1 \ll b_1+a_1$，即$\frac{b_1-a_1}{b_1+a_1} \ll 1$，所以有 $b_1 \approx a_1=r_1$，即椭圆形变为圆形。这里 r_1 为各向同性空间任一点的径向坐标。将上述结果代入式（3.47），得

$$p=p_w+\frac{\mu Q}{2\pi kh}\ln\left(\frac{r_1}{r_w}\frac{2\sqrt{\beta}}{1+\beta}\right) \tag{3.48}$$

各向异性空间坐标形式为

$$p=p_w+\frac{\mu Q}{2\pi kh}\ln\left(\frac{r}{r_w}\frac{2}{1+\beta}\sqrt{1+(\beta^2-1)\sin^2\theta}\right) \tag{3.49}$$

由式（3.49）可以看到，各向异性介质与各向同性介质不同，其空间中任一点的压力不仅与该点到井口的距离 r 有关，还与井口到该点连线相对于渗透率主轴的方向 θ 有关。在式（3.49）中，令压力为常数，即可得无限大各向异性介质向一口井流动的等势线，这些等势线是一组同心且共轴的相似椭圆曲线，长短轴之比为 $\sqrt{k_x/k_y}$，其等压供液边界也是椭圆。可以想象，非稳定流动中压力的升降也是以椭圆形状自井口向外传播的。

对于注入井情形，只要将式（3.48）和式（3.49）中右端第二项改为负号。

3.3.3 井的产量

在远井处椭圆形等势线（可看作供液边界）上任取一点（r_e，θ_e），设边界压力为 p_e，代入式（3.49）则得产量公式为

$$Q=\frac{2\pi kh(p_e-p_w)}{\mu\ln\left(\frac{r_e}{r_w}\frac{2}{\beta+1}\sqrt{1+(\beta^2-1)\sin^2\theta_e}\right)} \tag{3.50}$$

若忽略井筒形状的影响，则式（3.49）将变成

$$p-p_w=\frac{\mu Q}{2\pi kh}\ln\left(\frac{r_e}{r_w}\frac{\sqrt{1+(\beta^2-1)\sin^2\theta_e}}{\sqrt{\beta}}\right) \tag{3.51}$$

由此引起的（$p-p_w$）的最大相对误差为 $\varepsilon=\ln\left(\frac{1+\beta}{2\sqrt{\beta}}\right)/\ln\left(\frac{2r_e}{(1+\beta)\ r_w}\right)$。例如，当 $r_e/r_w=3000$，$\beta=5$ 时，$\varepsilon=3.67\%$。

工程上常采用一些简化公式，记 $r_g=\frac{r_e}{\sqrt{\beta}}\sqrt{1+(\beta^2-1)\sin^2\theta_e}$，令 $\theta_e=0$，得 $r_{ga}=r_e/\sqrt{\beta}$，令 $\theta_e=\pi/2$，得 $r_{gb}=r_e\sqrt{\beta}$，近似取 $r_g\equiv\sqrt{r_{ga}\cdot r_{gb}}=r_e$，代入式（3.50），得到

$$Q = \frac{2\pi kh(p_e - p_w)}{\mu \ln\left(\frac{r_e}{r_w}\frac{2\sqrt{\beta}}{\beta + 1}\right)} \tag{3.52}$$

式（3.52）中忽略了参数 θ_e 的变化，使用较方便，是式（3.50）的近似简化。其最大相对误差 $\varepsilon = \ln\beta/2\ln\left(\frac{2r_e}{(1+\beta)\ r_w}\right)$。若 $r_e/r_w = 3000$，$\beta = 5$，则$\varepsilon \approx 10.0\%$。

高尔夫拉特（1989）建议采用另一简化公式：

$$Q = \frac{2\pi kh(p_e - p_w)}{\mu \ln\left(\frac{r_e}{r_w}\frac{4\beta}{(\beta + 1)^2}\right)} \tag{3.53}$$

式（3.53）的最大相对误差为 $\varepsilon = \ln\frac{\beta+1}{2}/\ln\frac{r_e}{r_w}$。若 $r_e/r_w = 3000$，$\beta = 5$，则 $\varepsilon \approx 13.7\%$。式（3.53）的误差比式（3.52）的大。

3.4　各向异性地层裂缝井渗流理论

如图 3.8 所示，设无限大平面各向异性地层中有一长 $2l$ 的裂缝井，它与各向异性渗透率最大主轴方向夹角为 α，渗透率主值 $k_x > k_y$，并记 $\beta = \sqrt{k_x/k_y}$。

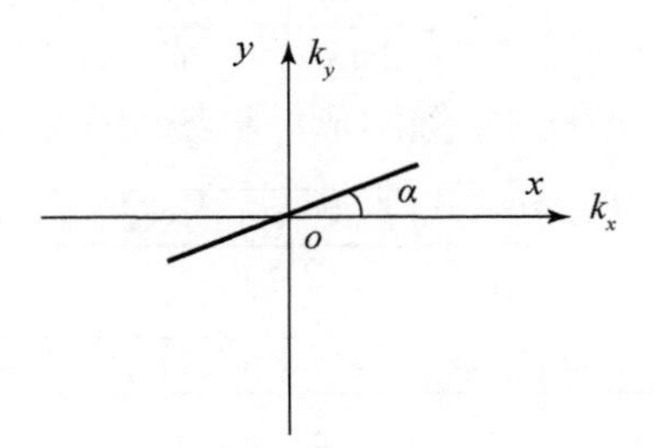

图 3.8　各向异性地层裂缝井方位

3.4.1　压力分布

首先进行坐标变换：

$$\begin{cases} x_1 = x/\sqrt{\beta}, y_1 = y\sqrt{\beta} \\ r_1 = r\sqrt{\cos^2\theta/\beta + \beta\sin^2\theta} \\ \theta_1 = \mathrm{arctg}(\beta \mathrm{tg}\theta) \end{cases} \tag{3.54}$$

原各向异性空间问题转换为图 3.9 所示各向同性空间问题，各向同性空间渗

透率 $k=\sqrt{k_x k_y}$，裂缝井长为 $2l_1$，与坐标 x 轴夹角为 α_1。

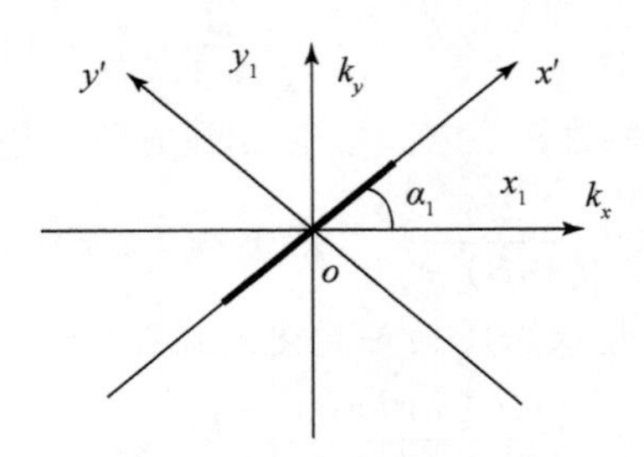

图 3.9　等价各向同性地层裂缝井方位

$$\begin{cases} l_1 = l\sqrt{\cos^2\alpha/\beta + \beta\sin^2\alpha} \\ \alpha_1 = \operatorname{arctg}(\beta \operatorname{tg}\alpha) \end{cases} \tag{3.55}$$

在图 3.9 中再进行如下坐标变换：

$$\begin{cases} x' = x_1\cos\alpha_1 + y_1\sin\alpha_1 \\ y' = - x_1\sin\alpha_1 + y_1\cos\alpha_1 \end{cases} \tag{3.56}$$

则坐标系（x'，y'）的 x'轴与裂缝井的方向相同。裂缝井长度保持不变，即 $l'=l_1$。由 Muskat（1937）和 3.3 节中的分析知，稳定渗流的压力分布为

$$p = p_w + \frac{\mu Q}{2\pi kh}\ln\frac{a'+b'}{l'} \tag{3.57}$$

式中，a' 和 b' 为（x'，y'）坐标系中椭圆形等势线的长短半轴。

$$\begin{cases} a' = \left[\dfrac{x'^2 + y'^2 + l'^2 + \sqrt{(x'^2 + y'^2 + l'^2)^2 - 4l'^2x'^2}}{2}\right]^{1/2} \\ b' = \left[\dfrac{x'^2 + y'^2 - l'^2 + \sqrt{(x'^2 + y'^2 + l'^2)^2 - 4l'^2x'^2}}{2}\right]^{1/2} \end{cases} \tag{3.58}$$

将式（3.56）代入式（3.58）得（x_1，y_1）坐标系中压力分布形式：

$$\begin{cases} a' = \left[\dfrac{x_1^2 + y_1^2 + l_1^2 + \sqrt{(x_1^2 + y_1^2 + l_1^2)^2 - 4l_1^2(x_1\cos\alpha_1 + y_1\sin\alpha_1)^2}}{2}\right]^{1/2} \\ b' = \left[\dfrac{x_1^2 + y_1^2 - l_1^2 + \sqrt{(x_1^2 + y_1^2 + l_1^2)^2 - 4l_1^2(x_1\cos\alpha_1 + y_1\sin\alpha_1)^2}}{2}\right]^{1/2} \end{cases} \tag{3.59}$$

将式（3.54）和式（3.55）代入式（3.59），得

$$
\begin{cases}
a' = \left[\dfrac{x^2 + \beta^2 y^2 - l^2(\cos^2\alpha + \beta^2 \sin^2\alpha)}{2\beta} + \dfrac{\sqrt{[x^2 + \beta^2 y^2 - l^2(\cos^2\alpha + \beta^2 \sin^2\alpha)]^2 + 4l^2 (x\cos\alpha + \beta^2 y\sin\alpha)^2}}{2\beta} \right]^{1/2} \\
b' = \left[\dfrac{x^2 + \beta^2 y^2 + l^2(\cos^2\alpha + \beta^2 \sin^2\alpha)}{2\beta} + \dfrac{\sqrt{[x^2 + \beta^2 y^2 + l^2(\cos^2\alpha + \beta^2 \sin^2\alpha)]^2 - 4l^2 (x\cos\alpha + \beta^2 y\sin\alpha)^2}}{2\beta} \right]^{1/2}
\end{cases}
\tag{3.60}
$$

式（3.57）和式（3.60）为原各向异性空间中有限长裂缝渗流压力分布精确解，其等势线及流线分布如图 3.10 所示。其中封闭曲线为等压线，非封闭曲线为流线。

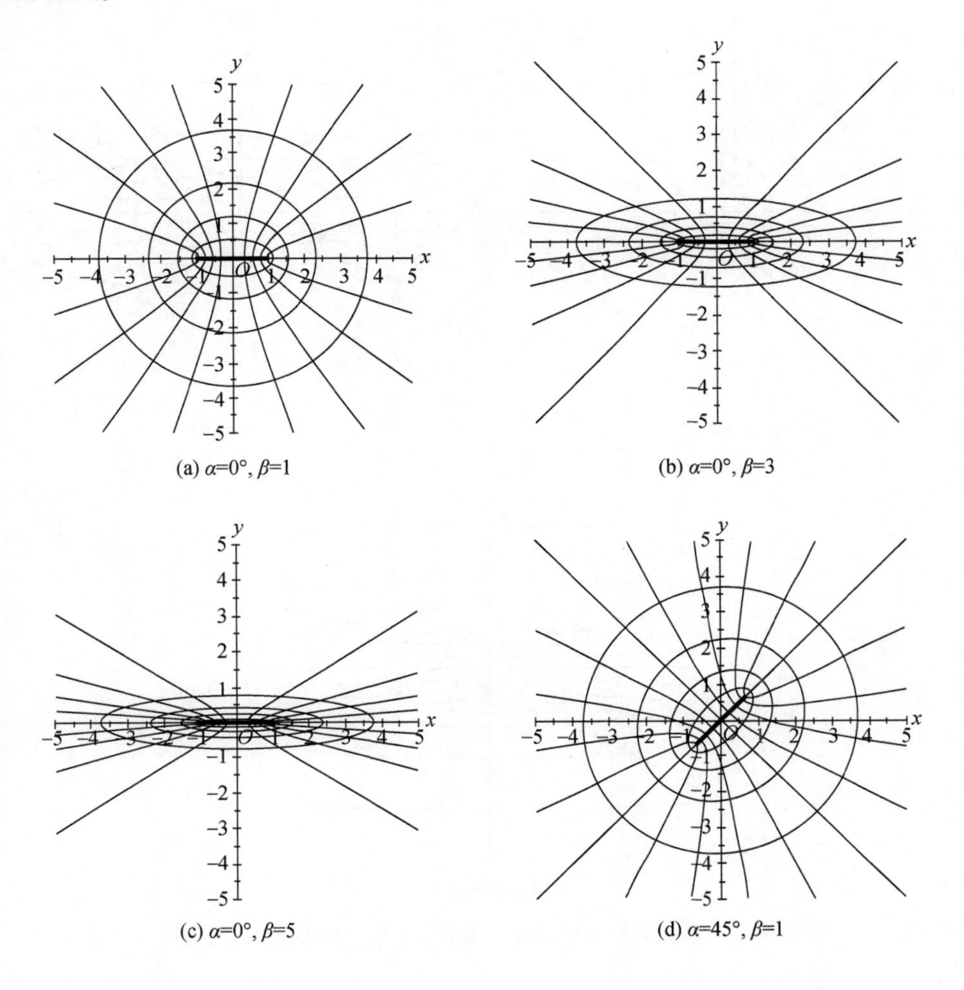

(a) α=0°, β=1　(b) α=0°, β=3

(c) α=0°, β=5　(d) α=45°, β=1

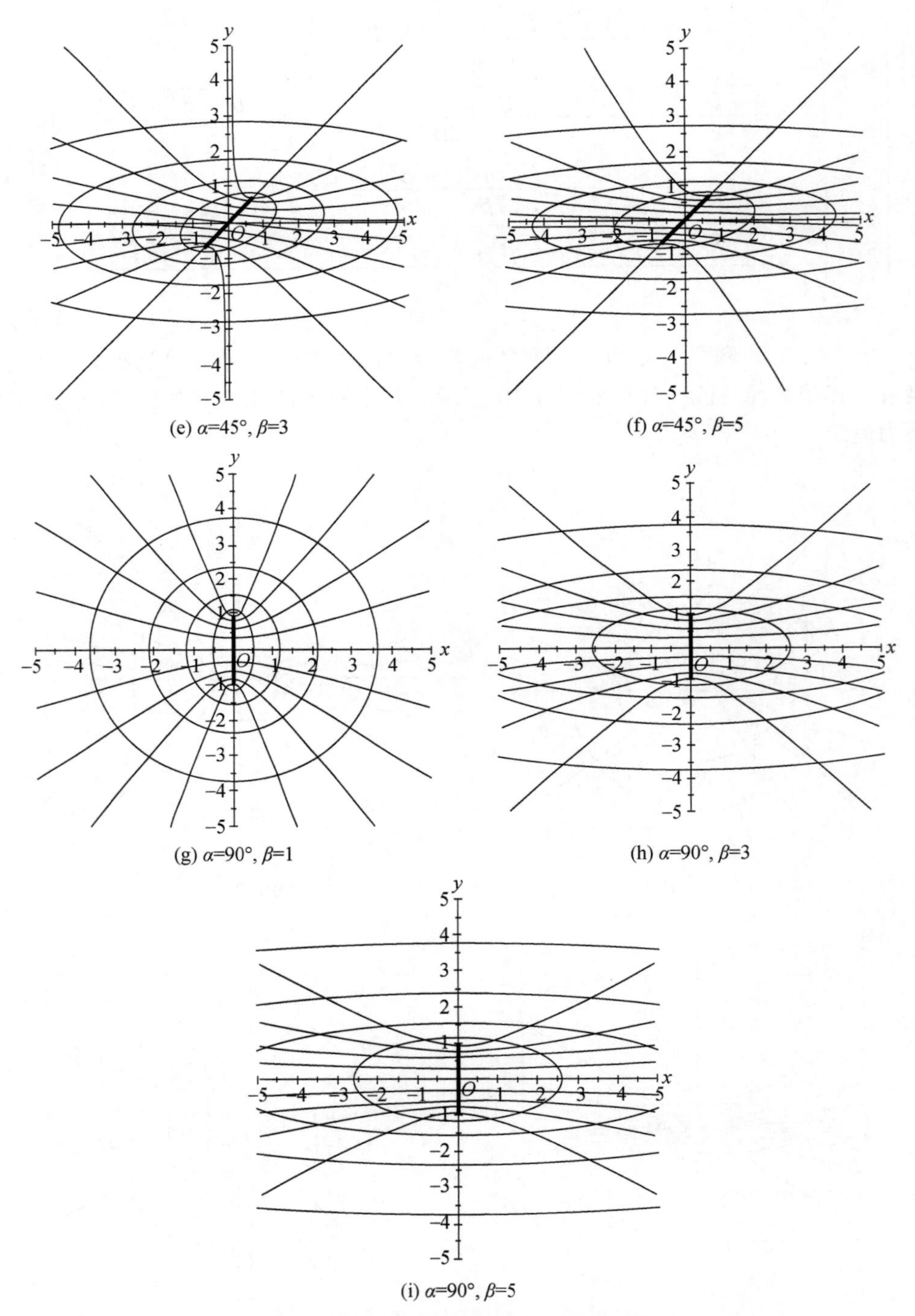

图 3.10　各向异性地层裂缝井渗流压力等势线及流线分布图

当 $a' \approx b' = r' \gg l'$ 时，即远离水平井区域，式（3.57）将变为

$$p = p_w + \frac{\mu Q}{2\pi kh}\ln\frac{2r'}{l'} \tag{3.61}$$

式中，r' 为(x', y') 坐标系中的矢径变量。由式（3.56）得

$$r' = \sqrt{x'^2 + y'^2} = r_1$$

于是式(3.61)可变为

$$p = p_w + \frac{\mu Q}{2\pi kh}\ln\frac{2r_1}{l_1} \tag{3.62}$$

将式（3.54）和式（3.55）代入式（3.62），得

$$p = p_w + \frac{\mu Q}{2\pi kh}\ln\frac{2r\sqrt{\cos^2\theta + \beta^2\sin^2\theta}}{l\sqrt{\cos^2\alpha + \beta^2\sin^2\alpha}} \tag{3.63}$$

或写成（x，y）直角坐标形式：

$$p = p_w + \frac{\mu Q}{2\pi kh}\ln\frac{2\sqrt{x^2 + \beta^2 y^2}}{l\sqrt{\cos^2\alpha + \beta^2\sin^2\alpha}} \tag{3.64}$$

式（3.63）、式（3.64）为各向异性空间有限长裂缝渗流的近似解，适用条件为$r \gg l$。这是一组共轴相似椭圆。

3.4.2　流场分析

在图 3.10 中每两条等压线之间的压差均相等，每两条流线之间的流量差也相等，因此这些流场图可以帮助我们方便地进行流场分析。通过观察分析可以得到如下认识。

（1）裂缝井与最大渗透率方向夹角不同，渗透率各向异性对裂缝井开发效果的影响会呈现出决然不同的规律。当 $\alpha = 0°$ 即裂缝井与最大渗透率方向平行时，渗透率各向异性强度越强（即 β 越大），裂缝井控制的面积和原油储量越小，最终的产油量也越少；当 $\alpha = 45°$ 和 $\alpha = 90°$ 时，各向异性程度越强（即 β 越大），裂缝井控制的面积和原油储量越大，产油量也越多。

（2）在同样的渗透率各向异性强度下，裂缝井与最大渗透率方向夹角越大，裂缝井控制的面积和原油储量越大，产油量越多，开发效果越好。裂缝井与最大渗透率方向垂直时，开发效果最好。

（3）在各向异性渗透率介质中，渗流场的流线与等压线一般不相互正交，明显区别于通常的流体流动中流线与等压线相互正交的规律。

（4）裂缝井段上的流速呈非均匀分布，越靠近裂缝井两端流速越大。无论各向同性还是各向异性介质渗流，均遵从这一规律。

（5）如果利用水平井开采各向异性油藏，则可以把水平井筒看作上述裂缝

井；根据上述分析，开发设计中应使水平井筒方向垂直于最大渗透率方向。

3.4.3 井产量

由式（3.64）可以看出，远井区等势线为一组同心的相似椭圆，其长短轴之比为 $a/b=\beta$。设椭圆形等压边界的长、短轴分别为 a_e 和 b_e，$b_e=a_e/\beta$，压力为 p_e。在椭圆边界上任取一点（r_e，θ_e），代入式（3.63），可得裂缝井产量公式为

$$Q=\frac{2\pi kh(p_e-p_w)}{\mu\ln\dfrac{2r_e\sqrt{\cos^2\theta_e+\beta^2\sin^2\theta_e}}{l\sqrt{\cos^2\alpha+\beta^2\sin^2\alpha}}} \tag{3.65}$$

式（3.65）是近似产量公式，可用于 $r_e\gg l$（井网穿透比较小）时的油藏工程计算，当 $r_e=O(l)$ 时，须用式（3.57）和式（3.60）进行计算。

与各向同性地层裂缝渗流公式（葛家理等，2001）相比，式（3.65）中的阻力项中多出一个系数 $\sqrt{\cos^2\theta_e+\beta^2\sin^2\theta_e}/\sqrt{\cos^2\alpha+\beta^2\sin^2\alpha}$，它反映了各向异性的影响。

若取 $r_e=\sqrt{a_eb_e}$，并忽略角度 θ_e 变化的影响，得近似产量公式为

$$Q=\frac{2\pi kh(p_e-p_w)}{\mu\ln\left[\dfrac{2r_e}{l}\cdot\dfrac{1}{\sqrt{\cos^2\alpha+\beta^2\sin^2\alpha}}\right]} \tag{3.66}$$

式（3.66）的最大相对误差与 3.3 节中直井情况相同。

3.5 各向异性地层多分支裂缝井渗流理论

3.5.1 四分支裂缝井

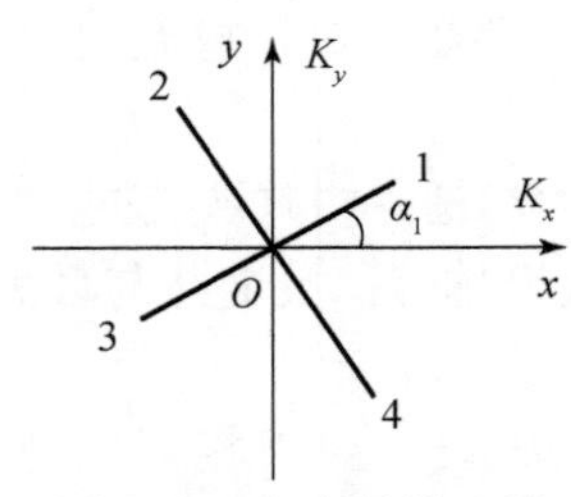

图 3.11 各向异性地层四分支裂缝井

如图 3.11 所示，设四分支裂缝井的各分支长度为 l，设第一个分支与最大渗透率主轴 k_x 成 α_1 角，则第 i 个分支与 x 轴夹角为 $\alpha_i=\alpha_1+(i-1)\pi/2$，$i=1,2,3,4$。把各向异性空间转换为各向同性空间，做如下坐标变换：

$$\begin{cases}\xi=x/\sqrt{\beta}\\ \eta=y\sqrt{\beta}\\ \beta=\sqrt{k_x/k_y}\end{cases} \tag{3.67}$$

经过坐标变换，各分支长度 l'_i 及与新坐标 x' 轴夹角 α'_i（$i=1,2,3,4$）为

$$
\begin{cases}
l'_1 = l'_3 = l\sqrt{\cos^2\alpha_1/\beta + \beta\sin^2\alpha_1} \\
l'_2 = l'_4 = l\sqrt{\sin^2\alpha_1/\beta + \beta\cos^2\alpha_1} \\
\alpha'_1 = \mathrm{arctg}(\beta \mathrm{tg}\alpha_1) \\
\alpha'_2 = \mathrm{arctg}(-\beta \mathrm{ctg}\alpha_1) \\
\alpha'_3 = \pi + \alpha'_1 \\
\alpha'_4 = \pi + \alpha'_3
\end{cases}
\tag{3.68}
$$

变换后各向同性空间多分支井情况如图3.12所示。

现考察图3.12中的第Ⅰ扇形分支区域，两个分支长度分别为l'_1和l'_2，分支夹角为$\gamma_1=\alpha'_2-\alpha'_1$，记$\zeta=\xi+i\eta$，进行保角变换：

$$
\omega(z) = u + iv = \zeta^{\pi/\gamma_1} \cdot e^{-i\alpha'_1\pi/\gamma_1} \tag{3.69}
$$

则可得如图3.13所示流动。此流动除了水平井分支末端外一个小区域内的等势线偏离与坐标轴u垂直的方向，其他各处跟二分支井流动基本相同。因此，可以将图3.13中所示流动近似看作一口二分支裂缝井的流动。设此分支区域产量为Q_{I}，则有

$$
\begin{cases}
Q_{\mathrm{I}} = \dfrac{\pi kh(p_e - p_w)}{\mu\ln\dfrac{4r''_{e1}}{l''_1 + l''_2}}
\end{cases}
\tag{3.70}
$$

其中

$$
l''_1 = (l'_1)^{\pi/\gamma_1},\ l''_2 = (l'_2)^{\pi/\gamma_1},\ r''_{e1} = (r'_e)^{\pi/\gamma_1} = \left(r_e\sqrt{\cos^2\theta_e/\beta + \beta\sin^2\theta_e}\right)^{\pi/\gamma_1}
$$

式中，$(r_e,\ \theta_e)$为$(x,\ y)$空间中椭圆形等压边界上任一点的柱坐标。

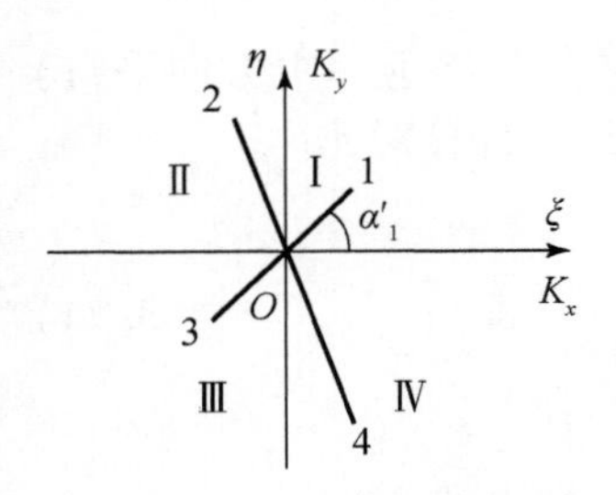

图3.12 等价各向同性地层四分支裂缝井

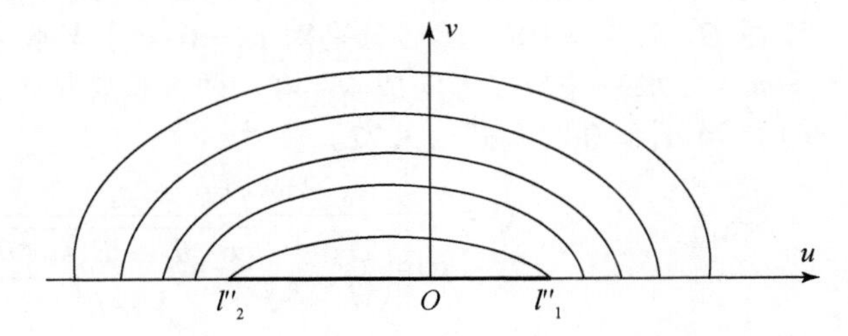

图3.13 四分支裂缝井扇形分支区域保角变换后的流动

同理，可得第Ⅱ、Ⅲ、Ⅳ扇形分支区域的产量公式：

$$\begin{cases} Q_{\mathrm{II}} = \dfrac{\pi kh(p_{\mathrm{e}} - p_{\mathrm{w}})}{\mu \ln \dfrac{4r''_{\mathrm{e2}}}{l''_2 + l''_3}} \\ Q_{\mathrm{III}} = \dfrac{\pi kh(p_{\mathrm{e}} - p_{\mathrm{w}})}{\mu \ln \dfrac{4r''_{\mathrm{e3}}}{l''_3 + l''_4}} \\ Q_{\mathrm{IV}} = \dfrac{\pi kh(p_{\mathrm{e}} - p_{\mathrm{w}})}{\mu \ln \dfrac{4r''_{\mathrm{e4}}}{l''_4 + l''_1}} \end{cases} \tag{3.71}$$

其中

$$r''_{\mathrm{e}i} = (r_{\mathrm{e}}\sqrt{\cos^2\theta_{\mathrm{e}}/\beta + \beta\sin^2\theta_{\mathrm{e}}})^{\pi/\gamma_1}, l''_i = (l'_i)^{\pi/\gamma_i}, l''_{i+1} = (l'_{i+1})^{\pi/\gamma'_i}, i = 1, 2, 3, 4$$

将式（3.70）和式（3.71）中各式相加，得四分支水平井的总产量公式为

$$Q = \frac{\pi kh}{\mu}(p_{\mathrm{e}} - p_{\mathrm{w}})\sum_{i=1}^{4} 1/\ln \frac{4r''_{\mathrm{e}i}}{l''_i + l''_{i+1}} \tag{3.72}$$

式（3.72）是四分支水平井产量通式。在 α_1 和 l 给定后，便可求得总产量 Q。

[讨论]

1. 当 $\beta=1$ 时，得到各向同性地层情形，也可看作各向异性地层的特殊情况，此时有 $a'_i=a_i$，$l'_i=l_i$，$\gamma_i=\dfrac{\pi}{2}$，$r''_{\mathrm{e}i}=r_{\mathrm{e}}^2$（$\cos^2\theta_{\mathrm{e}}/\beta+\beta\sin^2\theta_{\mathrm{e}}$），$l''_i=l_i^2$，$i=1$，2，3，4。将这些参数代入式（3.72），可得

$$Q = \frac{2\pi kh(p_{\mathrm{e}} - p_{\mathrm{w}})}{\mu \ln \dfrac{\sqrt{2}r_{\mathrm{e}}}{l}} \tag{3.73}$$

式（3.73）与郎兆新等（1993）中结果完全相同。

2. 取 $\beta=5$，$r_{\mathrm{e}}=10l$，然后分别对 $\alpha_1=0$（分支水平井与渗透率主方向平行）和 $\alpha_1=\pi/4$（水平井与主方向成45°角）两种特殊情形进行计算对比。

（1）当 $\alpha_1 = 0$ 时，式（3.72）变为

$$Q = \frac{2\pi kh(p_{\mathrm{e}} - p_{\mathrm{w}})}{\mu \ln\left(\dfrac{2r_{\mathrm{e}}}{l} \cdot \sqrt{\dfrac{\cos^2\theta_{\mathrm{e}} + \beta^2\sin^2\theta_{\mathrm{e}}}{1 + \beta^2}}\right)} \tag{3.74}$$

把 $\theta_{\mathrm{e}} = 0$、$\theta_{\mathrm{e}} = \pi/4$、$\theta_{\mathrm{e}} = \pi/2$ 代入式（3.74），分别得到：

$$\begin{cases} Q = \dfrac{1.467\pi kh(p_{\mathrm{e}} - p_{\mathrm{w}})}{\mu} \\ Q = \dfrac{0.756\pi kh(p_{\mathrm{e}} - p_{\mathrm{w}})}{\mu} \\ Q = \dfrac{0.672\pi kh(p_{\mathrm{e}} - p_{\mathrm{w}})}{\mu} \end{cases} \tag{3.75}$$

（2）当 $\alpha_1 = \pi/4$ 时，$l'_i = 1.61l$，$\gamma_1 = \gamma_3 = 0.4$，$\gamma_2 = \gamma_4 = 2.74$，代入式（3.72）后得到：

$$Q = \frac{2\pi kh(p_e - p_w)}{\mu} \times \left[\frac{1}{\dfrac{\pi}{\gamma_1}\ln\dfrac{r_e\sqrt{\cos^2\theta_e/\beta + \beta\sin^2\theta_e}}{1.61l} + \ln 2} + \frac{1}{\dfrac{\pi}{\gamma_2}\ln\dfrac{r_e\sqrt{\cos^2\theta_e/\beta + \beta\sin^2\theta_e}}{1.61l} + \ln 2}\right] \tag{3.76}$$

将 $\theta_e = 0$、$\theta_e = \pi/4$、$\theta_e = \pi/2$ 代入式（3.76），得

$$\begin{cases} Q = \dfrac{1.30\pi kh(p_e - p_w)}{\mu} \\ Q = \dfrac{0.705\pi kh(p_e - p_w)}{\mu} \\ Q = \dfrac{0.632\pi kh(p_e - p_w)}{\mu} \end{cases} \tag{3.77}$$

比较式（3.75）和式（3.77）可知，$\alpha_1 = 0$ 时分支水平井产能较高，比 $\alpha_1 = \pi/4$ 时高 6.3% ~12.3% 。

3.5.2　多分支裂缝井

各向异性平面地层中有一口多分支裂缝井，其分支数为 n，长度皆为 l，它们与坐标 x 轴的夹角分别为 $\alpha_i = \alpha_1 + \dfrac{2(i-1)\pi}{n}$，$i = 1, 2, \cdots, n$。坐标 x 轴与渗透率主轴方向一致。设裂缝井内流压为 p_w，远离裂缝井处椭圆形等压线上的压力为 p_e。则依 3.5.1 节中同样的步骤，可得各向异性地层 n 分支裂缝井的产量为

$$Q = \frac{\pi kh}{\mu}(p_e - p_w)\sum_{i=1}^{n}\frac{1}{\ln\dfrac{4r''_{ei}}{l''_i + l''_{i+1}}} \tag{3.78}$$

式（3.78）中各未知量的表达式如下：

$$\begin{cases} l''_i = (l'_i)^{\pi/\gamma_i} \\ l''_{i+1} = (l'_{i+1})^{\pi/\gamma_i} \\ r''_{ei} = \left(r_e\sqrt{\cos^2\theta_e/\beta + \beta\sin^2\theta_e}\right)^{\pi/\gamma_i} \end{cases} \tag{3.79}$$

式（3.79）中，(r_e, θ_e) 是压力为 p_e 的椭圆形等压线上任一点的柱坐标，其余各参量的表达式如下：

$$\begin{cases} l'_i = l_i\sqrt{\cos^2\alpha_i/\beta + \beta\sin^2\alpha_i} \\ l'_{i+1} = l_{i+1}\sqrt{\cos^2\alpha_{i+1}/\beta + \beta\sin^2\alpha_{i+1}} \\ \gamma_i = \alpha'_{i+1} - \alpha'_i = \operatorname{arctg}\dfrac{\beta(\operatorname{tg}\alpha_{i+1} - \operatorname{tg}\alpha_i)}{1 + \beta^2\operatorname{tg}\alpha_{i+1}\cdot\operatorname{tg}\alpha_i} \end{cases} \tag{3.80}$$

式（3.78）~式（3.80）三式联立，即得原问题的解。

3.6　三维各向异性油藏多分支水平井渗流理论

3.6.1　二分支水平井

三维各向异性地层厚度为 h，其三个渗透率主值分别为 k_x、k_y、k_z，其中 k_z 主方向与地层垂直。坐标系的三个坐标轴 x、y、z 分别与各向异性渗透率的三个主方向平行。二分支水平井位于（x，y）平面内，其中点与坐标原点重合，水平井筒长度为 $2l$，与 x 轴成 α 角，与地层顶界距离为 a，如图 3.14 所示。设水平井内流压为 p_w，远井处供液边界压力为 p_e，水平井的产量为 Q。

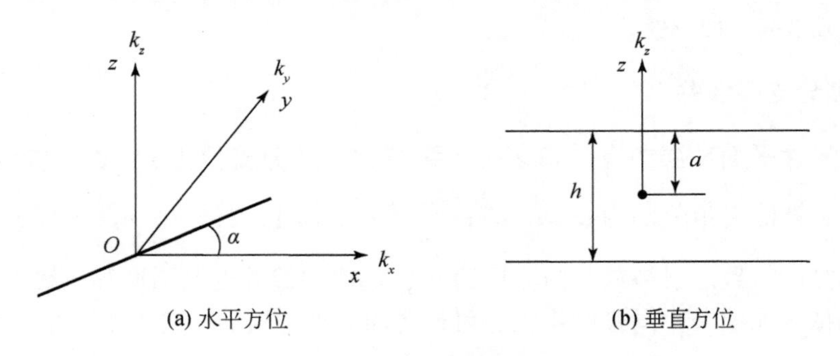

(a) 水平方位　　(b) 垂直方位

图 3.14　三维各向异性油藏中水平井的方位

做如下坐标变换：

$$\xi = x\sqrt{\frac{k}{k_x}},\quad \eta = y\sqrt{\frac{k}{k_y}},\quad \zeta = z\sqrt{\frac{k}{k_z}} \tag{3.81}$$

则原各向异性空间变为等价各向同性空间，等价各向同性渗透率 $k = (k_x k_y k_z)^{1/3}$，地层厚度变为 $h' = h\sqrt{k/k_z}$，$a' = a\sqrt{k/k_z}$，如图 3.15 所示。同时，记 $\beta_1 = \sqrt{k_y/k_z}$，$\beta_2 = \sqrt{k_z/k_x}$，$\beta_3 = \sqrt{k_x/k_y}$。

用拟三维方法对此问题进行求解。首先将整个三维空间流动分为水平面内的裂缝井流动和垂直面内的井筒径向流动两个部分，再分别求解，最后进行组合得出原问题的解。

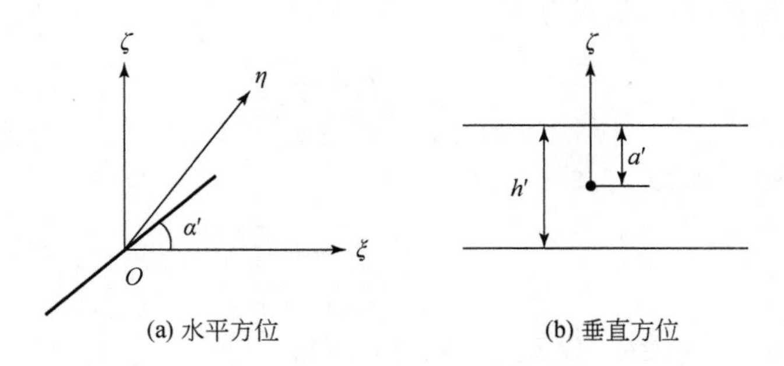

图 3.15　等价各向同性油藏中水平井的方位

在各向同性地层水平面内的流动相当于二分支裂缝井的流动，如图 3.15（a）所示。由 3.4.3 节可直接得到其产量公式：

$$Q = \frac{2\pi k h'(p_e - p_f)}{\mu \ln \dfrac{2r_e\sqrt{\cos^2\theta_e + \beta_3^2 \sin^2\theta_e}}{l\sqrt{\cos^2\alpha + \beta_3^2 \sin^2\alpha}}} \tag{3.82}$$

式中，p_f 为假想裂缝井内的流动压力；（r_e，θ_e）为远井处椭圆形等压线上任一点柱坐标。将式（3.82）变形得

$$p_e - p_f = \frac{\mu Q}{2\pi k h'} \ln \frac{2r_e\sqrt{\cos^2\theta_e + \beta_3^2 \sin^2\theta_e}}{l\sqrt{\cos^2\alpha + \beta_3^2 \sin^2\alpha}} \tag{3.83}$$

垂直面内的流动如图 3.15（b）所示。坐标变换后的井筒变为椭圆形：

$$\frac{u^2}{r_h^2} + \frac{v^2}{r_v^2} = 1 \tag{3.84}$$

其中

$$r_h = r_w\sqrt{k \sin^2\alpha / k_x + k \cos^2\alpha / k_y}$$

$$r_v = r_w\sqrt{\frac{k}{k_z}}$$

式中，r_w 为原井筒半径。

虽然井筒本身是一个椭圆形等压边界，但从井筒向外的相邻区域内等势线很快将变为圆形，该圆形等势线相当于一个圆形边界。因此，上述流动可以看作两个区域流动的组合，一个是由井筒到圆形等压线的流动Ⅰ，另一个是由圆形内边界向外部的流动Ⅱ。设圆形等压线的半径为 r_c，压力为 p_c。由 Muskat 的结果，流动Ⅰ的压差-产量公式为

$$p_c - p_w = \frac{\mu q}{2\pi k} \ln \frac{2r_e}{(r_h + r_v)} \tag{3.85}$$

流动Ⅱ的压差–产量公式为

$$p_{\mathrm{f}} - p_{\mathrm{c}} = \frac{\mu q}{2\pi k} \ln \frac{h'/\sin \dfrac{\pi\alpha'}{h'}}{2\pi r_{\mathrm{c}}} \tag{3.86}$$

由式（3.85）和式（3.86）相加得到：

$$p_{\mathrm{f}} - p_{\mathrm{w}} = \frac{\mu q}{2\pi k} \ln \frac{h'/\sin \dfrac{\pi\alpha}{h}}{\pi(r_{\mathrm{h}} + r_{\mathrm{v}})} \tag{3.87}$$

上述各式中 $q = Q/2l$，代入式（3.87）可得

$$p_{\mathrm{f}} - p_{\mathrm{w}} = \frac{\mu Q}{2\pi k h'} \cdot \frac{h'}{2l} \ln \frac{h'/\sin \dfrac{\pi\alpha}{h}}{\pi(r_{\mathrm{h}} + r_{\mathrm{v}})} \tag{3.88}$$

由式（3.83）和式（3.88）相加得到：

$$p_{\mathrm{e}} - p_{\mathrm{w}} = \frac{\mu Q}{2\pi k h'} \left[\ln \frac{2r_{\mathrm{e}}\sqrt{\cos^2\theta_{\mathrm{e}} + \beta_3^2 \sin^2\theta_{\mathrm{e}}}}{l\sqrt{\cos^2\alpha + \beta_3^2 \sin^2\alpha}} + \frac{h'}{2l} \ln \frac{h'/\sin \dfrac{\pi\alpha}{h}}{\pi(r_{\mathrm{h}} + r_{\mathrm{v}})} \right] \tag{3.89}$$

将 h'、r_{h} 和 r_{v} 的表达式代入式（3.89），并整理得

$$p_{\mathrm{e}} - p_{\mathrm{w}} = \frac{\mu Q}{2\pi h\sqrt{k_x k_y}} \left[\ln \frac{2r_{\mathrm{e}}\sqrt{\cos^2\theta_{\mathrm{e}} + \beta_3^2 \sin^2\theta_{\mathrm{e}}}}{l\sqrt{\cos^2\alpha + \beta_3^2 \sin^2\alpha}} + \frac{h\sqrt{k/k_z}}{2l} \ln \frac{h/\sin \dfrac{\pi\alpha}{h}}{\pi r_{\mathrm{w}}\left(1 + \sqrt{\beta_2^2 \sin^2\alpha + \cos^2\alpha/\beta_1^2}\right)} \right] \tag{3.90}$$

或

$$Q = \frac{2\pi(p_{\mathrm{e}} - p_{\mathrm{w}})h\sqrt{k_x k_y}/\mu}{\ln \dfrac{2r_{\mathrm{e}}\sqrt{\cos^2\theta_{\mathrm{e}} + \beta_3^2 \sin^2\theta_{\mathrm{e}}}}{l\sqrt{\cos^2\alpha + \beta_3^2 \sin^2\alpha}} + \dfrac{h\sqrt{k/k_z}}{2l} \ln \dfrac{h/\sin \dfrac{\pi\alpha}{h}}{\pi r_{\mathrm{w}}\left(1 + \sqrt{\beta_2^2 \sin^2\alpha + \cos^2\alpha/\beta_1^2}\right)}} \tag{3.91}$$

式（3.90）和式（3.91）就是原各向异性空间水平井流动的产量–压力表达式。

3.6.2　多分支水平井

设各向异性地层及坐标系的各种参数与 3.6.1 节中相同。水平井的分支数为 n，各个分支的长度皆为 l，它们与坐标 z 轴的夹角皆为 $\frac{\pi}{2}$，与坐标 x 轴的夹角分

别为 $\alpha_i=\alpha_1+\frac{2\ (i-1)\ \pi}{n}$，$i=1$，2，…，$n$。椭圆形供液边界压力为 p_e，井底流压为 p_w，求多分支水平井总产量 Q 与压差 p_e-p_w 的关系。进行如下坐标变换：

$$\xi = x\sqrt{\frac{k}{k_x}},\quad \eta = y\sqrt{\frac{k}{k_y}},\quad \zeta = z\sqrt{\frac{k}{k_z}} \tag{3.92}$$

$$k = (\sqrt{k_x k_y k_z})^{1/3}$$

则原来的各向异性空间变为渗透率为 k 的各向同性介质空间。然后用拟三维方法进行求解。

首先研究 x-y 平面内的流动，依据 3.5.2 节和 3.6.1 节中的步骤，可得

$$p_e - p_f = \frac{\mu Q}{2\pi k h'}\left(\sum_{i=1}^{n} 2/\ln\frac{4r''_{ei}}{l''_i + l''_{i+1}}\right)^{-1} \tag{3.93}$$

其中各参量意义如下：

$$\begin{cases} h' = h\sqrt{k/k_z} \\ r''_{ei} = (r_e\sqrt{\cos^2\theta_e/\beta + \beta\sin^2\theta_e})^{\pi/\gamma_i} \\ l''_i = (l'_i)^{\pi/\gamma_i} \\ l''_{i+1} = (l'_{i+1})^{\pi/\gamma_i} \end{cases} \tag{3.94}$$

$$\begin{cases} \gamma_i = \alpha'_{i+1} - \alpha'_i = \mathrm{arctg}\dfrac{\beta(\mathrm{tg}\alpha_{i+1} - \mathrm{tg}\alpha_i)}{1 + \beta^2\mathrm{tg}\alpha_{i+1}\cdot\mathrm{tg}\alpha_i} \\ l'_i = l_i\sqrt{\cos^2\alpha_i/\beta + \beta\sin^2\alpha_i} \\ l'_{i+1} = l_{i+1}\sqrt{\cos^2\alpha_{i+1}/\beta + \beta\sin^2\alpha_{i+1}} \\ \beta = \sqrt{k_x/k_y} \end{cases} \tag{3.95}$$

其次研究垂直 x-y 平面内的流动。在等价各向同性地层中，多分支水平井的井筒总长度为

$$l_t = \sum_{i=1}^{n} l'_i$$

又因总产量为 Q，所以单位长度井筒的平均产量为

$$q = Q/l_t = Q/\sum_{i=1}^{n} l'_i \tag{3.96}$$

依 3.6.1 节的相同步骤，可得

$$p_f - p_w = \frac{\mu q}{2\pi k}\ln\frac{h'/\sin\frac{\pi\alpha}{h}}{\pi(r_h + r_v)} \tag{3.97}$$

$$r_h = r_w\sqrt{\frac{k\sin^2\alpha}{k_x} + \frac{k\cos^2\alpha}{k_y}},\ r_v = r_w\sqrt{\frac{k}{k_z}}$$

在这里，r_h 中的 α 应对 α_i（$i=1, 2, 3, \cdots, n$）取平均值，记 $k_{xy}=\sqrt{k_x k_y}$，r_h、r_v 为

$$\begin{cases} r_h = r_w\sqrt{\dfrac{k}{k_{xy}}} \\ r_v = r_w\sqrt{\dfrac{k}{k_z}} \end{cases} \tag{3.98}$$

将式（3.96）及式（3.98）代入式（3.97），得

$$p_f - p_w = \frac{\mu Q}{2\pi k h'}\frac{h'}{l_t}\ln\frac{h'/\sin\dfrac{\pi\alpha}{h}}{\pi r_w\left(\sqrt{\dfrac{k}{k_{xy}}}+\sqrt{\dfrac{k}{k_z}}\right)} \tag{3.99}$$

由式（3.93）和式（3.99）相加得到

$$p_e - p_w = \frac{\mu Q}{2\pi k h'}\left[\left(\sum_{i=1}^{n}\frac{2}{\ln\dfrac{4r''_{ei}}{l''_i + l''_{i+1}}}\right)^{-1} + \frac{h'}{l_t}\ln\frac{h'/\sin\dfrac{\pi\alpha}{h}}{\pi r_w\left(\sqrt{\dfrac{k}{k_{xy}}}+\sqrt{\dfrac{k}{k_z}}\right)}\right] \tag{3.100}$$

把 $h' = h\sqrt{\dfrac{k}{k_z}}$ 代入式（3.100）并整理，得

$$p_e - p_w = \frac{\mu Q}{2\pi h k_{xy}}\left[\left(\sum_{i=1}^{n}\frac{2}{\ln\dfrac{4r''_{ei}}{l''_i + l''_{i+1}}}\right)^{-1} + \frac{h\sqrt{\dfrac{k}{k_z}}}{l_t}\ln\frac{h/\sin\dfrac{\pi\alpha}{h}}{\pi r_w\left(1+\sqrt{\dfrac{k_z}{k_{xy}}}\right)}\right] \tag{3.101}$$

或者写成如下形式：

$$Q = \frac{2\pi k_{xy} h(p_e - p_w)}{\mu}\left[\left(\sum_{i=1}^{n}\frac{2}{\ln\dfrac{4r''_{ei}}{l''_i + l''_{i+1}}}\right)^{-1} + \frac{h\sqrt{\dfrac{k}{k_z}}}{l_t}\ln\frac{h/\sin\dfrac{\pi\alpha}{h}}{\pi r_w\left(1+\sqrt{\dfrac{k_z}{k_{xy}}}\right)}\right]^{-1} \tag{3.102}$$

式（3.101）和式（3.102）便是三维各向异性空间多分支水平井产量公式。

第 4 章　非均质各向异性油藏渗流理论

本章主要处理非均质各向异性介质中的渗流问题。在这类问题中，各向异性地层被间断面分隔成两个以上不同区域，不同区域具有不同渗透率。所研究井或井组的渗流流动发生于整个介质空间，跨越不同渗透率区域。

4.1　各向异性地层间断面附近一口井的流动

科林斯（1984）对存在间断面的特殊源汇流动进行了研究。本节及 4.2 节将考虑井筒边界的影响，对各向异性地层间断面附近流动的一般情况进行分析，给出其理论解。

如图 4.1 所示，有一个等厚度各向异性水平无限大地层。该地层被一垂直间断面 f 分为两部分，即区域 Ⅰ 和 Ⅱ，区域 Ⅰ 的渗透率主值为 $k_{\mathrm{I}x}$ 和 $k_{\mathrm{I}y}$，区域 Ⅱ 的渗透率主值为 $k_{\mathrm{II}x}$ 和 $k_{\mathrm{II}y}$，且有 $\dfrac{k_{\mathrm{I}x}}{k_{\mathrm{I}y}}=\dfrac{k_{\mathrm{II}x}}{k_{\mathrm{II}y}}=\beta^2$，$\beta$ 为大于 1 的常数，两个区域的渗透率主方向相同。取坐标系（x，y），使 x，y 轴方向分别与渗透率张量主值 k_x 和 k_y 所在主方向一致，间断面 f 相对于坐标 x 轴的顺时针方向角度为 α。区域 Ⅰ 内有一口井 A，该井到间断面 f 的距离为 d_0。取井点到 f 的垂足 O 为坐标原点，则井点坐标（x_0，y_0）=（$d_0\sin\alpha$，$d_0\cos\alpha$）。设井底流压为 p_{w}，产量为 Q，求地层中压力分布。

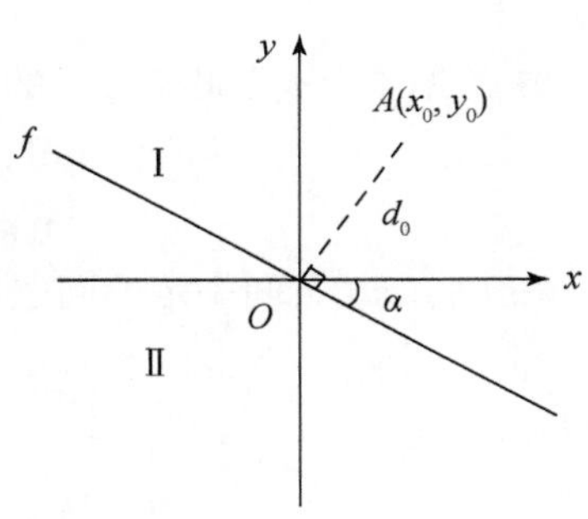

图 4.1　各向异性地层间断面附近一口井的方位图

首先进行如下坐标变换：

$$\xi = x/\sqrt{\beta},\quad \eta = y/\sqrt{\beta} \tag{4.1}$$

经变换以后，各向异性地层变为各向同性地层，如图 4.2 等价各向同性地层间断面附近生产井及其映像井的方位所示。区域 Ⅰ 和 Ⅱ 的渗透率分别为 $k_{\mathrm{I}}=\sqrt{k_{\mathrm{I}x}k_{\mathrm{I}y}}$ 和 $k_{\mathrm{II}}=\sqrt{k_{\mathrm{II}x}k_{\mathrm{II}y}}$。间断面 f 与坐标轴 ξ 的夹角变为 $\gamma_1=\mathrm{arctg}$（$\beta\mathrm{tg}\alpha$），OA 的长度为 $d_1=d_0\sqrt{\dfrac{\sin^2\alpha}{\beta}+\beta\cos^2\alpha}$，$OA$ 与 x 轴夹角变为 $\gamma_2=\mathrm{arctg}$（$\beta\mathrm{ctg}\alpha$）。

井点坐标为（ξ_0，η_0）=（$d_1\cos\gamma_2$，$d_1\sin\gamma_2$），井点到f的垂直距离变成$d_2 = d_1\sin(\gamma_1+\gamma_2)$，经整理得

$$d_2 = \frac{d_0\beta\sqrt{\sin^2\alpha/\beta + \beta\cos^2\alpha}}{\sqrt{(1-\beta^2)^2\sin^2\alpha\cos^2\alpha + \beta^2}} \tag{4.2}$$

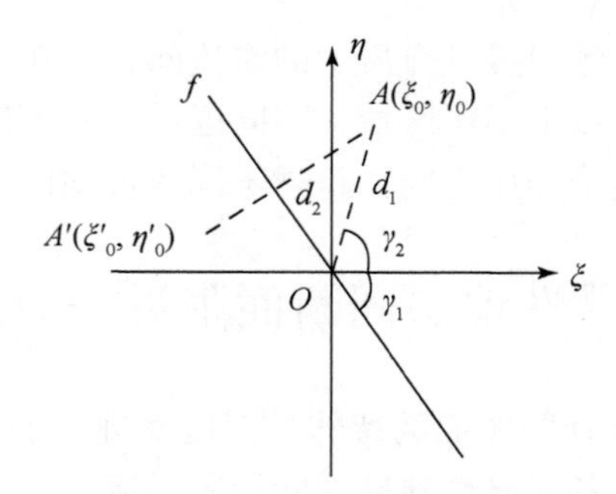

图 4.2 等价各向同性地层间断面附近生产井及其映像井的方位

井点$A(\xi_0, \eta_0)$相对于f的对称点$A'(\xi'_0, \eta'_0)$的坐标为

$$\begin{cases}\xi'_0 = d_1\cos(2\gamma_1 + \gamma_2)\\ \eta'_0 = -d_1\sin(2\gamma_1 + \gamma_2)\end{cases} \tag{4.3}$$

在(ξ, η)空间中定解问题的数学描述为

$$\begin{cases}\dfrac{\partial^2 p_{\mathrm{I}}}{\partial\xi^2} + \dfrac{\partial^2 p_{\mathrm{I}}}{\partial\eta^2} = 0, & (\xi,\eta) \in \mathrm{I}\\ \dfrac{\partial^2 p_{\mathrm{II}}}{\partial\xi^2} + \dfrac{\partial^2 p_{\mathrm{II}}}{\partial\eta^2} = 0, & (\xi,\eta) \in \mathrm{II}\\ p_{\mathrm{I}} = p_{\mathrm{II}}, & (\xi,\eta) \in f\\ \dfrac{k_{\mathrm{I}}}{\mu}\dfrac{\partial p_{\mathrm{I}}}{\partial n} = \dfrac{k_{\mathrm{II}}}{\mu}\dfrac{\partial p_{\mathrm{II}}}{\partial n}, & (\xi,\eta) \in f\\ p = p_{\mathrm{w}}, & \dfrac{\xi^2}{r_{\mathrm{w}}^2/\beta} + \dfrac{\eta^2}{r_{\mathrm{w}}^2\beta} = 1\\ p = p_{\mathrm{e}}, & \xi^2 + \eta^2 \gg d_0\end{cases} \tag{4.4}$$

式中，p_{I}，p_{II}分别为区域Ⅰ和Ⅱ中压力分布函数；μ为油藏内流体的黏度常量；n为间断面f的法线方向。

我们用映象法来解决问题。跟无间断面的均匀介质情况相比，受不同渗透率影响，由区域Ⅱ通过间断面位置流向生产井A的流量Q将有所变化，同时压力分布也会有所不同。设流量Q的减少量为EQ，E为小于1的常数。对于区域Ⅰ来说，这等价于整个区域渗透率为k_{I}，而在对称点A'处加上另一口流量为EQ的生

产井；对于区域Ⅱ来说，等价于整个区域渗透率为 k_{II}，而在井点 A 处的生产井流量为 $(1-E)Q$。这里用到了式（4.4）中第四式的条件。

在3.3节中，我们已经知道各向异性介质中单口井的压力势分布。根据位势叠加原理，可写出定解问题式（4.4）解的形式为

$$\begin{cases} p_{\mathrm{I}} = \dfrac{\mu Q}{2\pi k_{\mathrm{I}} h}\left[\ln\left(\dfrac{2\sqrt{\beta}}{r_{\mathrm{w}}(1+\beta)}\sqrt{(\xi-\xi_0)^2+(\eta-\eta_0)^2}\right)\right. \\ \qquad \left.+ E\ln\left(\dfrac{2\sqrt{\beta}}{r_{\mathrm{w}}(1+\beta)}\sqrt{(\xi-\xi'_0)^2+(\eta-\eta'_0)^2}\right)\right] + C_1 \\ p_{\mathrm{II}} = \dfrac{\mu Q(1-E)}{2\pi k_{\mathrm{II}} h}\ln\left(\dfrac{2\sqrt{\beta}}{r_{\mathrm{w}}(1+\beta)}\sqrt{(\xi-\xi_0)^2+(\eta-\eta_0)^2}\right) + C_2 \end{cases} \tag{4.5}$$

式中，C_1，C_2 为常数。

根据边界条件，当（ξ，η）$\in f$ 时，即当 $\sqrt{(\xi-\xi_0)^2+(\eta-\eta_0)^2} = \sqrt{(\xi-\xi'_0)^2+(\eta-\eta'_0)^2}$ 时，有 $p_{\mathrm{I}}=p_{\mathrm{II}}$，代入式（4.5），得

$$\frac{\mu Q}{2\pi k_{\mathrm{I}} h}(1+E) = \frac{\mu Q(1-E)}{2\pi k_{\mathrm{II}} h}$$

整理，得

$$E = \frac{1-\dfrac{k_{\mathrm{II}}}{k_{\mathrm{I}}}}{1+\dfrac{k_{\mathrm{II}}}{k_{\mathrm{I}}}} \tag{4.6}$$

将式（4.6）代入式（4.5），得

$$\begin{cases} p_{\mathrm{I}} = \dfrac{\mu Q}{2\pi k_{\mathrm{I}} h}\left\{\ln\left[\dfrac{2\sqrt{\beta}}{r_{\mathrm{w}}(1+\beta)}\sqrt{(\xi-\xi_0)^2+(\eta-\eta_0)^2}\right]\right. \\ \qquad \left.+ \dfrac{k_{\mathrm{I}}-k_{\mathrm{II}}}{k_{\mathrm{I}}+k_{\mathrm{II}}}\ln\left[\dfrac{2\sqrt{\beta}}{r_{\mathrm{w}}(1+\beta)}\sqrt{(\xi-\xi'_0)^2+(\eta-\eta'_0)^2}\right]\right\} + C_1 \\ p_{\mathrm{II}} = \dfrac{\mu Q}{\pi(k_{\mathrm{I}}+k_{\mathrm{II}})h}\ln\left[\dfrac{2\sqrt{\beta}}{r_{\mathrm{w}}(1+\beta)}\sqrt{(\xi-\xi_0)^2+(\eta-\eta_0)^2}\right] + C_2 \end{cases} \tag{4.7}$$

将式（4.4）中井筒及间断面边界条件分别代入式（4.7）中第一式和第二式，得

$$\begin{cases} C_1 = p_{\mathrm{w}} - \dfrac{\mu Q\left(1-\dfrac{k_{\mathrm{II}}}{k_{\mathrm{I}}}\right)}{2\pi(k_{\mathrm{I}}+k_{\mathrm{II}})h}\ln\dfrac{4d_2\sqrt{\beta}}{r_{\mathrm{w}}(1+\beta)} \\ C_2 = C_1 \end{cases} \tag{4.8}$$

把式（4.8）代入式（4.7），得

$$\begin{cases} p_{\text{I}} = \dfrac{\mu Q}{2\pi k_{\text{I}} h}\left\{\ln\left[\dfrac{2\sqrt{\beta}}{r_{\text{w}}(1+\beta)}\sqrt{(\xi-\xi_0)^2+(\eta-\eta_0)^2}\right]\right. \\ \qquad \left. +\dfrac{k_{\text{I}}-k_{\text{II}}}{k_{\text{I}}+k_{\text{II}}}\ln\dfrac{\sqrt{(\xi-\xi'_0)^2+(\eta-\eta'_0)^2}}{2d_2}\right\}+p_{\text{w}} \\ p_{\text{II}} = \dfrac{\mu Q}{\pi(k_{\text{I}}+k_{\text{II}})h}\left\{\ln\left[\dfrac{2\sqrt{\beta}}{r_{\text{w}}(1+\beta)}\sqrt{(\xi-\xi_0)^2+(\eta-\eta_0)^2}\right]\right. \\ \qquad \left. +\left(\dfrac{k_{\text{II}}-k_{\text{I}}}{k_{\text{I}}}\right)\ln\dfrac{4d_2\sqrt{\beta}}{r_{\text{w}}(1+\beta)}\right\}+p_{\text{w}} \end{cases} \tag{4.9}$$

式（4.9）即考虑井筒影响的原各向异性渗流问题的压力分布解析解。其中的（ξ，η）坐标系参量通过式（4.1）~式（4.3）等关系式转换为（x，y）坐标系中的量。

[**讨论 1**] 间断面方位角 α 的影响

当 α 取典型值时，式（4.9）可得到简化表达式。

（1）当 $\alpha=0$ 时，$\xi_0=\xi'_0=0$，$\eta_0=-\eta'_0=d_0\sqrt{\beta}$，$d_2=d_1=d_0\sqrt{\beta}$，此时式（4.9）变为

$$\begin{cases} p_{\text{I}} = \dfrac{\mu Q}{2\pi k_{\text{I}} h}\left\{\ln\dfrac{2\sqrt{x^2+\beta^2(y-d_0)^2}}{r_{\text{w}}(1+\beta)}+\dfrac{k_{\text{I}}-k_{\text{II}}}{k_{\text{I}}+k_{\text{II}}}\ln\dfrac{\sqrt{x^2+\beta^2(y+d_0)^2}}{2d_0}\right\}+p_{\text{w}} \\ p_{\text{II}} = \dfrac{\mu Q}{2\pi(k_{\text{I}}+k_{\text{II}})h}\left\{\ln\dfrac{4[x^2+\beta^2(y-d_0)^2]}{r_{\text{w}}^2(1+\beta)^2}+\dfrac{k_{\text{II}}-k_{\text{I}}}{k_{\text{I}}}\ln\dfrac{4d_0\sqrt{\beta}}{r_{\text{w}}(1+\beta)}\right\}+p_{\text{w}} \end{cases} \tag{4.10}$$

（2）当 $\alpha=\pi/2$ 时，$\xi_0=-\xi'_0=d_0/\sqrt{\beta}$，$\eta_0=\eta'_0=0$，$d_2=d_1=d_0/\sqrt{\beta}$，此时式（4.9）变为

$$\begin{cases} p_{\text{I}} = \dfrac{\mu Q}{2\pi k_{\text{I}} h}\left\{\ln\dfrac{2\sqrt{(x-d_0)^2+\beta^2y^2}}{r_{\text{w}}(1+\beta)}+\dfrac{k_{\text{I}}-k_{\text{II}}}{k_{\text{I}}+k_{\text{II}}}\ln\dfrac{\sqrt{(x+d_0)^2+\beta^2y^2}}{2d_0}\right\}+p_{\text{w}} \\ p_{\text{II}} = \dfrac{\mu Q}{2\pi(k_{\text{I}}+k_{\text{II}})h}\left\{\ln\dfrac{4[(x-d_0)^2+\beta^2y^2]}{r_{\text{w}}^2(1+\beta)^2}+\dfrac{k_{\text{II}}-k_{\text{I}}}{k_{\text{II}}}\ln\dfrac{4d_0}{r_{\text{w}}(1+\beta)}\right\}+p_{\text{w}} \end{cases} \tag{4.11}$$

[**讨论 2**] 不同区域渗透率比值 $k_{\text{II}}/k_{\text{I}}$ 的影响

由式（4.6）看到，当不同区域渗透率间的比值 $k_{\text{II}}/k_{\text{I}}$ 发生改变时，会显著影响整个区域内的压力分布。当 $k_{\text{II}}/k_{\text{I}}>1$ 时，映象井为注水井（源），$k_{\text{II}}/k_{\text{I}}<1$ 时，映象井为生产井（汇），当 $k_{\text{II}}/k_{\text{I}}=1$ 时，映象井消失，问题回到均匀介质情形。另外还包括以下两种极端情况。

（1）当 $k_{\mathrm{II}}/k_{\mathrm{I}} \to 0$ 时，区域Ⅱ近似为不渗透区域，对区域Ⅰ来说相当于两口等产量生产井情形。此时式（4.9）变为

$$\begin{cases} p_{\mathrm{I}} = \dfrac{\mu Q}{2\pi k_{\mathrm{I}} h}\left\{\ln\left[\dfrac{2\sqrt{\beta}}{r_{\mathrm{w}}(1+\beta)}\sqrt{(\xi-\xi_0)^2+(\eta-\eta_0)^2}\right]\right. \\ \qquad \left. +\ln\dfrac{\sqrt{(\xi-\xi'_0)^2+(\eta-\eta'_0)^2}}{2d_2}\right\}+p_{\mathrm{w}} \\ p_{\mathrm{II}} = \dfrac{\mu Q}{\pi k_{\mathrm{I}} h}\ln\dfrac{\sqrt{(\xi-\xi_0)^2+(\eta-\eta_0)^2}}{2d_2}+p_{\mathrm{w}} \end{cases} \tag{4.12}$$

（2）当 $k_{\mathrm{II}}/k_{\mathrm{I}} \to \infty$ 时，区域Ⅱ近似为无阻力区域，对区域Ⅰ来说相当于一注一采两口井情形。此时式（4.9）变为

$$\begin{cases} p_{\mathrm{I}} = \dfrac{\mu Q}{2\pi k_{\mathrm{I}} h}\left\{\ln\left[\dfrac{2\sqrt{\beta}}{r_{\mathrm{w}}(1+\beta)}\sqrt{(\xi-\xi_0)^2+(\eta-\eta_0)^2}\right]\right. \\ \qquad \left. -\ln\dfrac{\sqrt{(\xi-\xi'_0)^2+(\eta-\eta'_0)^2}}{2d_2}\right\}+p_{\mathrm{w}} \\ p_{\mathrm{II}} = \dfrac{\mu Q}{\pi k_{\mathrm{I}} h}\ln\dfrac{4d_2\sqrt{\beta}}{r_{\mathrm{w}}(1+\beta)}+p_{\mathrm{w}} \end{cases} \tag{4.13}$$

[**讨论 3**] 距离 d_0 的影响

由式（4.9）可看出，d_0 越大，其对压力分布影响越小，d_0 越小，其影响越大。当 $d_0=0$ 时，$\xi_0=\xi'_0=\eta_0=\eta'_0=0$，由式（4.7）及边界条件，得

$$p_{\mathrm{I}} = p_{\mathrm{II}} = \frac{\mu Q}{2\pi(k_{\mathrm{I}}+k_{\mathrm{II}})h}\ln\frac{4(x^2+\beta^2y^2)}{r_{\mathrm{w}}^2(1+\beta)^2}+p_{\mathrm{w}} \tag{4.14}$$

式（4.14）表明当井点正好位于间断面上时的压力分布与无间断面时的完全相同，且以井点为中心呈对称的椭圆形状。但在间断面两侧渗流速度并不相等，在区域Ⅰ和Ⅱ任一对对称点上的速度 v_{I} 和 v_{II} 之比为 $\dfrac{v_{\mathrm{I}}}{v_{\mathrm{II}}}=\dfrac{k_{\mathrm{I}}}{k_{\mathrm{II}}}$。

4.2　各向异性地层间断面附近两口井的流动

如图 4.3 所示，设有一厚为 h 的无限大各向异性水平平面地层，该地层被一垂直间断面 f 分为两个半平面区域Ⅰ和Ⅱ。这两个区域的渗透率主方向相同，区域Ⅰ的两个渗透率主值是 $k_{\mathrm{I}x}$ 和 $k_{\mathrm{I}y}$，区域Ⅱ的两个渗透率主值为 $k_{\mathrm{II}x}$ 和 $k_{\mathrm{II}y}$。且有如下关系：

$$\frac{k_{\mathrm{I}x}}{k_{\mathrm{I}y}}=\frac{k_{\mathrm{II}x}}{k_{\mathrm{II}y}}=\beta^2 \geqslant 1,\qquad \frac{k_{\mathrm{I}x}}{k_{\mathrm{II}x}}=\frac{k_{\mathrm{I}y}}{k_{\mathrm{II}y}}=\lambda \tag{4.15}$$

式中，β 和 λ 皆为常数。

在间断面 f 两侧，各有一口生产井 A 和 B，井筒半径皆为 r_w，其产量皆为 Q，井口压力分别为 p_{wA} 和 p_{wB}。取渗透率的两个主方向为坐标轴方向，间断面 f 和两井连线 AB 的交点 O 为坐标原点，建立直角坐标系。设 AB 与坐标 x 轴的夹角为 γ，间断面 f 与 x 轴顺时针成 α 角，则 AB 与 f 之间夹角为 $\alpha+\gamma$。再设 $OA=d_A$，$OB=d_B$，则井点 A 到 f 的距离为 $d_{1A}=d_A\sin(\alpha+\gamma)$，井点 B 到 f 的距离为 $d_{1B}=d_B\sin(\alpha+\gamma)$。$A$ 点和 B 点的坐标分别为 $(x_A, y_A)=(d_A\cos\gamma, d_A\sin\gamma)$ 和 $(x_B, y_B)=(-d_B\cos\gamma, -d_B\sin\gamma)$。

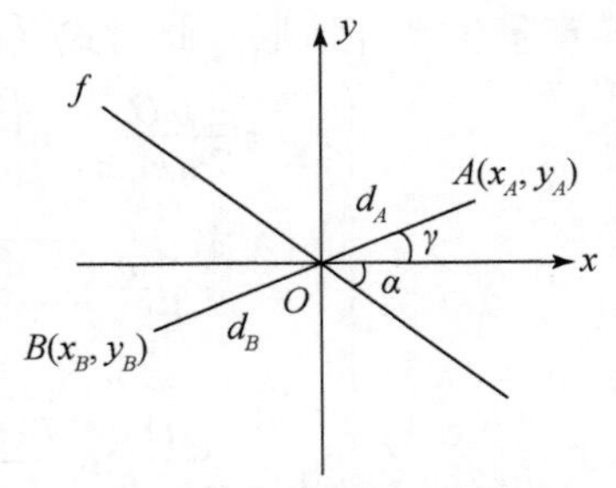

图 4.3 各向异性地层内间断面附近两口井的方位

下面推导该问题的解,即整个渗透率区域内的压力分布。首先做如下坐标变换：

$$\xi=\frac{x}{\sqrt{\beta}}, \quad \eta=y\sqrt{\beta} \tag{4.16}$$

经过式（4.16）变换，区域 Ⅰ 和 Ⅱ 同时变为各向同性渗流区域，其渗透率分别为 $k_{\text{I}}=\sqrt{k_{\text{I}x}k_{\text{I}y}}$ 和 $k_{\text{II}}=\sqrt{k_{\text{II}x}k_{\text{II}y}}$。整个渗流系统如图 4.4 所示。

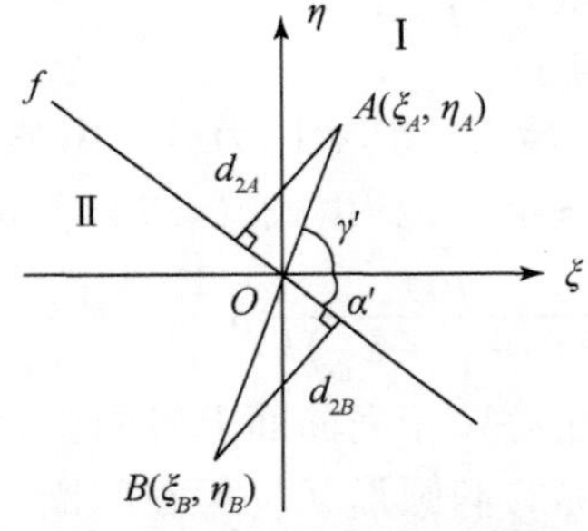

图 4.4 等价各向同性地层内间断面附近两口井的方位

记井点 $A(\xi_A, \eta_A)$ 和井点 $B(\xi_B, \eta_B)$ 之间距离为 d_2，它们到间断面 f 的距离分别为 d_{2A} 和 d_{2B}，AB 和 f 与 ξ 轴的夹角分别为 γ' 和 $-\alpha'$，则有如下关系：

$$\begin{cases}\xi_A=d_A\cos\gamma'\sqrt{\dfrac{\cos^2\gamma}{\beta}+\beta\sin^2\gamma}\\ \eta_A=d_A\sin\gamma'\sqrt{\dfrac{\cos^2\gamma}{\beta}+\beta\sin^2\gamma}\\ \xi_B=d_B\cos\gamma'\sqrt{\dfrac{\cos^2\alpha}{\beta}+\beta\sin^2\alpha}\\ \eta_B=d_B\sin\gamma'\sqrt{\dfrac{\cos^2\alpha}{\beta}+\beta\sin^2\alpha}\end{cases} \tag{4.17}$$

$$\begin{cases}\gamma' = \operatorname{arctg}(\beta \operatorname{tg}\gamma) \\ \alpha' = \operatorname{arctg}(\beta \operatorname{tg}\alpha)\end{cases} \tag{4.18}$$

$$\begin{cases}d_2 = (d_A + d_B)\sqrt{\dfrac{\cos^2\gamma}{\beta} + \beta\sin^2\gamma} \\ d_{2A} = d_A\sin(\alpha' + \gamma')\sqrt{\dfrac{\cos^2\gamma}{\beta} + \beta\sin^2\gamma} \\ d_{2B} = d_B\sin(\alpha' + \gamma')\sqrt{\dfrac{\cos^2\gamma}{\beta} + \beta\sin^2\gamma}\end{cases} \tag{4.19}$$

记 A 和 B 相对于 f 的映像点分别为 $A'(\xi'_A,\ \eta'_A)$ 和 $B'(\xi'_B,\ \eta'_B)$，则有

$$\begin{cases}\xi'_A = d_A\cos(2\alpha' + \gamma')\sqrt{\dfrac{\cos^2\gamma}{\beta} + \beta\sin^2\gamma} \\ \eta'_A = d_A\sin(2\alpha' + \gamma')\sqrt{\dfrac{\cos^2\gamma}{\beta} + \beta\sin^2\gamma} \\ \xi'_B = d_B\cos(2\alpha' + \gamma')\sqrt{\dfrac{\cos^2\alpha}{\beta} + \beta\sin^2\alpha} \\ \eta'_B = d_B\sin(2\alpha' + \gamma')\sqrt{\dfrac{\cos^2\alpha}{\beta} + \beta\sin^2\alpha}\end{cases} \tag{4.20}$$

依据映象法原理，采用4.1节中的相同步骤，可得如下结果：

$$\begin{cases}p_{\mathrm{I}} = \dfrac{\mu Q}{2\pi k_{\mathrm{I}} h}\left\{\ln\left[\dfrac{2\sqrt{\beta}}{r_w(1+\beta)}\sqrt{(\xi - \xi_A)^2 + (\eta - \eta_A)^2}\right]\right. \\ \quad + \dfrac{\lambda - 1}{\lambda + 1}\ln\dfrac{\sqrt{(\xi - \xi'_A)^2 + (\eta - \eta'_A)^2}}{2d_{2A}} \\ \quad \left. + \dfrac{2\lambda}{\lambda + 1}\ln\dfrac{\sqrt{(\xi - \xi_B)^2 + (\eta - \eta_B)^2}}{d_2}\right\} + p_{wA}, \quad (\xi,\ \eta) \in \mathrm{I} \\ p_{\mathrm{II}} = \dfrac{\mu Q}{2\pi k_{\mathrm{II}} h}\left\{\ln\left[\dfrac{2\sqrt{\beta}}{r_w(1+\beta)}\sqrt{(\xi - \xi_B)^2 + (\eta - \eta_B)^2}\right]\right. \\ \quad + \dfrac{1 - \lambda}{\lambda + 1}\ln\dfrac{\sqrt{(\xi - \xi'_B)^2 + (\eta - \eta'_B)^2}}{2d_{2B}} \\ \quad \left. + \dfrac{2}{\lambda + 1}\ln\dfrac{\sqrt{(\xi - \xi_A)^2 + (\eta - \eta_A)^2}}{d_2}\right\} + p_{wB}, \quad (\xi,\ \eta) \in \mathrm{II}\end{cases} \tag{4.21}$$

式（4.21）就是原各向异性地层两口生产井问题的压力分布解。

边界条件 $(\xi,\ \eta) \in f$ 时，将 $p_{\mathrm{I}}=p_{\mathrm{II}}$ 代入式（4.21），可得 p_{wA} 和 p_{wB} 的关系如下：

$$p_{wA}-p_{wB}=\frac{\mu Q}{2\pi k_{\mathrm{I}}h}\frac{\lambda-1}{\lambda+1}\left[\ln\frac{4d_{2A}\sqrt{\beta}}{r_w(1+\beta)}+\lambda\ln\frac{4d_{2B}\sqrt{\beta}}{r_w(1+\beta)}\right]\tag{4.22}$$

［**讨论1**］角度α和γ的影响

由式（4.21）看出，间断面f和井点连线的方位角α和γ对压力分布解有较明显的影响。当α和γ取某些特殊值时，解的形式可以得到简化。

（1）当$\alpha=\frac{\pi}{2}$，$\gamma=0$时，式（4.21）变为

$$\begin{cases}p_{\mathrm{I}}=\dfrac{\mu Q}{2\pi k_{\mathrm{I}}h}\left\{\ln\dfrac{2\sqrt{(x-d_A)^2+y^2\beta^2}}{r_w(1+\beta)}+\dfrac{\lambda-1}{\lambda+1}\ln\dfrac{\sqrt{(x+d_A)^2+y^2\beta^2}}{2d_A}\right.\\ \qquad\left.+\dfrac{2\lambda}{\lambda+1}\ln\dfrac{\sqrt{(x+d_B)^2+\beta^2y^2}}{d_A+d_B}\right\}+p_{wA},\quad(\xi,\eta)\in\mathrm{I}\\ p_{\mathrm{II}}=\dfrac{\mu Q}{2\pi k_{\mathrm{II}}h}\left\{\ln\dfrac{2\sqrt{(x+d_B)^2+y^2\beta^2}}{r_w(1+\beta)}+\dfrac{1-\lambda}{\lambda+1}\ln\dfrac{\sqrt{(x-d_B)^2+y^2\beta^2}}{2d_B}\right.\\ \qquad\left.+\dfrac{2}{\lambda+1}\ln\dfrac{\sqrt{(x-d_A)^2+\beta^2y^2}}{d_A+d_B}\right\}+p_{wB},\quad(\xi,\eta)\in\mathrm{II}\end{cases}\tag{4.23}$$

（2）当$\alpha=0$，$\gamma=\frac{\pi}{2}$时，式（4.21）变为

$$\begin{cases}p_{\mathrm{I}}=\dfrac{\mu Q}{2\pi k_{\mathrm{I}}h}\left\{\ln\dfrac{2\sqrt{x^2+(y-d_A)^2\beta^2}}{r_w(1+\beta)}+\dfrac{\lambda-1}{\lambda+1}\ln\dfrac{\sqrt{x^2+(y+d_A)^2\beta^2}}{2d_A}\right.\\ \qquad\left.+\dfrac{2\lambda}{\lambda+1}\ln\dfrac{\sqrt{x^2+\beta^2(y+d_B)^2}}{d_A+d_B}\right\}+p_{wA},\quad(\xi,\eta)\in\mathrm{I}\\ p_{\mathrm{II}}=\dfrac{\mu Q}{2\pi k_{\mathrm{II}}h}\left\{\ln\dfrac{2\sqrt{x^2+(y+d_B)^2\beta^2}}{r_w(1+\beta)}+\dfrac{1-\lambda}{\lambda+1}\ln\dfrac{\sqrt{x^2+(y-d_B)^2\beta^2}}{2d_B}\right.\\ \qquad\left.+\dfrac{2}{\lambda+1}\ln\dfrac{\sqrt{x^2+\beta^2(y-d_A)^2}}{d_A+d_B}\right\}+p_{wB},\quad(\xi,\eta)\in\mathrm{II}\end{cases}\tag{4.24}$$

（3）当$\alpha=\gamma=0$时，式（4.21）变为

$$p_{\mathrm{I}}=p_{\mathrm{II}}=\frac{\mu Q}{\pi(k_{\mathrm{I}}+k_{\mathrm{II}})h}\left\{\ln\frac{2\sqrt{(x-d_A)^2+y^2\beta^2}}{r_w(1+\beta)}+\ln\frac{\sqrt{(x+d_B)^2+\beta^2y^2}}{d_A+d_B}\right\}+p_{wA}\tag{4.25}$$

或

$$p_{\mathrm{I}}=p_{\mathrm{II}}=\frac{\mu Q}{\pi(k_{\mathrm{I}}+k_{\mathrm{II}})h}\left\{\ln\frac{2\sqrt{(x+d_B)^2+y^2\beta^2}}{r_w(1+\beta)}+\ln\frac{\sqrt{(x-d_A)^2+\beta^2y^2}}{d_A+d_B}\right\}+p_{wB}\tag{4.26}$$

（4）当$\alpha=\gamma=\frac{\pi}{2}$时，式（4.21）变为

$$p_{\text{I}}=p_{\text{II}}=\frac{\mu Q}{\pi(k_{\text{I}}+k_{\text{II}})h}\left\{\ln\frac{2\sqrt{x^2+(y-d_A)^2\beta^2}}{r_{\mathrm{w}}(1+\beta)}+\ln\frac{\sqrt{x^2+\beta^2(y+d_B)^2}}{d_A+d_B}\right\}+p_{\mathrm{w}A} \tag{4.27}$$

或

$$p_{\text{I}}=p_{\text{II}}=\frac{\mu Q}{\pi(k_{\text{I}}+k_{\text{II}})h}\left\{\ln\frac{2\sqrt{x^2+(y-d_A)^2\beta^2}}{d_A+d_B}+\ln\frac{\sqrt{x^2+\beta^2(y+d_B)^2}}{r_{\mathrm{w}}(1+\beta)}\right\}+p_{\mathrm{w}B} \tag{4.28}$$

[讨论2] 渗透率比值λ的影响

（1）当$\lambda=1$时，得到均匀介质（无间断面）情形的结果：

$$p_{\text{I}}=p_{\text{II}}=\frac{\mu Q}{2\pi kh}\left\{\ln\left[\frac{2\sqrt{\beta}}{r_{\mathrm{w}}(1+\beta)}\sqrt{(\xi-\xi_A)^2+(\eta-\eta_A)^2}\right]-\ln\frac{\sqrt{(\xi-\xi_B)^2+(\eta-\eta_B)^2}}{d_2}\right\}+p_{\mathrm{w}A} \tag{4.29}$$

或

$$p_{\text{I}}=p_{\text{II}}=\frac{\mu Q}{2\pi kh}\left\{\ln\left[\frac{2\sqrt{\beta}}{r_{\mathrm{w}}(1+\beta)}\sqrt{(\xi-\xi_B)^2+(\eta-\eta_B)^2}\right]+\ln\frac{\sqrt{(\xi-\xi_A)^2+(\eta-\eta_A)^2}}{d_2}\right\}+p_{\mathrm{w}B} \tag{4.30}$$

（2）当$\lambda\to0$时，得到如下结果：

$$\begin{cases}p_{\text{I}}=\dfrac{\mu Q}{2\pi k_{\text{I}}h}\left\{\ln\left[\dfrac{2\sqrt{\beta}}{r_{\mathrm{w}}(1+\beta)}\sqrt{(\xi-\xi_A)^2+(\eta-\eta_A)^2}\right]-\ln\dfrac{\sqrt{(\xi-\xi'_A)^2+(\eta-\eta'_A)^2}}{2d_{2A}}\right\}+p_{\mathrm{w}A},\quad(\xi,\eta)\in\text{I}\\ p_{\text{II}}=\dfrac{\mu Q}{2\pi k_{\text{II}}h}\left\{\ln\left[\dfrac{2\sqrt{\beta}}{r_{\mathrm{w}}(1+\beta)}\sqrt{(\xi-\xi_B)^2+(\eta-\eta_B)^2}\right]+\ln\dfrac{\sqrt{(\xi-\xi'_B)^2+(\eta-\eta'_B)^2}}{2d_{2B}}+\ln\dfrac{(\xi-\xi_A)^2+(\eta-\eta_A)^2}{d_2^2}\right\}+p_{\mathrm{w}B},\quad(\xi,\eta)\in\text{II}\end{cases} \tag{4.31}$$

（3）当 $\lambda \to \infty$ 时，得到如下结果：

$$
\begin{cases}
p_{\mathrm{I}} = \dfrac{\mu Q}{2\pi k_{\mathrm{I}} h}\left\{\ln\left[\dfrac{2\sqrt{\beta}}{r_{\mathrm{w}}(1+\beta)}\sqrt{(\xi-\xi_A)^2+(\eta-\eta_A)^2}\right]\right. \\
\quad + \ln\dfrac{\sqrt{(\xi-\xi'_A)^2+(\eta-\eta'_A)^2}}{2d_{2A}} \\
\quad \left. + \ln\dfrac{(\xi-\xi_B)^2+(\eta-\eta_B)^2}{d_2^2}\right\} + p_{\mathrm{w}A}, \quad (\xi,\eta)\in \mathrm{I} \\
p_{\mathrm{II}} = \dfrac{\mu Q}{2\pi k_{\mathrm{II}} h}\left\{\ln\left[\dfrac{2\sqrt{\beta}}{r_{\mathrm{w}}(1+\beta)}\sqrt{(\xi-\xi_B)^2+(\eta-\eta_B)^2}\right]\right. \\
\quad \left. - \ln\dfrac{\sqrt{(\xi-\xi'_B)^2+(\eta-\eta'_B)^2}}{2d_{2B}}\right\} + p_{\mathrm{w}B}, \quad (\xi,\eta)\in \mathrm{II}
\end{cases}
\tag{4.32}
$$

［**讨论 3**］一注一采情形

当两口井分别为一口注水井和一口生产井时，可用上述同样方法、步骤处理。设 A 为生产井，B 为注水井，其压力分布解为

$$
\begin{cases}
p_{\mathrm{I}} = \dfrac{\mu Q}{2\pi k_{\mathrm{I}} h}\left\{\ln\left[\dfrac{2\sqrt{\beta}}{r_{\mathrm{w}}(1+\beta)}\sqrt{(\xi-\xi_A)^2+(\eta-\eta_A)^2}\right]\right. \\
\quad + \dfrac{\lambda-1}{\lambda+1}\ln\dfrac{\sqrt{(\xi-\xi'_A)^2+(\eta-\eta'_A)^2}}{2d_{2A}} \\
\quad \left. - \dfrac{2\lambda}{\lambda+1}\ln\dfrac{\sqrt{(\xi-\xi_B)^2+(\eta-\eta_B)^2}}{d_2}\right\} + p_{\mathrm{w}A}, \quad (\xi,\eta)\in \mathrm{I} \\
p_{\mathrm{II}} = \dfrac{\mu Q}{2\pi k_{\mathrm{II}} h}\left\{-\ln\left[\dfrac{2\sqrt{\beta}}{r_{\mathrm{w}}(1+\beta)}\sqrt{(\xi-\xi_B)^2+(\eta-\eta_B)^2}\right]\right. \\
\quad - \dfrac{1-\lambda}{1+\lambda}\ln\dfrac{\sqrt{(\xi-\xi'_B)^2+(\eta-\eta'_B)^2}}{2d_{2B}} \\
\quad \left. + \dfrac{2}{\lambda+1}\ln\dfrac{\sqrt{(\xi-\xi_A)^2+(\eta-\eta_A)^2}}{d_2}\right\} + p_{\mathrm{w}B}, \quad (\xi,\eta)\in \mathrm{II} \\
p_{\mathrm{w}A} = p_{\mathrm{w}B} + \dfrac{\mu Q}{2\pi k_{\mathrm{I}} h}\dfrac{\lambda-1}{\lambda+1}\left(\ln\dfrac{4d_{2A}\sqrt{\beta}}{r_{\mathrm{w}}(1+\beta)} + \lambda\ln\dfrac{4d_{2B}\sqrt{\beta}}{r_{\mathrm{w}}(1+\beta)}\right)
\end{cases}
\tag{4.33}
$$

［**讨论 4**］各向同性渗透率介质情形

令 $\beta=1$，并使垂直间断面与 x 轴重合，立即得到各向同性介质内间断面两侧各有一口生产井的渗流解：

$$
\begin{cases}
p_{\mathrm{I}}=\dfrac{\mu Q}{2\pi k_{\mathrm{I}} h}\left\{\ln\dfrac{\sqrt{(x-x_A)^2+(y-y_A)^2}}{r_{\mathrm{w}}}+\dfrac{\lambda-1}{\lambda+1}\ln\dfrac{\sqrt{(x-x_A)^2+(y+y_A)^2}}{2|y_A|}\right.\\
\qquad\left.+\dfrac{2\lambda}{\lambda+1}\ln\dfrac{\sqrt{(x-x_B)^2+(y-y_B)^2}}{d_A+d_B}\right\}+p_{\mathrm{w}A},\qquad y>0\\
p_{\mathrm{II}}=\dfrac{\mu Q}{2\pi k_{\mathrm{II}} h}\left\{\ln\dfrac{\sqrt{(x-x_B)^2+(y-y_B)^2}}{r_{\mathrm{w}}}+\dfrac{1-\lambda}{\lambda+1}\ln\dfrac{\sqrt{(x-x_B)^2+(y+y_B)^2}}{2|y_B|}\right.\\
\qquad\left.+\dfrac{2}{\lambda+1}\ln\dfrac{\sqrt{(x-x_A)^2+(y-y_A)^2}}{d_A+d_B}\right\}+p_{\mathrm{w}B},\qquad y\leqslant 0\\
p_{\mathrm{w}A}=p_{\mathrm{w}B}+\dfrac{\mu Q}{2\pi k_{\mathrm{I}} h}\dfrac{\lambda-1}{\lambda+1}\left(\ln\dfrac{2|y_A|}{r_{\mathrm{w}}}+\lambda\ln\dfrac{2|y_B|}{r_{\mathrm{w}}}\right)
\end{cases}
\tag{4.34}
$$

式中，$x_A=d_A\cos\gamma$；$y_A=d_A\sin\gamma$；$x_B=-d_B\cos\gamma$；$y_B=-d_B\sin\gamma$。一注一采两口井各向同性情形的解可用相同方法求得。

4.3　各向异性地层人工压裂渗流模型及理论分析

现在，人工压裂方法已经成为全世界范围内油井增产的普遍措施。特别是对于低渗、特低渗油田，人工压裂措施往往是增加油井产量从而实现工业化开发的必需途径。但长期以来，人工压裂效果的预测评价并不令人满意，尤其是近井区域内人工裂缝介质的渗流模型，基本上还局限于单一裂缝流动模式（Meng and Brown，1992；Advani *et al.*，1992；Lee，1992；Britt *et al.*，1992）。由于人工压裂方法多种多样，井下地层地质情况千变万化，压裂后的地层渗流特点和导流能力也远非单一裂缝模式所能描述。这也是压裂效果预测与评价往往不能与实际情况相符的主要原因之一。因此，本节将从实际情况出发，提出新的人工压裂地层渗流模型，并给出相应的理论解，以便使现有人工压裂效果预测评价的方法体系更加丰富和完善。

根据国内外大量的文献和油田实际资料（Nelson，1985；Branagan，1992；Mschoviois，1992），在人工压裂（特别是大强度冲击压裂）井的周围会出现一个人工裂缝区域，如图4.5和图4.6所示。该区域中分布着许多条人工裂缝，这些裂缝从井筒出发呈放射状排列；但其排列密度并不一定均匀，排列的疏密度随方位而变化，这种变化关系由原始地层应力的主方向决定。若是天然裂缝（各向异性）油藏，则在离井筒较远处，这些人工裂缝逐渐与天然裂缝重合；若非天然裂缝油藏，则这些人工裂缝会在离井筒较远处消失。人工裂缝区域的渗透率比初始油藏渗透率大得多。

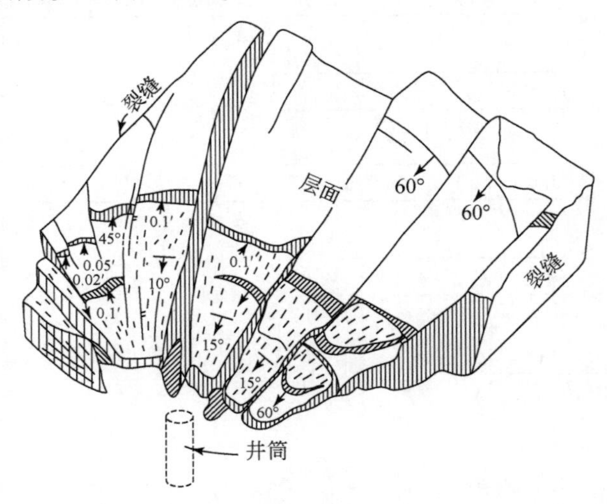

图 4.5　岩石中辐射状冲击压裂裂缝及其与井筒和天然裂缝的分布关系

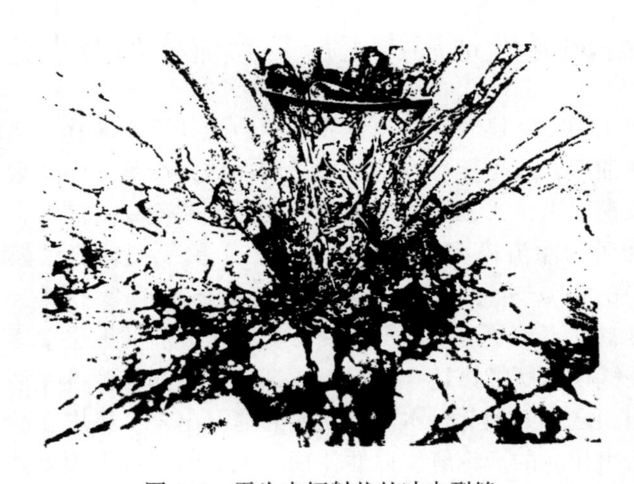

图 4.6　露头中辐射状的冲击裂缝

4.3.1　常规油藏人工压裂地层渗透率模型

所谓常规油藏，这里指各向同性油藏。油藏内无天然裂缝，初始的油藏渗透率和地层应力皆为各向同性。对于此类油藏，压裂后的地层渗透率可用图 4.7 表示。

图 4.7 中共包括两个区域：人工裂缝区域 Ⅰ 和非压裂区域（或称外区域）

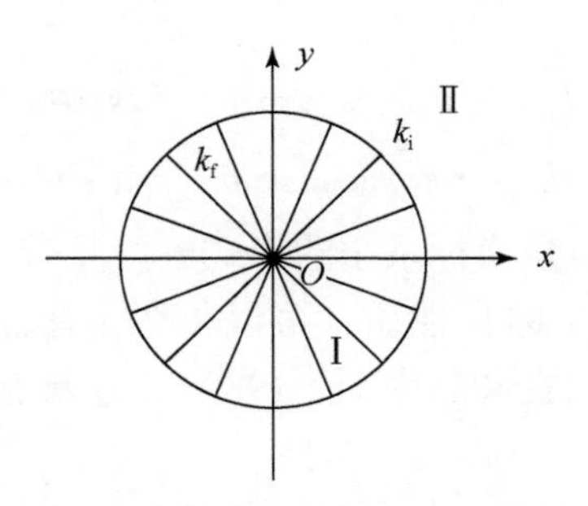

图 4.7　常规油藏冲击压裂地层模型

Ⅱ。非裂缝区域的渗透率分布为原始油藏的各向同性张量场，渗透率值记为 k_i。人工裂缝区域为圆形区域，以井点 O 为圆心，半径为 r_f。其渗透率分布为非均匀各向异性张量场，记作 $\boldsymbol{K}_f$。该张量场在人工裂缝区域 Ⅰ 内任一点上对应一个张量值。每一点上张量的主值和主方向一般都不相同。每一点上渗透率的最大主方向都与该点和原点的连线平行。若取井点 O 作为坐标原点，设任一点的直角坐标为（x，y），则该点的柱坐标为（r，θ）=（$\sqrt{x^2+y^2}$，$\mathrm{arctg}\,\dfrac{y}{x}$），该点的渗透率张量在直角坐标系中的形式为

$$\boldsymbol{K}_f(x,y)=\begin{bmatrix} k\cos^2\theta+k_i\sin^2\theta & (k_i-k)\cos\theta\sin\theta \\ (k_i-k)\cos\theta\sin\theta & k\sin^2\theta+k_i\cos^2\theta \end{bmatrix} \tag{4.35}$$

式中，k 和 k_i 分别为（x，y）点上渗透率张量的最大和最小主值。k_i 即油藏基质孔隙渗透率，为常量。k 在一般情况下是坐标的函数，即 $k=k(x,y)=k[r(x,y),\theta(x,y)]$。由于人工裂缝相对于井点成圆形对称排列，所以 k 与 α 角无关，即 $k=k(r)$。

对于 $k=k(r)$，这里给出如下形式。

假设在人工裂缝区域内，通过任一个以井点 O 为中心的封闭圆周的导流能力相同。于是有

$$2\pi rk=2\pi r_f k_f=2\pi T_f \tag{4.36}$$

式中，k_f 为 $r=r_f$ 圆周上任一点渗透率张量的最大主值；$T_f=r_f k_f$ 为常量。由式（4.36）得到：

$$k(r)=\frac{r_f k_f}{r}=\frac{T_f}{r} \tag{4.37}$$

把式（4.37）代入式（4.35）得到：

$$\boldsymbol{K}_f(x,y)=\frac{1}{r}\begin{bmatrix} T_f\cos^2\theta+rk_i\sin^2\theta & (rk_i-T_f)\cos\theta\sin\theta \\ (rk_i-T_f)\cos\theta\sin\theta & T_f\sin^2\theta+rk_i\cos^2\theta \end{bmatrix} \tag{4.38}$$

或者写成：

$$K_f(x,y) = \frac{1}{r}\begin{bmatrix} r_f k_f \cos^2\theta + r k_i \sin^2\theta & (r k_i - r_f k_f)\cos\theta\sin\theta \\ (r k_i - r_f k_f)\cos\theta\sin\theta & r_f k_f \sin^2\theta + r k_i \cos^2\theta \end{bmatrix} \tag{4.39}$$

各向异性渗透率场在直角坐标系中的形式较为复杂。考虑到整个渗透率场及其主方向的轴对称（中心对称）性质，可以将张量渗透率场写成柱坐标系中的形式（郭日修，1988；黄祖良和陈强顺，1989），它具有简单的对角线形式：

$$K_f(r,\theta) = \begin{bmatrix} k(r) & 0 \\ 0 & k_i \end{bmatrix} = \begin{bmatrix} \frac{T_f}{r} & 0 \\ 0 & k_i \end{bmatrix} \tag{4.40}$$

4.3.2　柱坐标系中的各向异性介质渗流方程

这里直接推导各向异性介质中不可压流体稳定渗流微分方程在柱坐标系中的形式。

记渗流场压力分布为 p，渗流速度场为 $\boldsymbol{v} = (v_r,\ v_\theta)$，则压力梯度为

$$\nabla p = \left(\frac{\partial p}{\partial r},\ \frac{1}{r}\frac{\partial p}{\partial \theta}\right) \tag{4.41}$$

渗流速度场为

$$\boldsymbol{v} = \frac{1}{\mu}K_f(r,\theta) \cdot \nabla p \tag{4.42}$$

将式（4.40）和式（4.41）代入式（4.42）得

$$\boldsymbol{v} = \begin{pmatrix} v_r \\ v_\theta \end{pmatrix} = \frac{1}{\mu}\begin{bmatrix} \frac{T_f}{r} & 0 \\ 0 & k_i \end{bmatrix} \cdot \begin{bmatrix} \frac{\partial p}{\partial r} \\ \frac{1}{r}\frac{\partial p}{\partial \theta} \end{bmatrix} = \frac{1}{\mu}\begin{bmatrix} \frac{T_f}{r}\frac{\partial p}{\partial r} \\ \frac{k_i}{r}\frac{\partial p}{\partial \theta} \end{bmatrix} \tag{4.43}$$

式（4.43）即渗流的运动方程。渗流的连续性方程为

$$\nabla \cdot \boldsymbol{v} = \frac{1}{\mu r}\left(\frac{\partial (r v_r)}{\partial r} + \frac{\partial v_\theta}{\partial \theta}\right) = 0 \tag{4.44}$$

将式（4.43）代入式（4.44）得

$$T_f \frac{\partial^2 p}{\partial r^2} + \frac{k_i}{r}\frac{\partial^2 p}{\partial \theta^2} = 0 \tag{4.45}$$

式（4.45）即人工裂缝区域渗流控制方程。

4.3.3　定解问题的数学描述及求解

非压裂区域的渗流为各向同性介质渗流，其控制方程为

$$\frac{k_{\mathrm{i}}}{r}\frac{\partial}{\partial r}\left(r\frac{\partial p}{\partial r}\right)+\frac{k_{\mathrm{i}}}{r^2}\frac{\partial^2 p}{\partial \theta^2}=0 \tag{4.46}$$

设油藏厚度为 h，流体黏度为 μ，圆形供液边界为 $r=r_{\mathrm{e}}>r_{\mathrm{f}}$，压力为 p_{e}，井底流压为 p_{w}，井筒半径为 r_{w}，则常规油藏人工压裂地层整个渗流区域的数学模型可表示如下：

$$\begin{cases}T_{\mathrm{f}}\dfrac{\partial^2 p_1}{\partial r^2}+\dfrac{k_{\mathrm{i}}}{r}\dfrac{\partial^2 p_1}{\partial \theta^2}=0, & r_{\mathrm{w}}\leqslant r\leqslant r_{\mathrm{f}}\\ \dfrac{k_{\mathrm{i}}}{r}\dfrac{\partial}{\partial r}\left(r\dfrac{\partial p_2}{\partial r}\right)+\dfrac{k_{\mathrm{i}}}{r^2}\dfrac{\partial^2 p_2}{\partial \theta^2}=0, & r_{\mathrm{f}}\leqslant r\leqslant r_{\mathrm{e}}\\ p=p_{\mathrm{w}}, & r=r_{\mathrm{w}}\\ p=p_{\mathrm{e}}, & r\to\infty\\ p=p_2, & r=r_{\mathrm{f}}\\ \dfrac{k_{\mathrm{f}}}{\mu}\dfrac{\partial p_1}{\partial r}=\dfrac{k_{\mathrm{i}}}{\mu}\dfrac{\partial p_2}{\partial r}, & r=r_{\mathrm{f}}\end{cases} \tag{4.47}$$

根据介质渗透率及渗流边界的轴对称性，有 $\dfrac{\partial}{\partial\theta}=0$，式（4.47）变为

$$\begin{cases}\dfrac{\partial^2 p_1}{\partial r^2}=0, & r_{\mathrm{w}}\leqslant r\leqslant r_{\mathrm{f}}\\ \dfrac{1}{r}\dfrac{\partial}{\partial r}\left(r\dfrac{\partial p_2}{\partial r}\right)=0, & r_{\mathrm{f}}\leqslant r\leqslant r_{\mathrm{e}}\\ p_1=p_{\mathrm{w}}, & r=r_{\mathrm{w}}\\ p_2=p_{\mathrm{e}}, & r\to\infty\\ p_1=p_2, & r=r_{\mathrm{f}}\\ \dfrac{k_{\mathrm{f}}}{\mu}\dfrac{\partial p_1}{\partial r}=\dfrac{k_{\mathrm{i}}}{\mu}\dfrac{\partial p_2}{\partial r}, & r=r_{\mathrm{f}}\end{cases} \tag{4.48}$$

解此微分方程，得

$$\begin{cases}p_1=p_{\mathrm{w}}+\dfrac{(p_{\mathrm{e}}-p_{\mathrm{w}})(r-r_{\mathrm{w}})}{r_{\mathrm{f}}\left(1+\dfrac{T_{\mathrm{f}}}{k_{\mathrm{i}}r_{\mathrm{f}}}\ln\dfrac{r_{\mathrm{e}}}{r_{\mathrm{f}}}\right)}, & r_{\mathrm{w}}\leqslant r\leqslant r_{\mathrm{f}}\\ p_2=p_{\mathrm{e}}+\dfrac{p_{\mathrm{e}}-p_{\mathrm{w}}}{\dfrac{r_{\mathrm{f}}k_{\mathrm{i}}}{T_{\mathrm{f}}}+\ln\dfrac{r_{\mathrm{e}}}{r_{\mathrm{f}}}}\ln\dfrac{r}{r_{\mathrm{e}}}, & r_{\mathrm{f}}\leqslant r\leqslant r_{\mathrm{e}}\end{cases} \tag{4.49}$$

式（4.49）就是原渗流问题式（4.47）的压力分布解。下面推导井的产量公式。任取一个以井点为中心，半径为 r 的封闭圆周，应用物质守恒定律得出井的产量公式：

$$Q = 2\pi r v_r h \tag{4.50}$$

将式（4.43）式代入（4.50）得

$$Q = 2\pi r h \frac{T_f}{\mu r} \frac{\partial p}{\partial r} \tag{4.51}$$

把式（4.49）中第一式代入式（4.51），并注意 $r_f \gg r_w$，得

$$Q = \frac{2\pi k_i h (p_e - p_w)}{\mu \left(\dfrac{r_f k_i}{T_f} + \ln \dfrac{r_e}{r_f} \right)} \tag{4.52}$$

或写成：

$$Q = \frac{2\pi k_i h (p_e - p_w)}{\mu \left(S + \ln \dfrac{r_e}{r_w} \right)} \tag{4.53}$$

式中，$S = \dfrac{r_f k_i}{T_f} - \ln \dfrac{r_f}{r_w}$，相当于表皮系数。因此，压裂井的产量由两个压裂参数即人工裂缝的总体导流能力 T_f 和压裂半径 r_f 决定。

4.3.4 渗透率模型的幂次形式

式（4.37）是假设人工裂缝的总导流能力不随 r 变化得到的。如果考虑到随着 r 的增加，人工裂缝的强度及总体导流能力会逐渐减少，可以定义不同的渗透率分布，从而建立不同的渗流模型。这里给出更为一般的幂次形式渗透率分布模型。

设人工裂缝的总导流能力与离开井点距离成幂次反比关系，即

$$\begin{cases} 2\pi r k(r) = 2\pi T_f r^{-\sigma}, & \sigma \geq 0 \\ k(r) = k_f, & r = r_f \end{cases} \tag{4.54}$$

由式（4.54）得到最大渗透率主值：

$$k(r) = \frac{T_f}{r^{1+\sigma}}, \quad T_f = k_f r_f^{1+\sigma} \tag{4.55}$$

由式（4.55）得到渗透率张量：

$$\boldsymbol{K}_f(r, \theta) = \begin{bmatrix} k(r) & 0 \\ 0 & k_i \end{bmatrix} = \begin{bmatrix} \dfrac{T_f}{r^{1+\sigma}} & 0 \\ 0 & k_i \end{bmatrix} \tag{4.56}$$

渗流速度为

$$\boldsymbol{v} = \begin{bmatrix} v_r \\ v_\theta \end{bmatrix} = \frac{1}{\mu} \boldsymbol{K}_f \cdot \nabla p = \frac{1}{\mu} \begin{bmatrix} \dfrac{T_f}{r^{1+\sigma}} \dfrac{\partial p}{\partial r} \\ \dfrac{k_i}{r} \dfrac{\partial p}{\partial \theta} \end{bmatrix} \tag{4.57}$$

定解问题为

$$\begin{cases}\dfrac{\partial}{\partial r}\left(\dfrac{T_{\mathrm{f}}}{r^{\sigma}}\dfrac{\partial p_1}{\partial r}\right)+\dfrac{k_{\mathrm{i}}}{r}\dfrac{\partial^2 p_1}{\partial\theta^2}=0, & r_{\mathrm{w}}\leqslant r\leqslant r_{\mathrm{f}}\\ \dfrac{\partial}{\partial r}\left(r\dfrac{\partial p_2}{\partial r}\right)+\dfrac{1}{r}\dfrac{\partial^2 p_2}{\partial\theta^2}=0, & r_{\mathrm{f}}\leqslant r\leqslant r_{\mathrm{e}}\\ p_1=p_2, & r=r_{\mathrm{f}}\\ \dfrac{k_{\mathrm{f}}}{\mu}\dfrac{\partial p_1}{\partial r}=\dfrac{k_{\mathrm{i}}}{\mu}\dfrac{\partial p_2}{\partial r}, & r=r_{\mathrm{f}}\\ p=p_{\mathrm{w}}, & r=r_{\mathrm{w}}\\ p=p_{\mathrm{e}}, & r=r_{\mathrm{e}}\end{cases}\tag{4.58}$$

压力分布解为

$$\begin{cases}p_1=p_{\mathrm{w}}+\dfrac{p_{\mathrm{e}}-p_{\mathrm{w}}}{r_{\mathrm{f}}^{(1+\sigma)}\left[1+\dfrac{(1+\sigma)T_{\mathrm{f}}}{k_{\mathrm{i}}r_{\mathrm{f}}^{1+\sigma}}\ln\dfrac{r_{\mathrm{e}}}{r_{\mathrm{f}}}\right]}(r^{1+\sigma}-r_{\mathrm{w}}^{1+\sigma}), & r_{\mathrm{w}}\leqslant r\leqslant r_{\mathrm{f}}\\ p_2=p_{\mathrm{e}}+\dfrac{p_{\mathrm{e}}-p_{\mathrm{w}}}{\dfrac{k_{\mathrm{i}}r_{\mathrm{f}}^{1+\sigma}}{(1+\sigma)T_{\mathrm{f}}}+\ln\dfrac{r_{\mathrm{e}}}{r_{\mathrm{f}}}}\ln\dfrac{r}{r_{\mathrm{e}}}, & r_{\mathrm{f}}\leqslant r\leqslant r_{\mathrm{e}}\end{cases}\tag{4.59}$$

井产量为

$$Q=\frac{2\pi k_{\mathrm{i}}h(p_{\mathrm{e}}-p_{\mathrm{w}})}{\mu\left[\dfrac{r_{\mathrm{f}}^{1+\sigma}k_{\mathrm{i}}}{(1+\sigma)T_{\mathrm{f}}}+\ln\dfrac{r_{\mathrm{e}}}{r_{\mathrm{f}}}\right]}\tag{4.60}$$

或写成：

$$\begin{cases}Q=\dfrac{2\pi k_{\mathrm{i}}h(p_{\mathrm{e}}-p_{\mathrm{w}})}{\mu\left(S+\ln\dfrac{r_{\mathrm{e}}}{r_{\mathrm{w}}}\right)}\\ S=\dfrac{r_{\mathrm{f}}^{1+\sigma}k_{\mathrm{i}}}{(1+\sigma)T_{\mathrm{f}}}-\ln\dfrac{r_{\mathrm{f}}}{r_{\mathrm{w}}}\end{cases}\tag{4.61}$$

由式（4.60）和式（4.61）可看出，井的产量由表皮系数 S 决定，而 S 由两个压裂效果参数——导流系数 T_{f} 和压裂半径 r_{f} 决定。反过来，知道井的产量，可反求井的表皮系数 S。当 $\sigma=1$ 时，立刻得到4.3.3节中结果模型。

4.3.5　天然裂缝油藏人工压裂地层渗流研究

在天然裂缝油藏尤其是分布型微裂缝油藏内部，油层岩石主应力和天然裂缝往往具有较强的方向性，即表现为各向异性。对此类油藏进行人工压裂时，在与天然裂缝平行的方向，人工裂缝开裂和延展较容易；而在与天然裂缝垂直的方向，人工裂缝开裂较困难，且随长度的延展，人工裂缝的方向会发生变化，最后变成与天然裂缝平行。受天然裂缝影响，整个人工裂缝区域的形状呈椭圆形，长轴方向与天然裂缝方向一致，短轴方向与天然裂缝方向垂直。人工裂缝从井筒出发呈放射状不均匀分布，越靠近椭圆区域长轴方向，人工裂缝密度越大，越靠近垂直于长轴的方向，人工裂缝密度越小。设天然裂缝油藏渗透率的最大与最小主值分别为 k_x 和 k_y，人工裂缝区域长轴 a 与短轴 b 之比为 $\beta=\frac{a}{b}=\sqrt{\frac{k_x}{k_y}}$，如图 4.8 所示。

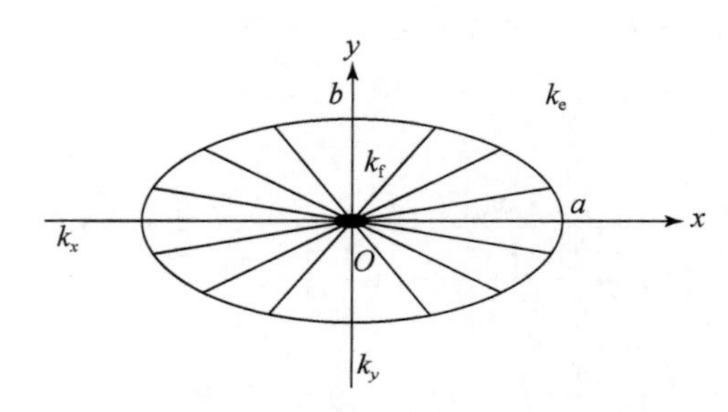

图 4.8　天然裂缝油藏冲击压裂地层模型

取天然裂缝方向与 x 轴一致、井点为原点，建立直角坐标系和相应的柱坐标系。在直角坐标系中，人工裂缝区域的各向异性渗透率张量分布为

$$\boldsymbol{K}_{\mathrm{f}}(x,y)=\frac{1}{r}\begin{bmatrix}\beta(k\cos^2\theta+k_{\mathrm{i}}\sin^2\theta)+k_x & (k_{\mathrm{i}}-k)\cos\theta\sin\theta \\ (k_{\mathrm{i}}-k)\cos\theta\sin\theta & (k\sin^2\theta+k_{\mathrm{i}}\cos^2\theta)/\beta+k_y\end{bmatrix}\tag{4.62}$$

天然裂缝区域渗透率张量分布为

$$\boldsymbol{K}_{\mathrm{e}}(x,y)=\begin{bmatrix}k_x & 0 \\ 0 & k_y\end{bmatrix}\tag{4.63}$$

做如下坐标变换：

$$\xi=\frac{x}{\sqrt{\beta}},\eta=y\sqrt{\beta}\tag{4.64}$$

则人工裂缝区域由椭圆变为圆形，其半径 $\rho_{\mathrm{f}}=\frac{a}{\sqrt{\beta}}=b\sqrt{\beta}$，天然裂缝区域将变为各向同性渗透率地层，其渗透率 $k_{\mathrm{e}}=\sqrt{k_xk_y}$。变换后的区域及裂缝分布与图 4.7所示情形相同。此时，人工裂缝区域的渗透率仍为各向异性，其张量场分布可根据张量变换规则（黄祖良和陈强顺，1989；黄克智等，1986）及式（4.62）和式（4.64）求得

$$
\begin{aligned}
\boldsymbol{K}_{\mathrm{f}}(\xi,\eta) &= \begin{bmatrix} \dfrac{\partial\xi}{\partial x} & \dfrac{\partial\xi}{\partial y} \\ \dfrac{\partial\eta}{\partial x} & \dfrac{\partial\eta}{\partial y} \end{bmatrix} \cdot \boldsymbol{K}_{\mathrm{f}}(x,y) \cdot \begin{bmatrix} \dfrac{\partial\xi}{\partial x} & \dfrac{\partial\eta}{\partial x} \\ \dfrac{\partial\xi}{\partial y} & \dfrac{\partial\eta}{\partial y} \end{bmatrix} \\
&= \begin{bmatrix} \dfrac{1}{\sqrt{\beta}} & 0 \\ 0 & \sqrt{\beta} \end{bmatrix} \cdot \begin{bmatrix} \beta(k\cos^2\theta + k_{\mathrm{i}}\sin^2\theta) + k_x & (k_{\mathrm{i}} - k)\cos\theta\sin\theta \\ (k_{\mathrm{i}} - k)\cos\theta\sin\theta & (k\sin^2\theta + k_{\mathrm{i}}\cos^2\theta)/\beta + k_y \end{bmatrix} \\
&\quad \cdot \begin{bmatrix} \dfrac{1}{\sqrt{\beta}} & 0 \\ 0 & \sqrt{\beta} \end{bmatrix} \\
&= \begin{bmatrix} k\cos^2\theta + k_{\mathrm{i}}\sin^2\theta + k_{\mathrm{e}} & (k_{\mathrm{i}} - k)\cos\theta\sin\theta \\ (k_{\mathrm{i}} - k)\cos\theta\sin\theta & k\sin^2\theta + k_{\mathrm{i}}\cos^2\theta + k_{\mathrm{e}} \end{bmatrix}
\end{aligned}
$$

即

$$
\boldsymbol{K}_{\mathrm{f}}(\xi,\eta) = \begin{bmatrix} k\cos^2\alpha + k_{\mathrm{i}}\sin^2\alpha & (k_{\mathrm{i}} - k)\cos\alpha\sin\alpha \\ (k_{\mathrm{i}} - k)\cos\alpha\sin\alpha & k\sin^2\alpha + k_{\mathrm{i}}\cos^2\alpha \end{bmatrix} + k_{\mathrm{e}}\begin{bmatrix} 1 & 0 \\ 0 & 1 \end{bmatrix} \tag{4.65}
$$

式中，α 为与直角坐标（ξ，η）相对应的柱坐标(ρ，α）中的角度坐标，$\mathrm{tg}\alpha = \dfrac{\eta}{\xi} = \beta\mathrm{tg}\theta$，$\rho = \sqrt{\xi^2 + \eta^2}$。在柱坐标系中取正交标准化基（郭日修，1988；阿肯弗，1986），则式（4.65）可转换为如下的柱坐标系中形式：

$$
\boldsymbol{K}_{\mathrm{f}}(\rho,\alpha) = \begin{bmatrix} k(\rho) & 0 \\ 0 & k_{\mathrm{i}} \end{bmatrix} + k_{\mathrm{e}}\begin{bmatrix} 1 & 0 \\ 0 & 1 \end{bmatrix} = \begin{bmatrix} k(\rho) + k_{\mathrm{e}} & 0 \\ 0 & k_{\mathrm{i}} + k_{\mathrm{e}} \end{bmatrix} \tag{4.66}
$$

根据 4.3.3 节相同的步骤和渗透率模型，可得（ρ，α）坐标系中定解问题的数学模型如下：

$$
\begin{cases}
\dfrac{\partial}{\partial\rho}\left[(T_{\mathrm{f}} + \rho k_{\mathrm{e}})\dfrac{\partial p_1}{\partial\rho}\right] = 0, & \rho_{\mathrm{w}} \leqslant \rho \leqslant \rho_{\mathrm{f}} \\
\dfrac{\partial}{\partial\rho}\left(\rho\dfrac{\partial p_2}{\partial\rho}\right) = 0, & \rho_{\mathrm{f}} \leqslant \rho \leqslant \rho_{\mathrm{e}} \\
p_1 = p_{\mathrm{w}}, & \rho = \rho_{\mathrm{w}} \\
p_2 = p_{\mathrm{e}}, & \rho = \rho_{\mathrm{f}} \\
p_1 = p_2, & \rho = \rho_{\mathrm{f}} \\
\dfrac{k + k_{\mathrm{e}}}{\mu}\dfrac{\partial p_1}{\partial\rho} = \dfrac{k_{\mathrm{i}} + k_{\mathrm{e}}}{\mu}\dfrac{\partial p_2}{\partial\rho}, & \rho = \rho_{\mathrm{f}}
\end{cases} \tag{4.67}
$$

注意到 $k_{\mathrm{i}} \ll k_{\mathrm{e}}$，对式（4.67）进行求解可得

$$\begin{cases} p_1 = p_w + \dfrac{p_e - p_w}{\ln \dfrac{T_f + k_e\rho_f}{T_f + k_e\rho_w} + \ln \dfrac{\rho_e}{\rho_f}} \ln \dfrac{T_f + k_e\rho}{T_f + k_e\rho_w} \\ p_2 = p_e + \dfrac{p_e - p_w}{\ln \dfrac{T_f + k_e\rho_f}{T_f + k_e\rho_w} + \ln \dfrac{\rho_e}{\rho_f}} \ln \dfrac{\rho}{\rho_e} \end{cases} \tag{4.68}$$

压裂井的产量为

$$Q = \frac{2\pi k_e h(p_e - p_w)}{\mu\left(\ln \dfrac{T_f + k_e\rho_f}{T_f + k_e\rho_w} + \ln \dfrac{\rho_e}{\rho_f}\right)} \tag{4.69}$$

或写成:

$$\begin{cases} Q = \dfrac{2\pi k_e(p_e - p_w)}{\mu\left(S + \ln \dfrac{\rho_e}{\rho_w}\right)} \\ S = \ln \dfrac{T_f + k_e\rho_f}{T_f + k_e\rho_w} + \ln \dfrac{\rho_w}{\rho_f} \end{cases} \tag{4.70}$$

由式(4.69)和式(4.70)可知,跟常规油藏情形相似,天然裂缝油藏的压裂效果可以由一个拟表皮系数 S 表示;S 由压裂地层的总体向井导流系数 T_f 和压裂半径 ρ_f 决定。

第5章　各向异性油藏开发井网渗流理论与设计方法

各向异性介质油藏中井网的渗流是一种多重各向异性渗流现象。本章的目的是在各向异性油藏条件下，对注水开发井网的渗流规律和开发指标进行研究分析，为类似油田的实际开发与调整提供理论依据。其中还包括各向异性渗透率对注水井网的破坏与重组规律，以及各向异性渗透率对井网影响的混沌效应等特殊现象分析。

本章中统一给定直角坐标系 x 轴和 y 轴的方向分别与各向异性油藏渗透率的最大和最小主方向一致，油藏渗透率的最大与最小主值分别为 k_x 和 k_y，等价各向同性油藏渗透率为 $k=\sqrt{k_x k_y}$，$\beta=\sqrt{k_x/k_y}>1$，油藏厚度为 h，各种井网中同类井的产量或注入量皆相等，同类井的井底流压也都相同，注入井井底流压为 p_{w}，生产井井底流压为 p_{o}，井筒半径皆为 r_{w}。

5.1　多重各向异性复杂渗流系统

在前面内容中已经知道，各向异性渗透率空间可以通过坐标变换转化为等价的各向同性渗透率空间；但与此同时，渗流区域的边界形状也随之发生变化，如圆形边界变为椭圆形边界，规则井网变为歪斜的不规则井网等。这说明，渗透率的方向性可以引起渗流边界的方向性变化，而渗流边界的方向性又决定了流体流动的方向性，使得流体流动相对于注采井位和油藏边界呈非均匀、非对称的复杂形态，可以称为渗流流动的各向异性。因此，渗流介质的各向异性，等价于渗流边界的各向异性，它们都表现为渗流流动的各向异性。

在实际油田开发中，除了油藏介质的各向异性会引起渗流边界，从而引起渗流流动的各向异性外，油藏外边界、油藏开发井网、油藏内井眼轨迹（井筒方位）及井筒结构等渗流边界本身的形状也具有方向性，同样都会引起渗流流动的各向异性。以上各种边界与各向异性介质的不同匹配关系，可以表现出无数种不同的流动形式和特点。整个流场内的流动是多种各向异性因素决定的渗流流动。我们称之为多重各向异性渗流系统。

多重各向异性渗流系统与传统的油藏渗流系统有明显区别，传统油藏渗流系统一般处理的是具有均匀、对称、规则、简单单一边界的渗流流动，而多重各向异性渗流系统研究的是非均匀、非对称、非规则、多重复杂边界控制下的渗流流动。

5.2　各向异性油藏注水开发井网的破坏与重组

以正方形五点面积注水开发井网为例，分析各向异性油藏中注水井网的表现形式与作用规律。

如图 5.1 所示，假设各向异性油藏是均匀的，厚度为 h，岩石和流体均不可压，油藏内为稳定渗流，忽略油水黏度和密度差异的影响。井网中所有井的流量都相同，同类井的井底流压相同，注水井井底流压为 p_w，采油井井底流压为 p_o，井筒半径皆为 r_w。油藏内布置了正方形五点面积注水开发井网。取五点井网的生产井连线为基准线，设各向异性渗透率最大主值方向（即坐标 x 轴方向）与井网基准线夹角为 α，井网中注采井距为 a。

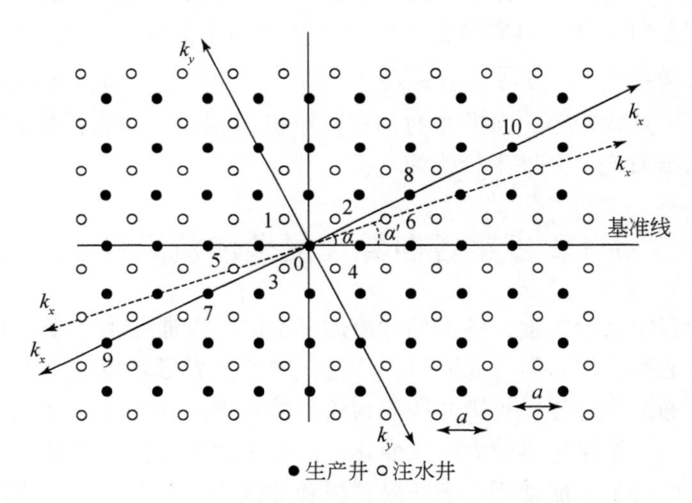

图 5.1　各向异性油藏正方形五点面积井网

建立直角坐标系，使坐标轴 x 和 y 的方向分别与各向异性油藏渗透率的最大和最小主方向一致，油藏渗透率的最大与最小主值分别为 k_x 和 k_y。因为井网具有对称性，所以分析渗透率方向对井网的影响只需要研究 $0 \leqslant \alpha \leqslant \pi/4$ 的情况。

为了分析上述各向异性油藏及其井网的渗流规律，首先将各向异性油藏转化为等价各向同性油藏。为此做如下坐标变换：

$$x' = x/\sqrt{\beta}, \quad y' = y\sqrt{\beta}, \quad \beta = \sqrt{k_x/k_y} \tag{5.1}$$

假设 $k_x > k_y$，则 $\beta = \sqrt{k_x/k_y} > 1$，上述坐标变换的实质就是将原来的渗流空间在 x 方向上压缩为原来的 $1/\sqrt{\beta}$，在 y 方向上拉伸为原来的 $\sqrt{\beta}$ 倍。经过坐标变换，原来以 k_x 和 k_y 为渗透率主值的各向异性油藏转化为以 $k = \sqrt{k_x k_y}$ 为渗透率值的等价各向同性油藏。

上述变换在将各向异性油藏转化为等价各向同性油藏的同时，也使原井网的结构发生变化：同处于 x 轴（或 x 轴的同一条平行线）上的井点间距离将被缩小为原来的 $1/\sqrt{\beta}$，所有井点到 x 轴的距离将被增大为原来的 $\sqrt{\beta}$ 倍。这样，原来井网的结构将会发生明显的变化，原有注采井网被打乱，重新组合成新的注采井网；原有注采单元被拆散，不同注采单元的井组合成新的注采单元。例如，图 5.1 中，当最大渗透率主方向与采油井排的夹角为 α 时，假设最大渗透率主方向 k_x 恰好与 9、7、0、8、10 号井连线平行，则变换后的井网如图 5.2 所示；当最大渗透率主方向与采油井排的夹角为 α' 时，假设最大渗透率主方向 k_x 恰好与 5、0、6 号井连线平行，则变换后的井网如图 5.3 所示。

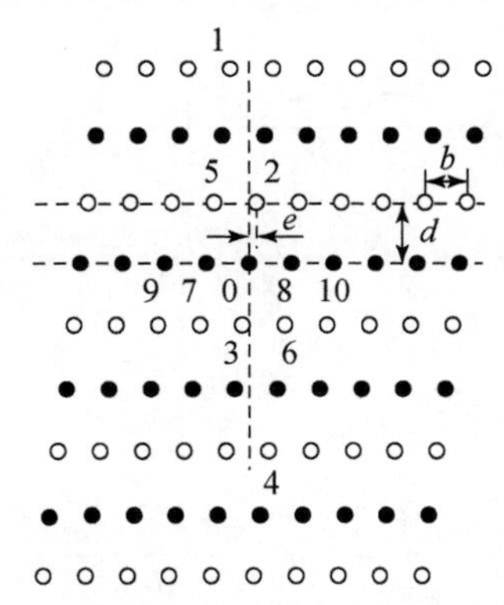

图 5.2　等价各向同性油藏中变形行列井网

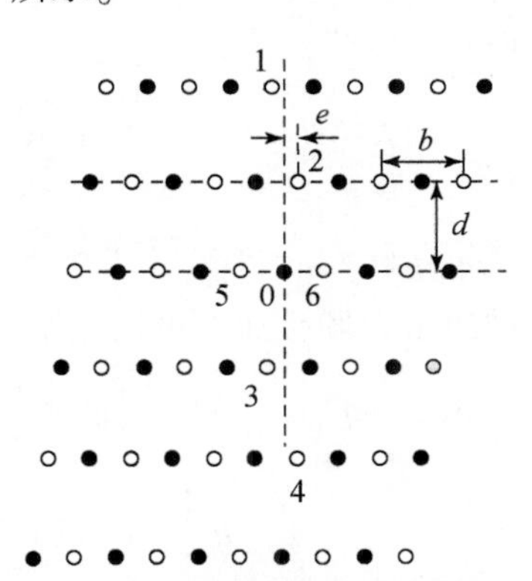

图 5.3　等价各向同性油藏中变形混排井网

对于不同的角度 α，原五点井网的结构会发生不同的变化。作为例外情况，当且仅当 $\alpha=0°$ 和 $\alpha=45°$ 时，井网注采单元被破坏和重新组合的现象将不会发生，但是其形状仍会发生变化。

通过式（5.1）坐标变换，对于任意一个 α 值，原井网将变为如图 5.2 和图 5.3 所示的两种新井网形式之一。这两种新井网形式一般为歪斜注水井网，并将在 $0°\leqslant\alpha\leqslant45°$ 范围内无规律地出现，其中的结构参数 b、d 和 e 由角度 α 和坐标变换公式［式（5.1）］决定。根据 2.3 节关于变换性质的讨论，原各向异性空间五点井网的渗流特性和开发指标跟等价各向同性空间的新井网相同。

本节的研究分析表明，油藏渗透率的各向异性对开发井网具有破坏和重组作用。

5.3　各向异性油藏五点变形井网渗流理论

如图 5.2 和图 5.3 所示，这两种不同井网形式的渗流性质，综合反映了各向异性渗透率对五点井网的影响效果。因此，欲知原各向异性油藏五点井网的开发性能，应首先对这两种变形井网的渗流规律进行研究。

5.3.1 变形行列井网

为了研究方便，在图 5.2 中建立直角坐标系 $O\xi\eta$，生产井连线为横轴 ξ，某一生产井点为坐标原点。则各井排的单井流量及位置如下。

生产井：流量 $-Q$，位置 $[nb+2me,\ 2md]$，$n\in(-\infty,+\infty)$，$m\in(-\infty,+\infty)$

注水井：流量 $+Q$，位置 $[nb+(2m+1)\ e,(2m+1)d]$，$n\in(-\infty,+\infty)$，$m\in(-\infty,+\infty)$

平行于 ξ 轴、井距为 b、离 η 轴最近井点为（ξ_0,η_0）的单一生产井排的压力场（Muskat，1937）为

$$p(\xi,\eta)=p_e+q\ln\left[\operatorname{ch}\frac{2\pi(\eta-\eta_0)}{b}+\cos\frac{2\pi(\xi-\xi_0)}{b}\right] \tag{5.2}$$

式中，$q=\dfrac{\mu Q}{4\pi hk}$，μ 为油藏流体黏度，h 为地层厚度；p_e 为压力常数。将上述井网中各井排的压力场叠加，可得整个井网的压力场分布：

$$\begin{aligned}p(\xi,\ \eta)=&p_e-q\ln\left(\operatorname{ch}\frac{2\pi\eta}{b}-\cos\frac{2\pi\xi}{b}\right)\\&-q\sum_1^{\infty}(-1)^m\ln\left\{\left[\operatorname{ch}\frac{2\pi(\eta-md)}{b}-\cos\frac{2\pi(\xi-me)}{b}\right]\right.\\&\left.\cdot\left[\operatorname{ch}\frac{2\pi(\eta+md)}{b}-\cos\frac{2\pi(\xi+me)}{b}\right]\right\}\end{aligned} \tag{5.3}$$

井网中任意一个井排及其周围的流动跟其他井排都是相同的。下面选取 $\eta=0$ 处的注水井排和 $\eta=d$ 处的生产井排为例，进行产量和流场分析。

1. 井网的单井产能

对式（5.3）取注水井井筒上的压力 $p(0,r_w)=p_w$：

$$\begin{aligned}p_w=&p_e-q\ln2\operatorname{sh}^2\frac{\pi r_w}{b}+q\ln\left(\operatorname{ch}\frac{2\pi d}{b}-\cos\frac{2\pi e}{b}\right)^2-q\ln\left(\operatorname{ch}\frac{4\pi d}{b}-\cos\frac{4\pi e}{b}\right)^2\\&+q\ln\left(\operatorname{ch}\frac{6\pi d}{b}-\cos\frac{6\pi e}{b}\right)^2-q\ln\left(\operatorname{ch}\frac{8\pi d}{b}-\cos\frac{8\pi e}{b}\right)^2\\&+q\ln\left(\operatorname{ch}\frac{10\pi d}{b}-\cos\frac{10\pi e}{b}\right)^2-q\sum_6^{\infty}(-1)^m\ln\left(\operatorname{ch}\frac{2m\pi d}{b}-\cos\frac{2m\pi e}{b}\right)^2\end{aligned} \tag{5.4}$$

对式（5.3）取生产井筒上压力 $p(e,\ d+r_w)=p_o$，得

$$
\begin{aligned}
p_o = p_e &- q\ln\left(\mathrm{ch}\frac{2\pi d}{b}-\cos\frac{2\pi e}{b}\right)+q\ln\left(2\mathrm{sh}^2\frac{\pi r_w}{b}\right)+q\ln\left(\mathrm{ch}\frac{4\pi d}{b}-\cos\frac{4\pi e}{b}\right)\\
&- q\ln\left[\left(\mathrm{ch}\frac{2\pi d}{b}-\cos\frac{2\pi e}{b}\right)\left(\mathrm{ch}\frac{6\pi d}{b}-\cos\frac{6\pi e}{b}\right)\right]\\
&+ q\ln\left[\left(\mathrm{ch}\frac{4\pi d}{b}-\cos\frac{4\pi e}{b}\right)\left(\mathrm{ch}\frac{8\pi d}{b}-\cos\frac{8\pi e}{b}\right)\right]\\
&- q\ln\left[\left(\mathrm{ch}\frac{6\pi d}{b}-\cos\frac{6\pi e}{b}\right)\left(\mathrm{ch}\frac{10\pi d}{b}-\cos\frac{10\pi e}{b}\right)\right]\\
&- q\sum_{5}^{\infty}(-1)^m\ln\left\{\left[\mathrm{ch}\frac{2\pi(m-1)d}{b}-\cos\frac{2\pi(m-1)e}{b}\right]\right.\\
&\left.\cdot\left[\mathrm{ch}\frac{2\pi(m+1)d}{b}-\cos\frac{2\pi(m-1)e}{b}\right]\right\}\\
= p_e &+ q\ln 2\mathrm{sh}^2\frac{\pi r_w}{b}-q\ln\left(\mathrm{ch}\frac{2\pi d}{b}-\cos\frac{2\pi e}{b}\right)^2+q\ln\left(\mathrm{ch}\frac{4\pi d}{b}-\cos\frac{4\pi e}{b}\right)^2\\
&- q\ln\left(\mathrm{ch}\frac{6\pi d}{b}-\cos\frac{6\pi e}{b}\right)^2+q\ln\left(\mathrm{ch}\frac{8\pi d}{b}-\cos\frac{8\pi e}{b}\right)^2\\
&- q\ln\left(\mathrm{ch}\frac{10\pi d}{b}-\cos\frac{10\pi e}{b}\right)^2-q\sum_{6}^{\infty}(-1)^m\ln\left(\mathrm{ch}\frac{2m\pi d}{b}-\cos\frac{2m\pi e}{b}\right)^2
\end{aligned}
\tag{5.5}
$$

由式（5.4）和式（5.5）知，$p_w-p_e=p_e-p_o$。所以有 $p_e=\dfrac{p_w+p_o}{2}$

式（5.5）减式（5.4）得

$$
\begin{aligned}
p_w-p_o &= 4q\ln\frac{\left(\mathrm{ch}\frac{2\pi d}{b}-\cos\frac{2\pi e}{b}\right)\cdot\left(\mathrm{ch}\frac{6\pi d}{b}-\cos\frac{6\pi e}{b}\right)}{\sqrt{2}\,\mathrm{sh}\frac{\pi r_w}{b}\cdot\left(\mathrm{ch}\frac{4\pi d}{b}-\cos\frac{4\pi e}{b}\right)\cdot\left(\mathrm{ch}\frac{8\pi d}{b}-\cos\frac{8\pi e}{b}\right)^{1/2}}\\
&+ 2q\sum_{5}^{\infty}(-1)^m\ln\frac{\left[\mathrm{ch}\frac{2(m-1)\pi d}{b}-\cos\frac{2(m-1)\pi e}{b}\right]\cdot\left[\mathrm{ch}\frac{2(m+1)\pi d}{b}-\cos\frac{2(m+1)\pi e}{b}\right]}{\left(\mathrm{ch}\frac{2m\pi d}{b}-\cos\frac{2m\pi e}{b}\right)^2}
\end{aligned}
\tag{5.6}
$$

一般情况下 $d/b>\dfrac{1}{4}$，当 $m\geqslant 4$ 时，$\mathrm{ch}\dfrac{2\pi md}{b}\approx\dfrac{1}{2}\mathrm{e}^{\frac{2\pi md}{b}}\gg 1$，$\mathrm{ch}\dfrac{2\pi md}{b}\gg\left|\cos\dfrac{8\pi e}{b}\right|$。将这些关系式代入式(5.6)，右端求和项可以消去，相对误差小于 0.1%。式(5.6)变为

$$p_w - p_o = 4q\ln\frac{\left(\text{ch}\,\frac{2\pi d}{b} - \cos\frac{2\pi e}{b}\right)\left(\text{ch}\,\frac{6\pi d}{b} - \cos\frac{6\pi e}{b}\right)}{e^{\frac{4\pi d}{b}}\cdot\text{sh}\,\frac{\pi r_w}{b}\left(\text{ch}\,\frac{4\pi d}{b} - \cos\frac{4\pi e}{b}\right)} \tag{5.7}$$

将 $q = \frac{\mu Q}{4\pi hk}$ 代入式（5.7），得

$$Q = \frac{\pi kh(p_w - p_o)}{\mu\ln\frac{\left(\text{ch}\,\frac{2\pi d}{b} - \cos\frac{2\pi e}{b}\right)\left(\text{ch}\,\frac{6\pi d}{b} - \cos\frac{6\pi e}{b}\right)}{e^{\frac{4\pi d}{b}}\text{sh}\,\frac{\pi r_w}{b}\left(\text{ch}\,\frac{4\pi d}{b} - \cos\frac{4\pi e}{b}\right)}} \tag{5.8}$$

这就是原井网的单井产量与注采压差的关系式。

当 $d/b \geqslant 1$ 时，式（5.8）可简化为

$$Q = \frac{2\pi kh(p_w - p_o)}{\mu\ln\frac{e^{\frac{\pi d}{2b}}}{2\text{sh}\,\frac{\pi r_w}{b}}} = \frac{2\pi kh(p_w - p_o)}{\mu\left(\frac{\pi d}{b} + 2\ln\frac{b}{2\pi r_w}\right)} \tag{5.9}$$

在式（5.9）中已经考虑到 $\frac{\pi r_w}{b} \ll 1$，所以 $\text{sh}\,\frac{\pi r_w}{b} = \frac{\pi r_w}{b}$。

在式（5.8）和式（5.9）中没有考虑坐标变换引起的井筒形状由圆到椭圆的变化（Mortda and Nabor，1961），若考虑变化带来的阻力效应，只需将式（5.8）和式（5.9）中的 r_w 换成 $r_{wef} = \frac{r_w(1+\beta)}{2\sqrt{\beta}}$。

2. 井网的面积扫油系数

因为井网的对称性，只需要考察 $-d \leqslant \eta \leqslant d$ 这一无穷长的条带内的流动。在一般情况下 $d/b \geqslant 0.25$，式（5.3）中只有 $m \leqslant 4$ 的项对所研究条带区域有影响。这时压力函数可写为

$$p(\xi,\eta) = q\sum_{-4}^{+4}(-1)^m\ln\frac{\left[\text{ch}\,\frac{2\pi(\eta - md)}{b} - \cos\frac{2\pi(\xi - me)}{b}\right]}{e^{2\pi|m|d/b}},\quad 0 \leqslant \eta \leqslant d \tag{5.10}$$

由式(5.10)很难直接求出扫油系数。当 $d/b \geqslant 1.2$ 时,式(5.10)可以化为更简单的形式：

$$p(\xi,\eta) = \begin{cases} q\ln\left(\text{ch}\,\frac{2\pi\eta}{b} - \cos\frac{2\pi\xi}{b}\right), & 0 \leqslant \eta \leqslant \frac{d}{2} \\ q\ln\left[\text{ch}\,\frac{2\pi(d-\eta)}{b} - \cos\frac{2\pi(\xi - e)}{b}\right], & \frac{d}{2} \leqslant \eta \leqslant d \end{cases} \tag{5.11}$$

式 (5.11) 表示将整个条带区域近似看作独立的两部分，两部分的交界线 $\eta=\dfrac{d}{2}$ 为等压线，沿此直线上每一点流速相同且方向垂直于此直线。设流函数为 ψ，则有

$$\begin{cases}\dfrac{\partial\psi}{\partial\xi}=-\dfrac{k}{\mu}\dfrac{\partial p}{\partial\eta}\\[2mm]\dfrac{\partial\psi}{\partial\eta}=\dfrac{k}{\mu}\dfrac{\partial p}{\partial\xi}\end{cases}\tag{5.12}$$

将式 (5.11) 代入此关系式并积分，可得流函数 ψ 形式：

$$\psi=-\frac{kq}{\mu}\mathrm{arctg}\frac{\mathrm{sh}\dfrac{2\pi\eta}{b}\sin\dfrac{2\pi\xi}{b}}{\mathrm{ch}\dfrac{2\pi\eta}{b}\cos\dfrac{2\pi\xi}{b}-1}=-\frac{kq}{\mu}\arccos\frac{\mathrm{ch}\dfrac{2\pi\eta}{b}\cos\dfrac{2\pi\xi}{b}-1}{\mathrm{ch}\dfrac{2\pi\eta}{b}-\cos\dfrac{2\pi\xi}{b}}\tag{5.13}$$

由式 (5.11) 和式 (5.13) 进行计算分析，可得原井网的面积扫油系数：

$$E=\frac{2b}{\pi d}\ln\frac{\mathrm{ch}\dfrac{\pi d}{2b}}{\cos\dfrac{\pi e}{2b}}\tag{5.14}$$

5.3.2 变形混排井网

为研究方便，取图 5.3 中坐标系 $\xi O\eta$，即以任一口生产井为坐标原点，生产井与相邻注水井连线方向为 ξ 轴。设各单井的注入 (或产出) 量为 Q，并记 $q=\dfrac{Q}{4\pi kh}$，各井排的单井流量及位置如下。

生产井：流量 $-Q$，位置 $[nb+2me,2md]$ 和 $\left[nb+\dfrac{b}{2}+(2m+1)e,(2m+1)d\right]$

注入井：流量 $+Q$，位置 $[nb+(2m+1)e,(2m+1)d]$ 和 $\left[nb+\dfrac{b}{2}+2me,2md\right]$

整个井网的压力分布为

$$p(\xi,\eta)=q\ln\frac{\mathrm{ch}\dfrac{2\pi\eta}{b}-\cos\dfrac{2\pi\xi}{b}}{\mathrm{ch}\dfrac{2\pi\eta}{b}+\cos\dfrac{2\pi\xi}{b}}$$

$$+q\sum_{m=1}^{\infty}(-1)^m\ln\frac{4\left[\mathrm{ch}\dfrac{2\pi(\eta-md)}{b}-\cos\dfrac{2\pi(\xi-me)}{b}\right]\cdot\left[\mathrm{ch}\dfrac{2\pi(\eta+md)}{b}-\cos\dfrac{2\pi(\xi+me)}{b}\right]}{\mathrm{e}^{4\pi md/b}}$$

$$\ln 4\left[\operatorname{ch}\frac{2\pi(\eta-md)}{b}+\cos\frac{2\pi(\xi-me)}{b}\right]$$

$$-q\sum_{m=1}^{\infty}(-1)^m\ln\frac{\cdot\left[\operatorname{ch}\frac{2\pi(\eta+md)}{b}+\cos\frac{2\pi(\xi+me)}{b}\right]}{e^{4\pi md/b}} \tag{5.15}$$

1. 井网的单井产能

由式（5.15）分别取生产井和注入井压力 p_o 和 p_w：

$$p_o=p(0,r_w)=2q\ln\frac{\operatorname{sh}\frac{\pi r_w}{b}}{\operatorname{ch}\frac{\pi r_w}{b}}+2q\sum_{m=1}^{\infty}(-1)^m\ln\frac{\operatorname{ch}\frac{2\pi md}{b}-\cos\frac{2\pi me}{b}}{\operatorname{ch}\frac{2\pi md}{b}+\cos\frac{2\pi me}{b}} \tag{5.16}$$

$$p_w=p\left(\frac{b}{2},\ r_w\right)=2q\ln\frac{\operatorname{ch}\frac{\pi r_w}{b}}{\operatorname{sh}\frac{\pi r_w}{b}}+2q\sum_{m=1}^{\infty}(-1)^m\ln\frac{\operatorname{ch}\frac{2\pi md}{b}+\cos\frac{2\pi me}{b}}{\operatorname{ch}\frac{2\pi md}{b}-\cos\frac{2\pi me}{b}} \tag{5.17}$$

注采压差为

$$\Delta p=p_w-p_o=4q\ln\frac{\operatorname{ch}\frac{\pi r_w}{b}}{\operatorname{sh}\frac{\pi r_w}{b}}+4q\sum_{m=1}^{\infty}(-1)^m\ln\frac{\operatorname{ch}\frac{2\pi md}{b}+\cos\frac{2\pi me}{b}}{\operatorname{ch}\frac{2\pi md}{b}-\cos\frac{2\pi me}{b}} \tag{5.18}$$

考虑到一般情况下 $\frac{d}{b}\geqslant 0.25$，式（5.18）可简化为

$$\Delta p=4q\ln\frac{\left(\operatorname{ch}\frac{2\pi d}{b}-\cos\frac{2\pi e}{b}\right)\left(\operatorname{ch}\frac{4\pi d}{b}+\cos\frac{4\pi e}{b}\right)\left(\operatorname{ch}\frac{6\pi d}{b}-\cos\frac{6\pi e}{b}\right)}{\operatorname{sh}\frac{\pi r_w}{b}\left(\operatorname{ch}\frac{2\pi d}{b}+\cos\frac{2\pi e}{b}\right)\left(\operatorname{ch}\frac{4\pi d}{b}-\cos\frac{4\pi e}{b}\right)\left(\operatorname{ch}\frac{6\pi d}{b}+\cos\frac{6\pi e}{b}\right)} \tag{5.19}$$

将 $q=\frac{Q}{4\pi kh}$ 代入式（5.19）可得单井产量与注采压差的关系：

$$Q=\frac{\pi kh(p_w-p_o)}{\mu\ln\frac{\left(\operatorname{ch}\frac{2\pi d}{b}-\cos\frac{2\pi e}{b}\right)\left(\operatorname{ch}\frac{4\pi d}{b}+\cos\frac{4\pi e}{b}\right)\left(\operatorname{ch}\frac{6\pi d}{b}-\cos\frac{6\pi e}{b}\right)}{\operatorname{sh}\frac{\pi r_w}{b}\left(\operatorname{ch}\frac{2\pi d}{b}+\cos\frac{2\pi e}{b}\right)\left(\operatorname{ch}\frac{4\pi d}{b}-\cos\frac{4\pi e}{b}\right)\left(\operatorname{ch}\frac{6\pi d}{b}+\cos\frac{6\pi e}{b}\right)}} \tag{5.20}$$

当 $\frac{d}{b} \geqslant 1.0$ 时，式（5.20）可简化为

$$Q = \frac{\pi kh(p_w - p_o)}{\mu \ln \frac{b}{\pi r_w}} \tag{5.21}$$

若考虑井筒形状影响，只需将式（5.20）和式（5.21）中的 r_w 用 $r_{wef} = \frac{(1+\beta)r_w}{2\sqrt{\beta}}$ 代替即可：

$$Q = \frac{\pi kh(p_w - p_o)}{\mu \ln \frac{\left(\mathrm{ch}\frac{2\pi d}{b} - \cos\frac{2\pi e}{b}\right)\left(\mathrm{ch}\frac{4\pi d}{b} + \cos\frac{4\pi e}{b}\right)\left(\mathrm{ch}\frac{6\pi d}{b} - \cos\frac{6\pi e}{b}\right)}{\mathrm{sh}\frac{\pi(1+\beta)r_w}{2\sqrt{\beta}b}\left(\mathrm{ch}\frac{2\pi d}{b} + \cos\frac{2\pi e}{b}\right)\left(\mathrm{ch}\frac{4\pi d}{b} - \cos\frac{4\pi e}{b}\right)\left(\mathrm{ch}\frac{6\pi d}{b} + \cos\frac{6\pi e}{b}\right)}} \tag{5.22}$$

$$Q = \frac{\pi kh(p_w - p_o)}{\mu \ln \frac{2\sqrt{\beta}b}{\pi(1+\beta)r_w}} \tag{5.23}$$

2. 井网的面积扫油系数

很明显，注入水离开注水井后首先到达距注水井最近，即位于 x 轴平行方向的生产井。井网具有对称性，因此只需要研究 $-d \leqslant \eta \leqslant d$ 条带内的流动。在一般情况下，$d/b \geqslant 0.25$，式（5.15）中只有 $m \leqslant 4$ 时对条带内的流动有影响。此时，该条带区域内压力分布可写为

$$p(\xi, \eta) = q\sum_{-4}^{+4}(-1)^m \ln \frac{\mathrm{ch}\frac{2\pi(\eta - md)}{b} - \cos\frac{2\pi(\xi - me)}{b}}{\mathrm{ch}\frac{2\pi(\eta - md)}{b} + \cos\frac{2\pi(\xi - me)}{b}} \tag{5.24}$$

式（5.24）表示的流动较复杂，直接求面积扫油系数的过程很烦琐。当 $d/b \geqslant 1$ 时，井网的见水时间决定于 ξ 轴上相邻注采井间的渗流速度。而此时对 $\eta = 0$（即 ξ 轴）时的注采井间流动有实际影响的只有式（5.24）中 $m = 0$ 时的项：

$$p(\xi, \eta) = q\ln \frac{\mathrm{ch}\frac{2\pi\eta}{b} - \cos\frac{2\pi\xi}{b}}{\mathrm{ch}\frac{2\pi\eta}{b} + \cos\frac{2\pi\xi}{b}} \tag{5.25}$$

由式（5.25）可得 ξ 轴上 η 方向流动速度为

$$v_{\eta} = -\frac{k}{\phi\mu}\frac{\partial p}{\partial \eta}\bigg|_{\eta=0} = \frac{Q}{4\pi h\phi}\left[\frac{\frac{2\pi}{b}\mathrm{sh}\frac{2\pi\eta}{b}}{\mathrm{ch}\frac{2\pi\eta}{b} + \cos\frac{2\pi\xi}{b}} - \frac{\frac{2\pi}{b}\mathrm{sh}\frac{2\pi\eta}{b}}{\mathrm{ch}\frac{2\pi\eta}{b} - \cos\frac{2\pi\xi}{b}}\right]\Bigg|_{\eta=0} = 0 \tag{5.26}$$

式中，ϕ 为油藏孔隙度。

由式(5.26)知 ξ 轴(即连接注采井的直线)是流线，ξ 轴上 正方向的流速为

$$v_{\xi} = -\frac{k}{\phi\mu}\frac{\partial p}{\partial \xi}\bigg|_{\xi=0} = -\frac{Q}{bh\phi}\frac{1}{\sin\frac{2\pi\xi}{b}} \tag{5.27}$$

见水时间 $t_e = \int_{b/2}^{0}\frac{\mathrm{d}\xi}{v_{\xi}}$，将式（5.27）代入其中，得

$$t_e = \int_{0}^{b/2}\frac{bh\phi}{Q}\sin\frac{2\pi\xi}{b}\mathrm{d}\xi = \frac{b^2 h\phi}{\pi Q} \tag{5.28}$$

该注水开发井网的面积扫油系数 $E = \frac{t_e \cdot Q}{\phi hb \cdot d}$，将式（5.28）代入其中，得

$$E = \frac{Q}{\phi hbd}\cdot\frac{b^2 h\phi}{\pi Q} = \frac{b}{\pi d} \tag{5.29}$$

5.3.3 规律分析

变形井网的渗流与开发性能主要由 d/b 和 e/b 这两个比值参数决定，同时井网产能指数还由井网的绝对参数 b 和 r_w 决定。

5.4 各向异性油藏五点井网渗流与开发分析

渗透率主方向跟井网基准线的夹角不同，产生的变形井网的结构参数也不同，从而井网的渗流与开发性能也不同。因此应该针对不同情况分别进行研究。

5.4.1 $\alpha=0°$的情况

当 α 在 0°邻域内时，原井网将变为图 5.2 的结构。其中：

$$\begin{cases} b = a\sqrt{\cos^2\alpha/\beta + \beta\sin^2\alpha} \\ d = \frac{a}{2}/\sqrt{\cos^2\alpha/\beta + \beta\sin^2\alpha} \\ e = \frac{a}{2\sqrt{\beta}}\left[1 + \beta^2 + (1-\beta^2)\sin 2\alpha - \frac{2\beta^2}{1+\beta^2+(1-\beta^2)\cos 2\alpha}\right]^{1/2} \end{cases} \tag{5.30}$$

把式（5.30）代入 5.3.1 节变形行列井网计算公式［式（5.8）和式（5.14）］，

可以得到该情形中井网的开发指标。

当 $\alpha=0°$时，井网为交错排状注水情形，其中：

$$\begin{cases} b = a/\sqrt{\beta}, \quad d = a\sqrt{\beta}/2 \\ d/b = \beta/2 \geqslant 0.5, \quad e/b = 0.5 \end{cases} \tag{5.31}$$

据5.3.1 节分析，此时井网区域$0 \leqslant \eta \leqslant d$内的压力分布只受$|\eta| < 3d/2$范围内（即 $m\leqslant2$）井排的影响：

$$\begin{aligned} p(\xi, \eta) = & q\ln\left(\mathrm{ch}\frac{2\pi\eta}{b} - \cos\frac{2\pi\xi}{b}\right) \\ & - q\ln\frac{4\left[\mathrm{ch}\frac{2\pi(\eta - d)}{b} + \cos\frac{2\pi\xi}{b}\right]\left[\mathrm{ch}\frac{2\pi(\eta + d)}{b} + \cos\frac{2\pi\xi}{b}\right]}{e^{4\pi md/b}} \\ & + q\ln\frac{4\left[\mathrm{ch}\frac{2\pi(\eta - 2d)}{b} - \cos\frac{2\pi\xi}{b}\right]\cdot\left[\mathrm{ch}\frac{2\pi(\eta + 2d)}{b} - \cos\frac{2\pi\xi}{b}\right]}{e^{8\pi d/b}}, \\ & 0 \leqslant \eta \leqslant d \end{aligned} \tag{5.32}$$

利用式（5.32）求出ξ、η方向的渗流速度v_ξ和v_η，再利用数值积分方法可求出面积扫油系数E，也可以用 Prats（1956）给出的公式求解：

$$E = \frac{\pi}{2}\frac{K[(m - m_1)^2]}{K'(m)K(m)} \tag{5.33}$$

式中，$K'(m)$ 和 $K(m)$ 为第一类完全椭圆积分函数，且有 $K'(m_1) = K(m)$，$m^2 + m_1^2 = 1$。在井网中$\frac{d}{b} = \frac{1}{2}\frac{K'(m)}{K(m)}$。

5.4.2　$\alpha=45°$的情况

当α在45°邻域内时，原井网将变为如图 5.3 所示的结构。其中各结构参数为

$$\begin{cases} b = \sqrt{2}a\sqrt{\cos^2\left(\frac{\pi}{4} - \alpha\right)/\beta + \beta\sin^2\left(\frac{\pi}{4} - \alpha\right)} \\ d = \frac{\sqrt{2}a}{2}/\sqrt{\cos^2\left(\frac{\pi}{4} - \alpha\right)/\beta + \beta\sin^2\left(\frac{\pi}{4} - \alpha\right)} \\ e = \frac{a}{2\sqrt{\beta}}\left[1 + \beta^2 - (1 - \beta^2)\sin2\alpha - \frac{2\beta^2}{1 + \beta^2 + (1 - \beta^2)\cos2\alpha}\right]^{1/2} \end{cases} \tag{5.34}$$

将式（5.34）代入 5.3.2 节变形混排井网公式［式（5.22）和式（5.29）］，可得原井网的渗流与开发指标。

当 $\alpha=45°$时，对应变形混排井网的结构参数为

$$e/b \equiv 0, d/b = \beta/2 \geqslant 0.5 \tag{5.35}$$

此时井网相对于 ξ（或 x'）轴严格对称，在 ξ 轴上 $v_\eta \equiv 0$，ξ 轴上任意两口相邻注采井间连线为主流线。同时，$|\eta| \geqslant 2d$ 的井排对 ξ 轴上渗流速度没有影响，所以只需保留 5.3.2 节压力公式［式（5.15）］中 $m \leqslant 1$ 的项，$-d \leqslant \eta \leqslant d$ 条带内的压力分布为

$$p(\xi, \eta) = q\ln\frac{\mathrm{ch}\dfrac{2\pi\eta}{b} - \cos\dfrac{2\pi\xi}{b}}{\mathrm{ch}\dfrac{2\pi\eta}{b} + \cos\dfrac{2\pi\xi}{b}} + q\ln\frac{\left[\mathrm{ch}\dfrac{2\pi(\eta-d)}{b} + \cos\dfrac{2\pi\xi}{b}\right]\left[\mathrm{ch}\dfrac{2\pi(\eta+d)}{b} + \cos\dfrac{2\pi\xi}{b}\right]}{\left[\mathrm{ch}\dfrac{2\pi(\eta-d)}{b} - \cos\dfrac{2\pi\xi}{b}\right]\left[\mathrm{ch}\dfrac{2\pi(\eta+d)}{b} - \cos\dfrac{2\pi\xi}{b}\right]} \tag{5.36}$$

由式（5.36）可得渗流速度：

$$\begin{aligned} v_\xi &= -\frac{k}{\phi\mu}\frac{\partial p}{\partial \xi}\Big|_{\eta=0} = -\frac{Q}{bh\phi}\sin\frac{2\pi\xi}{b}\left(\frac{1}{\sin^2\dfrac{2\pi\xi}{b}} - \frac{4\mathrm{ch}\dfrac{2\pi d}{b}}{\mathrm{ch}\dfrac{4\pi d}{b} - \cos\dfrac{4\pi\xi}{b}}\right) \\ &\approx -\frac{Q}{bh\phi}\left(\frac{1}{\sin\dfrac{2\pi\xi}{b}} - \frac{4\sin\dfrac{2\pi\xi}{b}\cdot\mathrm{ch}\dfrac{2\pi d}{b}}{\mathrm{ch}\dfrac{4\pi d}{b}}\right) \\ &= -\frac{Q}{bh\phi}\frac{\mathrm{ch}\dfrac{4\pi d}{b} - 4\mathrm{ch}\dfrac{2\pi d}{b}\cdot\sin^2\dfrac{2\pi\xi}{b}}{\mathrm{ch}\dfrac{4\pi d}{b}\cdot\sin\dfrac{2\pi\xi}{b}} \end{aligned} \tag{5.37}$$

井网见水时间为

$$t_e = \int_{b/2}^{0}\frac{\mathrm{d}\xi}{v_\xi} = \frac{bh\phi}{Q}\int_0^{b/2}\frac{\mathrm{ch}\dfrac{4\pi d}{b}\cdot\sin\dfrac{2\pi\xi}{b}}{\mathrm{ch}\dfrac{4\pi d}{b} - 4\mathrm{ch}\dfrac{2\pi d}{b}\cdot\sin^2\dfrac{2\pi\xi}{b}}\mathrm{d}\xi \tag{5.38}$$

面积扫油系数：

$$E = \frac{t_e\cdot Q}{hbd\phi} = \frac{1}{d}\int_0^{b/2}\frac{\mathrm{ch}\dfrac{4\pi d}{b}\cdot\sin\dfrac{2\pi\xi}{b}}{\mathrm{ch}\dfrac{4\pi d}{b} - 4\mathrm{ch}\dfrac{2\pi d}{b}\cdot\sin^2\dfrac{2\pi\xi}{b}}\mathrm{d}\xi$$

$$=\int_0^{1/\beta}\frac{\mathrm{ch}2\pi\beta\cdot\sin\pi\beta\zeta}{\mathrm{ch}2\pi\beta-4\mathrm{ch}\pi\beta\cdot\sin^2\pi\beta\zeta}\mathrm{d}\zeta \tag{5.39}$$

式（5.39）中，$2d/b=\beta$ 且 $\zeta=\xi/d$。取不同 β 值，用数值方法对式（5.39）进行积分计算，即可得 $\alpha=45°$ 情况下扫油系数 E 与渗透率主值之比 β 的关系。

5.4.3 其他情况

当 α 处于0°邻域和45°邻域以外时，对于少数典型情况可以列出其结构参数 d/b 和 e/b 的表达式，并且当 β 值足够大时，d/b 较大，可以代入5.3节理论公式[式（5.8）、式（5.14）、式（5.22）和式（5.29）]进行开发指标计算。例如，对于图5.1中所示情况，渗透率主方向与井网基准线成18.43°角。当 α 在18.43°邻域内时，相应变形井网的结构参数为

$$\begin{cases}b=3.162a\sqrt{\cos^2(18.43°-\alpha)/\beta+\beta\sin^2(18.43°-\alpha)}\\ d=0.707a\sin(\Delta\alpha)\sqrt{\cos^2(45°-\alpha)/\beta+\beta\sin^2(45°-\alpha)}\\ e=0.707a\cos(\Delta\alpha)\sqrt{\cos^2(45°-\alpha)/\beta+\beta\sin^2(45°-\alpha)}\\ \Delta a=\mathrm{arctg}[\beta\mathrm{tg}(45°-\alpha)]-\mathrm{arctg}[\beta\mathrm{tg}(18.43°-\alpha)]\end{cases} \tag{5.40}$$

但是，在一般情况下，很难给出确切的参数表达式。因为当 β 足够大时，在一个很小的角度邻域内，往往包含着多个有可能与基准井组合成新井网单元的井位。换句话说，在任何一个很小的角度邻域内，都需要用多个不同的公式去确定变形井网的结构参数，这实际上是难以做到的。

5.4.4 比较

在同样的 β 值下，$\alpha=0°$ 和 $\alpha=45°$ 时所形成变形井网的 d/b 值最大，但必须注意，当 β 值较大（$\beta^2>40$）时，在 $0°<\alpha<45°$ 范围内，变形井网的 d/b 值会出现其他的峰值，并且 β 值越大，峰值越多。不过这些晚出现的峰值都小于较早出现的峰值。

5.4.5 理论解的综合、计算和分析

1. 综合计算结果

利用5.3节和本节中理论公式，对各种 β 和 α 情况进行计算，得到井网的产能指数 $\frac{\mu Q}{kh\Delta p}$ 和面积扫油系数 E，计算所需数据或结果见表5.1。其中 $\alpha=0°$ 和 $\alpha=45°$ 情况的所有结果均为准确解。其他 α 值的情况中，当 $d/b\leqslant1.00$ 时，计算结果

存在一定的误差，但其变化趋势仍具有参考价值。计算中假设 $k = \sqrt{k_x k_y}$，在各种情况下保持不变，原始井网中生产井间距 $a = 300\sqrt{2}$ m，井筒半径 $r_w = 0.1$m。

表 5.1　各向异性油藏五点井网开发指标

α/(°)	β	d/b	e/b	$\frac{\mu Q}{kh\Delta p}$	E
0	1	0.50	0.50	0.425	0.720
	2	1.00	0.50	0.409	0.806
	4	2.00	0.50	0.359	0.890
	6	3.00	0.50	0.315	0.926
	8	4.00	0.50	0.278	0.945
	10	5.00	0.50	0.248	0.956
	12	6.00	0.50	0.223	0.963
	14	7.00	0.50	0.203	0.968
	16	8.00	0.50	0.185	0.972
	18	9.00	0.50	0.171	0.975
	20	10.00	0.50	0.158	0.978
2.5	2	0.99	0.44	0.409	0.747
	4	1.94	0.18	0.362	0.787
	6	2.81	0.22	0.323	0.856
	8	3.57	0.73	0.294	0.894
	10	4.21	1.32	0.273	0.914
	12	4.72	1.95	0.258	0.907
	14	5.11	2.60	0.248	0.940
	16	5.39	3.24	0.241	0.927
	18	5.57	3.86	0.237	0.924
	20	5.68	4.44	0.235	0.952
5	2	0.98	0.37	0.410	0.697
	4	1.80	0.08	0.371	0.759
	6	2.37	0.70	0.345	0.845
	8	2.71	1.35	0.332	0.874
	10	2.85	1.95	0.328	0.846
	12	2.88	2.48	0.330	0.915
	14	2.82	2.91	0.335	0.846
	16	2.72	3.27	0.342	0.860
	18	2.61	3.56	0.350	0.894
	20	2.48	3.80	0.359	0.835

续表

α/(°)	β	d/b	e/b	$\frac{\mu Q}{kh\Delta p}$	E
7.5	2	0.95	0.32	0.412	0.655
	4	1.59	0.27	0.382	0.764
	6	1.88	0.92	0.372	0.769
	8	1.93	1.47	0.374	0.870
	10	1.86	1.88	0.382	0.770
	12	1.75	2.19	0.393	0.766
	14	1.62	2.42	0.404	0.822
	16	1.50	2.59	0.415	0.806
	18	1.38	2.71	0.426	0.735
	20	1.28	2.81	0.436	0.687
10	2	0.92	0.26	0.414	0.619
	4	1.38	0.38	0.395	0.775
	6	1.46	0.96	0.397	0.703
	8	1.38	1.36	0.407	0.763
	10	1.25	1.62	0.420	0.752
	12	1.13	1.80	0.433	0.653
	14	1.02	1.92	0.445	0.596
	16	0.92	2.01	0.456	0.558
	18	0.84	2.07	0.465	0.531
	20	0.77	2.12	0.473	0.511
12.5	2	0.88	0.22	0.416	0.587
	4	1.17	0.43	0.407	0.773
	6	1.14	0.90	0.417	0.634
	8	1.01	1.18	0.431	0.617
	10	0.89	1.36	0.444	0.664
	12	0.78	1.46	0.455	0.739
	14	0.69	1.53	0.464	0.735
	16	0.62	1.58	0.472	0.665
	18	0.56	1.62	0.478	0.614
	20	0.51	1.64	0.483	0.574

续表

α/(°)	β	d/b	e/b	$\frac{\mu Q}{kh\Delta p}$	E
15	2	0.83	0.19	0.419	0.558
	4	1.00	0.44	0.418	0.747
	6	0.90	0.81	0.432	0.582
	8	0.77	1.01	0.447	0.496
	10	0.74	0.64	0.460	0.431
	12	0.79	0.76	0.469	0.401
	14	0.82	0.89	0.477	0.386
	16	0.84	1.00	0.482	0.380
	18	0.83	1.09	0.485	0.381
	20	0.82	1.18	0.488	0.386
17.5	2	0.79	0.16	0.421	0.531
	4	0.85	0.41	0.426	0.701
	6	0.72	0.71	0.442	0.573
	8	0.79	0.30	0.457	0.404
	10	0.97	0.36	0.471	0.327
	12	1.16	0.42	0.483	0.275
	14	1.33	0.50	0.493	0.239
	16	1.50	0.59	0.503	0.212
	18	1.66	0.68	0.511	0.192
	20	1.81	0.79	0.519	0.176
18.43	2	0.77	0.15	0.422	0.522
	4	0.80	0.40	0.429	0.679
	6	0.67	0.67	0.444	0.586
	8	0.80	0.20	0.459	0.398
	10	1.00	0.20	0.472	0.318
	12	1.20	0.20	0.484	0.265
	14	1.40	0.20	0.495	0.227
	16	1.60	0.20	0.505	0.199
	18	1.80	0.20	0.514	0.177
	20	2.00	0.20	0.523	0.159

续表

α/(°)	β	d/b	e/b	$\frac{\mu Q}{kh\Delta p}$	E
20	2	0.74	0.14	0.424	0.506
	4	0.73	0.38	0.433	0.639
	6	0.59	0.60	0.446	0.633
	8	0.76	0.04	0.459	0.417
	10	0.93	0.05	0.470	0.342
	12	1.08	0.15	0.480	0.294
	14	1.22	0.27	0.490	0.261
	16	1.34	0.39	0.498	0.237
	18	1.45	0.51	0.505	0.220
	20	1.54	0.64	0.512	0.207
22.5	2	0.69	0.13	0.427	0.482
	4	0.63	0.33	0.437	0.571
	6	0.51	0.01	0.447	0.624
	8	0.61	0.14	0.453	0.524
	10	0.67	0.27	0.458	0.477
	12	0.70	0.39	0.462	0.456
	14	0.71	0.50	0.467	0.451
	16	0.70	0.59	0.471	0.454
	18	0.69	0.67	0.475	0.465
	20	0.66	0.74	0.479	0.479
25	2	0.74	0.36	0.429	0.430
	4	0.73	0.88	0.442	0.438
	6	0.59	1.10	0.446	0.541
	8	0.76	0.46	0.445	0.740
	10	0.93	0.55	0.441	0.747
	12	1.08	0.65	0.436	0.704
	14	1.22	0.77	0.431	0.686
	16	1.34	0.89	0.426	0.686
	18	1.45	1.01	0.422	0.700
	20	1.54	1.14	0.418	0.727

续表

α/(°)	β	d/b	e/b	$\frac{\mu Q}{kh\Delta p}$	E
26.57	2	0.77	0.35	0.430	0.414
	4	0.80	0.90	0.444	0.398
	6	0.67	1.17	0.447	0.477
	8	0.80	0.30	0.444	0.602
	10	1.00	0.30	0.437	0.659
	12	1.20	0.30	0.428	0.705
	14	1.40	0.30	0.419	0.743
	16	1.60	0.30	0.408	0.773
	18	1.80	0.30	0.398	0.797
	20	2.00	0.30	0.387	0.817
27.5	2	0.79	0.34	0.431	0.405
	4	0.85	0.91	0.446	0.375
	6	0.72	1.21	0.449	0.442
	8	0.79	0.20	0.445	0.545
	10	0.97	0.14	0.439	0.594
	12	1.16	0.08	0.431	0.637
	14	1.33	0.00	0.423	0.676
	16	1.50	0.09	0.415	0.713
	18	1.66	0.18	0.407	0.752
	20	1.81	0.29	0.400	0.794
30	2	0.83	0.31	0.433	0.382
	4	1.00	0.94	0.450	0.319
	6	0.90	1.31	0.455	0.355
	8	0.77	1.51	0.455	0.415
	10	0.74	0.14	0.454	0.503
	12	0.79	0.26	0.455	0.579
	14	0.82	0.39	0.457	0.672
	16	0.84	0.50	0.460	0.784
	18	0.83	0.59	0.464	0.691
	20	0.82	0.68	0.468	0.622

续表

α/(°)	β	d/b	e/b	$\frac{\mu Q}{kh\Delta p}$	E
32.5	2	0.88	0.28	0.435	0.363
	4	1.17	0.93	0.455	0.271
	6	1.14	1.40	0.463	0.280
	8	1.01	1.68	0.466	0.314
	10	0.89	1.86	0.469	0.359
	12	0.78	1.96	0.471	0.408
	14	0.69	2.03	0.473	0.461
	16	0.62	2.08	0.474	0.515
	18	0.56	2.12	0.476	0.571
	20	0.51	2.14	0.477	0.627
35	2	0.92	0.24	0.437	0.347
	4	1.38	0.88	0.460	0.231
	6	1.46	1.46	0.472	0.218
	8	1.38	1.86	0.477	0.231
	10	1.25	2.12	0.480	0.254
	12	1.13	2.30	0.482	0.282
	14	1.02	2.42	0.483	0.313
	16	0.92	2.51	0.483	0.346
	18	0.84	2.57	0.483	0.380
	20	0.77	2.62	0.483	0.415
37.5	2	0.95	0.18	0.438	0.335
	4	1.59	0.77	0.465	0.200
	6	1.88	1.42	0.481	0.169
	8	1.93	1.97	0.490	0.165
	10	1.86	2.38	0.495	0.171
	12	1.75	2.69	0.499	0.182
	14	1.62	2.92	0.501	0.197
	16	1.50	3.09	0.502	0.213
	18	1.38	3.21	0.504	0.230
	20	1.28	3.31	0.504	0.248

续表

α/(°)	β	d/b	e/b	$\frac{\mu Q}{kh\Delta p}$	E
40	2	0.98	0.13	0.439	0.326
	4	1.80	0.58	0.469	0.177
	6	2.37	1.20	0.489	0.134
	8	2.71	1.85	0.503	0.118
	10	2.85	2.45	0.512	0.112
	12	2.88	2.98	0.519	0.111
	14	2.82	3.41	0.524	0.113
	16	2.72	3.77	0.528	0.117
	18	2.61	4.06	0.530	0.122
	20	2.48	4.30	0.532	0.128
42.5	2	0.99	0.07	0.440	0.320
	4	1.94	0.32	0.472	0.164
	6	2.81	0.72	0.496	0.113
	8	3.57	1.23	0.514	0.089
	10	4.21	1.82	0.529	0.076
	12	4.72	2.45	0.541	0.067
	14	5.11	3.10	0.551	0.062
	16	5.39	3.74	0.560	0.059
	18	5.57	4.36	0.567	0.057
	20	5.68	4.94	0.573	0.056
45	1	0.50	0.00	0.425	0.720
	2	1.00	0.00	0.440	0.318
	4	2.00	0.00	0.473	0.159
	6	3.00	0.00	0.499	0.106
	8	4.00	0.00	0.519	0.080
	10	5.00	0.00	0.537	0.064
	12	6.00	0.00	0.553	0.053
	14	7.00	0.00	0.567	0.045
	16	8.00	0.00	0.580	0.040
	18	9.00	0.00	0.592	0.035
	20	10.00	0.00	0.604	0.032

2. 典型情况分析

最具有实用和典型意义的两种情况是：①各向异性渗透率最大主轴方向与井网中生产井连线平行，即 $\alpha=0°$；②各向异性渗透率最大主轴方向与生产井连线呈 45°，即 $\alpha=45°$。

当 $\beta=1$（各向同性情况）时，两种井网变成同一种井网，即正五点井网，它们的各种开发指标也趋于一致。随各向异性增强（β 值增加），上述两种典型布井方式的开发指标呈反向变化关系：$\alpha=0°$ 井网的产能减小、面积扫油系数增加；$\alpha=45°$ 井网的产能增加、面积扫油系数减小。只要 $\beta>1$，则 $\alpha=0°$ 井网的产能永远小于 $\alpha=45°$ 井网的产能，$\alpha=0°$ 井网面积扫油系数永远大于 $\alpha=45°$ 井网的面积扫油系数。

从总体上看，$\alpha=0°$ 井网远远优于 $\alpha=45°$ 井网。因为 $\alpha=0°$ 的扫油系数明显大于 $\alpha=45°$ 情况，而 $\alpha=0°$ 的绝对产能可以通过减小原井网的井距 a 来提高，虽然在相同井距下 $\alpha=0°$ 的产能相对小于 $\alpha=45°$ 的产能。因此，各向异性油藏利用五点法井网开发时宜选用 $\alpha=0°$ 方式布井。

5.5 各向异性油藏注水开发井网的混沌效应

从表 5.1 可得出规律如下。

1. α 角影响

当 β 较小（$\beta^2<40$）时，从整个 $0°\leqslant\alpha\leqslant45°$ 范围看，随着 α 角增大，井网扫油系数明显变小，同时产能逐渐变大。当 β 较大时，从整个 $0°\leqslant\alpha\leqslant45°$ 范围看，扫油系数和井网产能不再随 α 角单调地变化，而呈现振荡变化状态，且 β 越大，振荡越明显；在 $\alpha\approx0°$ 和 $\alpha\approx45°$ 的邻域内，α 角的影响仍与 β 较小时相同。

2. 比值 β 的影响

在 α 接近 0° 的情况下，随 β 的增加产能明显减小，扫油系数逐渐增加；当 α 接近 45° 情况下，随 β 的增加，产能逐渐增加，扫油系数明显减小；当 α 远离 0° 和 45° 情况下，由于 d/b 值相对较小，而 e/b 值相对较大且变化较剧烈，井网产能和扫油系数同时受 d/b 和 e/b 影响，呈现无规律的振荡变化状态。

3. 混沌现象

随 β 的增大（$\beta^2>40$ 时），产能和扫油系数对角度 α 的敏感性越来越强。任一小的角度差都将引起非常大的产能和扫油系数上的区别，并且这种区别是无规律的，产能和扫油系数随 β 的增大对于角度 α 呈现混沌状态。因此，很难根据 α 的大小确定 β 值非常大时井网的产能和扫油系数。

形成这种混沌现象（Lorenz，1997）的原因在于井网变换过程的分形特征。在任意小角度差为 $\Delta\alpha$ 的扇区内，都包括无限多个井点，只要 β 足够大，都可以将 $\Delta\alpha$ 在新井网中变换为 $\pi/4$ 量阶大小，同时任意远距离的两口井都可以变为新井网中的相距非常近的井。同样在新的井网中，又可以选择一个小角度 $\Delta\alpha$，这个 $\Delta\alpha$ 的扇区又包括无穷多个井点，只要 β 再增大，就又可以重复前面的变换过程。这种井网变换过程具有明显的自相似性，属于分形特征（Lorenz，1997）。

4. 实际情况

当 β 值非常大时，渗透率各向异性的影响将呈现混沌状态。实际油藏中各向异性渗透率的 β 值并不是很大，一般地 $\beta \leqslant 20$。在此范围内，渗透率对井网影响的混沌特性较弱。对某些特殊情形，混沌现象将会消失，从而可以用确定性方法对各向异性油藏井网的开发指标进行分析研究。

各向异性油藏井网混沌现象及其作用规律给我们提供了一个关于混沌形成、混沌行为和混沌消失的很好的范例。这对于混沌理论的研究也有一定的参考价值。

5.6 各向异性油藏五点井网的设计与调整

前面几节内容主要研究已知井网和油藏渗透率如何求取开发指标的问题，本节将针对以上问题的反问题进行讨论，即如何根据开发指标要求对布井井网进行设计与调整。前面正问题适用于已布井开发油藏的指标计算预测，后面反问题适用于油藏开发前根据地层资料进行布井井网的设计和开发过程中对已有注水井网进行调整。

5.6.1 各向异性渗透率对井网开发效果的影响

在 5.2 节已经看到，各向异性渗透率对油藏开发井网具有破坏与重组作用。在图 5.1 中，当最大渗透率主方向与井排方向夹角为 α，即与 9、7、0、8、10 号井连线平行时，各向异性油藏正方形五点面积井网通过变换成为图 5.2 所示的等价各向同性油藏中的排状井网；原属于同一注采单元的 0、1、2、3、4 号井被拆散，尤其 0、1、4 号井彼此相隔 3 个井排；原来相隔较远的 0、7、8 号井变成了同一井排中相邻的井。其他所有注采单元被同样破坏和重组。图 5.2 中排状井网的开发效果跟一般（各向同性）油藏中的正方形五点井网不同，但它却与图 5.1 中各向异性油藏正方形五点井网具有等价的开发效果。图 5.1 中 1、4 号注水井和 0 号采油井布置在同一个注采单元，却很难为 0 号采油井补充能量；其他所有注采单元相同。图 5.2 中注采井排相距甚远，注水井区域的能量很难传到采油井区域，往往导致水井附近压力过高，注水不进，或者油井附近压力过低，采液不出，产能不足。实际裂缝油藏开发中经常出现此类现象。

当最大渗透率主方向与井排方向夹角为 α'，即与 5、0、6 号井连线平行时（图 5.1），则变换所得等价各向同性油藏及其变形井网如图 5.3 所示。图 5.1 的正方形五点面积井网变成了图 5.3 中油水井紧密相邻的混排井网。0、1、4 号井彼此相隔 2 个井排；原来相隔较远的 0 号水井和 5、6 号油井变成了同一井排中紧邻的井。显然，这个井网中任一口水井注水都会导致油井很快水淹，但是水淹油井和注水井不在同一注采单元内，井网注采关系混乱，含水率上升极快，油产量和采收率很低。这种现象在实际油田开发中经常出现。

对于任意一个角度 α，图 5.1 的井网都对应到一个等价的变形井网。理论上，只要 $(k_x/k_y)^{1/4}$ 足够大，当主方向 k_x 跟任意两口采油井连线平行时，原井网将变为类似图 5.2 形式；当主方向 k_x 跟任意一口注水井和采油井连线平行时，原井网将变为类似图 5.3 形式。当 $(k_x/k_y)^{1/4}$ 不够大，或者主方向 k_x 不跟任何两口井连线平行时，原井网将变为以上两种极端井网之间的不规则形式。

一般情况下原有井网单元都会被破坏和重组，致使井网的生产效果难以把握，严重影响油藏原油的产量和采收率；只有当渗透率主轴方向与井网基准线平行或呈 45°角时，无论渗透率各向异性多么强烈，它都不会破坏原井网中注采单元的结构，从而能够保持原井网的稳定性；但是井网单元的形状同样会发生变化。

由上述分析可知，各向异性渗透率对油藏开发井网的破坏与重组作用是普遍性的，并且对油藏开发效果具有非常严重的不利影响。因此，必须在深入研究和准确把握各向异性渗透率作用机理的基础上，根据其规律和特点进行各向异性油藏井网的设计与调整，以期削弱或避免各向异性渗透率的不利影响，变不利因素为有利因素，改善各向异性油藏开发效果，提高其开发水平。

5.6.2　各向异性油藏开发井网设计与调整方法

经全面观察分析可知，各向异性渗透率对井网的变形作用具有如下特点。

（1）一般情况下原有井网单元都会被破坏和重组，但只要井网中的井排方向与渗透率主方向平行，则无论渗透率各向异性程度有多强，它都不会破坏原井网中注采单元的结构，从而能够保持原井网的稳定性。所谓井网中的井排方向指同一井网单元中任意两口井的连线，渗透率主方向指多个渗透率主方向中的任意一个。

(2) 各向异性油藏井网等价于变换得到的各向同性油藏变形井网，这两种井网的几何参数之间的关系由空间变换公式决定。所谓井网的几何参数包括井距、排距等。

根据上述特点，建立各向异性油藏井网设计与调整的方法步骤如下。

(1) 选取合理的井网方向，使井排方向平行于渗透率主方向，避免各向异性渗透率对井网的破坏与重组作用。

根据前面几节中分析与计算结果，对于正五点井网，$\alpha=0°$布井方式既能保持井网的稳定性，又具有较好的开发指标，是最优的布井方式。因此选$\alpha=0°$布井方式作为井网设计与调整的基础井网。

如图 5.4 所示，将调整井网设计为长五点井网（交错排状井网）。井间距为a，排间距为d，井网斜度$e/a=0.5$，生产井连线与渗透率主轴方向夹角$\alpha=0°$，其他参数与 5.2 ~5.4 节中相同。

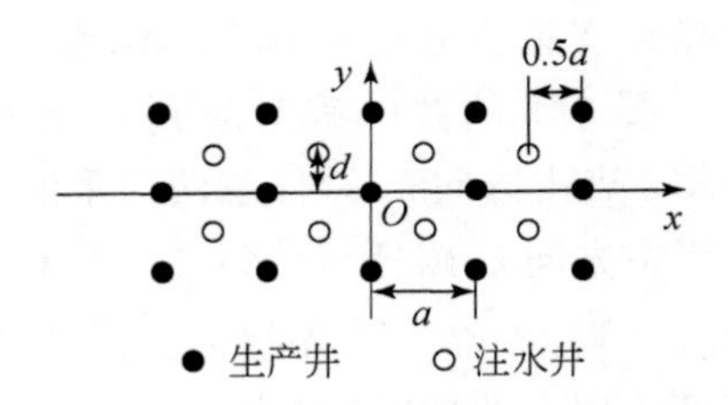

图 5.4　各向异性油藏五点调整井网

(2) 对井网几何参数进行优化。利用各向异性油藏和等价各向同性油藏的空间变换关系，以优化的各向同性油藏井网为目标，对各向异性油藏中井网进行设计和调整，以期得到与各向同性油藏中目标井网相同的最优开发指标。

依照本章前述方法步骤，将图 5.4 所示各向异性油藏长五点井网变换到等价各向同性油藏井网，然后可得该井网的产能公式：

$$Q=\frac{\pi kh(p_{\mathrm{w}}-p_{\mathrm{o}})}{\mu\ln\dfrac{\left(\mathrm{ch}\dfrac{2\pi\beta d}{a}+1\right)\left(\mathrm{ch}\dfrac{6\pi\beta d}{a}+1\right)}{\mathrm{e}^{\frac{3.5\pi\beta d}{a}}\mathrm{sh}\dfrac{\pi r_{\mathrm{wef}}\sqrt{\beta}}{a}\left(\mathrm{ch}\dfrac{4\pi\beta d}{a}-1\right)}}\tag{5.41}$$

当$\beta d/a>1$时，可简化为

$$Q=\frac{\pi kh(p_{\mathrm{w}}-p_{\mathrm{o}})}{\mu\left(\dfrac{2\pi\beta d}{a}+\ln\dfrac{a/\sqrt{\beta}}{2\pi r_{\mathrm{wef}}}\right)}\tag{5.42}$$

该井网的面积扫油系数为

$$E = \ln\left(\sqrt{2}\,\mathrm{ch}\,\frac{\pi\beta d}{2a}\right) \Big/ \frac{\pi\beta d}{2a} \tag{5.43}$$

式（5.43）足够精确的条件是 $\beta d/a \geqslant 1$，这在实际情况中是很容易满足的。若确需计算 $\beta d/a < 1$ 时的面积扫油系数，可参考 5.4 节中的式（5.32）和式（5.22）。

根据式（5.42）和式（5.43）便可通过调整井网的结构参数 d 和 a 来实现所需的油田开发指标。

首先根据所需扫油系数 E 的目标值和已知的 β 值，由式（5.43）求得 d/a；再根据 Q、β 和 r_w 值由式（5.41）或式（5.42）求得 a 和 d。图 5.5 和图 5.6 分别为产能指数 $J=\dfrac{\mu Q}{kh(p_w-p_o)}$ 和面积扫油系数 E 随 β 和 d/a 变化的计算曲线。其中 $r_w=0.1\mathrm{m}$，$a=300\sqrt{2}\,\mathrm{m}$。

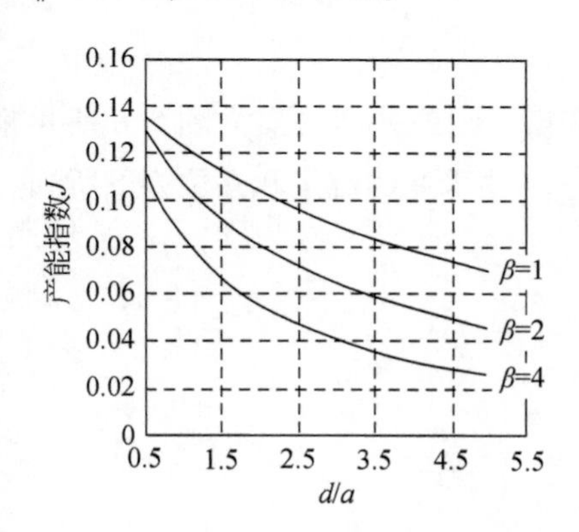

图 5.5　五点调整井网的产能指数曲线

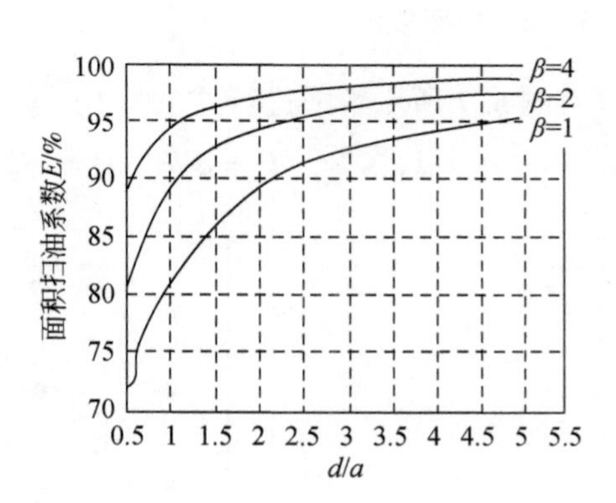

图 5.6　五点调整井网的面积扫油系数曲线

5.7　各向异性油藏七点井网渗流与开发分析

图 5.7 所示为一正七点形井网，注采井距为 d，井网中生产井连线共有三个方向，这三个方向对于井网来说是等价的，取其中任一方向为基准线，对各向异性渗透率影响进行研究。

假设渗透率最大主轴方向（即 x 轴方向）与井网基准线夹角为 α。正七点井网有两种典型的具有实用意义的情形：一是 $\alpha=0°$，二是 $\alpha=30°$。在这两种情况下，各向异性空间转换为各向同性空间时，正七点井网将保持其稳定性，不会出现混沌现象。下面对它们的渗流规律和开发指标分别进行研究，并记它们分别为 0°井网形式和 30°井网形式。

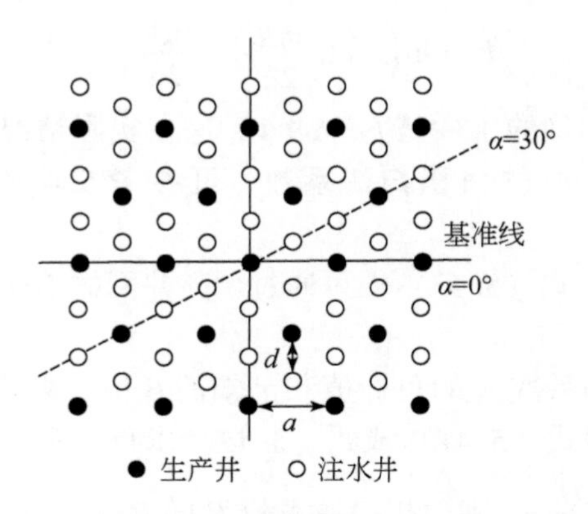

图 5.7　各向异性油藏中正七点井网

5.7.1　0°井网形式

对图 5.7 所示情形进行式（5.1）坐标变换，则原井网将变为图 5.8 所示情形。其中 $a' = d\sqrt{3/\beta}$，$d' = d\sqrt{\beta}$，$\beta = \sqrt{k_x/k_y}$。注采井的流量和井位如下所列。

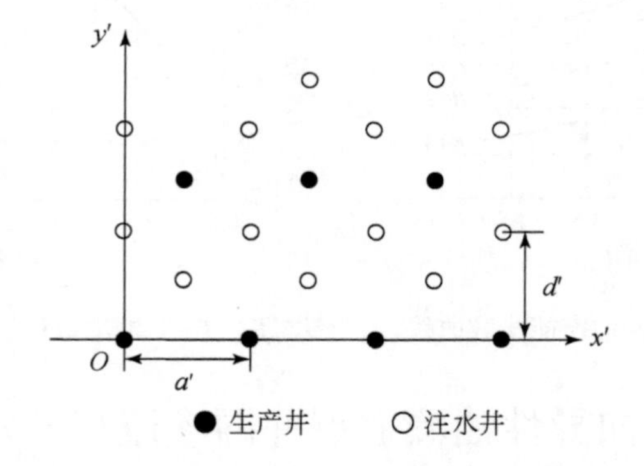

图 5.8　等价各向同性油藏中变形七点井网（α=0°）

生产井的单井产量为$-2Q$；井排位置有 2 类：$(na',\ 3md')$、$\left[\left(n+\dfrac{1}{2}\right)a',\ \left(3m+\dfrac{3}{2}\right)d'\right]$。

注水井的单井注入量为$+Q$；井排位置有 4 类：$[na',(3m+1)d']$、$\left[\left(n+\dfrac{1}{2}\right)a',\left(3m+\dfrac{1}{2}\right)d'\right]$、$[na',(3m+2)d']$、$\left[\left(n+\dfrac{1}{2}\right)a',\left(3m+\dfrac{5}{2}\right)d'\right]$。

记 $q=\dfrac{\mu Q}{4\pi kh}$，将各井排对压力的贡献相加，可以得到：

$$
\begin{aligned}
p(x', y') = {} & 2q\ln\left(\mathrm{ch}\frac{2\pi y'}{a'} - \cos\frac{2\pi x'}{a'}\right) \\
& + 2q\sum_{1}^{\infty}\ln\frac{4\left[\mathrm{ch}\dfrac{2\pi(y' - 3md')}{a'} - \cos\dfrac{2\pi x'}{a'}\right]\cdot\left[\mathrm{ch}\dfrac{2\pi(y' + 3md')}{a'} - \cos\dfrac{2\pi x'}{a'}\right]}{\mathrm{e}^{12\pi md'/a'}} \\
& + 2q\sum_{0}^{\infty}\ln\frac{4\left[\mathrm{ch}\dfrac{2\pi(y' - 3d'/2 - 3md')}{a'} - \cos\dfrac{2\pi x'}{a'}\right]\cdot\left[\mathrm{ch}\dfrac{2\pi(y' + 3d'/2 + 3md')}{a'} + \cos\dfrac{2\pi x'}{a'}\right]}{\mathrm{e}^{4\pi d'(3m+3/2)/a'}} \\
& - q\sum_{0}^{\infty}\ln\frac{4\left[\mathrm{ch}\dfrac{2\pi(y' - d' - 3md')}{a'} - \cos\dfrac{2\pi x'}{a'}\right]\cdot\left[\mathrm{ch}\dfrac{2\pi(y' + d' + 3md')}{a'} - \cos\dfrac{2\pi x'}{a'}\right]}{\mathrm{e}^{4\pi d'(3m+1)/a'}} \\
& - q\sum_{0}^{\infty}\ln\frac{4\left[\mathrm{ch}\dfrac{2\pi(y' - 2d' - 3md')}{a'} - \cos\dfrac{2\pi x'}{a'}\right]\cdot\left[\mathrm{ch}\dfrac{2\pi(y' + 2d' + 3md')}{a'} - \cos\dfrac{2\pi x'}{a'}\right]}{\mathrm{e}^{4\pi d'(3m+2)/a'}} \\
& - q\sum_{0}^{\infty}\ln\frac{4\left[\mathrm{ch}\dfrac{2\pi(y' - d'/2 - 3md')}{a'} + \cos\dfrac{2\pi x'}{a'}\right]\cdot\left[\mathrm{ch}\dfrac{2\pi(y' + d'/2 + 3md')}{a'} + \cos\dfrac{2\pi x'}{a'}\right]}{\mathrm{e}^{4\pi d'(3m+1/2)/a'}} \\
& - q\sum_{0}^{\infty}\ln\frac{4\left[\mathrm{ch}\dfrac{2\pi(y' - 5d'/2 - 3md')}{a'} + \cos\dfrac{2\pi x'}{a'}\right]\cdot\left[\mathrm{ch}\dfrac{2\pi(y' + 5d'/2 + 3md')}{a'} + \cos\dfrac{2\pi x'}{a'}\right]}{\mathrm{e}^{4\pi d'(3m+5/2)/a'}}
\end{aligned}
\tag{5.44}
$$

从式（5.44）分别取生产井底流压 $p_o = p(0, r_w)$ 和注水井底流压 $p_w = p(0, d' \pm r_w)$，再求注采压差 $\Delta p = p_w - p_o$，并将式中所有 $m = 0$ 的项分离出来，则 Δp 可表示为

$$
\Delta p = p(0, d' \pm r_w) - p(0, r_w) = 2q\ln\frac{\mathrm{sh}^3\dfrac{\pi d'}{a'}\mathrm{ch}^3\dfrac{\pi d'}{a'}\mathrm{ch}^4\dfrac{5\pi d'}{a'}\mathrm{sh}\dfrac{2\pi d'}{a'}}{\mathrm{sh}^3\dfrac{\pi r_w}{a'}\mathrm{ch}^6\dfrac{3\pi d'}{2a'}\mathrm{ch}^4\dfrac{7\pi d'}{2a'}\mathrm{sh}\dfrac{3\pi d'}{2a'}}
$$

$$+4q\sum_{1}^{\infty}\ln\frac{\mathrm{sh}\frac{(3m-1)\pi d'}{a'}\mathrm{sh}\frac{(3m+1)\pi d'}{a'}\mathrm{ch}\frac{(3m+1/2)\pi d'}{a'}\mathrm{ch}\frac{(3m+5/2)\pi d'}{a'}}{\mathrm{sh}^2\frac{3m\pi d'}{a'}\mathrm{ch}^2\frac{(3m+3/2)\pi d'}{a'}}$$

$$+2q\sum_{1}^{\infty}\ln\frac{\mathrm{sh}^2\frac{(3m+1)\pi d'}{a'}\mathrm{sh}^2\frac{(3m+2)\pi d'}{a'}}{\mathrm{sh}^2\frac{3m\pi d'}{a'}\mathrm{sh}\frac{(3m+2)\pi d'}{a'}\mathrm{sh}\frac{(3m+1)\pi d'}{a'}\mathrm{sh}\frac{3(m+1)\pi d'}{a'}}$$

$$+2q\sum_{1}^{\infty}\ln\frac{\mathrm{ch}^2\frac{(3m+1/2)\pi d'}{a'}\mathrm{ch}^2\frac{(3m+5/2)\pi d'}{a'}}{\mathrm{ch}\frac{(3m-1/2)\pi d'}{a'}\mathrm{ch}^2\frac{(3m+3/2)\pi d'}{a'}\mathrm{ch}\frac{(3m+7/2)\pi d'}{a'}} \tag{5.45}$$

式（5.45）右端第一个级数项中：

$$\sum_{1}^{\infty}\ln\frac{\mathrm{sh}\frac{(3m-1)\pi d'}{a'}\mathrm{sh}\frac{(3m+1)\pi d'}{a'}}{\mathrm{sh}^2\frac{3m\pi d'}{a'}}=\sum_{1}^{\infty}\ln\left(1-\frac{\mathrm{sh}^2\frac{\pi d'}{a'}}{\mathrm{sh}^2\frac{3m\pi d'}{a'}}\right)$$

$$\approx-\mathrm{sh}^2\frac{\pi d'}{a'}\sum_{1}^{\infty}\frac{1}{\mathrm{sh}^2\frac{3m\pi d'}{a'}}\approx-4\mathrm{sh}^2\frac{\pi d'}{a'}\sum_{1}^{\infty}\mathrm{e}^{-\frac{6m\pi d'}{a'}}=-4\mathrm{e}^{-\frac{6\pi d'}{a'}}\cdot\mathrm{sh}^2\frac{\pi d'}{a'}$$

因为 $\frac{\pi d'}{a'}=\frac{\pi d}{a}\sqrt{\beta}=1.8138\sqrt{\beta}\geqslant1.8138$，所以上述近似带来的误差是非常小的（相对误差<$10^{-5}$），完全可以忽略。同时直接用 $\mathrm{e}^{\frac{3\pi d'}{a'}}/2$ 代替 $\mathrm{sh}\frac{3\pi d'}{a'}$，以及忽略掉小于等于 $\mathrm{sh}^4\frac{\pi d'}{a'}/\mathrm{sh}^4\frac{3m\pi d'}{a'}$ 的项只会引起很小的相对误差。用类似方法对式（5.45）中所有级数项进行简化，再相加可得所有级数项之和 S_m：

$$S_m=-8q\mathrm{e}^{-\frac{6\pi d'}{a'}}\mathrm{sh}^2\frac{\pi d'}{a'}\left(2+\mathrm{e}^{-\frac{\pi d'}{a'}}-\mathrm{e}^{-\frac{2\pi d'}{a'}}-2\mathrm{e}^{-\frac{3\pi d'}{a'}}-\mathrm{e}^{-\frac{4\pi d'}{a'}}+\mathrm{e}^{-\frac{5\pi d'}{a'}}\right) \tag{5.46}$$

记式（5.45）右端第一项为 S_0，并进行简化，可得

$$S_0=2q\ln\frac{4\,\mathrm{sh}^3\frac{\pi d'}{a'}\mathrm{ch}^3\frac{\pi d'}{a'}\mathrm{ch}^4\frac{5\pi d'}{a'}\mathrm{sh}\frac{2\pi d'}{a'}}{\mathrm{e}^{\frac{6.5\pi d'}{2a'}}\mathrm{sh}^3\frac{\pi r_w}{a'}\mathrm{ch}^6\frac{3\pi d'}{2a'}} \tag{5.47}$$

将式（5.46）、式（5.47）和 $q=\frac{\mu Q}{4\pi kh}$ 代入式（5.45），可得原正七点井网单井产量与注采压差关系式：

$$Q=\frac{2\pi kh(p_w-p_o)}{\mu}\left[\ln\frac{4\,\mathrm{sh}^3\frac{\pi d'}{a'}\mathrm{ch}^3\frac{\pi d'}{a'}\mathrm{ch}^4\frac{5\pi d'}{a'}\mathrm{sh}\frac{2\pi d'}{a'}}{\mathrm{e}^{\frac{6.5\pi d'}{2a'}}\mathrm{sh}^3\frac{\pi r_w}{a'}\mathrm{ch}^6\frac{3\pi d'}{2a'}}\right.$$

$$-4\mathrm{e}^{-\frac{6\pi d'}{a'}}\mathrm{sh}^2\left(\frac{\pi d'}{a'}\right)\left(2+\mathrm{e}^{-\frac{\pi d'}{a'}}-\mathrm{e}^{-\frac{2\pi d'}{a'}}-2\mathrm{e}^{-\frac{3\pi d'}{a'}}-\mathrm{e}^{-\frac{4\pi d'}{a'}}+\mathrm{e}^{-\frac{5\pi d'}{a'}}\right)\Bigg]^{-1} \tag{5.48}$$

当 $\frac{d'}{a'}\geqslant 1$，即 $\beta\geqslant\sqrt{3}$ 时，式（5.48）可简化为

$$Q=\frac{2\pi kh(p_{\mathrm{w}}-p_{\mathrm{o}})}{\mu}\left[3\ln\frac{a'\left(\mathrm{sh}\frac{3\pi d'}{2a'}-\mathrm{sh}\frac{\pi d'}{2a'}\right)}{\pi r_{\mathrm{w}}}-\frac{3.5\pi d'}{a'}\right]^{-1} \tag{5.49}$$

若考虑井筒形状的影响，则只需将式(5.48)、式(5.49)中的 r_{w} 用 $r_{\mathrm{wef}}=\frac{(1+\beta)r_{\mathrm{w}}}{2\sqrt{\beta}}$ 代替即可。取 $d=300\mathrm{m}$，$a=300\sqrt{3}\,\mathrm{m}$，$r_{\mathrm{w}}=0.1\mathrm{m}$，对不同 β 值的情况，利用式(5.48)、式(5.49)计算该井网形式的产能指数 $\frac{\mu Q}{kh(p_{\mathrm{w}}-p_{\mathrm{o}})}$，计算结果见表 5.2。

表 5.2　各向异性油藏七点井网开发指标

$\alpha/(°)$	β	d'/b'	$\frac{\mu Q}{kh(p_{\mathrm{w}}-p_{\mathrm{o}})}$	E
0	1	0.577	0.2816	0.743
	2	1.155	0.2772	0.581
	3	1.732	0.2625	0.584
	4	2.309	0.2481	0.599
	5	2.887	0.2344	0.611
	6	3.464	0.2216	0.620
	7	4.041	0.2099	0.627
	8	4.619	0.1992	0.632
	9	5.196	0.1894	0.636
	10	5.774	0.1804	0.639
	11	6.351	0.1721	0.620
	12	6.928	0.1645	0.618
	13	7.506	0.1575	0.617
	14	8.083	0.1511	0.616
	15	8.660	0.1451	0.614
	16	9.238	0.1396	0.613
	17	9.815	0.1344	0.612
	18	10.39	0.1296	0.611
	19	10.97	0.1252	0.610
	20	11.54	0.1210	0.608

续表

$\alpha/(°)$	β	d'/b'	$\frac{\mu Q}{kh(p_w - p_o)}$	E
30	1	0.289	0.2817	0.745
	2	0.577	0.2972	0.309
	3	0.866	0.3124	0.199
	4	1.155	0.3258	0.148
	5	1.443	0.3374	0.119
	6	1.732	0.3476	0.099
	7	2.021	0.3568	0.085
	8	2.309	0.3651	0.074
	9	2.598	0.3727	0.066
	10	2.877	0.3798	0.059
	11	3.175	0.3865	0.054
	12	3.464	0.3928	0.049
	13	3.753	0.3988	0.046
	14	4.041	0.4045	0.042
	15	4.330	0.4100	0.040
	16	4.619	0.4152	0.037
	17	4.907	0.4203	0.035
	18	5.196	0.4252	0.033
	19	5.485	0.4299	0.031
	20	5.774	0.4345	0.030

下面研究该井网的面积扫油系数。由于井网的对称性，欲知整个井网的见水时间和面积扫油系数，只需研究 $-\infty < x' < +\infty$ 和 $0 \leqslant y' \leqslant \frac{d'}{2}$ 这一狭窄带内的流动。任一处于 $|y'| \geqslant 2d'$ 范围的井排对这一条带的影响只相当于 y' 方向上一个均匀的压力梯度，所有这些均匀的压力梯度都是成对出现且方向相反的，因而彼此抵消，总体影响效果为零。在研究 $0 \leqslant y' \leqslant \frac{d'}{2}$ 条带内流动时，只需要考虑 $|y| < 2d'$ 范围内的井排（有效井排）的影响，根据式（5.44）写出这些有效影响井排的压力分布：

$$p(x', y') = 2q\ln\left(\mathrm{ch}\frac{2\pi y'}{a'} - \cos\frac{2\pi x'}{a'}\right)$$

$$
+2q\sum_{1}^{\infty}\ln\frac{4\left[\operatorname{ch}\frac{2\pi(y'-3d'/2)}{a'}+\cos\frac{2\pi x'}{a'}\right]\cdot\left[\operatorname{ch}\frac{2\pi(y'+3d'/2)}{a'}+\cos\frac{2\pi x'}{a'}\right]}{e^{6\pi d'/a'}}
$$

$$
-q\sum_{0}^{\infty}\ln\frac{4\left[\operatorname{ch}\frac{2\pi(y'-d')}{a'}-\cos\frac{2\pi x'}{a'}\right]\cdot\left[\operatorname{ch}\frac{2\pi(y'+d')}{a'}-\cos\frac{2\pi x'}{a'}\right]}{e^{4\pi d'/a'}}
$$

$$
-q\sum_{0}^{\infty}\ln\frac{4\left[\operatorname{ch}\frac{2\pi(y'-d'/2)}{a'}+\cos\frac{2\pi x'}{a'}\right]\cdot\left[\operatorname{ch}\frac{2\pi(y'+d'/2)}{a'}+\cos\frac{2\pi x'}{a'}\right]}{e^{2\pi d'/a'}},\qquad -\frac{d'}{2}\leqslant y'\leqslant\frac{d'}{2} \tag{5.50}
$$

条带内 x' 方向的速度 $v_{x'}$ 的分布为

$$
\begin{aligned}
v_{x'}(x',\ y')=&-\frac{Q}{2a'h\phi}\sin\frac{2\pi x'}{a'}\left[\frac{2}{\operatorname{ch}\frac{2\pi y'}{a'}-\cos\frac{2\pi x'}{a'}}\right.\\
&-\frac{2}{\operatorname{ch}\frac{2\pi(y'-3d'/2)}{a'}+\cos\frac{2\pi x'}{a'}}-\frac{2}{\operatorname{ch}\frac{2\pi(y'+3d'/2)}{a'}+\cos\frac{2\pi x'}{a'}}\\
&-\frac{1}{\operatorname{ch}\frac{2\pi(y'-d')}{a'}-\cos\frac{2\pi x'}{a'}}-\frac{1}{\operatorname{ch}\frac{2\pi(y'+d')}{a'}-\cos\frac{2\pi x'}{a'}}\\
&\left.+\frac{1}{\operatorname{ch}\frac{2\pi(y'-d'/2)}{a'}+\cos\frac{2\pi x'}{a'}}+\frac{1}{\operatorname{ch}\frac{2\pi(y'+d'/2)}{a'}+\cos\frac{2\pi x'}{a'}}\right],\\
&-\frac{d'}{2}\leqslant y'\leqslant\frac{d'}{2}
\end{aligned}
\tag{5.51}
$$

条带内 y' 方向的速度 $v_{y'}$ 的分布为

$$
\begin{aligned}
v_{y'}(x',\ y')=&-\frac{Q}{2a'h\phi}\left[\frac{2\operatorname{sh}\frac{2\pi y'}{a'}}{\operatorname{ch}\frac{2\pi y'}{a'}-\cos\frac{2\pi x'}{a'}}\right.\\
&+\frac{2\operatorname{sh}[2\pi(y'-3d'/2)/a']}{\operatorname{ch}\frac{2\pi(y'-3d'/2)}{a'}+\cos\frac{2\pi x'}{a'}}+\frac{2\operatorname{sh}[2\pi(y'+3d'/2)/a']}{\operatorname{ch}\frac{2\pi(y'+3d'/2)}{a'}+\cos\frac{2\pi x'}{a'}}
\end{aligned}
$$

$$
-\frac{\operatorname{sh}[2\pi(y'-d')/a']}{\operatorname{ch}\dfrac{2\pi(y'-d')}{a'}-\cos\dfrac{2\pi x'}{a'}}-\frac{\operatorname{sh}[2\pi(y'+d')/a']}{\operatorname{ch}\dfrac{2\pi(y'+d')}{a'}-\cos\dfrac{2\pi x'}{a'}}
$$

$$
\left.-\frac{\operatorname{sh}[2\pi(y'-d'/2)/a']}{\operatorname{ch}\dfrac{2\pi(y'-d'/2)}{a'}+\cos\dfrac{2\pi x'}{a'}}-\frac{\operatorname{sh}[2\pi(y'+d'/2)/a']}{\operatorname{ch}\dfrac{2\pi(y'+d'/2)}{a'}+\cos\dfrac{2\pi x'}{a'}}\right],
$$

$$
-\frac{d'}{2}\leqslant y'\leqslant\frac{d'}{2} \tag{5.52}
$$

取注水井 W $(a'/2,\ d'/2)$ 和生产井 O $(0,\ 0)$，则井网见水时间 T_b 就是油水前沿由注水井 W $(a'/2,\ d'/2)$ 出发到达生产井 O $(0,\ 0)$ 所用的时间，也就是注入水顺主流线 S_m 由注水井突进到生产井的时间：

$$
T_b=\int_{(\frac{a'}{2},\frac{d'}{2})}^{(0,0)}\frac{dS_m}{(\sqrt{v_{x'}^2+v_{y'}^2})_{S_m}} \tag{5.53}
$$

或

$$
T_b=\int_{\frac{a'}{2}}^{0}\frac{dx'}{(v_{x'})_{S_m}},\quad v_{x'}\neq 0 \tag{5.54}
$$

或

$$
T_b=\int_{\frac{d'}{2}}^{0}\frac{dy'}{(v_{y'})_{S_m}},\quad v_{y'}\neq 0 \tag{5.55}
$$

但是，速度表达式［式（5.51）和式（5.52）］过于复杂，很难用解析方法得到主流线 S_m 的显示方程，因而难以用解析方法求出式（5.53）~式（5.55）的结果。

下面用数值方法求取见水时间 T_b 和面积扫油系数 E 。将式（5.54）~式（5.55）改写为如下形式：

$$
\begin{cases}
a'/2=-\displaystyle\int_0^{T_b}(v_{x'})_{S_m}dt+x'_0\\
d'/2=-\displaystyle\int_0^{T_b}(v_{y'})_{S_m}dt+y'_0
\end{cases} \tag{5.56}
$$

采用“打靶法”对式（5.56）进行求解。

（1）在生产井 $O(0,\ 0)$ 的井筒上任选一点 $(x'_0,\ y'_0)=(r_w\cos\theta,\ r_w\sin\theta)$，$0\leqslant\theta\leqslant\dfrac{\pi}{2}$。

（2）取定流体在单一时间步流动的最大距离 ΔS 和允许误差 ε ，用数值法作如下积分计算，直至 $\left|x'_n-\dfrac{a'}{2}\right|\leqslant\varepsilon$：

$$
\begin{cases}
x'_n=x'_{n-1}-v_x'(x'_{n-1},y'_{n-1})\cdot\Delta t_n\\
y'_n=y'_{n-1}-v_y'(x'_{n-1},y'_{n-1})\cdot\Delta t_n
\end{cases} \tag{5.57}
$$

其中每一步必须满足 $\max\{x'_n - x'_{n-1},\ y'_n - y'_{n-1}\} \leqslant \Delta S$。

（3）若 $\left|y_n - \dfrac{d'}{2}\right| \leqslant \varepsilon$，则由注水井流到生产井的油水所用时间 $T = \sum\limits_{i=1}^{n} \Delta t_i$；若 $\left|y_n - \dfrac{d'}{2}\right| > \varepsilon$，调整 $(x_0,\ y_0)$ 值，返回（2）进行计算。

（4）依次取不同的 $(x'_0,\ y'_0)$ 点，重复（1）～（3），找到最小的 T，即 T_b。

（5）调节 ΔS 至尽量小，使得 T_b 的变化在需要的精度之内。

经过以上计算得到 T_b 后，井网的面积扫油系数如下：

$$E = \frac{4QT_b}{3d'a'h\phi} \tag{5.58}$$

需要注意的是，在进行（2）的计算时，要首先将式（5.57）进行无量纲化，记 $\bar{v}$ 为无量纲化速度，$\Delta\bar{t}$ 为无量纲化时间，因此式（5.57）可化为

$$\begin{cases} \bar{x}_n = \bar{x}_{n-1} - \bar{v}_{\bar{x}}(\bar{x}_{n-1}, \bar{y}_{n-1}) \cdot \Delta\bar{t}_n \\ \bar{y}_n = \bar{y}_{n-1} - \bar{v}_{\bar{y}}(\bar{x}_{n-1}, \bar{y}_{n-1}) \cdot \Delta\bar{t}_n \end{cases} \tag{5.59}$$

式中，$\bar{x} = x'/a'$；$\bar{y} = y'/a'$；$\bar{v}_{\bar{x}}(\bar{x},\ \bar{y}) = 2a'h\phi v_{x'}(x',\ y')/Q$；$\bar{v}_{\bar{y}}(\bar{x},\ \bar{y}) = 2a'h\phi v_{y'}(x',\ y')/Q$；$\Delta\bar{t} = \Delta t \cdot Q/2a'^2 h\phi$。

利用式（5.59）计算得到 $\Delta\bar{t}$，再求 $\Delta t = 2a'^2 h\phi\Delta\bar{t}/Q$，从而可求得 T_b 和 E。

表5.2中列出了各向异性地层正七点法井网0°井网形式的面积扫油系数，同时还列出了井网几何参数 d'/a' 随 β 变化的结果。

5.7.2　30°井网形式

当各向异性渗透率最大主轴方向与正七点井网基准线(即生产井连线)呈30°角时,通过式(5.1)所示的坐标变换,正七点井网将变为图5.9所示形式,其中 $a' = \dfrac{3d}{\sqrt{\beta}}$, $d' = \dfrac{\sqrt{3\beta}}{2}d$, $d'/a' = \dfrac{\sqrt{3}}{6}\beta$, $\beta = \sqrt{k_x/k_y}$。井网中各井流量和位置分别如下。

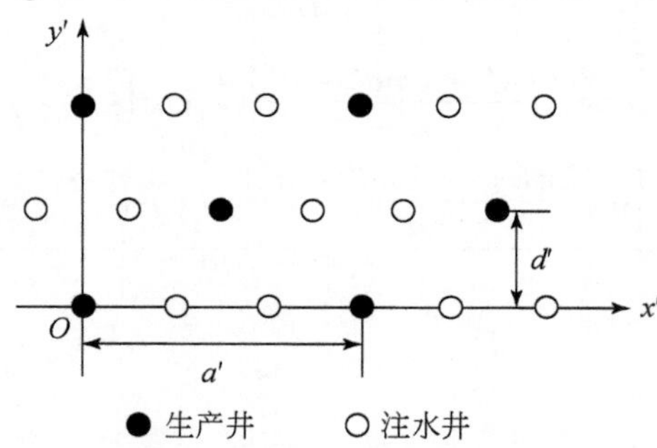

图5.9　等价各向同性油藏中变形七点井网（α=30°）

生产井：单井产量 $-2Q$；井排位置有 2 类，分别为 $(na',2md')$ 和 $\left[\left(n+\frac{1}{2}\right)a',(2m+1)d'\right]$。

注水井：单井注入量 $+Q$；井排位置有 4 类，分别为 $\left[\left(n+\frac{1}{3}\right)a',2md'\right]$、$\left[\left(n+\frac{2}{3}\right)a',2md'\right]$、$\left[\left(n+\frac{1}{6}\right)a',(2m+1)d'\right]$、$\left[\left(n-\frac{1}{6}\right)a',(2m+1)d'\right]$。

整个井网产生的压力分布为

$$
\begin{aligned}
p(x',\ y') = {} & 2q\ln\left(\mathrm{ch}\frac{2\pi y'}{a'}-\cos\frac{2\pi x'}{a'}\right) \\
& - q\ln\left[\mathrm{ch}\frac{2\pi y'}{a'}+\cos\left(\frac{2\pi x'}{a'}-\frac{\pi}{3}\right)\right]\left[\mathrm{ch}\frac{2\pi y'}{a'}+\cos\left(\frac{2\pi x'}{a'}+\frac{\pi}{3}\right)\right] \\
& + 2q\sum_{m=1}^{\infty}\ln\frac{4\left[\mathrm{ch}\frac{2\pi(y'-2md')}{a'}-\cos\frac{2\pi x'}{a'}\right]\left[\mathrm{ch}\frac{2\pi(y'+2md')}{a'}-\cos\frac{2\pi x'}{a'}\right]}{e^{8\pi md'/a'}} \\
& + 2q\sum_{m=0}^{\infty}\ln\frac{4\left[\mathrm{ch}\frac{2\pi(y'-2md'-d')}{a'}+\cos\frac{2\pi x'}{a'}\right]\cdot\left[\mathrm{ch}\frac{2\pi(y'+2md'+d')}{a'}+\cos\frac{2\pi x'}{a'}\right]}{e^{4\pi(2m+1)d'/a'}} \\
& - q\sum_{m=1}^{\infty}\ln\frac{4\left[\mathrm{ch}\frac{2\pi(y'-2md')}{a'}+\cos\left(\frac{2\pi x'}{a'}-\frac{\pi}{3}\right)\right]\cdot\left[\mathrm{ch}\frac{2\pi(y'+2md')}{a'}+\cos\left(\frac{2\pi x'}{a'}-\frac{\pi}{3}\right)\right]}{e^{8\pi md'/a'}} \\
& - q\sum_{m=0}^{\infty}\ln\frac{4\left[\mathrm{ch}\frac{2\pi(y'-2md')}{a'}+\cos\left(\frac{2\pi x'}{a'}-\frac{\pi}{3}\right)\right]\cdot\left[\mathrm{ch}\frac{2\pi(y'+2md')}{a'}+\cos\left(\frac{2\pi x'}{a'}+\frac{\pi}{3}\right)\right]}{e^{8\pi md'/a'}} \\
& - q\sum_{m=0}^{\infty}\ln\frac{4\left[\mathrm{ch}\frac{2\pi(y'-2md'-d')}{a'}-\cos\left(\frac{2\pi x'}{a'}-\frac{\pi}{3}\right)\right]\cdot\left[\mathrm{ch}\frac{2\pi(y'+2md'+d')}{a'}-\cos\left(\frac{2\pi x'}{a'}-\frac{\pi}{3}\right)\right]}{e^{4\pi(2m+1)d'/a'}}
\end{aligned}
$$

$$-q\sum_{m=0}^{\infty}\ln\frac{4\left[\operatorname{ch}\frac{2\pi(y'-2md'-d')}{a'}-\cos\left(\frac{2\pi x'}{a'}+\frac{\pi}{3}\right)\right]\cdot\left[\operatorname{ch}\frac{2\pi(y'+2md'+d')}{a'}-\cos\left(\frac{2\pi x'}{a'}+\frac{\pi}{3}\right)\right]}{e^{4\pi(2m+1)d'/a'}} \tag{5.60}$$

选取生产井 O（0，0）和注水井 W（$a'/3$，0）。生产井底流压 $p_o=p$（0，r_w）为

$$p_o=2q\ln\frac{\operatorname{ch}\frac{2\pi r_w}{a'}-1}{\operatorname{ch}\frac{2\pi r_w}{a'}+\frac{1}{2}}+4q\sum_{m=1}^{\infty}\ln\frac{\operatorname{ch}\frac{4\pi md'}{a'}-1}{\operatorname{ch}\frac{4\pi md'}{a'}+\frac{1}{2}}+4q\sum_{m=0}^{\infty}\ln\frac{\operatorname{ch}\frac{2\pi(2m+1)d'}{a'}-1}{\operatorname{ch}\frac{2\pi(2m+1)d'}{a'}-\frac{1}{2}} \tag{5.61}$$

注水井底流压 $p_w=p\left(\frac{a'}{3},\ r_w\right)$ 为

$$p_w=p\left(\frac{a'}{3},\ r_w\right)=q\ln\frac{\operatorname{ch}\frac{2\pi r_w}{a'}+\frac{1}{2}}{\operatorname{ch}\frac{2\pi r_w}{a'}-1}+2q\sum_{m=1}^{\infty}\ln\frac{\operatorname{ch}\frac{4\pi md'}{a'}+\frac{1}{2}}{\operatorname{ch}\frac{4\pi md'}{a'}-1}+2q\sum_{m=0}^{\infty}\ln\frac{\operatorname{ch}\frac{2\pi(2m+1)d'}{a'}-\frac{1}{2}}{\operatorname{ch}\frac{2\pi(2m+1)d'}{a'}+1} \tag{5.62}$$

由式（5.61）和式（5.62）得两井间注采压差为

$$\Delta p=p_w-p_o=3q\ln\frac{\operatorname{ch}\frac{2\pi r_w}{a'}+\frac{1}{2}}{\operatorname{ch}\frac{2\pi r_w}{a'}-1}+6q\sum_{m=1}^{\infty}\ln\frac{\operatorname{ch}\frac{4\pi md'}{a'}+\frac{1}{2}}{\operatorname{ch}\frac{4\pi md'}{a'}-1}+6q\sum_{m=0}^{\infty}\ln\frac{\operatorname{ch}\frac{2\pi(2m+1)d'}{a'}-\frac{1}{2}}{\operatorname{ch}\frac{2\pi(2m+1)d'}{a'}+1}$$

$$=3q\ln\frac{\frac{3}{2}}{2\operatorname{sh}^2\frac{\pi r_w}{a'}}+6q\sum_{m=1}^{\infty}\ln\frac{\operatorname{sh}^2\frac{4\pi md'}{a'}+\frac{3}{2}}{2\operatorname{sh}^2\frac{2\pi md'}{a'}}$$

$$
+6q\sum_{m=0}^{\infty}\ln\frac{\mathrm{ch}^2\dfrac{2\pi(2m+1)d'}{a'}-\dfrac{3}{2}}{2\,\mathrm{ch}^2\dfrac{\pi(2m+1)d'}{a'}}
$$

$$
=3q\ln\frac{3}{4\,\mathrm{sh}^2\dfrac{\pi r_{\mathrm{w}}}{a'}}+6q\ln\left(1+\frac{3}{4\,\mathrm{sh}^2\dfrac{2\pi md'}{a'}}\right)\left(1-\frac{3}{4\,\mathrm{ch}^2\dfrac{2\pi md'}{a'}}\right)
$$

$$
+6q\sum_{m=2}^{\infty}\ln\left(1+\frac{3}{4\mathrm{sh}^2\dfrac{2\pi md'}{a'}}\right)+6q\sum_{m=1}^{\infty}\ln\left(1-\frac{3}{4\,\mathrm{sh}^2\dfrac{\pi(2m+1)d'}{a'}}\right)
$$

$$
\approx 3q\ln\frac{3}{4\left(\dfrac{\pi r_{\mathrm{w}}}{a'}\right)^2}+6q\ln\left(1+\frac{3}{4\,\mathrm{sh}^2\dfrac{2\pi md'}{a'}}\right)\left(1-\frac{3}{4\,\mathrm{ch}^2\dfrac{2\pi md'}{a'}}\right)
$$

$$
+6q\sum_{m=2}^{\infty}\ln\frac{3}{4\,\mathrm{sh}^2\dfrac{2\pi md'}{a'}}-6q\sum_{m=1}^{\infty}\ln\frac{3}{4\,\mathrm{ch}^2\dfrac{\pi(2m+1)d'}{a'}}
$$

$$
\approx 3q\ln\frac{3}{4\left(\dfrac{\pi r_{\mathrm{w}}}{a'}\right)^2}+6q\ln\left(1+\frac{3}{4\,\mathrm{sh}^2\dfrac{2\pi md'}{a'}}\right)\left(1-\frac{3}{4\,\mathrm{ch}^2\dfrac{2\pi md'}{a'}}\right)
$$

$$
+18q\sum_{m=2}^{\infty}\mathrm{e}^{-4\pi md'/a'}-18q\sum_{m=1}^{\infty}\mathrm{e}^{-2\pi(2m+1)d'/a'}
$$

$$
\approx 6q\ln\frac{\sqrt{3}a'}{2\pi r_{\mathrm{w}}}+6q\ln\left(1+\frac{3}{4\,\mathrm{sh}^2\dfrac{2\pi md'}{a'}}\right)\left(1-\frac{3}{4\,\mathrm{ch}^2\dfrac{2\pi md'}{a'}}\right)
$$

$$
+18q(\mathrm{e}^{-4\pi md'/a'}-\mathrm{e}^{-6\pi md'/a'}) \tag{5.63}
$$

在式（5.63）的近似计算中，相对误差小于10^{-4}；若将相对误差限制在10^{-3}以下，则：

$$
\Delta p=6q\ln\frac{\sqrt{3}a'}{2\pi r_{\mathrm{w}}}\left(1-\frac{3}{4\,\mathrm{ch}^2\dfrac{2\pi md'}{a'}}\right)+18q(\mathrm{e}^{-4\pi md'/a'}-\mathrm{e}^{-6\pi md'/a'}) \tag{5.64}
$$

把$q=\dfrac{\mu Q}{4\pi kh}$代入式（5.64）得

$$
Q=\frac{2\pi kh(p_{\mathrm{w}}-p_{\mathrm{o}})}{3\mu\ln\dfrac{\sqrt{3}a'}{2\pi r_{\mathrm{w}}}\left(1-\dfrac{3}{4\,\mathrm{ch}^2\dfrac{2\pi md'}{a'}}\right)+9\mu(\mathrm{e}^{-4\pi md'/a'}-\mathrm{e}^{-6\pi md'/a'})} \tag{5.65}
$$

式（5.65）即原正七点井网30°井网形式的产能公式。若考虑井筒形状的影响,只需把其中的 r_w 用 $r_{wef}=\dfrac{(1+\beta)r_w}{2\sqrt{\beta}}$ 代替即可。取 $d=300\text{m}$, $a=300\sqrt{3}\text{m}$, $r_w=0.1\text{m}$,对不同 β 值的情况,利用式(5.65)计算井网的产能指数 $\dfrac{\mu Q}{kh(p_w-p_o)}$,计算结果见表 5.2。

下面研究该井网的面积扫油系数。注入水离开注水井后,将首先到达与 x' 轴方向平行的相邻生产井,井网的见水时间就是油水界面在两井间的运动时间,因此,考虑 x' 轴上生产井 $O(r_w,0)$ 和注水井 $W(a'/3,r_w)$ 之间的流动。因为井网相对于 x' 轴对称,所以 x' 轴上的垂直速度 $v_{y'}\equiv 0$(井点作为奇点除外),x' 轴上注采井网相连直线为主流线。因此只要计算出 $v_x=(x',0)$,则见水时间 T_b 为

$$T_b=\int_{a'/3}^{0}\frac{dx'}{(v_{x'})_{y'=0}} \tag{5.66}$$

因为处于 $|y'|\geqslant a'$ 范围内的井排对 x' 轴上流动的影响相互抵消而不起作用,所以只需要考虑 $|y'|<a'$ 内各井排的影响。压力分布式(5.60)中只保留 $m\leqslant 1$ 的各项,并对其求 x' 方向的导数,可得 x' 轴线上的速度分布:

$$\begin{aligned}
v_{x'}\Big|_{y'=0} &= v_{x'}(x',0)=-\frac{k}{\mu\phi}\left(\frac{\partial p(x',y')}{\partial x'}\right)_{y'=0}\\
&=-\frac{4\pi kq}{a'\mu\phi}\left[\frac{\sin\dfrac{2\pi x'}{a'}}{1-\cos\dfrac{2\pi x'}{a'}}+\frac{\dfrac{1}{2}\sin\left(\dfrac{2\pi x'}{a'}-\dfrac{\pi}{3}\right)}{1+\cos\left(\dfrac{2\pi x'}{a'}-\dfrac{\pi}{3}\right)}+\frac{\dfrac{1}{2}\sin\left(\dfrac{2\pi x'}{a'}+\dfrac{\pi}{3}\right)}{1+\cos\left(\dfrac{2\pi x'}{a'}+\dfrac{\pi}{3}\right)}\right.\\
&\quad-\frac{2\sin\dfrac{2\pi x'}{a'}}{\operatorname{ch}\dfrac{2\pi d'}{a'}+\cos\dfrac{2\pi x'}{a'}}-\frac{\sin\left(\dfrac{2\pi x'}{a'}-\dfrac{\pi}{3}\right)}{\operatorname{ch}\dfrac{2\pi d'}{a'}-\cos\left(\dfrac{2\pi x'}{a'}-\dfrac{\pi}{3}\right)}\\
&\quad-\frac{\sin\left(\dfrac{2\pi x'}{a'}+\dfrac{\pi}{3}\right)}{\operatorname{ch}\dfrac{2\pi d'}{a'}-\cos\left(\dfrac{2\pi x'}{a'}+\dfrac{\pi}{3}\right)}+\frac{2\sin\dfrac{2\pi x'}{a'}}{\operatorname{ch}\dfrac{4\pi d'}{a'}-\cos\dfrac{2\pi x'}{a'}}\\
&\quad+\frac{\sin\left(\dfrac{2\pi x'}{a'}-\dfrac{\pi}{3}\right)}{\operatorname{ch}\dfrac{4\pi d'}{a'}+\cos\left(\dfrac{2\pi x'}{a'}-\dfrac{\pi}{3}\right)}+\frac{\sin\left(\dfrac{2\pi x'}{a'}+\dfrac{\pi}{3}\right)}{\operatorname{ch}\dfrac{4\pi d'}{a'}+\cos\left(\dfrac{2\pi x'}{a'}+\dfrac{\pi}{3}\right)}\\
&\quad-\frac{2\sin\dfrac{2\pi x'}{a'}}{\operatorname{ch}\dfrac{6\pi d'}{a'}+\cos\dfrac{2\pi x'}{a'}}-\frac{\sin\left(\dfrac{2\pi x'}{a'}-\dfrac{\pi}{3}\right)}{\operatorname{ch}\dfrac{6\pi d'}{a'}-\cos\left(\dfrac{2\pi x'}{a'}-\dfrac{\pi}{3}\right)}
\end{aligned}$$

$$
\left.-\frac{\sin\left(\frac{2\pi x'}{a'}+\frac{\pi}{3}\right)}{\mathrm{ch}\frac{6\pi d'}{a'}-\cos\left(\frac{2\pi x'}{a'}+\frac{\pi}{3}\right)}\right] \tag{5.67}
$$

记作：

$$
v_x(x',0)=-\frac{4\pi kq}{a'\mu\phi}F\left(\frac{d'}{a'},\frac{x'}{a'}\right) \tag{5.68}
$$

井网见水时间为

$$
T_{\mathrm{b}}=\int_{a'/3}^{0}\frac{\mathrm{d}x'}{(v_{x'})_{y'=0}}=-a'\int_{0}^{1/3}\frac{\mathrm{d}(x'/a')}{(v_{x'})_{y'=0}}=\frac{a'^2\mu\phi}{4\pi kq}\int_{0}^{1/3}\frac{\mathrm{d}(x'/a')}{F\left(\frac{d'}{a'},\frac{x'}{a'}\right)} \tag{5.69}
$$

根据井网结构，面积扫油系数为

$$
E=\frac{2QT_{\mathrm{b}}}{a'd'h\phi} \tag{5.70}
$$

把式（5.69）和 $q=\mu Q/4\pi kh$ 代入式（5.70），得

$$
E=\frac{2a'}{d'}\int_{0}^{1/3}\frac{\mathrm{d}(x'/a')}{F\left(\frac{d'}{a'},\frac{x'}{a'}\right)} \tag{5.71}
$$

根据 $d'/a'=\beta/2\sqrt{3}$，取不同β值代入式（5.71）进行数值积分，即可得到正七点井网30°井网形式的面积扫油系数E与各向异性主值之比β之间的关系，结果见表5.2。

5.8　各向异性油藏七点井网的设计与调整

本节中各向异性油藏七点井网的设计与调整思路与5.7节相同，主所需数据要研究内容是，在保证井网单元不被破坏的基础上，以获得最佳开发指标为目的，对井网的几何参数进行优化设计。

从5.7.1节和5.7.2节结果可以看出，无论正七点井网与渗透率主轴呈何种角度，当渗透率主值之比β较大时，都将大幅度降低井网的面积扫油系数，井网的产能则由井网的形状和井距同时决定。综合比较来看，0°井网形式优于30°井网形式。为了使七点井网在各向异性地层条件下保持较好的产能与扫油系数指标，应该以0°井网形式的七点井网为基础，对正七点井网进行几何结构调整。在布井方案设计中，可采用如图5.10所示的扁七点井网，记 $d'=d\sqrt{\beta}$，$a'=a/\sqrt{\beta}$，$d'/a'=\beta d/a$，则该调整井网的压力分布公式、产能公式和面积扫油系数公式与5.7.1节中相应公式的形式完全相同。因此，我们可以根据所需生产指标及渗透率参数β和k，由5.7.1节中结果数据选取合适的井网几何参数a和d，对各向

异性油藏七点井网进行设计或调整，使其各开发指标趋于合理和优化。

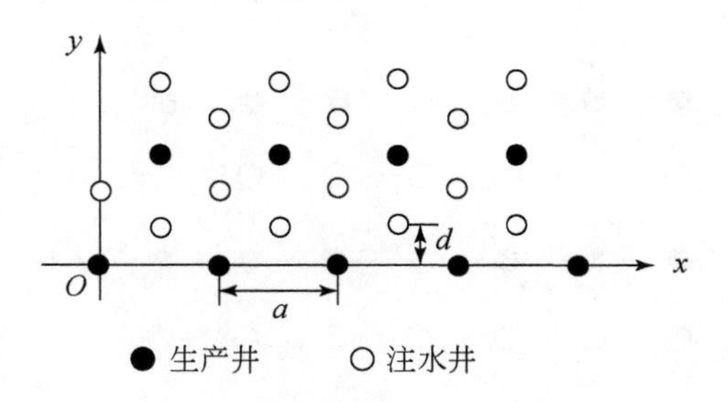

图 5.10　各向异性油藏扁七点井网

5.9　各向异性油藏正对排状井网渗流与开发分析

各向异性油藏中正对排状井网如图 5.11 所示。a 为井距（同类井间距），d 为排距（注采井间距），取同类井排连线为井网基准线。对于该种井网，与渗透率匹配的典型形式有两种：一是井网基准线与渗透率最大主轴方向平行，称 0°井网形式；二是基准线与渗透率最大主轴垂直，称 90°井网形式。下面分别对它们进行研究分析。

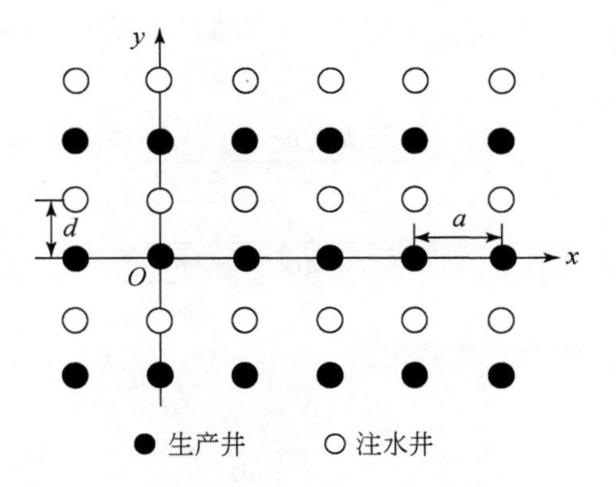

图 5.11　各向异性油藏中正对排状井网

5.9.1　0°井网形式

对坐标系（x，y）进行坐标变换：

$$x' = x/\sqrt{\beta}, y' = y\sqrt{\beta} \tag{5.72}$$

则原井网将变为图 5.12 所示情形，其中 $d' = d\sqrt{\beta}$，$a' = a/\sqrt{\beta}$，$d'/a' =$

$\beta d/a$，一般地 $d'/a' \geqslant 0.5$。

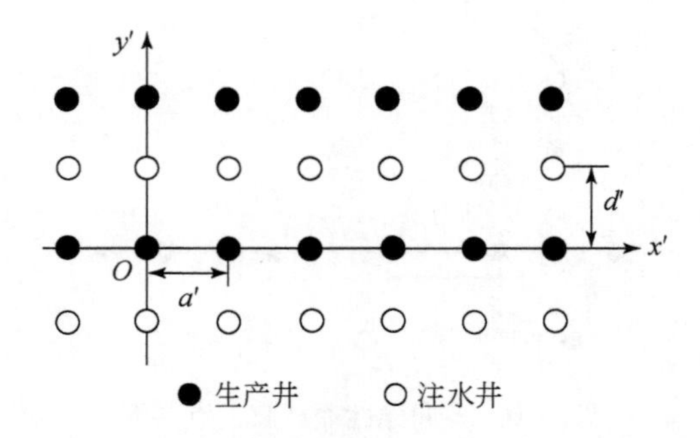

图 5.12 等价各向同性油藏中变形正对排状井网（α=0°形式）

此种形式井网的压力分布公式为

$$p(x', y') = 2q\ln\left(\text{ch}\frac{2\pi y'}{a'} - \cos\frac{2\pi x'}{a'}\right) + q\sum_{m=1}^{\infty}(-1)^m \ln\frac{4\left[\text{ch}\frac{2\pi(y'-md')}{a'} - \cos\frac{2\pi x'}{a'}\right]\cdot\left[\text{ch}\frac{2\pi(y'+md')}{a'} - \cos\frac{2\pi x'}{a'}\right]}{e^{4\pi md'/a'}} \tag{5.73}$$

对典型条带区域 $|y'| \leqslant d'$，式(5.73)右端只需保留 $m \leqslant 2$ 的项。

产能公式为

$$Q = \frac{2\pi kh(p_w - p_o)}{\mu\ln\dfrac{\text{sh}^4\frac{\pi d'}{a'}\text{sh}\frac{3\pi d'}{a'}}{\text{sh}^2\frac{\pi d'}{a'}\text{sh}^3\frac{2\pi d'}{a'}}} \tag{5.74}$$

当 $d'/a' \geqslant 1$ 时，产能公式简化为

$$Q = \frac{2\pi kh(p_w - p_o)/\mu}{\mu\ln\dfrac{\text{sh}^4\frac{\pi d'}{a'}\text{sh}\frac{3\pi d'}{a'}}{\frac{\pi d'}{a'} - 2\ln\frac{2\pi r_w}{a'}}} \tag{5.75}$$

见水时间为

$$T_b = \frac{a'^2\phi\mu\left[\text{ch}^2\frac{\pi d'}{a'}\cdot\ln\left(\text{ch}\frac{\pi d'}{a'}\right) - \text{sh}^2\frac{\pi d'}{a'}\ln 2\right]}{2\pi^2 kq\left(\text{ch}^2\frac{\pi d'}{a'} - 2\right)} \tag{5.76}$$

面积扫油系数为

$$E=\frac{\mathrm{ch}^2\frac{\pi d'}{a'}\cdot\ln\left(\mathrm{ch}\frac{\pi d'}{a'}\right)-\mathrm{sh}^2\frac{\pi d'}{a'}\cdot\ln 2}{\pi\left(\mathrm{ch}^2\frac{\pi d'}{a'}-2\right)d'/a'} \tag{5.77}$$

对于不同β值时，该井网形式的开发指标计算所需数据或结果见表 5.3。计算中取 $a=d=300\mathrm{m}$，$r_w=0.1\mathrm{m}$。

表 5.3　各向异性油藏正对排状井网开发指标

$\alpha/(°)$	β	d'/b'	$\frac{\mu Q}{kh\Delta p}$	E
0	1	1.00	0.4059	0.569
	2	2.00	0.3505	0.779
	3	3.00	0.3041	0.853
	4	4.00	0.2672	0.890
	5	5.00	0.2377	0.912
	6	6.00	0.2138	0.926
	7	7.00	0.1940	0.937
	8	8.00	0.1775	0.945
	9	9.00	0.1636	0.951
	10	10.00	0.1516	0.956
	11	11.00	0.1412	0.960
	12	12.00	0.1321	0.963
	13	13.00	0.1241	0.966
	14	14.00	0.1170	0.968
	15	15.00	0.1107	0.971
	16	16.00	0.1050	0.972
	17	17.00	0.0999	0.974
	18	18.00	0.0952	0.975
	19	19.00	0.0910	0.977
	20	20.00	0.0871	0.978
90	1	0.5	0.4059	0.637
	2	1.0	0.4354	0.318
	3	1.5	0.4484	0.212
	4	2.0	0.4578	0.159

续表

α/(°)	β	d'/b'	$\frac{\mu Q}{kh\Delta p}$	E
90	5	2.5	0.4654	0.127
	6	3.0	0.4718	0.106
	7	3.5	0.4773	0.091
	8	4.0	0.4822	0.080
	9	4.5	0.4866	0.071
	10	5.0	0.4906	0.064
	11	5.5	0.4943	0.058
	12	6.0	0.4977	0.053
	13	6.5	0.5009	0.049
	14	7.0	0.5038	0.045
	15	7.5	0.5066	0.042
	16	8.0	0.5093	0.040
	17	8.5	0.5118	0.037
	18	9.0	0.5142	0.035
	19	9.5	0.5165	0.034
	20	10.0	0.5187	0.032

5.9.2　90°井网形式

当渗透率最大主轴方向与井网基准线垂直时，通过式（5.72）坐标变换，原正对排状井网将变为图5.13所示情形。其中 $d' = a\sqrt{\beta}$，$a' = 2d/\sqrt{\beta}$，$d'/a' = \beta a/2d$，可以看出，该种井网形式与图5.12属于同一种井网，由于从同一口注水井出发的主流线方向在两种井网形式中是相同的，原正对排状井网中注采井间的

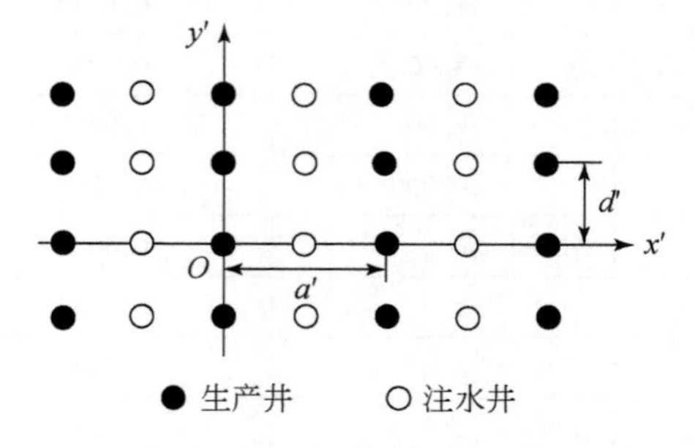

图5.13　等价各向同性油藏中变形正对排状井网（α=90°形式）

流动关系在两种井网形式中保持不变。两种井网形式的区别仅仅在于注采井距与同类井距比值的不同。为了讨论方便,在 (x',y') 坐标系中,当注采井距大于等于同类井距的一半时,我们采用图 5.12 所示形式,即 0°井网形式;反之,采用图 5.13 所示的 90°井网形式。所以,对于 90°井网形式,我们认为总有 $d'/a' \geqslant 1$。

该井网的压力分布为

$$p(x',\ y') = q\ln\frac{\mathrm{ch}\dfrac{2\pi y'}{a'} - \cos\dfrac{2\pi x'}{a'}}{\mathrm{ch}\dfrac{2\pi y'}{a'} + \cos\dfrac{2\pi x'}{a'}} + q\sum_{m=1}^{\infty}\ln\frac{\left[\mathrm{ch}\dfrac{2\pi(y'-md')}{a'} - \cos\dfrac{2\pi x'}{a'}\right]\left[\mathrm{ch}\dfrac{2\pi(y'+md')}{a'} - \cos\dfrac{2\pi x'}{a'}\right]}{\left[\mathrm{ch}\dfrac{2\pi(y'-md')}{a'} + \cos\dfrac{2\pi x'}{a'}\right]\left[\mathrm{ch}\dfrac{2\pi(y'+md')}{a'} + \cos\dfrac{2\pi x'}{a'}\right]} \tag{5.78}$$

该井网的注采压差为

$$\Delta p = p\left(\frac{a'}{2},r_{\mathrm{w}}\right) - p(0,r_{\mathrm{w}}) = -4q\ln\left(\mathrm{sh}\,\frac{\pi r_{\mathrm{w}}}{a'}\right) + 8q\sum_{m=1}^{\infty}\ln\left(\mathrm{cth}\,\frac{\pi md'}{a'}\right) \tag{5.79}$$

因为 $r_{\mathrm{w}}/a' \ll 1$ 和 $d'/a' \geqslant 1$,式(5.79)只保留 $m=1$ 的级数项后可简化为

$$\Delta p = 4q\ln\left(\frac{a'}{\pi r_{\mathrm{w}}}\,\mathrm{cth}^2\,\frac{\pi d'}{a'}\right) \tag{5.80}$$

式(5.80)的相对误差精度为 10^{-6};若保持 10^{-3} 的相对误差,则有

$$\Delta p = 4q\ln(a'/\pi r_{\mathrm{w}}) \tag{5.81}$$

由式(5.80)和式(5.81)分别得该井网的产能公式为

$$Q = \frac{\pi kh\cdot\Delta p}{\mu\ln\left(\dfrac{a'}{\pi r_{\mathrm{w}}}\,\mathrm{cth}^2\,\dfrac{\pi d'}{a'}\right)} \tag{5.82}$$

$$Q = \frac{\pi kh\cdot\Delta p}{4\ln(a'/\pi r_{\mathrm{w}})} \tag{5.83}$$

若考虑井筒形状影响,则用 $r_{\mathrm{wef}} = \dfrac{(1+\beta)r_{\mathrm{w}}}{2\sqrt{\beta}}$ 代替式(5.82)和式(5.83)中的 r_{w}。

下面考虑面积扫油系数。因为井网关于 x' 轴对称且 $d'/a' \geqslant 1$,所以 x' 轴上注采井间直线为主流线,且只有 x' 轴上的注采井排对 x' 轴上的流动有影响,其他井排的影响相互抵消而不起作用。由此求得 x' 轴上注采井间渗流速度为

$$v_{x'}(x',0) = -\frac{k}{\mu\phi}\frac{\partial p}{\partial x'}\bigg|_{y'=0} = -\frac{4\pi kq}{\mu\phi a'\sin\dfrac{2\pi x'}{a'}} \tag{5.84}$$

见水时间 T_b 为

$$T_b = \int_{\frac{a'}{2}}^{0} \frac{dx'}{v_{x'}(x',0)} = \frac{\mu\phi a'}{4\pi kq} \int_0^{a'/2} \frac{\sin 2\pi x'}{a'} dx' = \frac{a'^2 h\phi}{\pi Q} \tag{5.85}$$

由井网结构知，面积扫油系数 $E = \dfrac{QT_b}{a'd'\phi h}$，将式（5.85）代入，得

$$E = a'/\pi d' \tag{5.86}$$

取 $a = d = 300\text{m}$，$r_w = 0.1\text{m}$，对不同 β 值计算该井网的开发指标，结果见表 5.3。

5.10　各向异性油藏正对排状井网的设计与调整

本节中各向异性油藏正对排状井网的设计与调整思路与 5.9 节相同，主要研究内容是，在保证井网单元不被破坏的基础上，以获得最佳开发指标为目的，对井网的几何参数进行优化设计。

比较 5.9 节中两种井网形式的开发指标可知，0°井网形式的综合性能明显优于 90°井网形式，因此在用正对排状注水井网进行各向异性油藏的开发时，应该采用 0°井网形式进行布井，即选取各向异性渗透率最大主轴方向作为井网基准线方向（同类井的井排方向），实际布井时井网的几何参数 d 和 a 可以调整，调整的依据就是 5.9.1 节中井网开发指标与图 5.11 中 d、a 及 d/a 的关系，具体调整步骤与 5.6 节和 5.8 节中大体相同。

5.11　各向异性油藏交错排状井网渗流分析与设计方法

各向异性油藏交错排状井网如图 5.14 所示。a 为同类井间井距，d 为排距，

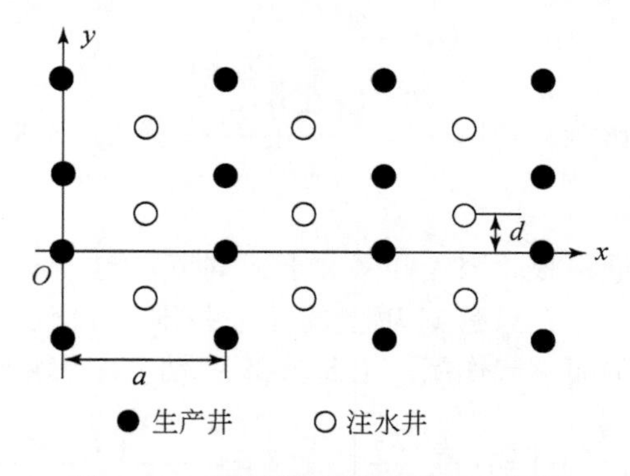

图 5.14　各向异性油藏交错排状井网

取同类井的井排为井网基准线，并建立直角坐标系，使其 x 轴与渗透率最大主轴方向一致。对于该种井网，与渗透率匹配的典型井网形式只有一种，即井网基准线与渗透率主轴平行。作如下坐标变换：

$$x' = x/\sqrt{\beta}, \quad y' = y\sqrt{\beta} \tag{5.87}$$

则原井网转换为图 5.15 形式，仍然是交错排状井网。其中 $d' = d\sqrt{\beta}$，$a' = a/\sqrt{\beta}$，$d'/a' = \beta d/a$。

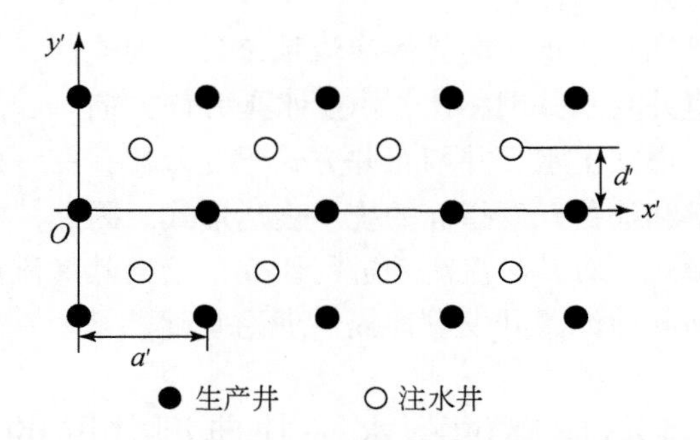

图 5.15　等价各向同性油藏变形交错排状井网

由观察分析可知，交错排状井网形式与五点井网的0°井网形式完全相同，因而可以直接利用 5.3 节和 5.4 节中五点井网 $\alpha=0°$ 情况的结果，只要注意用 d'、a' 和 d'/a' 分别代替 5.3.1 节中各公式里的 d、b 和 d/b 即可。

交错排状井网的设计与调整方法与五点井网完全相同。

第6章　各向异性油藏水平井网渗流理论与设计方法

本章主要研究利用水平井网开发各向异性油藏的渗流与开发规律，建立各向异性油藏水平井整体开发渗流理论。

由第5章分析已知，多重各向异性渗流系统具有混沌性，是典型的复杂渗流系统。水平井网跟直井注水井网相比，由于水平井筒方向、长度等因素影响，渗流场分布更为复杂。再加上水平井网布井方式千变万化，在一般情况下，很难给出其渗流流动的通解和油藏开发指标的统一表达形式。因此，本章将选取具有实用意义的典型井网形式，对其渗流流动进行研究，给出其渗流流动解析解和井网的开发指标，为各向异性油藏开发设计提供理论基础。

6.1　各向异性油藏水平井典型井网的选取

根据实际油藏水平井开发情况，选取4种代表性井网进行渗流与开发动态分析，其他形式的井网可以参考这4种典型井网，利用类似的方法进行分析，所选具体井网形式如下所列。

（1）五点井网，生产井皆为水平井，注水井皆为直井，水平井井筒方向与注水井连线平行，如图6.1所示。

（2）五点井网，生产井皆为四分支水平井，注水井皆为直井，水平井筒方向与注水井连线平行或垂直，如图6.2所示。

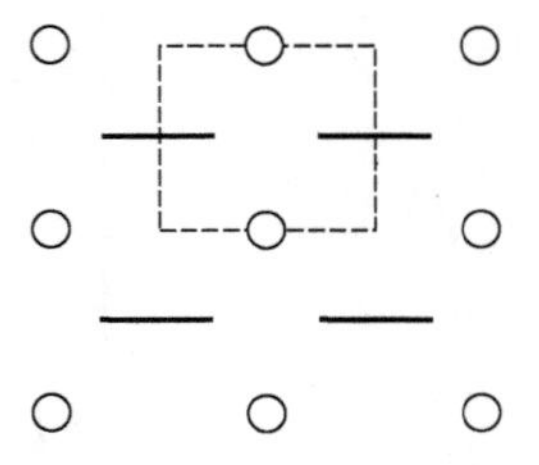

图6.1　天然裂缝油藏冲击压裂地层模型

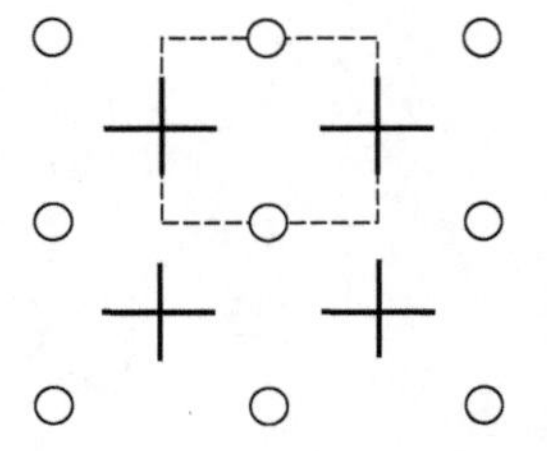

图6.2　各向异性油藏中多分支水平井五点井网

（3）交错排状井网，生产井为水平井，注水井为直井，水平井井筒方向与井排平行，如图6.3所示。

(4) 正对排状井网，生产井为水平井，注水井为直井，水平井筒方向与井排平行，如图 6.4 所示。

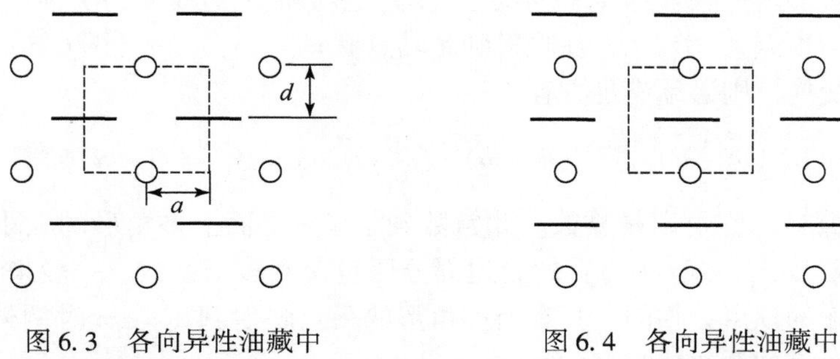

图 6.3　各向异性油藏中交错排状水平井网

图 6.4　各向异性油藏中正对排状水平井网

上述四种井网中，五点井网可以看作特殊（井距等于井排）的交错排状注水井网，而交错排状井网也可以看作特殊的长五点井网，所以，后面研究中将把第一和第三种井网放在一起作为同一类井网进行研究，而把第四种井网作为另一类井网进行研究，第二种井网可以用研究第一种井网的方法处理。

6.2　数学准备：矩形的保角映射

研究各种井网渗流流动的第一步，需要用到从多边形内部到上半平面空间的保角变换。这类变换就是 Schwarz-Christoffel 变换。科林斯（1984）对此进行了较具体而明确的阐述。

在 z 平面上，取一多边形 $ABCD$，它的外角 α、β、γ 和 δ 如图 6.5 所示，我们有

$$\alpha + \beta + \gamma + \delta = 2\pi \tag{6.1}$$

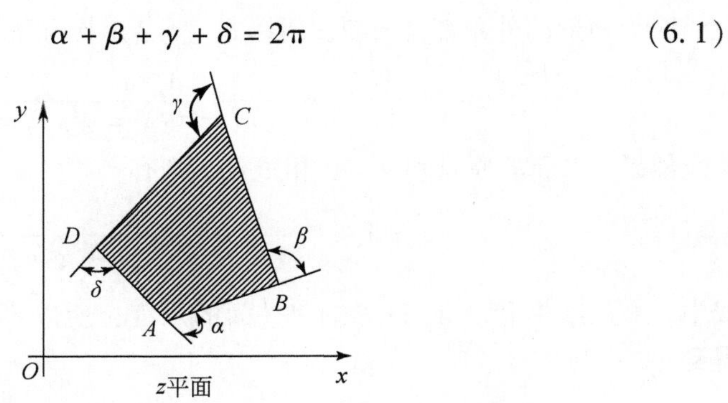

图 6.5　多边形映射到复平面的上半部

借助于函数：

$$w=f(z) \tag{6.2}$$

将此多边形内部映射到 w 平面的上半部，多边形的边线变为实轴 u。这样一来，多边形的顶点 A，B，C，D 映射到实轴点 $w=a$，b，c，d（图6.5）。若满足这些要求的变换，则必须满足方程：

$$\frac{\mathrm{d}z}{\mathrm{d}w}=A_1(w-a)^{-(\alpha/\pi)}(w-b)^{-(\beta/\pi)}(w-c)^{-(\gamma/\pi)}(w-d)^{-(\delta/\pi)} \tag{6.3}$$

式中，A_1 是常数，它可以是复数。此常数确定了 z 平面上多角形的大小和方向。通常，除去常数 A_1，式（6.3）的右边部分还包含有多个系数，一般来说，它的个数和多边形的顶点数相同，只有当多角形的顶点映射到 $w=\pm\infty$ 时例外，此时，和此顶点相对应的系数从式（6.3）中消失。

对于我们感兴趣的大多数问题来说，从式（6.3）中可得到相当复杂的积分。矩形的映射是最有用的情形，所以我们对此进行稍微详细的讨论（图6.6）。

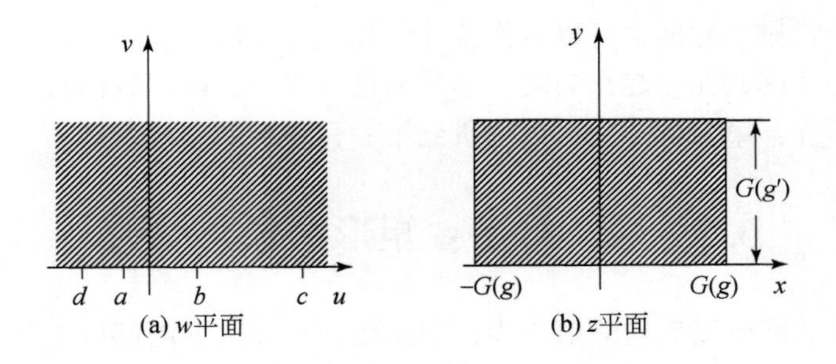

图6.6 矩形的 Schwarz-Christoffel 变换

为了构造矩形的 Schwarz-Christoffel 变换，我们先从 w 平面开始。设两顶点 B，C 的映象位于 $w=-1$ 和 $w=1$ 上，而其他两个顶点的映象分别位于 $-1/g$ 和 $1/g$ 上。因为矩形的外角都是 $\pi/2$，所以式（6.3）具有下列形式：

$$\frac{\mathrm{d}z}{\mathrm{d}w}=\frac{A_1 g}{(1-w^2)^{1/2}(1-g^2w^2)^{1/2}} \tag{6.4}$$

如果 z 平面的原点和 $w=0$ 相重合，则有

$$z=\overline{A}_1\int_0^w\frac{\mathrm{d}w}{(1-w^2)^{1/2}(1-g^2w^2)^{1/2}} \tag{6.5}$$

式中，$\overline{A}_1=A_1g$。因为 $\overline{A}_1$ 只影响 z 平面的尺度，所以不妨令其为 1。这样我们便得到：

$$z=\int_0^w\frac{\mathrm{d}w}{(1-w^2)^{1/2}(1-g^2w^2)^{1/2}} \tag{6.6}$$

若 w 为实数，则 $z=F(g,\ \arcsin w)$。其中 $F(g,\ \arcsin w)$ 是勒让德第一类椭圆积分，g 为其模数。$F(g,\ \arcsin w)$ 的函数值可以从数学手册编写组（1979）中查到。

该积分在 $w=1$ 时的值为

$$z(w=1)=G(g) \tag{6.7}$$

该此积分在 $w=-1$ 时的值为

$$z(w=-1)=-G(g) \tag{6.8}$$

式中，$G(g)$ 为模是 g 的第一类完全椭圆积分，有 $G(g)$ 的数值表可资采用。由此可得 z 平面上矩形的宽度为 $2G(g)$。

类似地，可以证明，$w=1/g$ 时：

$$z(w=1/g)=G(g)+iG(g') \tag{6.9}$$

$w=-1/g$ 时：

$$z(w=-1/g)=-G(g)+iG(g') \tag{6.10}$$

其中

$$g'=\sqrt{1-g^2} \tag{6.11}$$

式（6.11）是余模。由此不难看出，z 平面上矩形的高等于 $G(g')$，如图6.6所示。

由于可以使用完全椭圆积分表，所以确定矩形的高和宽的公式是非常实用的。但是如果想要求矩形的内点，则必须采用椭圆函数［式（6.6）］，这是相当困难的。即使如此，此变换仍然是非常有用的。

需要指出的是，研究水平井注水井网的流动，只考虑到矩形保角变换远远不够，还必须考虑如何把井网单元中多个点状源汇（直井）和条形源汇（水平井）的数量情况变换为尽可能少的简单流动情况。

6.3 各向异性油藏交错排状水平井网渗流理论

交错排状井网与渗透率主轴方向有三种典型的匹配形式，分别为水平井筒与最大渗透率主轴方向平行、垂直和呈45°角。前两种匹配形式可以统一进行定量研究，45°角情况只能作定性分析或数值模拟研究。

6.3.1 交错排状井网的注采单元

在图6.3中，当 $a=d$ 时，所示井网为正五点井网，一般情况下，$a\neq d$。主值 k_x 对应的主轴方向与水平井平行，另一主值 k_y 的方向与水平井垂直，k_z 方向与地层垂直，地层厚度为 h。取图6.3中虚线所示井网单元，并以相邻水平井连线中点为坐标原点，以水平井筒方向为 x 轴方向建立直角坐标系，并记：

$$k=(k_xk_yk_z)^{1/3},\quad \beta_1=\sqrt{\frac{k_y}{k_z}},\quad \beta_2=\sqrt{\frac{k_z}{k_x}},\quad \beta_3=\sqrt{\frac{k_x}{k_y}} \tag{6.12}$$

对上述各向异性地层空间做如下坐标变换：

$$x'=x\sqrt{\frac{k}{k_x}},\quad y'=y\sqrt{\frac{k}{k_y}},\quad z'=z\sqrt{\frac{k}{k_z}} \tag{6.13}$$

原各向异性渗透率空间变为等价的各向同性渗透率空间，原井网单元变为图 6.7所示情形，其中：

$$a'=a\sqrt{\frac{k}{k_x}},\quad d'=d\sqrt{\frac{k}{k_y}},\quad l'=l\sqrt{\frac{k}{k_x}},\quad h'=h\sqrt{\frac{k}{k_z}} \tag{6.14}$$

式中，l'和 h'分别为变换后水平井长度和地层厚度。容易看出，矩形 *CDEF* 各边线除去水平井段和注水井点外，全部是流线，因此将该矩形区域取作井网单元是合理的。

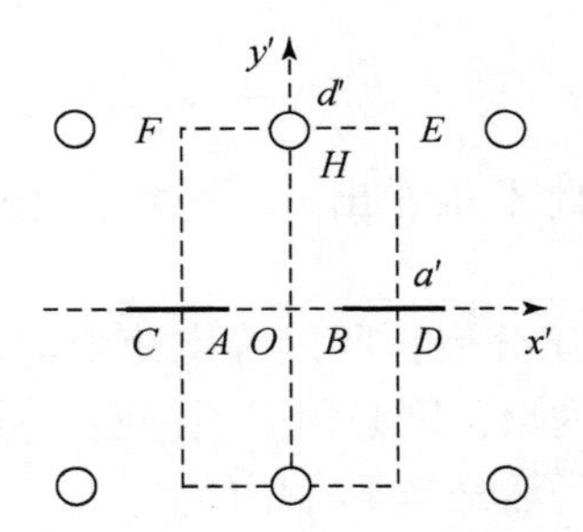

图 6.7　等价各向同性空间中交错排状水平井网注采单元

6.3.2　多重保角变换

首先令 $z''=\frac{G(g)}{a'}z'$，即

$$x''+\mathrm{i}y''=\frac{G(g)}{a'}(x'+\mathrm{i}y') \tag{6.15}$$

式中，$G(g)$ 为模数是 g 的第一类完全椭圆积分，g 由下式决定：

$$G'(g)/G(g)=d'/a'=\beta_3 d/a \tag{6.16}$$

式中，$G'=G'(g)=G(g')$，$g'=\sqrt{1-g^2}$。经过式（6.15）变换，图 6.7 矩形井网单元变为图 6.8 情形。

根据 6.3 节原理，取复数 $w=u+iv$ 作如下变换：

$$z''=\int_0^w \frac{\mathrm{d}w}{(1-w^2)^{1/2}(1-g^2w^2)^{1/2}} \tag{6.17}$$

$$w = \mathrm{sn}(z'', g)$$

式中，$\mathrm{sn}(z'', g)$ 为雅可比椭圆正弦函数，模数为 g。通过变换，图6.8中 z'' 平面空间内的矩形区域 $CDEF$ 将变为 w 平面空间的上半平面，如图6.9所示，其中注水井点 H 变为无穷远。

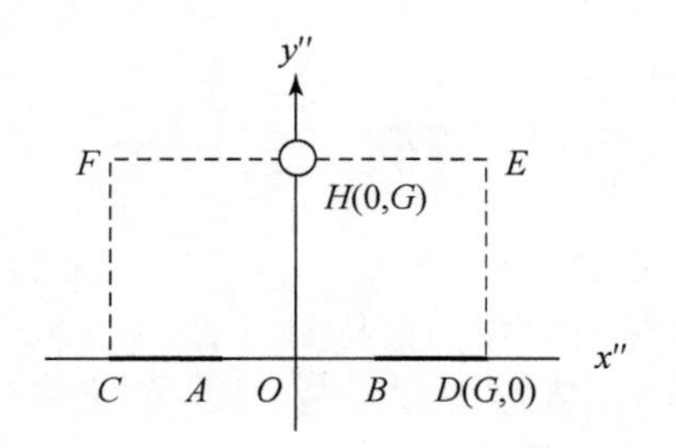

图6.8　z'' 平面空间中交错排状水平井网单元

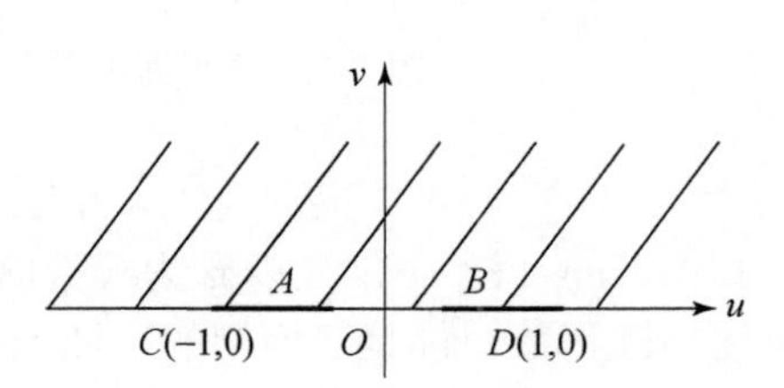

图6.9　w 平面中水平井网单元的映射渗流区域

令 $w' = u' + \mathrm{i}v'$，做变换：

$$w' = w^2 \tag{6.18}$$

则图6.9的上半平面区域将变作图6.10所示的 w' 平面。

再取 $w'' = u'' + \mathrm{i}v''$，做如下保角变换：

$$w'' = 1 - w' \tag{6.19}$$

则原井网流动单元变为 w'' 全平面区域，如图6.11所示。

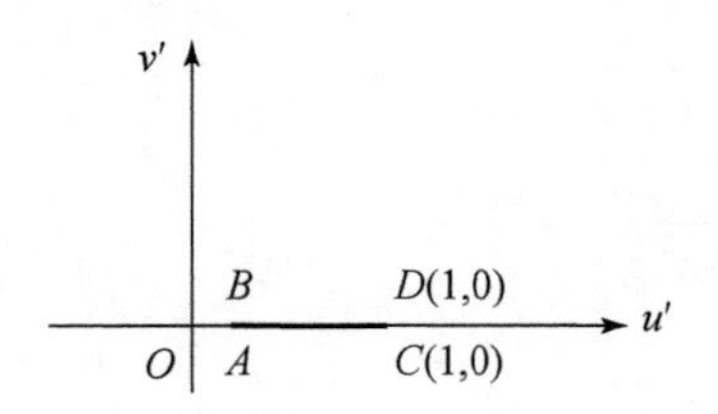

图6.10　w' 平面中水平井网单元的映射渗流区域

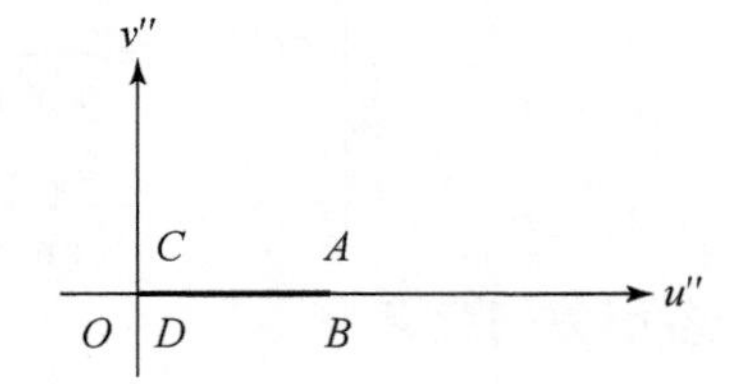

图6.11　w'' 平面中水平井网单元的映射渗流区域

最后取 $\zeta = \xi + \mathrm{i}\eta$，做保角变换：

$$\zeta = \sqrt{w''} \tag{6.20}$$

则原井网单元区域将由图6.11变为图6.12所示情况。由图6.12可以看到，ζ 平面上的流动是一个无穷大地层向一条裂缝（井）的流动。这种流动已经有成熟的解析解（Muskat，1937）。现在的主要问题就是寻找 $\zeta = \xi + \mathrm{i}\eta$ 和 $z' = x' + \mathrm{i}y'$ 平面上各变量之间的关系。

将式（6.16）~式（6.20）联立，得

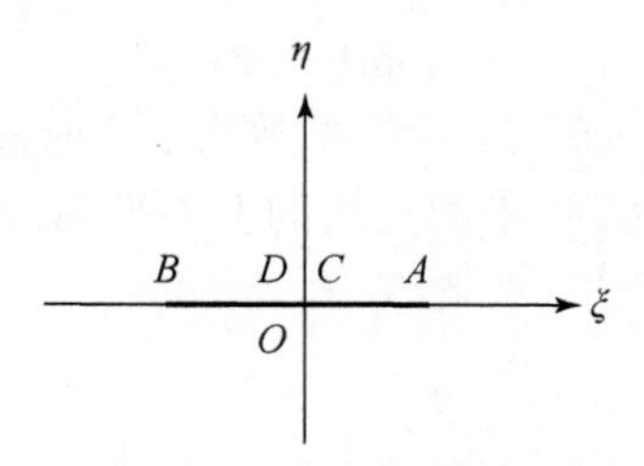

图 6.12　ζ 平面中水平井网单元的映射渗流区域

$$\zeta = \sqrt{1 - \mathrm{sn}^2(z'',g)} = \mathrm{cn}(z'',g) \tag{6.21}$$

其中，cn（z''，g）是以 g 为模数的雅可比椭圆余弦，它与 sn（z''，g）同为雅可比椭圆函数，都是双周期的半纯函数（亚纯函数或分式函数）。它们常简记作 sn（z）和 cn（z''），或者 snz 和 cnz。另外还有椭圆正切：tn（z）= sn（z）/cn（z）。另一个重要的雅可比椭圆函数是 $\mathrm{dn}(z) = \sqrt{1 - g^2\,\mathrm{sn}^2(z)}$。这些函数的性质及其相互关系可以从数学手册编写组（1979）查到。

由式（6.21）可以看出，从 z'' 平面到 ζ 平面的变换可归结为一个雅可比椭圆余弦函数的保角变换。因此，我们可以利用椭圆函数的性质进行问题的求解。

将式（6.13）和式（6.15）代入式（6.21）可得

$$\zeta = \xi + \mathrm{i}\eta = \mathrm{cn}\left(\frac{G}{a}x + \mathrm{i}\,\frac{G'}{a}y, g\right) \tag{6.22}$$

由式（6.22）据椭圆函数关系式进行推导，得

$$\begin{cases} \xi(x,y) = \dfrac{\mathrm{cn}x \cdot \mathrm{cn}y}{\mathrm{cn}^2 y + k^2\,\sin^2 x \cdot \sin^2 y} \\ \eta(x,y) = \dfrac{-\,\mathrm{sn}x \cdot \mathrm{dn}x \cdot \mathrm{sn}y \cdot \mathrm{dn}y}{\mathrm{cn}^2 y + k^2\,\sin^2 x \cdot \sin^2 y} \end{cases} \tag{6.23}$$

其中各函数的意义为

$$\begin{cases} \mathrm{sn}x = \mathrm{sn}\left(\dfrac{G}{a}x, g\right) = \mathrm{sn}\left(\dfrac{G}{a'}x', g\right) \\ \mathrm{sn}y = \mathrm{sn}\left(\dfrac{G'}{d}y, g'\right) = \mathrm{sn}\left(\dfrac{G'}{d'}x', g'\right) \\ \mathrm{cn}x = \mathrm{cn}\left(\dfrac{G}{a}x, g\right) = \mathrm{cn}\left(\dfrac{G}{a'}x', g\right) \\ \mathrm{cn}y = \mathrm{cn}\left(\dfrac{G'}{a}y, g'\right) = \mathrm{cn}\left(\dfrac{G'}{a'}x', g'\right) \\ \mathrm{dn}x = \mathrm{dn}\left(\dfrac{G}{a}x, g\right) = \mathrm{dn}\left(\dfrac{G}{a'}x', g\right) \\ \mathrm{dn}y = \mathrm{dn}\left(\dfrac{G'}{d}y, g'\right) = \mathrm{dn}\left(\dfrac{G'}{d'}x', g'\right) \end{cases} \tag{6.24}$$

6.3.3 交错排状井网水平井产量公式

在图6.12所示的ζ平面中，水平井的长度l''就是其端点横坐标的绝对值。在z平面上，A点坐标为$x_A=l-a$，$y_A=0$。代入式（6.23），得

$$l''=\xi_A=\mathrm{cn}\left[\frac{G(a-l)}{a}\right]=g'\mathrm{sn}\left(\frac{l}{a}G\right)/\mathrm{dn}\left(\frac{l}{a}G\right) \tag{6.25}$$

在z平面内，取注水井壁上任意一点$z_w=\mathrm{i}d+r_w\mathrm{e}^{\mathrm{i}\theta}$，$r_w$为井筒半径，$\theta$为井中心到$z_w$点的连线与$x$轴的夹角。井壁上的$z_w$点映射到$\zeta$平面上的位置是

$$\zeta_w=\mathrm{cn}\left(\mathrm{i}G'+\frac{G}{a'}\mathrm{e}^{\mathrm{i}\theta}\right)=-\mathrm{idn}\left(\frac{G}{a'}r_w\mathrm{e}^{\mathrm{i}\theta}\right)/g\mathrm{sn}\left(\frac{G}{a'}r_w\mathrm{e}^{\mathrm{i}\theta}\right) \tag{6.26}$$

经计算可知井壁上对应于不同θ的点与ζ平面上的点有如下对应关系：

$$\begin{cases}\zeta_w(\theta=0)=-\mathrm{idn}\left(\frac{G}{a}r_w,g\right)/g\mathrm{sn}\left(\frac{G}{a}r_w,g\right)\\ \zeta_w\left(\theta=-\frac{\pi}{2}\right)=\mathrm{dn}\left(\frac{G'}{d}r_w,g'\right)/g\mathrm{sn}\left(\frac{G'}{d}r_w,g'\right)\end{cases} \tag{6.27}$$

z平面上的圆形注水井筒映射到ζ平面上是一个大的椭圆。这个椭圆是一个定常等压边界，其压力值即注水井底流压，两个半轴长度分别为

$$\begin{cases}a_w=\mathrm{dn}\left(\frac{G}{a}r_w,g\right)/g\mathrm{sn}\left(\frac{G}{a}r_w,g\right)\gg 1\\ b_w=\mathrm{dn}\left(\frac{G'}{d}r_w,g'\right)/g\mathrm{sn}\left(\frac{G'}{d}r_w,g'\right)\gg 1\end{cases} \tag{6.28}$$

因为$\left.\frac{\mathrm{dsn}(z)}{\mathrm{d}z}\right|_{=0}=1$，所以当$|z|=1$时，$\mathrm{sn}(z)\approx z$，$\mathrm{dn}(z)=\mathrm{cn}(z)=1$，代入式(6.28)，得

$$\begin{cases}a_w=a/gGr_w=b_w\beta_3\\ b_w=d/gG'r_w=a_w/\beta_3\end{cases} \tag{6.29}$$

设注水井底流压为p_v，水平井处流动压力为p'_h，根据4.2节研究结果，上述流动的水平井产量为

$$Q=\frac{2\pi kh'(p_v-p'_h)}{\mu\ln\left(\frac{a_o+b_o}{l''}\mathrm{tg}\frac{\pi b_w}{4d_w}/\mathrm{tg}\frac{\pi b_o}{4d_w}\right)} \tag{6.30}$$

其中a_o、b_o和d_w由下式决定：

$$\begin{cases}a_o^2-b_o^2=l''^2\\ \mathrm{tg}\frac{\pi b_o}{4d_w}=\mathrm{th}\frac{\pi a_o}{4d_w}\\ \mathrm{tg}\frac{\pi b_w}{4d_w}=\mathrm{th}\frac{\pi a_w}{4d_w}\end{cases} \tag{6.31}$$

当渗透率为各向同性时，$a_w = b_w = a_o = b_o = R_w$，式（6.30）变为

$$Q = \frac{2\pi kh'(p_v - p'_h)}{\mu \ln \dfrac{2R_w}{l''}} = \frac{2\pi kh'(p_v - p'_h)}{\mu \ln \dfrac{2a \cdot \mathrm{dn}\left(\dfrac{l}{a}G, g\right)}{gg'G \cdot \mathrm{sn}\left(\dfrac{l}{a}G, g\right) \cdot r_w}} \tag{6.32}$$

式（6.30）还可以写成另一种形式：

$$p_v - p'_h = \frac{\mu Q}{2\pi kh'} \ln\left(\frac{a_o + b_o}{l''} \mathrm{tg}\frac{\pi b_w}{4d_w} / \mathrm{tg}\frac{\pi b_o}{4d_w}\right) \tag{6.33}$$

式（6.33）是从注水井到水平井的平面位置（即假想裂缝井区域）的压差公式。要计算水平井网的整体指标，还必须考虑从排油坑道区域到水平井筒的流动。此区域流动的压差（郎兆新等，1993）为

$$p'_h - p_h = \frac{\mu Q}{2\pi kh'} \cdot \frac{h'}{l'} \ln\frac{h'}{2\pi r'_w} \tag{6.34}$$

其中

$$r'_w = r_w(1 + \beta_3)/2\sqrt{\beta_3}$$

由式(6.33)和式(6.34)相加得

$$p_v - p_h = \frac{\mu Q}{2\pi kh'}\left[\ln\left(\frac{a_o + b_o}{l''}\mathrm{tg}\frac{\pi b_w}{4d_w}/\mathrm{tg}\frac{\pi b_o}{4d_w}\right) + \frac{h'}{l'}\ln\frac{h'}{2\pi r'_w}\right]$$

$$= \frac{\mu Q}{2\pi kh \cdot \sqrt{\dfrac{k}{k_z}}}\left[\ln\left(\frac{a_o + b_o}{l''}\mathrm{tg}\frac{\pi b_w}{4d_w}/\mathrm{tg}\frac{\pi b_o}{4d_w}\right) + \frac{h\sqrt{\dfrac{k}{k_z}}}{l\sqrt{\dfrac{k}{k_z}}}\ln\frac{h\sqrt{\dfrac{k}{k_z}}}{\phi\pi r_w(1 + \beta_3)/\sqrt{\beta_3}}\right]$$

即

$$p_v - p_h = \frac{\mu Q}{2\pi kh'} \cdot \left(\frac{\beta_1}{\beta_2}\right)^{-1/3}\left[\ln\left(\frac{a_o + b_o}{l''}\mathrm{tg}\frac{\pi b_w}{4d_w}/\mathrm{tg}\frac{\pi b_o}{4d_w}\right) + \frac{h}{l\beta_2}\ln\frac{h\left(\dfrac{\beta_1}{\beta_2}\right)^{1/3}}{\pi r_w(1 + \beta_3)/\sqrt{\beta_3}}\right] \tag{6.35}$$

或者写成单井产量公式：

$$Q = \frac{2\pi kh'(p_v - p_h)/\mu}{\left(\dfrac{a_o + b_o}{l''}\mathrm{tg}\dfrac{\pi b_w}{4d_w}/\mathrm{tg}\dfrac{\pi b_o}{4d_w}\right) + \dfrac{h'}{l'}\ln\dfrac{h'}{2\pi r'_w}} \tag{6.36}$$

式（6.36）中各参数由式（6.14）、式（6.25）、式（6.29）和式（6.31）给出。当油藏渗透率为各向同性时，$r'_w=r_w$，$l'=l$，$h'=h$，单井产量公式为

$$Q=\frac{2\pi kh(p_v-p_h)/\mu}{\ln\dfrac{2a\cdot \mathrm{dn}\left(\dfrac{Gl}{a},g\right)}{g'gGr_w\cdot \mathrm{sn}\left(\dfrac{Gl}{a},g\right)}+\dfrac{h}{l}\ln\dfrac{h}{2\pi r_w}} \tag{6.37}$$

或者写成压差表达式：

$$p_v-p_h=\frac{\mu Q}{2\pi kh}\left[\ln\frac{2a\cdot \mathrm{dn}\left(\dfrac{Gl}{a},g\right)}{g'gGr_w\cdot \mathrm{sn}\left(\dfrac{Gl}{a},g\right)}+\frac{h}{l}\ln\frac{h}{2\pi r_w}\right] \tag{6.38}$$

[**讨论**] 理论公式验证

为了证明式（6.33）的正确性，可考虑如下情况。

在图6.5中，取$\beta_1=\beta_2=\beta_3=1$，$r_w=0.1\text{m}$，$d=a=300\text{m}$，然后令$l=a$，即水平井长度与井距相等。这时同一排的水平井将连成一条排油坑道，原水平井网的流动变为注水井排向两侧排油坑道的流动。根据Muskat（1937）提供的方法，得到这种流动的单井产量精确解：

$$\frac{\mu Q}{2\pi kh(p_v-p'_h)}=1/\left(\ln\frac{d}{r_w}+0.426\right)=0.1186$$

将上述油藏条件代入式(6.33)，得

$$\frac{\mu Q}{2\pi kh(p_v-p'_h)}=1/\left(\frac{a_o+b_o}{l''}\mathrm{tg}\frac{\pi b_w}{4d_w}/\mathrm{tg}\frac{\pi b_o}{4d_w}\right)=0.1186$$

可见解析解式(6.33)的结果跟Muskat(1937)精确解完全一致，说明本节中提供的产量公式[式(6.30)]在极限($l=a$)情况下也是正确的。

根据式(6.38)可以计算各种参数下水平井的产能指数$\dfrac{\mu Q}{kh(p_v-p_h)}$，计算结果见表6.1。

表6.1 各向异性油藏不同参数下水平井网开发指标
(a=300m，d=300m)

渗透率各向异性参数 $\beta_3=\sqrt{k_x/k_y}$	水平井段长度 l/m	l/a	$\dfrac{\mu Q}{kh(p_v-p_h)}$	突破点到水平井端距离 s/m	s/l	面积扫油系数 E/%
1	75	0.25	0.504	16	0.213	70.76
	150	0.5	0.608	19.5	0.13	66.11

续表

渗透率各向异性参数 $\beta_3 = \sqrt{k_x/k_y}$	水平井段长度 l/m	l/a	$\frac{\mu Q}{kh(p_v - p_h)}$	突破点到水平井端距离 s/m	s/l	面积扫油系数 E/%
1	225	0.75	0.661	15	0.067	60.55
	300	1	0.686	0	0	56.95
2	75	0.25	0.432	18	0.24	79.56
	150	0.5	0.528	25.5	0.17	80.04
	225	0.75	0.574	22.9	0.102	79.38
	300	1	0.596	0	0.008	77.98
4	75	0.25	0.339	18.6	0.248	89.71
	150	0.5	0.415	26.5	0.177	90.18
	225	0.75	0.451	28	0.124	90.05
	300	1	0.469	0	0	89.32

6.3.4 交错排状注水井网的流线分布、见水时间及扫油系数

图6.12所示流动的压力分布 p 和流函数 ψ 分别为

$$p = p_h + \frac{\mu Q}{2\pi k l'}\ln\frac{h'}{2\pi r'_w} + \frac{\mu Q}{2\pi k h'}\operatorname{arch}\left[\frac{\xi^2 + \eta^2 + l''^2 + \sqrt{(\xi^2 + \eta^2 + l''^2)^2 - 4l''\xi^2}}{2l''^2}\right]^{1/2} \tag{6.39}$$

$$\psi = \frac{Q}{2\pi k h'}\arccos\left[\frac{\xi^2 + \eta^2 + l''^2 + \sqrt{(\xi^2 + \eta^2 + l''^2)^2 - 4l''\xi^2}}{2l''^2}\right]^{1/2} = \frac{Q}{2\pi k h'}\arccos H \tag{6.40}$$

将式(6.23)写成等价各向同性空间 (x', y') 坐标形式：

$$\begin{cases} \xi(x', y') = \dfrac{\mathrm{cn}x \cdot \mathrm{cn}y}{\mathrm{cn}^2 y + k^2\,\mathrm{sn}^2 x \cdot \mathrm{sn}^2 y} \\ \eta(x', y') = \dfrac{-\,\mathrm{sn}x \cdot \mathrm{dn}x \cdot \mathrm{sn}y \cdot \mathrm{dn}y}{\mathrm{cn}^2 y + k^2\,\mathrm{sn}^2 x \cdot \mathrm{sn}^2 y} \end{cases} \tag{6.41}$$

把式（6.41）代入式（6.39）和式（6.40），可得（x'，y'）空间上的压力分布和流函数形式：$p=p$（x'，y'）和 $\psi=\psi$（x'，y'）。由 $p=p$（x'，y'）或 $\psi=\psi$（x'，y'）可求取（x'，y'）空间中的速度场：

$$\begin{cases} v_{x'} = \dfrac{\partial \psi}{\partial y'} = \dfrac{-Q}{2\pi h'\phi\sqrt{1-H^2}}\left(\dfrac{\partial H}{\partial \xi}\dfrac{\partial \xi}{\partial y'} + \dfrac{\partial H}{\partial \eta}\dfrac{\partial \xi}{\partial x'}\right) \\ v_{y'} = \dfrac{\partial \psi}{\partial x'} = \dfrac{+Q}{2\pi h'\phi\sqrt{1-H^2}}\left(\dfrac{\partial H}{\partial \xi}\dfrac{\partial \xi}{\partial x'} - \dfrac{\partial H}{\partial \eta}\dfrac{\partial \xi}{\partial y'}\right) \end{cases} \tag{6.42}$$

其中各项表达式为

$$\begin{cases} \dfrac{\partial H}{\partial \xi} = \dfrac{(1-H^2)\xi}{H\sqrt{(\xi^2+\eta^2+l''^2)^2 - 4\xi^2 l''^2}} \\ \dfrac{\partial H}{\partial \eta} = \dfrac{-H\eta}{\sqrt{(\xi^2+\eta^2+l''^2)^2 - 4\xi^2 l''^2}} \end{cases} \tag{6.43}$$

$$\begin{cases} \dfrac{\partial \xi}{\partial x'} = -\dfrac{G\mathrm{sn}x\cdot\mathrm{dn}x\cdot\mathrm{cn}y}{a'(\mathrm{cn}^2 y + g^2\,\mathrm{sn}^2 x\cdot\mathrm{sn}^2 y)^2}(\mathrm{cn}^2 y + g^2\,\mathrm{sn}^2 y + g^2\,\mathrm{cn}^2 x\cdot\mathrm{sn}^2 y) \\ \dfrac{\partial \xi}{\partial y'} = -\dfrac{G\mathrm{cn}x\cdot\mathrm{sn}y\cdot\mathrm{dn}y}{a'(\mathrm{cn}^2 y + g^2\,\mathrm{sn}^2 x\cdot\mathrm{sn}^2 y)^2}(-\mathrm{cn}^2 y + g^2\,\mathrm{sn}^2 x + g^2\,\mathrm{cn}^2 x\cdot\mathrm{cn}^2 y) \end{cases} \tag{6.44}$$

流体在 (x', y') 平面上从注入井 $(0, d')$ 到生产井 $(x', 0)$ 的时间为

$$T = \int_{d'}^{0} \frac{\mathrm{d}y'}{(v_{y'})_s} \tag{6.45}$$

实际计算时，流体流线和运行时间 T 可用下式求得

$$\psi = C[x'(t), y'(t)] = \int_0^t \{v_x[x'(t), y'(t)], v_y[x'(t), y'(t)]\}\,\mathrm{d}t \tag{6.46}$$

取水平井筒上的点作为初始点，即 $x'(0) \subset (a'-l', a')$，$y'(0) \subset 0$，利用式（6.46）进行数值积分运算，逐渐增大 t，当 $[x'(t), y'(t)] = (0, d')$，即到达注水井点时，则 $T=t$。

取水平井筒上不同的点（x_0, 0），求出的时间 $T=T(x_0, 0)$ 也不相等，其中最短的时间 T 就是该井网的见水时间 T_b，对应的初始点就是见水点，相应的流线就是主流线。

每一个注采单元的孔隙体积为 $V_o = 4\phi h'a'd'$，见水前井网单元内注入的流体体积为 $V_b = QT_b$，所以，该井网的扫油系数为

$$E = \frac{QT_b}{4\phi h'a'd'} \tag{6.47}$$

以上式（6.39）~式（6.46）的各项渗流与开发指标都是在等价各向同性空间（x', y', z'）中给出的，它们均可通过式（6.13）转化为原各向异性空间（x, y, z）中的形式。图6.13~图6.15是不同参数下原各向异性油藏井网渗流的流线图，表6.1中列出了不同参数下井网的面积扫油系数 E 的计算值。

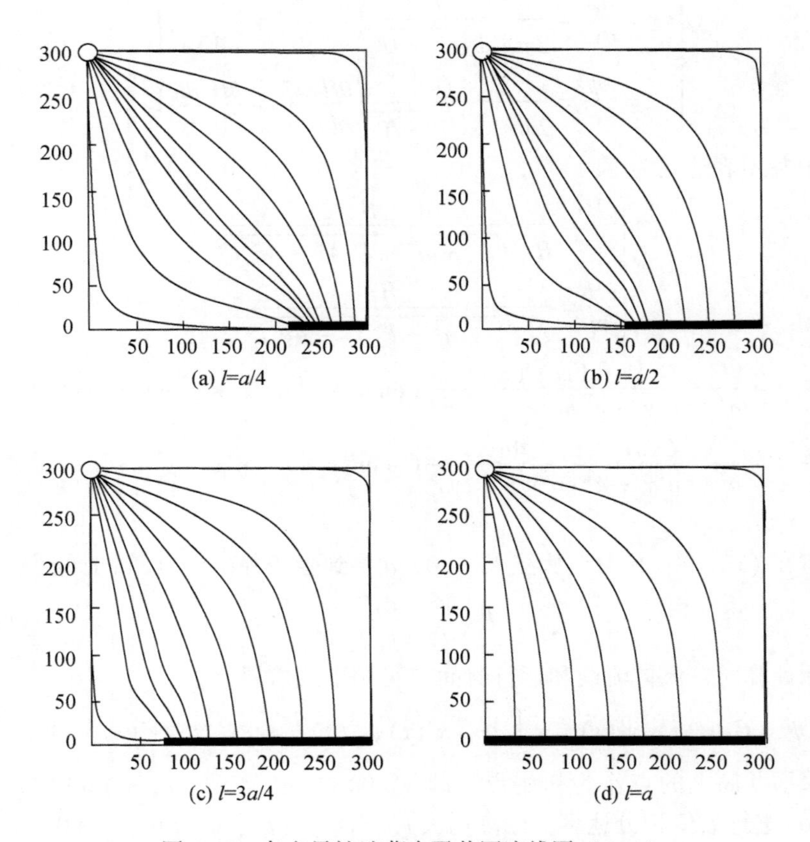

图 6.13　各向异性油藏水平井网流线图（$\beta=1$）

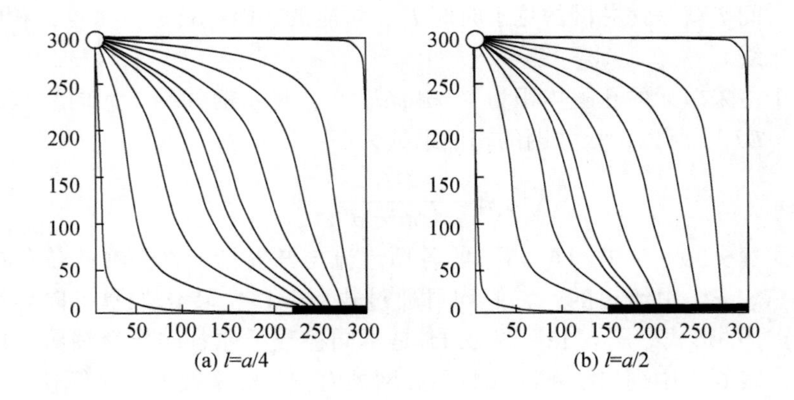

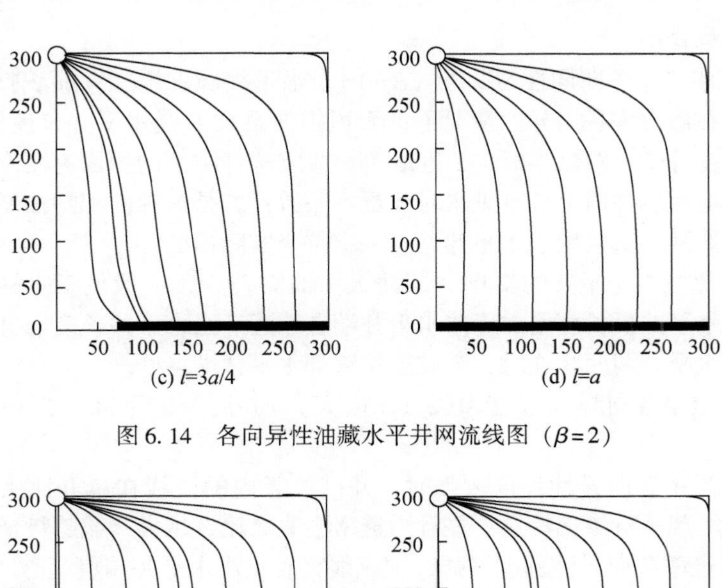

(c) $l=3a/4$　　(d) $l=a$

图6.14　各向异性油藏水平井网流线图（$\beta=2$）

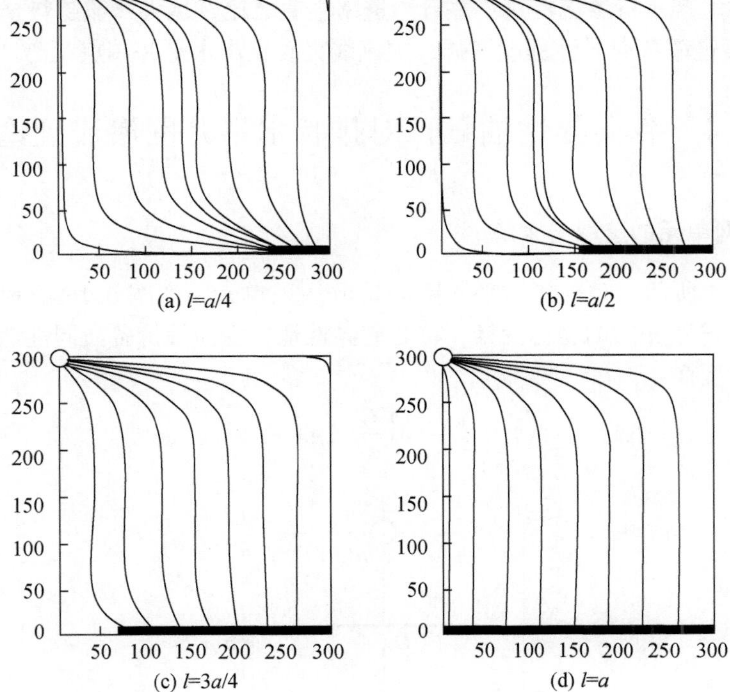

(a) $l=a/4$　　(b) $l=a/2$

(c) $l=3a/4$　　(d) $l=a$

图6.15　各向异性油藏水平井网流线图（$\beta=4$）

6.3.5　结果分析

（1）随水平井长度增加，单井产能增大；但当水平井长度超过井距之半时，单井产能增势变小。

（2）在渗透率各向同性情况下（$\beta=1$），水平井长度增加，面积扫油系数 E 反而减少；在渗透率各向异性情况下，面积扫油系数 E 受水平井长度影响不大，在水平井长度等于井距之半时，E 值最大。造成这种结论的原因有两个：一是水平井长度增加后，井筒上各点见水时间更不一致；二是该种面积扫油系数计算方法源于直井井网，直接用于水平井，不一定符合实际情况。

（3）主流线与水平井的交点（即注入水的突破点）一般位于水平井两端点之间，并随水平井段长度增加而向水平井端点靠近。当水平井长度与井网单元宽度相等，即水平井两两相连时，突破点将移到水平井端点处。

（4）渗透率各向异性程度增强（β 增大），井网产能下降，面积扫油系数增大。

（5）渗透率各向异性程度较强时，井网单元内的流线在离开注采井较远的区域明显地呈现平行渗流特点；并且渗透率主值之比 β 越大，该趋势越突出。

（6）渗透率各向异性程度增强，主流线突破点离水平井端点距离增大。

6.4 各向异性油藏正对排状水平井网渗流理论

6.4.1 井网单元的选取与求解

从图 6.4 所示正对排状水平井网中选取注采单元，如图 6.16 所示。首先进行与式（6.13）相同的坐标变换，将各向异性地层变为等价各向同性地层，再进行如下保角变换：

$$\zeta = \mathrm{sn}\left(\frac{G}{a'}z',g\right) \tag{6.48}$$

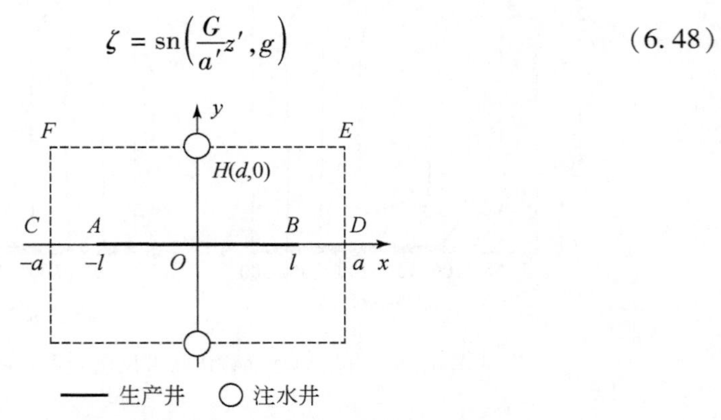

图 6.16 各向异性油藏中正对排状水平井网注采单元

式（6.48）中各参数意义与 6.3 节中相同，经过变换，图 6.16 中矩形 $CDEF$

将变到ζ平面上的上半无穷平面，点O仍是坐标原点，注水井点H变为无穷远，如图6.17所示。在ζ平面上，原注水井网单元内注采井间的流动变为由无穷远地层边界向一口水平井的流动。由6.3节分析知，该流动的压力分布函数为

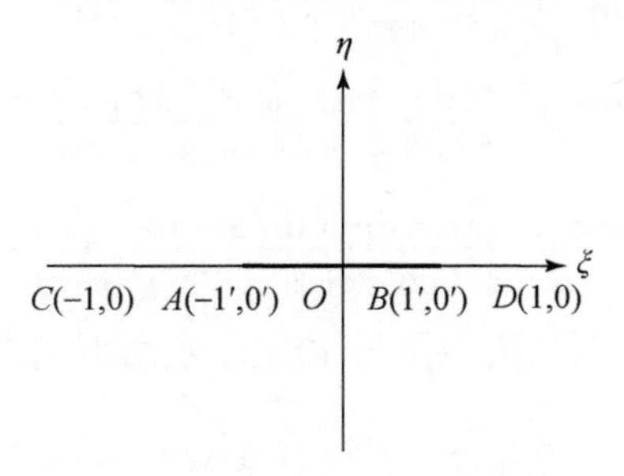

图6.17　ζ平面中水平井网单元的映射渗流区域

$$p = p_{\mathrm{h}} + \frac{\mu Q}{2\pi k l'}\ln\frac{h'}{2\pi r'_{\mathrm{w}}} + \frac{\mu Q}{2\pi k h'}\mathrm{arch}\left[\frac{\xi^2+\eta^2+l''^2+\sqrt{(\xi^2+\eta^2+l''^2)^2-4l''^2\xi^2}}{2l''^2}\right]^{\frac{1}{2}} \tag{6.49}$$

流函数为

$$\psi = \frac{Q}{2\pi h'}\arccos\left[\frac{\xi^2+\eta^2+l''^2-\sqrt{(\xi^2+\eta^2+l''^2)^2-4l''^2\xi^2}}{2l''^2}\right]^{\frac{1}{2}} = \frac{Q}{2\pi h'}\arccos H \tag{6.50}$$

式中，h'与6.3节中意义相同；ξ、η和l''的表达式由（6.48）式导出：

$$\begin{cases}\xi = \dfrac{\mathrm{sn}x\cdot\mathrm{cn}y}{\mathrm{cn}^2y+k^2\,\mathrm{sn}^2x\cdot\mathrm{sn}^2y}\\[2ex] \eta = \dfrac{\mathrm{cn}x\cdot\mathrm{dn}x\cdot\mathrm{sn}y\cdot\mathrm{cn}y}{\mathrm{cn}^2y+k^2\,\mathrm{sn}^2x\cdot\mathrm{sn}^2y}\end{cases} \tag{6.51}$$

$$l'' = \xi_B = \mathrm{sn}\left(\frac{G}{a'}z'_B,g\right) = \mathrm{sn}\left(\frac{G}{a'}l',g\right) = \mathrm{sn}\left(\frac{l}{a}G,g\right) \tag{6.52}$$

式（6.51）中的各项符号与6.3节中意义相同。

6.4.2　正对排状水平井网见水时间及面积扫油系数

由式（6.50）和式（6.51）可求得（x'，y'）空间内的渗流速度：

$$\begin{cases}v_{x'}(x',y') = \dfrac{\partial\psi}{\partial y'} = \dfrac{-Q}{2\pi h'\phi\sqrt{1-H^2}}\left(\dfrac{\partial H}{\partial\xi}\dfrac{\partial\xi}{\partial y'}+\dfrac{\partial H}{\partial\eta}\dfrac{\partial\xi}{\partial x'}\right)\\[2ex] v_{y'}(x',y') = -\dfrac{\partial\psi}{\partial x'} = \dfrac{Q}{2\pi h'\phi\sqrt{1-H^2}}\left(\dfrac{\partial H}{\partial\xi}\dfrac{\partial\xi}{\partial x'}-\dfrac{\partial H}{\partial\eta}\dfrac{\partial\xi}{\partial y'}\right)\end{cases} \tag{6.53}$$

$$\begin{cases}\dfrac{\partial H}{\partial \xi}=\dfrac{(1-H^2)\xi}{H\sqrt{(\xi^2+\eta^2+l''^2)^2-4\xi^2 l''^2}}\\[2ex]\dfrac{\partial H}{\partial \eta}=\dfrac{-H\eta}{\sqrt{(\xi^2+\eta^2+l''^2)^2-4\xi^2 l''^2}}\end{cases}\tag{6.54}$$

$$\begin{cases}\dfrac{\partial \xi}{\partial x'}=\dfrac{G\mathrm{sn}x\cdot \mathrm{dn}x\cdot \mathrm{cn}y(\mathrm{cn}^2 y-g^2\,\mathrm{sn}^2 x\cdot \mathrm{sn}^2 y)}{a'\,(\mathrm{cn}^2 y+g^2\,\mathrm{sn}^2 x\cdot \mathrm{sn}^2 y)^2}\\[2ex]\dfrac{\partial \xi}{\partial y'}=\dfrac{G\mathrm{cn}x\cdot \mathrm{sn}y\cdot \mathrm{dn}y(\mathrm{dn}^2 x\cdot \mathrm{dn}^2 y+g^2\,\mathrm{cn}^2 x)}{a'\,(\mathrm{cn}^2 y+g^2\,\mathrm{sn}^2 x\cdot \mathrm{sn}^2 y)^2}\end{cases}\tag{6.55}$$

据6.3节分析，该井网的流线及见水时间T_b由下式求得

$$T_\mathrm{b}=\min\left\{T：[0,\ d']=\int_0^T[v_x[x'(t),\ y'(t)],\ v_y[x'(t),\ y'(t)]]\mathrm{d}t,\right.$$
$$\left.a'-l'\leqslant x'(0)\leqslant a',\ y'(0)=0\right\}\tag{6.56}$$

该井网的面积扫油系数为

$$E=\frac{QT_\mathrm{b}}{4\phi h'a'd'}\tag{6.57}$$

6.4.3 正对排状井网水平井产量

与6.3节相似，各向异性地层$(x,\ y)$中的圆形注水井筒变换到$(\xi,\ \eta)$空间后，是一个包含整个渗流区域的大的椭圆。该椭圆以坐标原点为中心，长短主轴分别与坐标轴ξ和η方向相同，其半长度分别为

$$\begin{cases}a_\mathrm{w}=1/g\mathrm{sn}\left(\dfrac{r_\mathrm{w}}{a}G,g\right)=a/gGr_\mathrm{w}=\beta_3 b_\mathrm{w}\\[2ex]b_\mathrm{w}=\mathrm{cn}\left(\dfrac{r_\mathrm{w}}{d}G',g'\right)/g\mathrm{sn}\left(\dfrac{r_\mathrm{w}}{d}G',g'\right)=d/gG'r_\mathrm{w}\end{cases}\tag{6.58}$$

根据第3章和6.3节中分析，该井网单元的井产量为

$$Q=\frac{2\pi kh'(p_\mathrm{v}-p_\mathrm{h})/\mu}{\ln\left(\dfrac{a_\mathrm{o}+b_\mathrm{o}}{l''}\mathrm{tg}\,\dfrac{\pi b_\mathrm{w}}{4d_\mathrm{w}}/\mathrm{tg}\,\dfrac{\pi b_\mathrm{o}}{4d_\mathrm{w}}\right)+\dfrac{h'}{l'}\ln\dfrac{h'}{2\pi r'_\mathrm{w}}}\tag{6.59}$$

写成压差形式：

$$p_\mathrm{v}-p_\mathrm{h}=\frac{\mu Q}{2\pi kh'}\left[\ln\left(\frac{a_\mathrm{o}+b_\mathrm{o}}{l''}\mathrm{tg}\,\frac{\pi b_\mathrm{w}}{4d_\mathrm{w}}/\mathrm{tg}\,\frac{\pi b_\mathrm{o}}{4d_\mathrm{w}}\right)+\frac{h'}{l'}\ln\frac{h'}{2\pi r'_\mathrm{w}}\right]\tag{6.60}$$

式（6.59）和式（6.60）中的参数l'、h'和r'_w与6.3节中形式完全相同。a_o、b_o和d_w由下列方程组决定：

$$\begin{cases} a_o^2 - b_o^2 = l''^2 \\ \mathrm{tg}\,\dfrac{\pi b_o}{4d_w} = \mathrm{th}\,\dfrac{\pi a_o}{4d_w} \\ \mathrm{tg}\,\dfrac{\pi b_w}{4d_w} = \mathrm{th}\,\dfrac{\pi a_w}{4d_w} \end{cases} \tag{6.61}$$

当渗透率为各向同性时，$a_w = b_w = a_o = b_o = R_w$，$r'_w = r_w$，$l' = l$，$h' = h$，式（6.59）和式（6.60）分别变成：

$$Q = \frac{2\pi kh(p_v - p_h)}{\mu\left(\ln\dfrac{2r_w}{l''} + \dfrac{h}{l}\ln\dfrac{h}{2\pi r_w}\right)} = \frac{2\pi kh(p_v - p_h)}{\mu\left(\ln\dfrac{2a}{gG\mathrm{sn}\left(\dfrac{l}{a}G,g\right)\cdot r_w} + \dfrac{h}{l}\ln\dfrac{h}{2\pi r_w}\right)} \tag{6.62}$$

$$p_v - p_h = \frac{\mu Q}{2\pi kh}\left(\ln\frac{2a}{gG\mathrm{sn}\left(\dfrac{l}{a}G,g\right)\cdot r_w} + \frac{h}{l}\ln\frac{h}{2\pi r_w}\right) \tag{6.63}$$

上面已经给出了正对排状水平井网开发指标的理论计算公式［式（6.56）、式（6.57）和式（6.59）］，接下来选取油田初始参数，按照与五点水平井网类似的方法步骤，就可以计算出具体的开发指标。

6.5　各向异性油藏水平井开发井网设计方法

各向异性油藏水平井开发井网的布井问题是各向异性油藏开发中一个难题。在6.3节和6.4节对水平井网渗流进行理论分析的基础上，本节对各向异性油藏水平井网开发动态特征进行综合分析，建立其通用的布井设计方法（刘月田，2005，2008）。

6.5.1　井网的动态特征与设计方法

以平面各向异性油藏渗透率的两个主方向分别作 x、y 轴建立直角坐标系，各向异性渗透率分别在 x 和 y 方向取最大主值 k_x 和最小主值 k_y，即 $k_x > k_y$。

基于5.2节和5.6节中关于各向异性渗透率对直井注水开发井网的破坏与重组作用的分析，可以直接推论：各向异性渗透率对水平井注水开发井网同样具有破坏与重组作用。而且，各向异性油藏中水平井井网的变化与直井井网相比，其复杂程度成倍增加，其原因如下。

（1）水平井井网需考虑主渗透率方向、井排方向和水平井段方向三者之间的两两匹配关系；直井井网只有主渗透率方向和井排方向的关系。

（2）水平井井网需考虑井距、排距和水平井段长度的两两匹配关系；直井井网只有井距和排距的关系。

经观察研究发现，当井网中同一注采单元内任意两口井的连线、各向异性主渗透率方向及水平井段方向三者平行时，各向异性油藏水平井井网注采单元不会被破坏，只是形状发生变化，井网变形参数由各向异性强度决定。由此得到一般情况下各向异性油藏水平井井网布井方法如下。

（1）方向。主渗透率方向、井排方向和水平井段方向三者之间呈两两平行或垂直关系。其中，井排方向指同一注采单元内任意两井中心点连线，主渗透率方向指裂缝方向或沉积过程中的古水流方向。

（2）尺度。井网参数根据下式确定：

$$a = a'\sqrt{k_x/k},\quad b = b'\sqrt{k_y/k},\quad k = \sqrt{k_x k_y} \tag{6.64}$$

渗透率为 k 的各向同性油藏为上述各向异性油藏的等价各向同性油藏。各向异性油藏水平井网与等价各向同性油藏水平井网之间的参数转换关系由式(6.64)决定，两者具有相同的油藏开发效果。

（3）优化。只要优化各向同性油藏水平井井网的各项参数，根据式(6.64)，就可以得到优化的各向异性油藏井网的各项参数。在开发效果相同的条件下，当水平井段垂直于最大主渗透率方向时，与两者平行情况相比，可以明显缩小水平井段长度，从而减少钻井费用，提高经济效益。

下面以水平井五点法注水开发井网（水平井采油，直井注水）为例说明上述方法。

图 6.18 表示各向异性渗透率油藏水平井网布置，图中井网形式 Ⅰ 和井网形式 Ⅱ 均符合上述布井方法第（1）项要求。

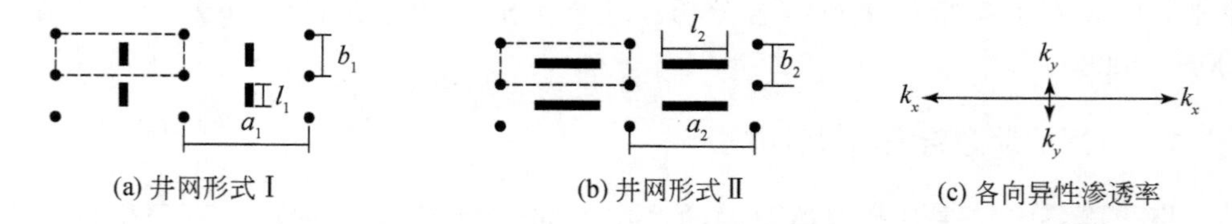

图 6.18　各向异性渗透率油藏水平井井网布置

根据各向异性油藏研究常用方法，为了分析和优化图 6.18 所示井网，做如下坐标变换：

$$x' = x\sqrt{k/k_x},\quad y' = y\sqrt{k/k_y}, \tag{6.65}$$

$$k = \sqrt{k_x k_y} \tag{6.66}$$

则图 6.18 中各向异性油藏转化为图 6.19 所示等价各向同性油藏，图 6.18 和图 6.19 中井网参数之间的关系符合上述布井方法第（2）项要求，即

$$l_1 = l'_1\sqrt{k_y/k},\quad a_1 = a'_1\sqrt{k_x/k},\quad b_1 = b'_1\sqrt{k_y/k} \tag{6.67}$$

$$l_2 = l'_2\sqrt{k_x/k},\quad a_2 = a'_2\sqrt{k_x/k},\quad b_2 = b'_2\sqrt{k_y/k} \tag{6.68}$$

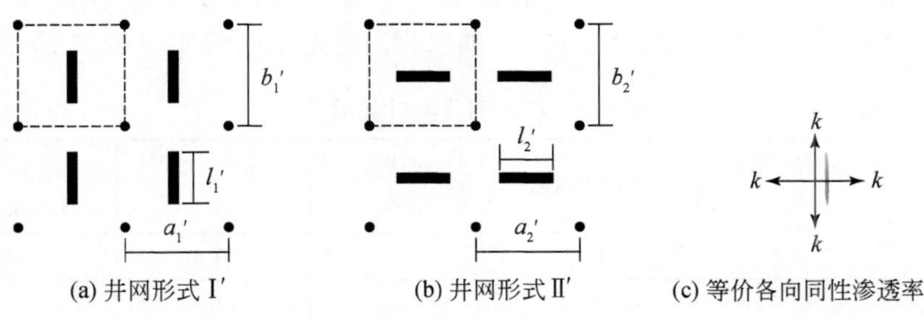

图 6.19　等价各向同性渗透率油藏水平井井网布置

图 6.18 中的各向异性油藏井网形式Ⅰ和图 6.19 中的各向同性油藏井网形式Ⅰ′是等价的，具有相同的油藏开发效果。利用各向同性油藏水平井网研究方法，对图 6.19 中虚拟的等价各向同性油藏井网形式Ⅰ′进行参数优化，使其达到最佳油藏开发效果，再利用式（6.67）便可以得到实际各向异性油藏具有最佳开发效果的井网——图 6.18 中井网形式Ⅰ。同样，图 6.18 中的实际各向异性油藏井网形式Ⅱ也可以通过图 6.19 中的虚拟各向同性油藏井网形式Ⅱ′进行优化。

进一步分析，图 6.19 中井网形式Ⅰ′和井网形式Ⅱ′具有相同的形式，只是彼此相对旋转了 90°。因此，最优化后的井网形式Ⅰ′和井网形式Ⅱ′的各项参数必然对应相等，即

$$l'_1 = l'_2, a'_1 = b'_2, b'_1 = a'_2 \tag{6.69}$$

此时，井网形式Ⅰ′和井网形式Ⅱ′具有相同的开发效果，与它们相对应的图 6.18 中的井网形式Ⅰ和井网形式Ⅱ也具有相同且最优的开发效果。

从经济方面考虑，由式（6.67）~式（6.69）可得 $l_2 = l_1\sqrt{k_x/k_y}$。因为 $k_x > k_y$，所以 $l_2 > l_1$，即井网形式Ⅱ中水平段长度大于井网形式Ⅰ，井网形式Ⅰ与井网形式Ⅱ相比可以减小水平井长度，从而节约钻井费用。因此，在油藏开发效果相同的条件下，井网形式Ⅰ比井网形式Ⅱ具有更好的经济效益。

最终优化井网应取图 6.18 中井网形式Ⅰ，水平井段与最大渗透率方向垂直。

6.5.2　数值模拟验证

采用黑油模型软件进行模拟计算，建立各向异性油藏数值模型，其基础参数为：有效厚度 2.0m，有效孔隙度 21.0%，最大渗透率主值 $800.0\times10^{-3}\mu m^2$，最小渗透率主值 $50.0\times10^{-3}\mu m^2$，初始含油饱和度 65%，溶解油气比 $16.1m^3/m^3$，原油体积系数 1.073，地面原油密度 $865kg/m^3$，地层原油密度 $822kg/m^3$，饱和压

力 4.8MPa，初始地层压力 13.0MPa，综合压缩系数 $8.08\times10^{-4}\mathrm{MPa}^{-1}$，地面原油黏度 40.4mPa · s，地层原油黏度 9.0mPa · s。数值模型网格尺寸取为 20m×20m×2.0m，采油井井底流压取 8.0MPa，注水井井底流压取 23.0MPa，模拟预测时间为 10 年。流体高压物性数据见表 6.2，油水相对渗透率曲线如图 6.20 所示。

表 6.2 流体高压物性数据表

压力/kPa	溶解油气比/（m^3/m^3）	原油体积系数	气体压缩系数	原油黏度/（mPa · s）	气体黏度/（mPa · s）
10	0	1	1	40.4	0.01
300	9.74	1.055	0.0394	14.7	0.0116
450	13.9	1.067	0.023	12.5	0.016
480	16.1	1.0739	0.020	8.75	0.0166
650	16.1	1.0737	0.0148	8.8	0.0198
800	16.1	1.0735	0.0117	8.85	0.0218
950	16.1	1.0733	0.0096	8.9	0.023
1100	16.1	1.0731	0.0082	9.95	0.024
1300	16.1	1.073	0.0069	9	0.0255
1500	16.1	1.0728	0.0063	9.02	0.027
3000	16.1	1.0726	0.006	9.04	0.028

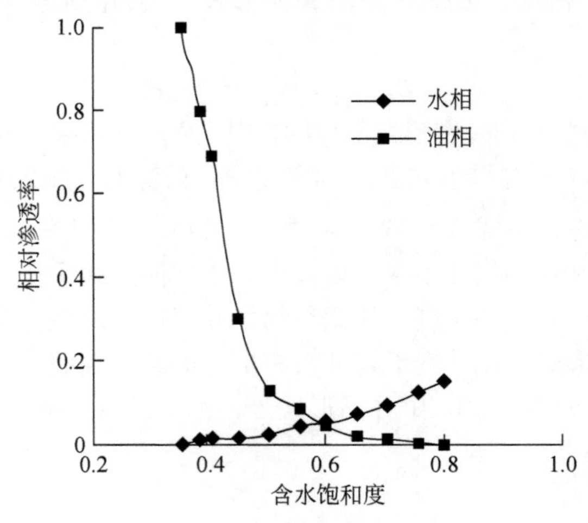

图 6.20 油水相对渗透率曲线

1）优化井网开发效果

首先确定虚拟等价各向同性油藏渗透率及其最佳井网参数：$k = 200\times$

$10^{-3}\mu m^2$；$l'_1=l'_2=300m$，$a'_1=b'_2=600m$，$b'_1=a'_2=600m$。

再根据式（6.67）、式（6.68）给出实际各向异性油藏优化井网形式Ⅰ和井网形式Ⅱ的各项参数：$l_1=150m$，$l_2=600m$，$a_1=a_2=1200m$，$b_1=b_2=300m$。

取图 6.18 和图 6.19 中虚线所示井网单元，模拟计算 3 种井网 10 年内的开发指标，其累计产油量、日产液量及含水率变化曲线如图 6.21 所示。可以看出 3 种井网的开发效果基本相同，数值模拟结果与理论分析一致。

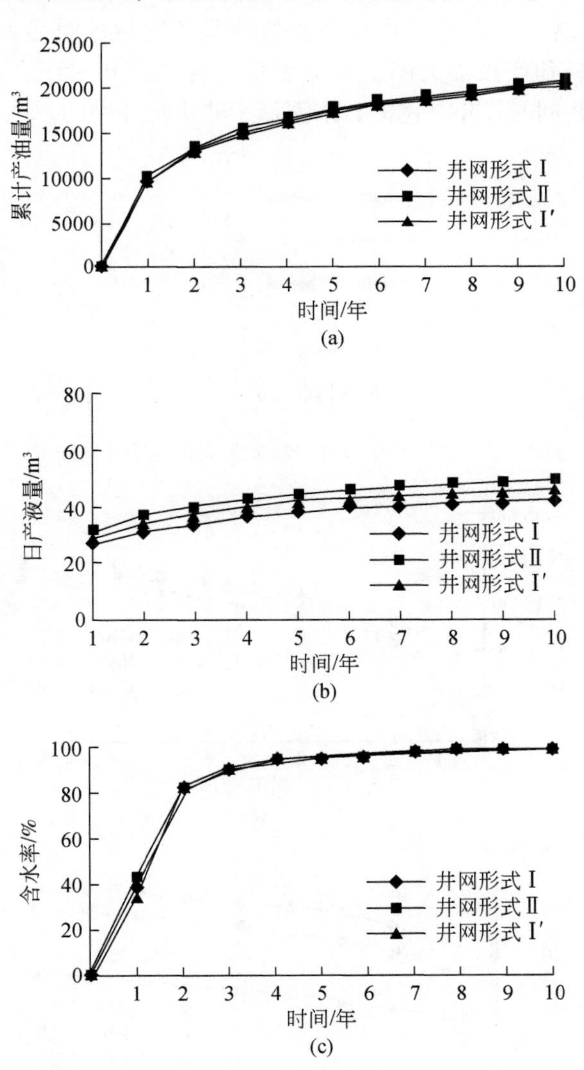

图 6.21　优化水平井网开发指标变化曲线

2）非优化井网开发效果

不考虑各向异性渗透率的影响，在各向异性油藏中布置与各向同性油藏相同的井网（图 6.22）。其中最大渗透率主值 $k_x = 800.0\times10^{-3}\ \mu m^2$，最小渗透率主值 $k_y = 50.0\times10^{-3}\ \mu m^2$，井网的各项参数为 $l'_1 = l'_2 = 300m$，$a'_1 = b'_2 = 600m$，$b'_1 = a'_2 = 600m$。

井网形式Ⅰ′与井网形式Ⅰ″、井网形式Ⅱ″累计产油量、日产液量和含水率变化曲线如图 6.23 所示。可见非优化井网的油藏开发指标明显不同于优化井网，前者的累计产油量和产液能力明显比后者低。含水率和累计产油量关系曲线显示，累计产油量相同时优化井网的含水率低于非优化井网的。

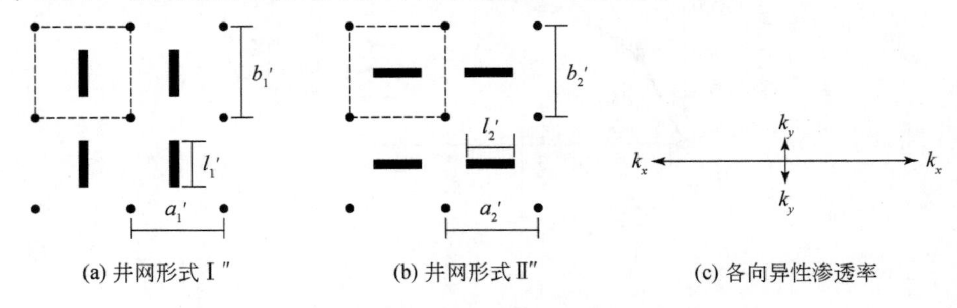

(a) 井网形式Ⅰ″　　(b) 井网形式Ⅱ″　　(c) 各向异性渗透率

图 6.22　各向异性渗透率油藏非优化水平井网布置

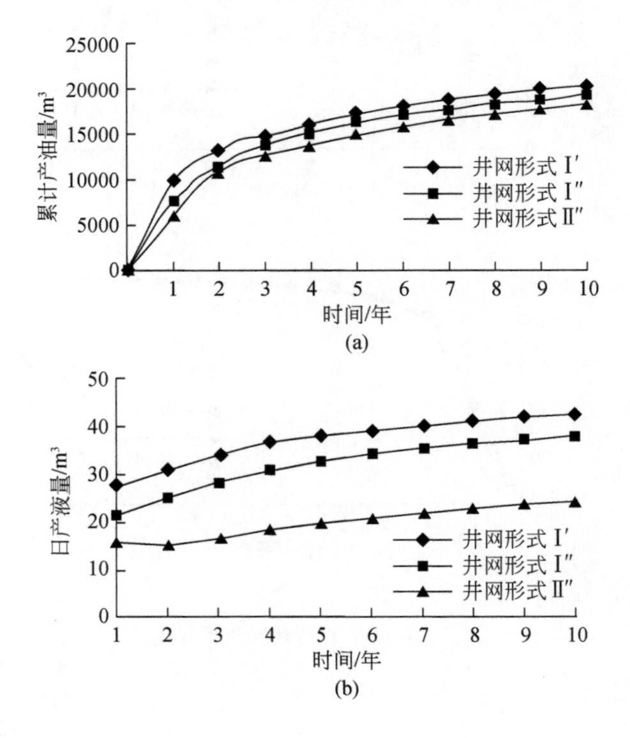

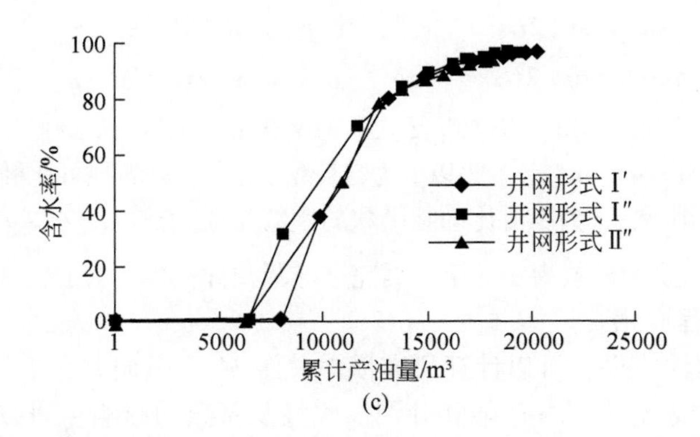

(c)

图 6.23　优化与非优化水平井网开发指标变化曲线

6.5.3　各向同性油藏水平井网优化设计

由前面讨论知，各向异性油藏水平井网优化设计问题可转化为各向同性油藏井网问题。现以图 6.19 中水平井网形式Ⅰ′为例给出优化设计方法和应用步骤。

1）各向同性油藏水平井网形式Ⅰ′问题的解

以水平井中点为原点、水平井段方向为 x 轴方向建立直角坐标系 xOy。根据 6.3 节研究结果，图 6.19 中井网形式Ⅰ′水平井单井产液量为

$$Q_{\mathrm{L}}=\frac{2pkh(p_{\mathrm{v}}-p_{\mathrm{h}})}{m\ln\dfrac{b'_1\mathrm{dn}(l'_1G/b'_1,g)}{gg'Gr_{\mathrm{w}}\mathrm{sn}(l'_1G/b'_1,g)}}\tag{6.70}$$

井网内压力分布为

$$p=p_{\mathrm{h}}+\frac{\mu Q_{\mathrm{L}}}{2\pi kh}\mathrm{arch}\left[\frac{\xi^2+\eta^2+(l')^2+\sqrt{[\xi^2+\eta^2+(l')^2]^2-4(l')^2\xi^2}}{2(l')^2}\right]^{1/2}\tag{6.71}$$

流函数分布为

$$\psi=\frac{Q_{\mathrm{L}}}{2\pi h}\arccos\left[\frac{\xi^2+\eta^2+(l')^2-\sqrt{[\xi^2+\eta^2+(l')^2]^2-4(l')^2\xi^2}}{2(l')^2}\right]^{1/2}\tag{6.72}$$

其中

$$l'=g'\mathrm{sn}(l'_1G/b'_1,g)/\mathrm{dn}(l'_1G/b'_1,g)\tag{6.73}$$

$$\begin{cases}\xi(x,y)=\dfrac{\mathrm{cn}x\cdot\mathrm{cn}y}{\mathrm{cn}^2y+g^2\,\mathrm{sn}^2x\cdot\mathrm{sn}^2y}\\[2ex]\eta(x,y)=\dfrac{-\mathrm{sn}x\cdot\mathrm{dn}x\cdot\mathrm{sn}y\cdot\mathrm{dn}y}{\mathrm{cn}^2y+g^2\,\mathrm{sn}^2x\cdot\mathrm{sn}^2y}\end{cases}\tag{6.74}$$

$$\begin{cases} \mathrm{sn}x = \mathrm{sn}(2Gx/b'_1, g), & \mathrm{sn}y = \mathrm{sn}(2G'y/a'_1, g) \\ \mathrm{cn}x = \mathrm{cn}(2Gx/b'_1, g), & \mathrm{cn}y = \mathrm{cn}(2G'y/a'_1, g) \\ \mathrm{dn}x = \mathrm{dn}(2Gx/b'_1, g), & \mathrm{dn}y = \mathrm{dn}(2G'y/a'_1, g) \end{cases} \tag{6.75}$$

式中，$\mathrm{sn}(z,g)$、$\mathrm{cn}(z,g)$、$\mathrm{dn}(z,g)$ 为以 z 为自变量、g 为模数的雅可比椭圆正弦函数、椭圆余弦函数、椭圆函数；g 为雅可比椭圆函数的模数，决定于 $G'(g)/G(g) = a'_1/b'_1$；$g' = \sqrt{1-g^2}$；$G = G(g)$ 为模数为 g 的第一类完全椭圆积分；$G' = G(g')$。

2）油藏工程应用

利用上述理论成果，可以计算研究横向井距 b'_1、纵向井距 a'_1、水平井段长度 l'_1 及其匹配关系对水平井产能和井网注水波及系数的影响。研究中水平井产能用产能指数 $\mu Q_L/(kh\Delta p)$ 表示，井网注水波及系数 E_b 定义为水平井见水时刻注入水所占油藏体积百分数。根据式（6.72）可求得渗流速度场并计算得到流体经任意流线从直井流到水平井的时间，其中经主流线流动的时间最短，记作 t_b，则 $E_b = Q_L t_b/(\phi a'_1 b'_1 h)$。

选取井网单元的面积 $b'_1 a'_1$、横向井距 b'_1 和水平井段长度 l'_1 作为独立参数。井网单元面积 $b'_1 a'_1$ 取 0.16km^2（400m×400m）、0.36km^2（600m×600m）和 0.81km^2（900m×900m）共 3 组数据，横向井距 b'_1 取 7 组数据，水平井段长度 l'_1 取 $b'_1/4$、$b'_1/2$、$3b'_1/4$ 和 b'_1 共 4 种数据。3 项参数的各种取值相互结合，形成 3×7×4＝84 种方案，为一般油藏工程设计提供模板数据（表 6.3）。

表 6.3　不同井网单元面积下水平井网开发指标

0.16km^2					0.36km^2					0.81km^2				
井距/m		l'_1/b'_1	产能指数	E_b/%	井距/m		l'_1/b'_1	产能指数	E_b/%	井距/m		l'_1/b'_1	产能指数	E_b/%
b'_1	a'_1				b'_1	a'_1				b'_1	a'_1			
200	800	0.25	0.482	89.72	300	1200	0.25	0.468	89.72	450	1800	0.25	0.454	89.73
		0.5	0.506	90.18			0.5	0.49	90.17			0.5	0.475	90.18
		0.75	0.517	90.01			0.75	0.501	90.01			0.75	0.485	90.01
		1	0.521	89.29			1	0.504	89.29			1	0.488	89.3
267	600	0.25	0.595	81.53	400	900	0.25	0.574	81.52	600	1350	0.25	0.553	81.52
		0.5	0.633	82.12			0.5	0.608	82.12			0.5	0.585	82.12
		0.75	0.65	81.67			0.75	0.624	81.67			0.75	0.6	81.67
		1	0.656	80.4			1	0.629	80.4			1	0.604	80.4
333	480	0.25	0.659	74.39	500	720	0.25	0.632	74.39	750	1080	0.25	0.607	74.38
		0.5	0.706	73.6			0.5	0.675	73.6			0.5	0.647	73.6
		0.75	0.729	71.56			0.75	0.696	71.56			0.75	0.666	71.56
		1	0.736	69.42			1	0.703	69.42			1	0.672	69.43

续表

0.16km²					0.36km²					0.81km²				
井距/m		l'_1/b'_1	产能指数	E_b/%	井距/m		l'_1/b'_1	产能指数	E_b/%	井距/m		l'_1/b'_1	产能指数	E_b/%
b'_1	a'_1				b'_1	a'_1				b'_1	a'_1			
400	400	0.25	0.687	70.76	600	600	0.25	0.658	70.76	900	900	0.25	0.631	70.76
		0.5	0.742	66.11			0.5	0.708	66.11			0.5	0.677	66.1
		0.75	0.773	60.49			0.75	0.736	60.48			0.75	0.703	60.48
		1	0.783	56.95			1	0.745	56.95			1	0.711	56.95
480	333	0.25	0.69	70.43	720	500	0.25	0.66	70.42	1080	750	0.25	0.633	70.42
		0.5	0.754	59.5			0.5	0.719	59.48			0.5	0.687	59.49
		0.75	0.798	48.44			0.75	0.759	48.44			0.75	0.724	48.43
		1	0.816	42.95			1	0.775	42.96			1	0.738	42.95
600	267	0.25	0.655	73.1	900	400	0.25	0.629	73.1	1350	600	0.25	0.604	73.1
		0.5	0.733	54.13			0.5	0.7	54.13			0.5	0.67	54.13
		0.75	0.806	36.41			0.75	0.766	36.41			0.75	0.73	36.41
		1	0.845	28.23			1	0.801	28.23			1	0.761	28.23
800	200	0.25	0.566	76	1200	300	0.25	0.534	76	1800	450	0.25	0.523	76
		0.5	0.66	51.89			0.5	0.619	51.89			0.5	0.604	51.89
		0.75	0.781	28.59			0.75	0.731	28.59			0.75	0.707	28.59
		1	0.879	15.95			1	0.832	15.95			1	0.789	15.95

由表6.3可以看出，各参数变化对井网开发效果的影响如下：

（1）井网单元面积增大，控制储量增大，注入井对生产井的注水效果减弱，水平井产能减小；井网单元大小对注水波及系数无影响。

（2）横向井距与纵向井距之比 b'_1/a'_1 由小变大时，产能先变大后变小，注水波及系数逐渐变小。

（3）水平井段长度与横向井距之比 l'_1/b'_1 增加，单井产能指数增大，但增势逐渐变小；注水波及系数随 l'_1/b'_1 增大而减小。主流线与水平井的交点（即注入水在水平井上的突破点）随水平井段长度增加而向水平井端点靠近。

3）油藏工程设计举例

某油层厚5m，渗透率 $200\times10^{-3}\mu m^2$（2.0×10^{-13} m²），流体黏度 5×10^{-3} Pa·s，并给定压差 $\Delta p = p_v - p_h = 15$ MPa $=1.5\times10^7$ Pa，设计图6.19所示井网形式Ⅰ′。

设初步设计井网的横向井距 $b'_1=450$m，纵向井距 $a'_1=200$m，水平井段长度 $l'_1=225$m，查取表6.3数据或插值计算，得到井网产能指数为0.7，注水波及系

数为 54. 13% 。则水平井的单井产液量为

$$Q_L = 0.70\ kh\Delta p/u = 2.1\times10^{-3}\ \mathrm{m^3/s} = 181.44\ \mathrm{m^3/d}$$

通过调整井网的横向井距 b'_1、纵向井距 a'_1 及水平井段长度 l'_1，便可以得到产液能力和注水波及系数指标综合最优的井网。

第7章 各向异性油藏渗透率测试方法

各向异性渗透率测试方法可以分为室内测试方法和现场测试方法两类。这两类方法对裂缝各向异性渗透率和沉积各向异性渗透率的测试均可使用，但适用程度有所不同。对于沉积各向异性来说，最有意义的是沉积层内各向异性，而沉积层内各向异性渗透率属于岩石的微观属性，所以沉积各向异性渗透率一般可以在实验室测得，即对定向取心获得的岩心直接进行测试，得到渗透率张量的主值和主方向。对于裂缝各向异性来说，实际油藏内的裂缝分布，尤其是中大型裂缝很难从尺度很小的岩心中反映出来，所以裂缝各向异性渗透率一般由现场测试获得，室内方法只能测试微小裂缝产生的各向异性。

要想确定油藏内裂缝各向异性渗透率，首先必须确定裂缝的各种参数。裂缝的参数主要包括裂缝渗透率 K_f/K_m、裂缝宽度 w、裂缝间距 d、裂缝的方向和裂缝位置。在这方面，研究者已经给出了很多的方法（高尔夫拉特，1989；Nelson，1985；Lee and Farmer，1992；Warren and Root，1963；Sampson，1991），主要包括以下几类：

（1）地应力研究方法。以地应力的产生与释放为根据，研究得出裂缝分布参数与地层的硬度、孔隙度、粒度、厚度、构造曲率等的定性关系。

（2）测井评价方法。其包括声波波幅测井、三维密度声波测井、井径测井、井下声波电视、感应测井、微侧向测井、地层倾角测井、密度测井补偿曲线、井下重力仪等，而最有助于裂缝识别和描述的是裂缝成像测井。

（3）静态地质直接检测方法。其包括定向岩心的直接观察与分析、井下照相、井下打印封隔器（膨胀式封隔器）、露头观测等。

（4）实验室测定岩心各向异性渗透率。通过对岩心驱替的巧妙设计，可以在实验室测出岩心的最大渗透率方向（即裂缝方向）和最大渗透率值。

（5）不稳定干扰试井方法。利用不稳定干扰试井分析，可以计算出各方向的渗透率及相关的裂缝参数分布。

（6）利用动态生产数据分析评价地层中裂缝参数。利用油水井注采数据进行对比分析，可以计算目标油藏区域裂缝导流能力、裂缝密度和裂缝方向的空间分布。

以上方法各有优势，但总体上依照从前到后的顺序，方法由以定性研究为主，逐渐过渡到以定量研究为主，其研究结果也越来越接近油田开发动态的实际情况。

本章主要以国内外相关研究为基础，利用第 3 ~6 章所述各向异性渗流理论构建新型实用的各向异性油藏渗透率测试方法。

7.1 各向异性岩心渗透率实验室测试方法

Willard 和 Richard 早在 1948 年提出了专门用于测量地层平面各向异性渗透率张量的方法（Willard and Richard，1948）：沿柱形岩心轴线钻孔，从中心圆孔注入气体，然后测量岩心外壁各方向流出的气体量，以此数据为基础计算岩心各向异性渗透率的主方向和主值。但由于缺少岩心内部各向异性渗流分析，没能给出计算各向异性渗透率主值的方法；其数据处理简单地采用各向同性岩心径向流动公式，必然影响结果的正确性。Greenkorn 和 Johnson 于 1964 年提出了相似的测试方法（Greenkorn and Johnson，1964），但仍然没有解决上述问题。其后的研究者改变思路，试图用与常规岩心测试相似的手段进行测量，再通过特殊的数学处理获得岩心的各向异性渗透率参数（Rose，1982；高稚文和马志元，1991；侯连华等，2003；柳毓松和王才经，2003；郭大立等，2004），但这些方法的可靠性和实用性都不够强。

相比较而言，Willard 和 Richard（1948）提出的测试思路最符合各向异性岩心特点，其直观自然而可靠性强。本节以该思路为基础，引入各向异性介质渗流分析，给出实验数据处理及各向异性渗透率的公式，建立完善的各向异性岩心渗透率测试计算方法（刘月田，2005）。

7.1.1 测试实验原理

各向异性岩心测试的主要目的是获取各向异性渗透率的主方向及相应主值。

将圆柱形全直径岩心上下端面密封，然后沿中心轴线钻空形成圆形孔眼，中心孔眼直径跟岩心直径相比较小，如图 7.1 所示。测试时，将岩心垂直放置，向端面中心孔注入流体，流体从轴心孔进入岩心体内，在岩心体内形成垂直于岩心轴线的辐射状平面流动，再由岩心周围侧表面流出，如图 7.2 所示。测量岩心外侧表面不同方向的流量（流速），同时记录中心孔注入压力与岩心外表面压力之差。

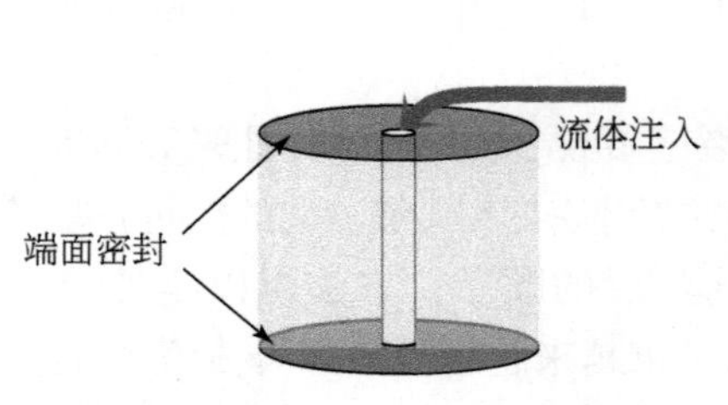

图 7.1 钻有中心孔的全直径岩心

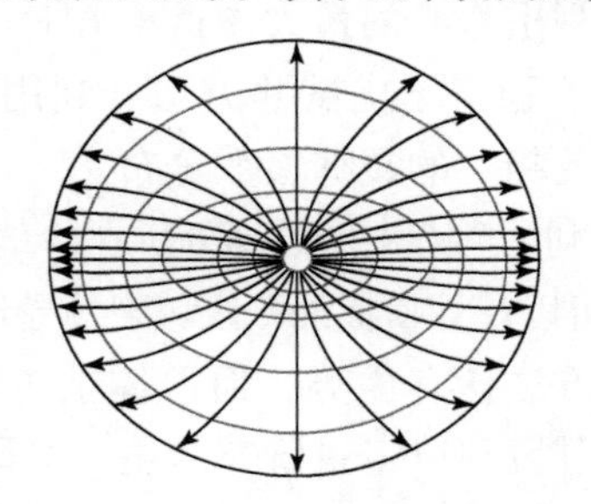

图 7.2 各向异性岩心截面流场示意图

流体流速最大的方向则为最大渗透率主方向，流速最小的方向则为最小渗透率主方向；再根据岩心内外压差和渗透率主方向的流速计算得到渗透率主值，计算方法通过渗流分析给出。

7.1.2　计算方法

1. 各向异性介质渗流解析解

3.2 节给出了定压边界各向异性圆形地层中心一口生产井渗流的解析解。将全直径岩心看作油藏，中心孔作为注水井，则可以直接得到各向异性岩心内部流动的解。设岩心半径为 r_e，厚度为 h，中心孔半径为 r_i，中心孔压力为 p_w，岩心外表面压力为 p_e。以岩心中心为原点、取渗透率主方向为 x 轴、y 轴，并建立直角坐标系，x，y 方向上的渗透率主值分别为 k_x 和 k_y，$k_x<k_y$。油藏内流体为单相不可压流体，黏度为 μ，整个流场为稳定渗流且不考虑垂向流动。岩心内压力分布为 p，流体注入流量为 Q，则有如下关系式：

$$p = p_e - \frac{Q\mu}{2\pi kh}\ln\left(\mathrm{tg}\frac{\pi b_e}{4d_e}\right) + \frac{Q\mu}{4\pi kh}\ln\left(\frac{\mathrm{ch}\dfrac{\pi y\sqrt{\beta}}{2d_e} - \cos\dfrac{\pi x}{2d_e\sqrt{\beta}}}{\mathrm{ch}\dfrac{\pi y\sqrt{\beta}}{2d_e} + \cos\dfrac{\pi x}{2d_e\sqrt{\beta}}}\right) \tag{7.1}$$

$$Q = \frac{2\pi kh(p_w - p_e)/\mu}{\ln\left(\mathrm{tg}\dfrac{\pi b_e}{4d_e}/\mathrm{tg}\dfrac{\pi b_o}{4d_e}\right) + \ln\left(\dfrac{a_o + b_o}{a_w + b_w}\right)} \tag{7.2}$$

其中

$$\beta = \sqrt{k_x/k_y},k = \sqrt{k_xk_y},a_w = r_w/\sqrt{\beta},b_w = r_w\sqrt{\beta},a_e = r_e/\sqrt{\beta},b_e = r_e\sqrt{\beta} \tag{7.3}$$

d_e 满足：

$$\mathrm{ch}\left(\frac{\pi a_e}{2d_e}\right)\cos\left(\frac{\pi b_e}{2d_e}\right) = 1 \tag{7.4}$$

a_o 和 b_o 由如下两式联立决定：

$$\begin{cases}\mathrm{tg}\left(\dfrac{\pi b_o}{4d_e}\right) = \mathrm{th}\left(\dfrac{\pi a_o}{4d_e}\right) \\ a_o^2 - b_o^2 = a_w^2 - b_w^2\end{cases} \tag{7.5}$$

图 7.2 为上述流动的流场示意图，图中环形线为等压线，岩心的内外等压边界用粗环线表示；图中的辐射状曲线为流线，其中互相垂直的粗直线为主流线，分别对应不同的渗透率主方向。该流场为非均匀径向平面流动，流线越密的区域其渗流速度越大，沿最大和最小渗透率主方向渗流速度分别达到最大和最小；岩

心外侧流体的流量分布是不均匀的，随角度的变化呈椭圆形分布。流场内任意一点的渗流速度与经过该点的流线平行。与常规（各向同性）介质渗流不同，各向异性介质中的流线（渗流速度）一般不与等压线垂直，这意味着流体将斜向流出岩心的侧表面；只有在渗透率主方向上流线（渗流速度）才与等压线垂直。

2. 计算公式

由式（7.1）可得

$$\begin{cases} \dfrac{\partial p}{\partial x}=\dfrac{\mu Q}{4khd_e\sqrt{\beta}}\cdot\dfrac{\sin\left(\dfrac{\pi x}{2d_e\sqrt{\beta}}\right)\cdot\mathrm{ch}\left(\dfrac{\pi\sqrt{\beta}y}{2d_e}\right)}{\mathrm{ch}^2\left(\dfrac{\pi\sqrt{\beta}y}{2d_e}\right)-\cos^2\left(\dfrac{\pi x}{2d_e\sqrt{\beta}}\right)} \\ \dfrac{\partial p}{\partial y}=\dfrac{\mu Q\sqrt{\beta}}{4khd_e}\cdot\dfrac{\mathrm{sh}\left(\dfrac{\pi y\sqrt{\beta}}{2d_e}\right)\cdot\cos\left(\dfrac{\pi x}{2d_e\sqrt{\beta}}\right)}{\mathrm{ch}^2\left(\dfrac{\pi\sqrt{\beta}y}{2d_e}\right)-\cos^2\left(\dfrac{\pi x}{2d_e\sqrt{\beta}}\right)} \end{cases} \tag{7.6}$$

根据达西定律，岩心外表面与两个渗透率主方向的交点（r_e，0）和（0，r_e）处的渗流速度如下。

$$(r_e,0)\text{ 点处：}\quad v_x=-k_x\frac{\partial p}{\partial x}=-\frac{\sqrt{\beta}Q}{4hd_e}\Big/\sin\left(\frac{\pi r_e}{2d_e\sqrt{\beta}}\right) \tag{7.7}$$

$$(0,r_e)\text{ 点处：}\quad v_y=-k_y\frac{\partial p}{\partial y}=-\frac{Q}{4hd_e\sqrt{\beta}}\Big/\mathrm{sh}\left(\frac{\sqrt{\beta}\pi r_e}{2d_e}\right) \tag{7.8}$$

以式（7.7）除以式（7.8）得

$$\frac{v_x}{v_y}=\beta\frac{\mathrm{sh}\left(\dfrac{\sqrt{\beta}\pi r_e}{2d_e}\right)}{\sin\left(\dfrac{\pi r_e}{2d_e\sqrt{\beta}}\right)}=\frac{\dfrac{\pi a_e}{2d_e}}{\dfrac{\pi b_e}{2d_e}}\cdot\frac{\mathrm{sh}\left(\dfrac{\pi a_e}{2d_e}\right)}{\sin\left(\dfrac{\pi b_e}{2d_e}\right)} \tag{7.9}$$

式中，渗流速度 v_x，v_y 由实验测得。

3. 测试计算步骤

（1）测试记录流体注入量 Q，压差 p_w-p_e，在岩心外表面上根据流量分布判断渗透率最大和最小主方向所在位置，并测试这些点的流速 v_x，v_y；

（2）将实测流速 v_x，v_y 代入式（7.9），与式（7.3）联立求得$\dfrac{\pi a_e}{2d_e}$和$\dfrac{\pi b_e}{2d_e}$，从而得到$\beta=\dfrac{b_e}{a_e}=\dfrac{\pi b_e/2d_e}{\pi a_e/2d_e}$；

(3) 将 β 代入式 (7.3) ~ 式 (7.5) 中，求得 a_w，b_w，a_o，b_o，a_e，b_e，d_e；

(4) 将 a_w，b_w，a_o，b_o，a_e，b_e，d_e 和实测注入量 Q、压差 p_w-p_e 代入式 (7.2)，得到 k；

(5) 由 $\beta=\sqrt{k_x/k_y}$ 和 $k=\sqrt{k_x k_y}$ 求得渗透率主值：$k_x=k\cdot\beta$，$k_y=k/\beta$。

7.1.3　计算实例

所选各向异性岩心的长度为 9.0cm，直径为 10.0cm，轴心所钻内孔直径为 0.6cm。实验流体选用水，实验压差为 0.0085MPa。测得岩心总流量为 1.782cm^3/s，图 7.3 所示为折算成单位压差下的岩心外侧表面流速分布，可以看出其分布曲线呈椭圆形，这与各向异性渗流分析结果是一致的。经计算所得岩心各向异性渗透率的最大和最小主值分别为 $720\times10^{-3}\mu m^2$ 和 $363\times10^{-3}\mu m^2$，其方向分别为 36°（216°）和 126°（306°）。

利用本书方法进行了多个岩心多种压差的重复试验，均取得了成功。

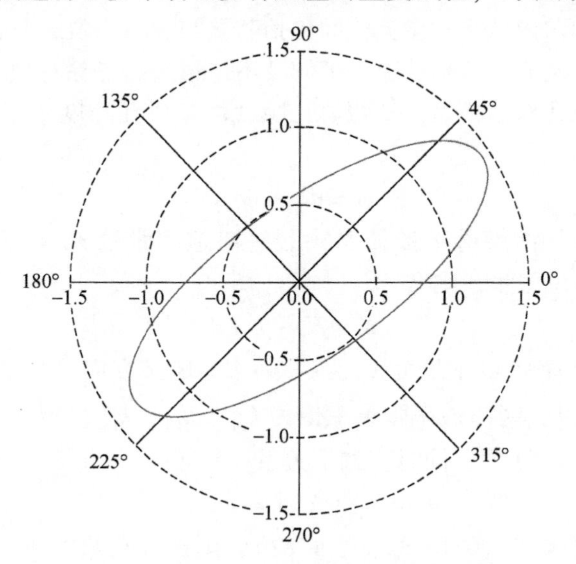

图 7.3　全直径岩心外侧表面流速分布曲线

横纵轴单位均为 cm/（s·MPa）

7.2　裂缝各向异性油藏渗透率和孔隙度计算方法

国内外学者对裂缝性油藏孔隙度和渗透率的现场测试计算已经做了许多研究

工作（Gelinsky，1998；Sampson，1991；Najjurieta *et al.*，1991；Niko，1991；Crawford，1991；Richard，1991；Goode and Thambynayagam，1992；Aguilera and Ng，1992；Zhang and Dusseault，1996；Greenkorn and Johnson，1964；Rose，1982；高稚文和马志元，1991），建立了多种静态和动态测试计算方法。但由于油藏介质中不连通裂缝和洞穴的存在以及钻井过程对近井地层的影响，静态测试方法虽然可以较清楚地刻画油藏内井壁上的裂缝分布参数，但是却很难反映裂缝在油藏内的导流能力；利用动态数据可以得到油藏的导流能力，但往往难以区分裂缝与基质的贡献，难以提供油藏内裂缝分布参数和方向性特征。

本节将静动态研究相融合，考虑裂缝渗透率的各向异性特征，将利用岩心分析、测井、地震和薄片分析等静态手段获得的裂缝宽度、密度和方位等参数跟利用生产、试井、试采或试油等动态手段获得的油藏导流能力相结合，确定裂缝系统的各向异性渗透率，建立实用的裂缝性油藏孔隙度和渗透率定量计算方法。

7.2.1 裂缝性油藏参数求解模型

假设裂缝性油藏内储集和渗流空间包括基质与裂缝，裂缝只包括可作为渗流通道的有效裂缝，基质则包括孔隙、溶洞及不连通裂缝等除有效裂缝以外的所有储集空间。采用双孔双渗模型，油藏总孔隙度由基质孔隙度 ϕ_b 和裂缝孔隙度 ϕ_f 组成：

$$\phi = \phi_b + \phi_f \tag{7.10}$$

油藏总体各向异性渗透率张量 $\boldsymbol{K}$ 由裂缝渗透率张量 $\boldsymbol{K}_f$ 和基质渗透率 k_b 组成。计 $\boldsymbol{I}$ 为二阶单位张量，则有

$$\boldsymbol{K} = \boldsymbol{K}_f + k_b\boldsymbol{I} \tag{7.11}$$

假设总体渗透率张量主值为 k_{I}、k_{II}、k_{III}，定义方向平均总体渗透率：$k = (k_{\mathrm{I}}k_{\mathrm{II}}k_{\mathrm{III}})^{1/3}$；假设裂缝渗透率张量主值为 $k_{f\mathrm{I}}$、$k_{f\mathrm{II}}$、$k_{f\mathrm{III}}$，定义方向平均裂缝渗透率：$k_f = (k_{f\mathrm{I}}k_{f\mathrm{II}}k_{f\mathrm{III}})^{1/3}$。同时有如下关系：

$$k_i = k_{fi} + k_b, i = 1,2,3 \tag{7.12}$$

采用随机裂缝模型（Golf-Racht，1982），则裂缝孔隙度 ϕ_f 与方向平均裂缝渗透率 k_f、平均裂缝宽度 b 之间有如下关系：

$$\phi_f = 0.0296k_f/b^2 \tag{7.13}$$

假设油藏内流体流动遵循达西定律，流体由地层向井的流动为拟稳态流动。设油藏面积为 A_e，油藏内有 n 口井依次投产（投注），第 n 口井的控制面积为 $A_n = A_e/n$，该井供液半径为 $r_{en} = \sqrt{A_n/\pi} = \sqrt{A_e/\pi n}$，则该井产量 q_n 和其生产压差 Δp_n 的关系为

$$q_n = \frac{0.1728\pi k_n h_n \Delta p_n}{\mu \ln \frac{r_{en}}{r_w}} \tag{7.14}$$

式中，μ 为油藏流体黏度；r_w 为井筒半径；k_n 为油藏内第 n 口井处方向平均总渗透率；h_n 为第 n 口井处油层厚度。

需要解决的问题是以上述模型为基础，利用岩心分析、综合测井、生产动态等数据资料，确定油藏基质与裂缝的孔隙度和渗透率。

7.2.2　基础数据的处理

1. 裂缝数据

1）裂缝宽度

根据岩心分析、测井解释及薄片分析等资料统计得到裂缝宽度分布及裂缝平均宽度 b。

2）裂缝密度

裂缝密度 L_{fd} 指的是沿垂直于裂缝方向单位长度内裂缝的条数。以单井单层段为目标，将裂缝测井的解释结果进行统计分析，得到表 7.1 所示数据形式，由此计算井段上的裂缝密度。

表 7.1　裂缝测井解释结果数据形式

编号	深度 z /m	倾角 α /(°)	方位角 β /(°)	性质
1	3008.0	59	157	层理面
2	3008.2	61	169	闭合
3	3008.7	60	146	开启
…	…	…	…	…

考虑井筒方向与裂缝间夹角的影响，采用如下公式：

$$L_{fd} = \sum_{i=1}^{m_f} \frac{1}{L_w \sin\alpha_i + D_w \cos\alpha_i} \tag{7.15}$$

式中，L_w 为目标井段长度；D_w 为井筒直径；α_i 为第 i 条裂缝的倾角；m_f 为目标井段穿过的裂缝数。

2. 油井生产动态数据

在油井试油、试采及生产过程中选取单井采液（注水）量 q_n 及其相应时刻的生产（注水）压差 Δp_n。

7.2.3　孔隙度与渗透率计算方法

1. 基质孔隙度

长期的和大量的油气田开发实践已证明，静态方法如岩心分析、测井等测试所得基质孔隙度数据一般是可靠的，同时测井方法具有低成本的特点。因此采用经过岩心分析校核的测井解释数据计算基质孔隙度。基质孔隙度 ϕ_b 与声波测井时差 Δt 的关系式为

$$\phi_b = (\Delta t_{ma} - \Delta t)/(\Delta t_{ma} - \Delta t_{fl}) \tag{7.16}$$

式中，Δt_{ma}为岩石骨架声波时差；Δt_{fl}为流体声波时差。

2. 基质渗透率

基质渗透率与基质孔隙度之间存在较为可靠的定量关系，可以根据室内岩心试验获得其关系式。具体求解步骤如下。

第 1 步，选取孔渗关系模型，如：

$$k_b = c_1 e^{c_2\phi_b} \tag{7.17}$$

第 2 步，利用岩心分析数据拟合上述关系式，求得常数 c_1 和 c_2（无量纲）；

第 3 步，将研究区域基质孔隙度代入式（7.17）计算得到基质渗透率 k_b。

3. 油藏总体方向平均渗透率的确定

利用式（7.14）进行求解，假设油藏流体黏度、井筒半径 r_w 和油层厚度 h_n 皆为已知量。根据油田实际动态数据情况，采用两种不同的处理方法。

（1）油田现场可以同时提供油藏平均压力、井底流压和井的注采液量，则从动态生产数据中直接选取 Δp_n（即油藏平均压力与井底流压之差）和 q_n，代入式（7.14）求得 k_i（$i=1，2，\cdots，n$）。

（2）油田现场只能提供单井的井底流压和注采液量，无法提供油藏平均压力，则式（7.14）的具体实现步骤如下：

第 1 口井，由 $q_1 = \dfrac{0.1728\pi k_1 h_1(p_e - p_{w1})}{\mu \ln \dfrac{r_{e1}}{r_w}}$ 求出 k_1；由 $p_1 = p_e - \dfrac{p_e - p_{w1}}{2\ln \dfrac{r_e}{r_w}}$ 求得只有第 1 口井生产时的油藏平均压力 p_1。

第 2 口井，由 $q_2 = \dfrac{0.1728\pi k_2 h_2(p_1 - p_{w2})}{\mu \ln \dfrac{r_{e2}}{r_w}}$ 求出 k_2；再由 $p_2 = p_e - \dfrac{p_e - p_{w1}}{2\ln \dfrac{r_e}{r_w}} -$

$\dfrac{p_e - p_{w2}}{2\ln\dfrac{r_e}{r_w}}$ 求得有 2 口井生产时的油藏平均压力 p_2。

……

第 n 口井，由 $q_n = \dfrac{0.1728\pi k_n h_n(p_{n-1} - p_{wn})}{\mu\ln\dfrac{r_{en}}{r_w}}$ 求出 k_n；再由 $p_n = p_e - \dfrac{np_e - \sum\limits_{i=1}^{n} p_{wi}}{2\ln\dfrac{r_e}{r_w}}$ 求得有 n 口井生产时的油藏平均压力 p_n。

上述各式中，p_e 为油藏原始压力；p_i 为第 i 口井生产时油藏平均压力；p_{wi} 为第 i 口井井底流压。

至此所有井段内的方向平均渗透率均已得到。为增加可靠性，可在每口井生产期内取多对 $q - \Delta p$ 数据点，求得多个结果再取其平均值。

4. 裂缝各向异性渗透率

利用每一井段内的方向平均渗透率和裂缝分布方向求得该处裂缝各向异性渗透率张量。7.2.3 节第 3 部分中求得的渗透率为总体方向平均渗透率 k。根据方向平均渗透率的定义和式（7.12），可得

$$k = [(k_{f\mathrm{I}} + k_b)(k_{f\mathrm{II}} + k_b)(k_{f\mathrm{III}} + k_b)]^{1/3} \tag{7.18}$$

根据概率统计原理，假设在任一井段内共有 m_f 条裂缝，各条裂缝的内部渗透率皆为 1μm²；任意一条裂缝 i 的方位角为 β_i，倾角为 α_i，如图 7.4 所示。

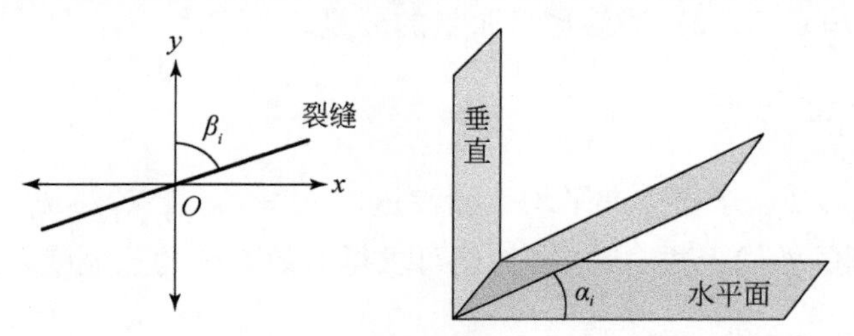

图 7.4 裂缝 i 的方位（方位角为 β_i，倾角为 α_i）

根据张量变换原理（郭仲衡，1988），裂缝 i 在井段 L_w 处所产生的拟渗透率张量为

$$\boldsymbol{F}_i = \begin{bmatrix} f_{xx} & f_{xy} & f_{xz} \\ f_{xy} & f_{yy} & f_{yz} \\ f_{xz} & f_{yz} & f_{zz} \end{bmatrix}_i = \frac{10^{-3}b}{L_w\sin\alpha_i + D_w\cos\alpha_i}\begin{bmatrix} t_{x1} & t_{x2} & t_{x3} \\ t_{y1} & t_{y2} & t_{y3} \\ t_{z1} & t_{z2} & t_{z3} \end{bmatrix}_i \cdot \begin{bmatrix} 0 & 0 & 0 \\ 0 & 1 & 0 \\ 0 & 0 & 1 \end{bmatrix} \cdot \begin{bmatrix} t_{x1} & t_{y1} & t_{z1} \\ t_{x2} & t_{y2} & t_{z2} \\ t_{x3} & t_{y3} & t_{z3} \end{bmatrix}$$

式中，$\begin{bmatrix} t_{x1} & t_{x2} & t_{x3} \\ t_{y1} & t_{y2} & t_{y3} \\ t_{z1} & t_{z2} & t_{z3} \end{bmatrix}_i = \begin{pmatrix} \sin\alpha_i \cdot \cos\beta_i & \sin\beta_i & \cos\alpha_i \cdot \cos\beta_i \\ -\sin\alpha_i \cdot \sin\beta_i & \cos\beta_i & -\cos\alpha_i \cdot \sin\beta_i \\ -\cos\alpha_i & 0 & \sin\alpha_i \end{pmatrix}$。该井段裂缝总的拟渗透率张量为

$$\boldsymbol{F} = \begin{bmatrix} f_{xx} & f_{xy} & f_{xz} \\ f_{xy} & f_{yy} & f_{yz} \\ f_{xz} & f_{yz} & f_{zz} \end{bmatrix} = \sum_{i=1}^{m_f} \begin{bmatrix} f_{xx} & f_{xy} & f_{xz} \\ f_{xy} & f_{yy} & f_{yz} \\ f_{xz} & f_{yz} & f_{zz} \end{bmatrix}_i \tag{7.19}$$

式中，f_{ij}（i，$j=x$，y，z）为拟渗透率张量分量。

由拟渗透率张量可求得各向异性渗透率的拟主方向和拟主值f_{I}、f_{II}、f_{III}。

根据第3章和第6章各向异性渗流理论：

$$k_{\mathrm{fI}} : k_{\mathrm{fII}} : k_{\mathrm{fIII}} = f_{\mathrm{I}} : f_{\mathrm{II}} : f_{\mathrm{III}} \tag{7.20}$$

联立式（7.18）和式（7.20），可得

$$f_{\mathrm{I}} f_{\mathrm{II}} f_{\mathrm{III}} \cdot k_{\mathrm{f}j}^3 + f_j (f_{\mathrm{II}} f_{\mathrm{III}} + f_{\mathrm{III}} f_{\mathrm{I}} + f_{\mathrm{I}} f_{\mathrm{II}}) k_{\mathrm{b}} \cdot k_{\mathrm{f}j}^2 + f_j^2 (f_{\mathrm{I}} + f_{\mathrm{II}} + f_{\mathrm{III}}) k_{\mathrm{b}}^2 \cdot k_{\mathrm{f}j} = f_j^3 (k^3 - k_{\mathrm{b}}^3),\quad j = \mathrm{I},\ \mathrm{II},\ \mathrm{III} \tag{7.21}$$

由式（7.21）得实际裂缝各向异性渗透率的主值k_{fI}，k_{fII}，k_{fIII}。显然，实际裂缝渗透率的主方向与拟渗透率相同。由裂缝渗透率的主方向和主值可得裂缝渗透率张量：

$$\boldsymbol{K}_{\mathrm{f}} = \begin{bmatrix} k_{\mathrm{f}xx} & k_{\mathrm{f}xy} & k_{\mathrm{f}xz} \\ k_{\mathrm{f}xy} & k_{\mathrm{f}yy} & k_{\mathrm{f}yz} \\ k_{\mathrm{f}xz} & k_{\mathrm{f}yz} & k_{\mathrm{f}zz} \end{bmatrix} = \frac{(k_{\mathrm{fI}} \cdot k_{\mathrm{fII}} \cdot k_{\mathrm{fIII}})^{1/3}}{(f_{\mathrm{I}} \cdot f_{\mathrm{II}} \cdot f_{\mathrm{III}})^{1/3}} \cdot \begin{bmatrix} f_{xx} & f_{xy} & f_{xz} \\ f_{xy} & f_{yy} & f_{yz} \\ f_{xz} & f_{yz} & f_{zz} \end{bmatrix} \tag{7.22}$$

式中，$k_{\mathrm{f}ij}$（i，$j=x$，y，z）为渗透率张量的分量。

5. 裂缝系统孔隙度

用k_{fI}，k_{fII}，k_{fIII}求得方向平均裂缝渗透率$k_{\mathrm{f}} = (k_{\mathrm{fI}}, k_{\mathrm{fII}}, k_{\mathrm{fIII}})^{1/3}$。将$k_{\mathrm{f}}$及7.2.1节中得到的$b$代入式（7.13），便可求得有效裂缝的孔隙度$\phi_{\mathrm{f}}$。

6. 总体孔隙度和渗透率

将式（7.13）和式（7.16）代入式（7.10），即可得到油藏总体孔隙度；将式（7.17）和式（7.22）代入式（7.11），即可得到油藏总体渗透率张量；将式（7.17）和式（7.21）代入式（7.12），即可得到总体渗透率张量主值。

7.2.4　方法讨论

1. 模型结构

由式（7.10）～式（7.13）、式（7.16）、式（7.17）、式（7.21）、式（7.22）及其相关各式组成了完整的求解裂缝性油藏孔渗参数的定量计算模型。由以上各式得到各井各层段基质和裂缝系统的孔隙度与渗透率值后，将其进行离散处理，即可得到这些参数在整个油藏内的分布值。对渗透率张量进行离散就是对其各分量分别进行离散。

2. 参数修正与迭代计算

7.2.3节第1部分中得到的孔隙度往往是油藏总孔隙度：$\phi=\phi_b+\phi_f$。一般情况下$\phi_f\ll\phi_b$，可直接令$\phi_b=\phi$。但若ϕ_f较大时，则须进行如下修正。

（1）用7.2.3节第5部分中得到的ϕ_f值，对7.2.3节中第1部分求出的孔隙度ϕ进行修正：$\phi_b=\phi-\phi_f$。

（2）取新的基质孔隙度ϕ_b，重新计算基质渗透率、油藏平均渗透率、裂缝各向异性渗透率、裂缝系统孔隙度、总体孔隙度和渗透率。

（3）重复（1）和（2），直至ϕ_b不再变化。

7.2.5　应用实例

应用以上方法建立了辽河油田小22块火山岩裂缝油藏预测模型，较好地解决了该类油藏建模的难题。经研究得到油藏物性参数：基质孔隙度$\phi_b=6.26\%\sim13.72\%$，基质渗透率$\phi_b=0.21\times10^{-3}\sim0.55\times10^{-3}\mu m^2$；在裂缝较发育区，有效裂缝孔隙度$\phi_f=0.0295\%\sim0.06\%$，裂缝渗透率$k_f=(k_{f\mathrm{I}}\cdot k_{f\mathrm{II}}\cdot k_{f\mathrm{III}})^{1/3}=36\times10^{-3}\sim73\times10^{-3}\mu m^2$。从总体上看，地层平面内北偏西25°方向油藏渗透率最大，北偏东65°方向渗透率最小。

7.3　各向异性渗透率不稳定干扰试井测试方法

利用各向异性油藏干扰试井，可以测出地层各向异性渗透率的主方向、主值及其他物性参数。该方法的基础是无穷大各向异性地层渗流理论，基本不涉及复杂边界的影响。各向异性油藏试井研究已经有较多的文献成果（Sampson，1991；Najjurieta *et al.*，1991；Niko，1991；Crawford，1991；Richard，1991；Warren and Root，1963；聂立新等，1997）。本节将介绍各向异性油藏干扰试井基本原理，总结各向异性油藏不稳定试井理论模型，给出实用的试井分析方法。

7.3.1 基本原理

在各向异性油藏中渗透率具有方向性，所以在不同方向上其压力随时间的变化速度不同。由此可借助不同方向井点观测到的不同的压力与时间关系确定各向异性油藏的渗透率方向及大小。这就是各向异性油藏不稳定干扰试井的基本原理。

各向异性油藏干扰试井方法和其他不稳定干扰试井方法相似。首先，选择一组生产井组或注水井组作为测试井组。在该井组中选一口井作为激动井，其他井作为观测井。如果是注水井组，一般选取注水井作为激动井。测试前观测井要关井，等到井底压力稳定或接近稳定时，改变激动井的产量，同时开始连续记录观测井的井底压力，在取得的数据足够多时，测试结束。测试的数据包括井底压力和记录井底压力所对应的时间。

虽然各向异性油藏不稳定试井方法和其他的不稳定试井方法有相同的操作程序，但作为这类特殊油藏的干扰试井方法也有其与众不同的方面：

（1）对各向异性试井的观测井数有要求，要两口或两口以上观测井。

（2）对观测井的位置有要求。当有两口观测井，观测井在各向异性渗透率油藏中选取井位时，一般要考虑其相互之间的井位位置，如果两口观测井与激动井在同一条直线上时，得到的解不是唯一的，可能有多个解；如果两口观测井与激动井不在同一条直线上时，能够得到两个解。当观测井为三口，其中的两口观测井与激动井在同一直线上时，可得到两组解；当其中的任两口观测井与激动井不在同一直线上时，可得到唯一的一组解。因此在进行干扰试井设计时，一定要考虑到激动井与观测井之间的位置，使干扰试井得到的数据能够最大地发挥作用。

（3）在进行各向异性渗透率干扰试井时，其成功与否还取决于地质情况。如果激动井和观测井不连通，激动井变化时，观测井无反应，就无法达到该类油藏干扰试井的目的。

（4）在进行干扰试井时还要考虑到油田的生产情况。干扰试井时需先关井稳压，势必会影响到油田的产量。因此，测试时间不能过长，测试时要解决好测试时间与产量之间的矛盾。

7.3.2 各向异性地层不稳定试井数学模型

斯特列尔特索娃（1992）从试井角度给出了各向异性油藏中单井生产时不稳定流动的压力分布解。

对于两维均质水平各向异性地层，扩散方程的形式是

$$K_x \frac{\partial^2 p}{\partial x^2} + K_y \frac{\partial^2 p}{\partial y^2} = \phi C_t \mu \frac{\partial p}{\partial t} \tag{7.23}$$

式中，K_x和K_y为主渗透率，分别沿主轴 x 和 y 分布且恒定不变；ϕ 为孔隙度；C_t 为总压缩系数，μ 为流体黏度，在整个储集层内都是常数。式（7.23）意味着平面各向异性传导系数以 $T_x = K_x h/\mu$ 和 $T_y = K_y h/\mu$ 为主值，恒定的储存能力值 $S = \phi C_t h$。

在该井投产之前，即 $t \leqslant 0$ 时，该储集层未被扰动，并处于原始压力 p_i 下

$$p(0,x,y) = p_i \tag{7.24}$$

从 $t>0$ 开始，该储集层内有一口半径无限小的井以常产量开采。

$$q = h \lim_{r_w \to \infty} \int_0^{2\pi} r_w v_n \mathrm{d}\theta = \text{const} \tag{7.25}$$

式中，v_n为速度的标量分量，它在某一处与 x 方向的夹角为 θ，而且垂直于井筒表面。

$$v_n = v \cdot n = v_x n_x + v_y n_y = -\frac{K_x}{\mu}\frac{\partial p}{\partial x}\cos\theta - \frac{K_y}{\mu}\frac{\partial p}{\partial y}\sin\theta \tag{7.26}$$

对坐标作线性变换：

$$x' = x/\sqrt{K_x}, y' = y/\sqrt{K_y} \tag{7.27}$$

分别简化式（7.23）和式（7.26）得

$$\frac{\partial^2 p}{\partial x'^2} + \frac{\partial^2 p}{\partial y'^2} = \phi C_t \mu \frac{\partial p}{\partial t} \tag{7.28}$$

和

$$v_n = -\frac{r}{r'\mu}\frac{\partial p}{\partial r'} \tag{7.29}$$

在推导式（7.29）时，运用了下述符号和关系式：

$$n_x = \cos\theta,\ n_y = \sin\theta,\ x' = r\frac{\cos\theta}{\sqrt{K_x}},\ y' = r\frac{\sin\theta}{\sqrt{K_y}}$$

$$\frac{\partial p}{\partial x'} = \frac{\partial p}{\partial r'}\frac{\partial r'}{\partial x'} = \frac{\partial p}{\partial r'}\frac{x'}{r'},\ \frac{\partial p}{\partial y'} = \frac{\partial p}{\partial r'}\frac{y'}{r'}$$

$$r^2 = x^2 + y^2$$

$$r'\mathrm{d}r' = x'\mathrm{d}x' + y'\mathrm{d}y'$$

$$r'^2 = x'^2 + y'^2 = r^2\left(\frac{\cos^2\theta}{K_x} + \frac{\sin^2\theta}{K_y}\right)$$

根据式（7.24）的初始条件和其他边界条件 p（t，$r' \to \infty$）$= p_i$，式（7.28）的解是压降 Δp（r'，t）$= p_i p$（r'，t）。

$$\Delta p(r',t) = A\left[-Ei\left(-\frac{\phi C_t \mu r'^2}{4t}\right)\right] \tag{7.30}$$

常数 A 依据式（7.25）确定出：

$$q=\frac{2Ah}{\mu}\int_0^{2\pi}\frac{\mathrm{d}\theta}{\cos^2\theta/K_x+\sin^2\theta/K_y}=\frac{4\pi Ah\sqrt{K_xK_y}}{\mu} \tag{7.31}$$

即得

$$A=q\mu/(4\pi h\sqrt{K_xK_y}) \tag{7.32}$$

在求导式（7.31）时，要考虑下述积分：

$$\int_0^{2\pi}\frac{\mathrm{d}\theta}{a^2+b^2\cos^2x}=\frac{2\pi}{a\sqrt{a^2+b^2}}$$

以式(7.32)代替常数 A 代入式(7.30)中，得到压降分布 $\Delta p(r,t)$ 如下：

$$\begin{aligned}\Delta p(r,t)&=\frac{q}{4\pi T}\left\{-Ei\left[-\frac{r^2\phi C_t\mu}{4t\sqrt{K_xK_y}}\left(\frac{\cos^2\theta}{\sqrt{K_x/K_y}}+\frac{\sin^2\theta}{\sqrt{K_y/K_x}}\right)\right]\right\}\\&=\frac{q}{4\pi T_a}-Ei\left[-\frac{r^2S_a}{4T_at}\right]\end{aligned} \tag{7.33}$$

此处，视传导系数 T_a 为

$$T_a=h\sqrt{K_xK_y}/\mu=\sqrt{T_xT_y} \tag{7.34}$$

视储存系数 S_a 为

$$S_a=\phi C_th\left(\frac{\cos^2\theta}{\sqrt{K_x/K_y}}+\frac{\sin^2\theta}{\sqrt{K_y/K_x}}\right) \tag{7.35}$$

科林斯（1984）通过坐标变换，由各向同性地层不稳定渗流解直接给出了各向异性地层不稳定渗流解：

$$\sqrt{k_{XX}k_{YY}}\,\frac{h(p_i-p_{X,Y,t})}{141.2qB\mu}=-\frac{1}{2}Ei\left[\frac{-\phi\mu C_t(k_{XX}Y^2+k_{YY}X^2)}{0.00105k_{XX}k_{YY}t}\right] \tag{7.36}$$

式中，B 为体积系数；t 为时间。

式（7.36）为渗透率主方向坐标下的形式，即坐标系（X，Y）的坐标轴方向与渗透率主方向一致。k_{XX}和 k_{YY}分别为该坐标系下渗透率的最大和最小主值。

Papadopulos（1965）在一般直角坐标系中给出了不稳定压力公式：

$$\sqrt{k_{xx}k_{yy}-k_{xy}^2}\,\frac{h(p_i-p_{x,y,t})}{141.2qB\mu}=-\frac{1}{2}Ei\left[\frac{-\phi\mu C_t}{0.00105t}\left(\frac{k_{xx}y^2+k_{yy}x^2-2k_{xy}xy}{k_{xx}k_{yy}-k_{xy}^2}\right)\right] \tag{7.37}$$

同时给出了两种坐标系下压力传导公式的渗透率参数关系：

$$k_{XX}=\frac{1}{2}\{(k_{xx}+k_{yy})+[(k_{xx}-k_{yy})^2+4k_{xy}^2]^{1/2}\} \tag{7.38}$$

$$k_{YY}=\frac{1}{2}\{(k_{xx}+k_{yy})-[(k_{xx}-k_{yy})^2+4k_{xy}^2]^{1/2}\} \tag{7.39}$$

$$\theta = \arctan\left(\frac{k_{XX} - k_{xx}}{k_{xy}}\right) \tag{7.40}$$

式中，θ 为渗透率最大主值方向（X 轴方向）相对于 X 轴的夹角。

当激动井的产量为阶梯形时，可以利用式（7.33）~式（7.35）由叠加原理求出观测井的压力公式。

7.3.3　试井解释及压力曲线拟合方法

通常试井解释包括两个步骤：①建立和选择油藏模型；②压力曲线拟合，计算分析得到油藏参数。一般地，选择油藏模型之后试井数据的解释需要大量的计算并耗费大量的人力，而试井曲线的拟合在试井解释中是非常重要的。

试井曲线的拟合有人工拟合和计算机自动拟合两种方法。人工拟合方法，可以将人类的经验融入解释过程，在一定程度上提高解释结果的可靠性和合理性，但其费时费力且拟合结果容易受人为因素影响。

计算机自动拟合技术在试井解释中发挥着越来越重要的作用。应用最小二乘法原理由计算机优选拟合最佳曲线，较好地解决了解释结果的非唯一性问题；而计算机典型曲线自动拟合程序大大提高了试井分析的效率和准确性。

下面主要介绍利用最小二乘法实现试井曲线计算机自动拟合的方法。

设有一个试井压力变化模型：

$$\Delta P = P(K_1, K_2, \cdots, K_s) \tag{7.41}$$

式中，K_1，K_2，…，K_s 为油藏的 s 个物性参数。

再设 ΔP 有一组实际测得的数据：y_1，y_2，…，y_n，并用列向量 $\boldsymbol{y} = (y_1, y_2, \cdots, y_n)^{\mathrm{T}}$ 表示，其中上标 T 表示转置矩阵。本节通过这组实测压力数据来确定模型 $\Delta P = P(K_1, K_2, \cdots, K_s)$ 中的 s 个参数。为此给这 s 个参数 s 个初始值（猜测值）：$(K_1, K_2, \cdots, K_s)^{\mathrm{T}}$ 并以向量 $\boldsymbol{K}_0$ 表示

$$\boldsymbol{K}_0 = (K_1, K_2, \cdots, K_s)^{\mathrm{T}} \tag{7.42}$$

当然在一般情况下上述 s 个初始值不会正好就是本节所要确定的 s 个参数的真值。在将 y_i 的对应时刻 t_i 代入式（7.42）所算出的 ΔP（$\boldsymbol{K}_0$）也不会和实测数据 $\boldsymbol{y}$ 拟合得很好。但可以设法寻求 $\boldsymbol{K}_0$ 的适当修正量 $\Delta\boldsymbol{K}$ 来使 ΔP（$\boldsymbol{K}_0+\Delta\boldsymbol{K}$）与 $\boldsymbol{y}$ 拟合得更好些。

将 ΔP（$\boldsymbol{K}_0+\Delta\boldsymbol{K}$）各分量展开为泰勒级数并略去二次和高于二次的项，使之线性化：

$$\begin{aligned} f_i &= \Delta P_i(\boldsymbol{K}_0 + \Delta\boldsymbol{K}) \\ &= \Delta P_i(\boldsymbol{K}_0) + \frac{\partial \Delta P_i(\boldsymbol{K}_0)}{\partial K_1}\Delta K_1 + \frac{\partial \Delta P_i(\boldsymbol{K}_0)}{\partial K_2}\Delta K_2 + \cdots + \frac{\partial \Delta P_i(\boldsymbol{K}_0)}{\partial K_s}\Delta K_s \end{aligned} \tag{7.43}$$

$$(i=1,\ 2,\ \cdots,\ s)$$

式中，$\frac{\partial \Delta P_i\ (\boldsymbol{K}_0)}{\partial K_j}$是 ΔP_i 关于 K_j 的偏导数在对应于 y_i 的观测时刻 t_i 的值。当观测值 y_i 和参数初始值 $\boldsymbol{K}_0$ 已知时，它们是固定的常量。但参数的修正值 $\Delta\boldsymbol{K}=(\Delta\boldsymbol{K}_1,\ \Delta\boldsymbol{K}_2,\ \cdots,\ \Delta\boldsymbol{K}_s)^{\mathrm{T}}$ 是可变的，故展开式中的 f_i 是（$\Delta\boldsymbol{K}_1$，$\Delta\boldsymbol{K}_2$，…，ΔV_s）的 s 元线性函数。引用矩阵记号，可将式（7.43）中 n 个方程写成一个矩阵方程：

$$\boldsymbol{f} = \Delta\boldsymbol{P}(\boldsymbol{K}_0 + \Delta\boldsymbol{K}) = \Delta\boldsymbol{P}(\boldsymbol{K}_0) + J\Delta\boldsymbol{K} \tag{7.44}$$

式中，$\boldsymbol{f}=(f_1,f_2,\cdots,f_n)^{\mathrm{T}}$；$\Delta\boldsymbol{P}(\boldsymbol{K}_0)=[\Delta P_1(\boldsymbol{K}_0),\Delta P_2(\boldsymbol{K}_0),\cdots,\Delta P_n(\boldsymbol{K}_0)]^{\mathrm{T}}$；$\boldsymbol{J}=\left[\frac{\partial \Delta P_i(\boldsymbol{K}_0)}{\partial \boldsymbol{K}_j}\right]$ 为 $\Delta P(\boldsymbol{K})$的雅可比矩阵。式(7.44)是应用最小二乘法所需的线性模型,目的是选取最佳的修正值 $\Delta\boldsymbol{K}=(\Delta K_1,\ \Delta K_2,\ \cdots,\ \Delta K_s)^{\mathrm{T}}$，让参数估计值 $\boldsymbol{K}=\boldsymbol{K}_0+\Delta\boldsymbol{K}$ 使理论模型［式（7.44）］的值尽可能接近实测数据，即使下面的剩余误差平方和达到最小：

$$\sigma(\boldsymbol{K}) = \sum_{i=1}^{n}(y_i - f_i)^2 = (\boldsymbol{y}-\boldsymbol{f})^{\mathrm{T}}(\boldsymbol{y}-\boldsymbol{f}) \tag{7.45}$$

式中，σ（$\boldsymbol{K}$）为实测值 y_i 与理论值 f_i 之间偏差的平方和；T 为转置矩阵。σ（$\boldsymbol{K}$）的值越小，误差越小，表示理论模型与实测数据拟合的程度越高；反之亦然。σ（$\boldsymbol{K}$）称为目标函数。

将 $\sigma(\boldsymbol{K})$ 对 ΔK_j 求偏导数并令之为零：

$$\frac{\partial \sigma(\boldsymbol{K})}{\partial(\Delta K_j)} = 2\sum_{i=1}^{n}(y_i - f_i)\left(-\frac{\partial \Delta P_i(\boldsymbol{K}_0)}{\partial K_j}\right) = 0 \tag{7.46}$$

$$(i=1,2,\cdots,n;\ j=1,2,\cdots,s)$$

式（7.46）化简后用矩阵表示，有下列方程组：

$$\boldsymbol{J}^{\mathrm{T}}[\boldsymbol{y} - \Delta\boldsymbol{P}(\boldsymbol{K}_0) - \boldsymbol{J}\Delta\boldsymbol{K}] = 0 \tag{7.47}$$

式（7.47）为一个 s 阶的线性代数方程，解之，得参数修正值：

$$\Delta\boldsymbol{K} = (\boldsymbol{J}^{\mathrm{T}}\boldsymbol{J})^{-1}\boldsymbol{J}^{\mathrm{T}}[\boldsymbol{y} - \Delta\boldsymbol{P}(\boldsymbol{K})] \tag{7.48}$$

假设参数的初始值 $\boldsymbol{K}_0=\boldsymbol{K}_{\mathrm{old}}$，经修正后得到参数估计值：

$$\boldsymbol{K}_{\mathrm{new}} = \boldsymbol{K}_{\mathrm{old}} + \Delta\boldsymbol{K} \tag{7.49}$$

利用 $\boldsymbol{K}_{\mathrm{new}}$ 计算目标函数 $\sigma(\boldsymbol{K})$ 或 $\|\Delta\boldsymbol{K}\|$ 的值，其中 $\|\Delta\boldsymbol{K}\| = \sqrt{\Delta K_1^2 + \Delta K_2^2 + \cdots + \Delta K_s^2}$。如果 $\sigma(\boldsymbol{K})$ 或 $\|\Delta\boldsymbol{K}\|$ 的值没有达到误差界限要求，那么所得的 $\boldsymbol{K}_{\mathrm{new}}$ 被当作下一步修正的$\boldsymbol{K}_{\mathrm{old}}$，重复上述过程，直至所得的 $\boldsymbol{K}_{\mathrm{new}}$ 满足

给定的误差要求为止。如果 $\sigma(\boldsymbol{K})$ 或 $\|\Delta\boldsymbol{K}\|$ 的值符合给定的误差要求，那么 $\boldsymbol{K}_{new}$ 就是满足最小二乘法要求的结果。这是一个迭代过程，可按下列步骤编成程序在计算机上实现。

（1）给定一组未知油藏参数的估计值 K，它可能是初始猜测或前一步迭代计算的结果。初始猜测一般是根据实际经验或油藏模拟实验给出。

（2）根据所建压力模型 $\Delta P=P(K_1,K_2,\cdots,K_s)$，对各 K_j 求偏导数 $\dfrac{\partial\Delta P(\boldsymbol{K})}{\partial K_j}$，并利用(1)中的 K 和给定的时间 t_i 计算雅可比矩阵 $J=\dfrac{\partial\Delta P_i\ (K)}{\partial\boldsymbol{K}_j}$。

（3）利用(2)中的各量，求解方程组得到修正量 $\Delta\boldsymbol{K}=(J^{\mathrm{T}}J)^{-1}J^{\mathrm{T}}[\boldsymbol{y}-\Delta\boldsymbol{P}(\boldsymbol{K})]$，其中 $\boldsymbol{y}$ 是实测压力数据。

（4）用(3)中的 $\Delta\boldsymbol{K}$ 修正(1)中的 $\boldsymbol{K}$。需要说明的是，由于在 $\Delta P(\boldsymbol{K}+\Delta\boldsymbol{K})$ 的线性化过程中略去了二次及高次项，且初始猜测值可能与参数的真实值相差较大，$\Delta\boldsymbol{K}$ 太大可能导致迭代过程发散。根据计算经验，在前几步的迭代计算中应取(3)中算出的 $\Delta\boldsymbol{K}$ 的一半作为修正量计算。

$$\boldsymbol{K}_{new}=\boldsymbol{K}_{old}+\frac{1}{2}\Delta\boldsymbol{K} \tag{7.50}$$

（5）在迭代若干步后观察 $\Delta\boldsymbol{K}$，如果它所有分量的绝对值都小于预先指定的容许误差上限 ε 或 $\|\Delta\boldsymbol{K}\|<\xi$（$\varepsilon$ 和 ξ 均预先给定），则计算过程结束，最后所得 $\boldsymbol{K}_{new}$ 即所求的参数值。如果 $\Delta\boldsymbol{K}$ 的各分量并不都小于 ε 或 $\|\Delta\boldsymbol{K}\|<\xi$ 不成立，则将(4)中算得的 $\boldsymbol{K}_{new}$ 作为(1)中的 $\boldsymbol{K}$，重复(1)～(5)的过程，直至获得满意的结果为止。

本节所述各向异性油藏干扰试井解释分析方法在目前已经形成成熟的计算机程序软件。

7.3.4　实例应用与验证

利用 Ranmey（1975）提供的实例资料进行干扰试井方法和计算机软件的应用，并与文献中的计算结果进行比较验证。

1. 算例中目标油藏的基本参数

参考 Ranmey（1975）中油藏砂体分布，如图 7.5 所示。所选井网是九点法注水井网，地层为水驱地层，井点坐标如图 7.6 所示。5-D 为注水井（激动井），1-E、1-D、1-C、5-C、9-C、9-D、9-E、5-E 为观测井。注水井以 115stb/d（1stb = 0.159 m^3）的注入量注入，同时在周围的八口观测井下入高灵敏度的仪器记录井底压力的变化情况。Ranmey 给出的其他数据如下所列。

注入量：q = 115stb/d；

油层厚度：h=25ft①；

水的体积系数：B_w=1；

水的黏度：μ_w=1mPa · s；

孔隙度：ϕ=20%；

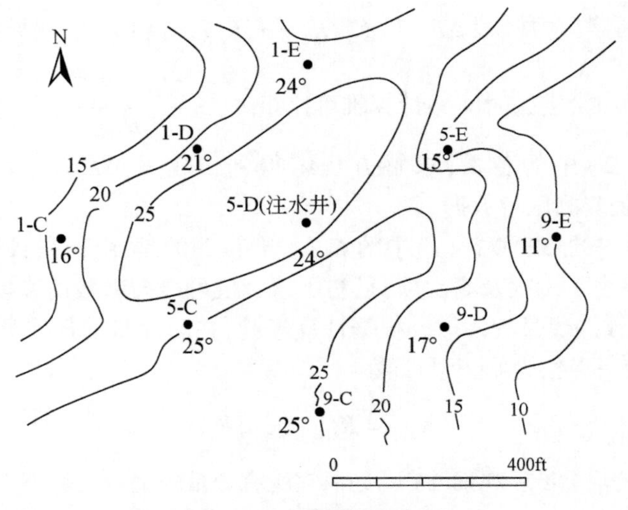

图 7.5　油藏砂体分布图

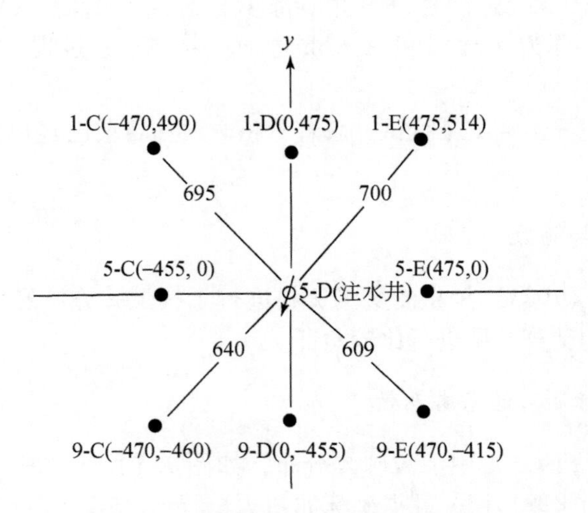

图 7.6　干扰试井井位分布图（单位：ft）

① 1ft=0.3048m。

综合压缩系数：$c=8\times10^{-6}\text{psi}^{-1}$①；

水的压缩系数：$c_w=3.3\times10^{-6}\text{psi}^{-1}$；

岩石的压缩系数：$c_f=3.7\times10^{-6}\text{psi}^{-1}$；

油的压缩系数：$c_o=7.5\times10^{-6}\text{psi}^{-1}$；

油层温度：21℃；

初始地层压力：$P_i=240\text{psi}$；

平均井底半径：$r_w=0.563\text{ft}$；

停注时间：注水开始后 101 小时；

平均渗透率：$K=14.6\text{mD}$②。

观测井压力记录数据见表 7.2。

表 7.2　观测井测得的压力数据

1-C		1-D	
t/h	ΔP/psi	t/h	ΔP/psi
113	22	23.5	6.7
125	22	28.5	7.2
146	19	51	15
195	16	77	20
215	14	95	25
249	14	119	24
295	11	125	23.2
		141	19
		163	18
		188	14
		215	12
		265	10
		290	10
1-E		**5-C**	
t/h	ΔP/psi	t/h	ΔP/psi
27.5	3	47	10
47	5	71	17.2
72	11	94	24
95	13	113	25.1

① $1\text{psi}=6.89476\times10^3\text{Pa}$。

② $1\text{D}=0.986923\times10^{-12}\text{m}^2$。

续表

1-E		5-C	
t/h	ΔP/psi	t/h	ΔP/psi
115	16	124	26
125	16	146	24
142	13	192	17
192	10	210	15
215	10	240	15. 2
240	6	260	14
295	5. 8	285	13
5-E		9-C	
t/h	ΔP/psi	t/h	ΔP/psi
21	4	24	4
47	11	47	8
72	16. 3	72	13
94	21. 2	94	17. 7
115	22	115	18
122	25	126	18
140	22. 3	145	17
188	19. 2	194	11
210	18	215	13
285	15	245	11
		295	10
9-D		9-E	
t/h	ΔP/psi	t/h	ΔP/psi
23. 5	8. 2	21	3
28. 5	9. 3	47	3
51	17	71	3
75	23. 2	94	10
95	27. 2	115	12. 5
120	27	125	13
143	21	143	12. 8
190	16	195	13
215	14	215	13
270	13	240	10
285	12	295	10

2. 计算机程序计算过程及结果分析

在目标井组中选取三口观测井的压力数据进行试井解释。在计算机试井自动拟合计算时需要输入的数据如下。

（1）基础数据：黏度μ，体积系数b，地层厚度h，综合系数$f_m=\phi\mu C$；

（2）第一口井、第二口井及第三口井的井点坐标值，压力差及压力差对应的时间点；

（3）渗透率张量各分量k_{xx}，k_{yy}，k_{xy}及综合系数f_m的初始估计值、最大估计值和最小估计值；

拟合计算时输入数据的程序主界面如图7.7所示。其中压力差及其对应的时间以数据文件形式输入。取1-E、1-D和5-E作为观测井，输入的基础数据如图7.7所示。经自动拟合计算得出的结果为$K_{XX}=15.69\text{mD}$，$K_{YY}=12.04\text{mD}$，最大主方向与直角坐标的夹角为$\theta=57.32°$。

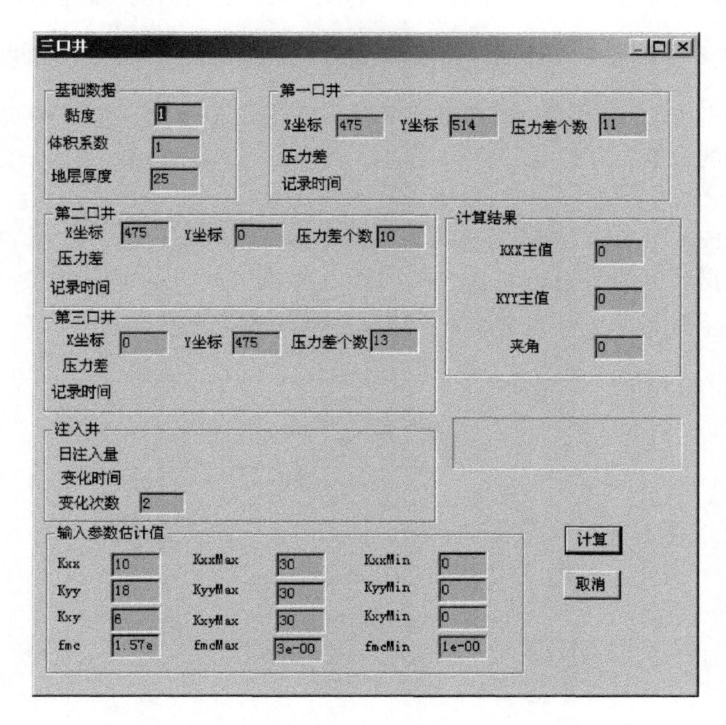

图7.7　各向异性油藏试井2口观测井自动拟合程序主界面

另外选择两组观测井进行计算，第一组观测井为5-E、9-E、9-D，第二组观测井为1-E、5-E、9-E。拟合计算结果见表7.3。

表 7.3　不同观测井组干扰试井拟合计算结果

选择井组	计算结果				平均渗透率 K/mD	迭代次数	误差 /psi
	K_{XX}/mD	K_{YY}/mD	θ/（°）	$\phi\mu c$			
1-D，1-E，5-E	15.69	12.04	57.32	1.64×10^{-6}	13.75	6	4.54
5-E，9-E，9-D	16.5	8.1	53.8	1.57×10^{-6}	11.6	7	6.59
1-E，5-E，9-E	16.4	9.1	55.3	1.82×10^{-6}	11.79	7	6.57

从表 7.3 可看出，井组选择不同，拟合的结果也有所不同。这是由于在实际的干扰试井过程中，各种各样因素的影响，数据出现偏差，信噪比加大，从而出现不同的拟合结果。但同时也可以看出，不同井组计算得到的渗透率主方向是集中在较小的角度范围内的，比较接近。同时迭代次数和误差相对较小，也可以说明数据测试的可靠程度。本节选择 1-D，1-E，5-E 的拟合作为最终结果。

3. 本书方法与参考文献计算结果的比较

Ranmey（1975）中试井解释采用的是人工图版拟合法，拟合中只利用了压力上升阶段的数据，其拟合计算得到的结果为 $K_{XX}=21.1\text{mD}$，$K_{YY}=13.5\text{mD}$，$\theta=62.1°$。

将 Ranmey（1975）图版拟合压力数据、本书计算拟合压力数据和油藏实际测试压力数据绘成曲线进行对比，不同观测井压力曲线的拟合结果如图 7.8 ~ 图 7.11所示。图版拟合和自动拟合均为三口观测井试井解释。

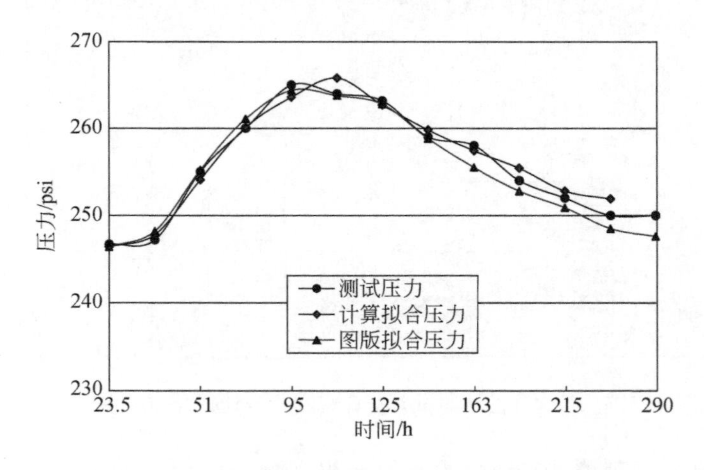

图 7.8　干扰试井不同方法 1-D 井压力拟合结果对比图

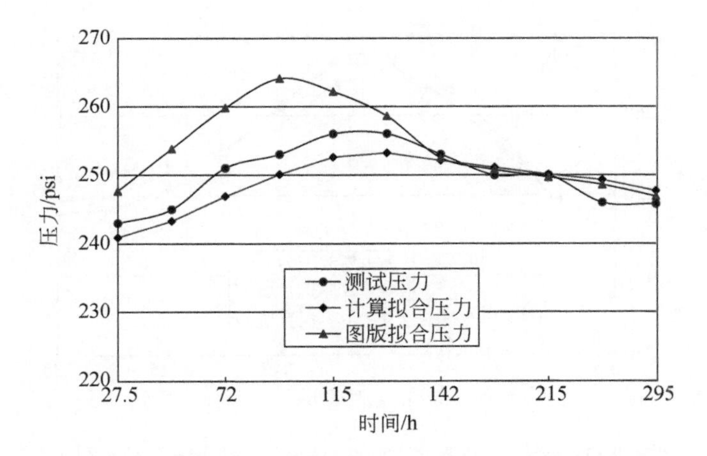

图 7.9 干扰试井不同方法 1-E 井压力拟合结果对比图

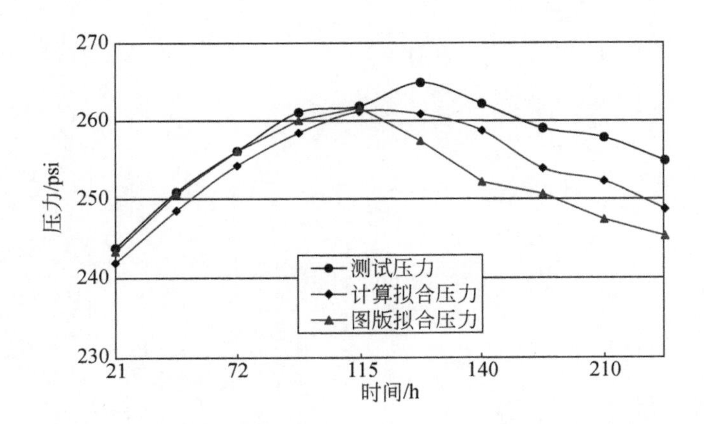

图 7.10 干扰试井不同方法 5-E 井压力拟合结果对比图

从图 7.8 ~ 图 7.11 对比中可以看出：

（1）利用本书所列方法和软件计算拟合得到的压力曲线比人工图版拟合得到的压力曲线更接近实际测试压力曲线，也证明自动拟合方法对油藏各向异性渗透率参数解释结果更准确、更合理。

（2）本书算法和程序不但利用了压力上升阶段的压力数据，也利用了压力降落阶段的压力数据，得出的参数与实际油藏更为接近。

（3）人工图版拟合用时较多，需与理论图版反复比较；同时，由于人工拟合过程中人为因素影响较大，容易出现较大误差。利用本书所列方法和软件计算拟合出的参数更加准确，且拟合速度快，工作效率大大提高。

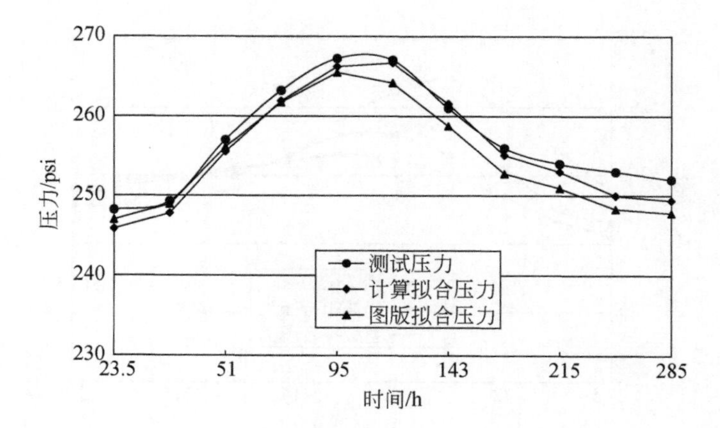

图 7.11　干扰试井不同方法 9-D 井压力拟合结果对比图

第 8 章　裂缝性油藏各向异性应力敏感机理

在第 1～7 章中，对各向异性油藏渗流与开发的特征及规律进行了论述。从本章开始将介绍裂缝性油藏各向异性应力敏感机理及其对油藏渗流与开发的影响规律。

油藏开发过程中流体压力的变化会引起岩石介质所承受的有效应力的变化，从而使得岩石介质发生形变，岩石的渗透率也随之改变。这就是油藏的应力敏感性。裂缝性油藏的应力敏感主要表现在油藏流体压力变化会显著地改变裂缝的开度及裂缝系统的渗透率，从而显著影响该类油藏的生产能力。裂缝性油藏的应力敏感远强于一般油藏。

由于沉积作用、地应力作用、微观结构和物质组成等影响，储层的弹性力学参数一般具有各向异性特征（赵成刚等，2009；牛滨华等，2002；况昊，2012），可称作弹性各向异性。弹性各向异性使得岩石的形变具有方向性，即形变各向异性。形变各向异性又使得油藏中不同方向裂缝的开度变化不同，进而导致裂缝渗透率变化程度不同，即裂缝系统的应力敏感具有各向异性特点。裂缝性油藏渗透率的各向异性和应力敏感的各向异性相互作用使得裂缝系统渗透率的主值大小和方向都随油藏压力的变化而变化，形成裂缝性油藏更为复杂的应力敏感特征。

为具有一般性，本书选取经过人工压裂的裂缝性油藏作为对象进行应力敏感研究。假设油藏同时存在天然裂缝和人工裂缝，人工裂缝包括主裂缝和次裂缝，次裂缝和天然裂缝共同组成裂缝网络，裂缝网络与主裂缝共同构成储层的裂缝系统。

如图 8.1 所示为典型的水平井压裂开发的油藏内的裂缝系统。图 8.1（a）～

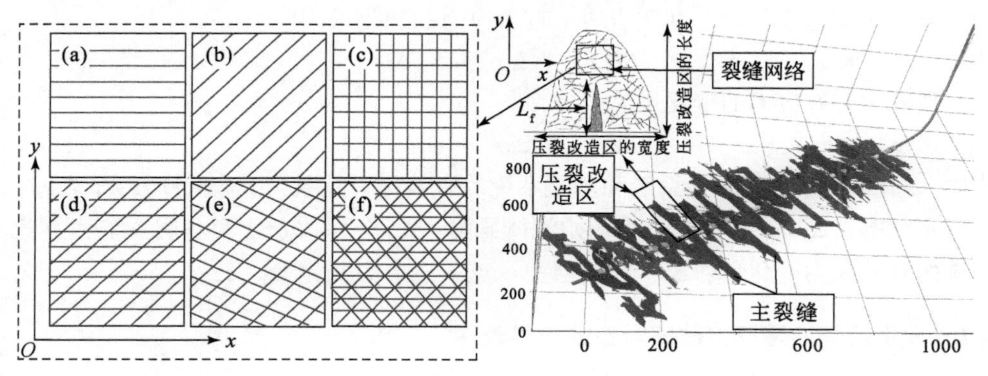

图 8.1　油藏压裂改造区中裂缝系统示意图

(f) 所示为 6 种具有代表性的裂缝网络，本章将以这些裂缝网络为例详细讨论应力敏感裂缝性油藏中裂缝开度和渗透率的变化特征。讨论中假设裂缝和基质岩块均为线弹性介质。

本章主要介绍裂缝性油藏各向异性应力敏感机理。首先介绍裂缝性油藏应力敏感基础理论，包括油藏有效应力及其边界条件、裂缝与基质的相互作用机制及应力应变关系；然后对不同裂缝网络系统在各向异性弹性介质条件下的应变机理进行分析，论述其渗透率应力敏感变化规律；最后给出不同裂缝网络各向异性应力敏感动态渗透率张量模型。

8.1 裂缝性油藏应力敏感基础理论

8.1.1 裂缝性介质的有效应力

Biot 于 1941 年提出了广泛适用于饱含流体的多孔介质的有效应力公式 (Biot，1941)：

$$\sigma_{\text{eff}} = \sigma^T - \alpha p \tag{8.1}$$

式中，σ_{eff}为固体多孔介质承受的有效应力；σ^T 为固体多孔介质与其所含流体共同承受的总应力；p 为多孔介质内所含流体的压力；α 为有效应力系数，α 的取值受多孔介质孔隙度大小影响，另外还受到岩性、胶结方式、岩石本身的结构 (疏松岩石、致密岩石、裂缝性、缝洞性) 等因素的影响，$0<\alpha<1$。

根据式 (8.1)，很容易给出裂缝性多孔介质中裂缝和基质岩块的有效应力公式：

$$\sigma_{i,\text{eff}} = \sigma^T - \alpha_i p \tag{8.2}$$

式中，i = m，f，m 表示基质岩块，f 表示裂缝系统。

当流体压力变化时，基质岩块中有效应力的变化量为

$$\Delta\sigma_{\text{m,eff}} = \Delta\sigma^T - \alpha_{\text{m}}\Delta p \tag{8.3}$$

裂缝中有效应力的变化量为

$$\Delta\sigma_{\text{f,eff}} = \Delta\sigma^T - \alpha_{\text{f}}\Delta p \tag{8.4}$$

式中，α_{f} 和 α_{m} 分别为裂缝系统和基质系统的有效应力系数，大小处于 0 ~ 1 之间，二者不相等；$\Delta p = p - p_0$，p_0 为初始流体压力；$\Delta\sigma_{\text{m,eff}}$和 $\Delta\sigma_{\text{f,eff}}$为基质系统和裂缝系统的有效应力变化量；$\Delta\sigma^T$ 为储层中一点的总应力变化量。

8.1.2 裂缝性油藏应力敏感问题的边界条件

裂缝性油藏的应力边界条件对于其应力敏感规律具有决定性影响。不同的边

界条件会造成油藏中裂缝与基质间不同的作用形式，使得裂缝和基质的形变规律不同，以及油藏渗透率的变化规律也不同。

通常人们把油藏应力边界条件分为两种：一种认为油藏边界所受总应力不变，即定应力边界条件；另一种认为油藏边界位置固定不变，即零位移边界条件（或定容边界条件）。早期的研究者大多采用定应力边界条件，但随着研究的深入，越来越多的研究者开始考虑零位移（定容）边界条件的合理性（Connel，2009；Connel and Detournay，2009；Massarotto *et al.*，2009；Ma *et al.*，2011；Wang *et al.*，2012），这种变化的原因主要是应力拱现象的存在。

传统上认为，油藏开采过程中作用于储层的上覆应力将保持初始垂向地应力不变；而实际油藏并不一定满足上覆应力恒定不变的条件。

油藏开发过程中，地层孔隙流体压力降低时，储层和围岩层（上覆岩层、储层外边界之外的非储层、下伏岩层）将无法维持初始的应力平衡，储层内应力重新分布，直至达到一个新的应力平衡状态。这个过程中会产生应力拱效应。

孔隙流体压力降低时，上覆应力作用使得储层在垂向上产生形变，而相邻的上覆岩层也会随着储层的形变而发生形变，同时上覆应力的一部分甚至会全部转移到上覆岩层上，使得作用于储层的上覆应力减小，甚至可能接近于 0，这种现象就是应力拱效应。一般地，油藏在开发过程中都存在应力拱效应，因此，一般油藏不满足定应力边界条件。

油藏侧向岩层对储层的作用效果与上覆岩层相同，不再赘述。

因为应力拱效应的存在，储层的形变，即边界的位移一般远远小于不考虑应力拱效应时计算的结果，甚至可能近似于 0；形变大小主要与围岩的力学性质（弹性模量 E、泊松比 ν）、储层的力学性质（弹性模量 E、泊松比 ν）及储层的形状有关。例如，当油藏周围岩层为相对坚硬的岩石时，相当于给油藏加了一层“硬壳”，坚硬的岩层能更加有效地承担外载荷，应力拱更易产生，此时围岩不会产生明显的形变，相应的油藏边界也不会发生明显的位移。再如纵横比大，泊松比小，且相对于外围岩层较软（储层弹性模量小）的储层，其应力拱效应强，大部分上覆岩层的重量会通过应力拱被平衡，最终作用在储层上的应力很小，该作用力使得油藏边界发生的位移也相应很小，近似可以忽略，在一定范围内可以近似认为油藏边界位置固定不变。

基于上述分析，油藏开发过程中因储层内流体压力变化所引起的边界位移不能被忽略时，油藏边界应作为定应力边界；当储层内流体压力变化所引起的边界位移很小，近似可以被忽略时，油藏外边界可视为零位移（定容）边界条件。

实际油藏在开发过程中，发现油藏边界产生明显位移的情况很少；因此，本书后续相关内容主要以零位移（定容）边界条件为基础进行裂缝性油藏各向异性应力敏感分析，研究其对裂缝性油藏渗流与开发的影响规律。对于定应力边界条件，可以采用相似方式和路线用于裂缝性油藏各向异性应力敏感渗流与开发分析。

8.1.3　裂缝性油藏应力敏感结构单元

裂缝性油藏开采会引起裂缝和基质内流体压力的变化，使得裂缝系统与基质系统的相互作用力发生改变，裂缝发生变形。为了清晰地描述裂缝变形过程，取裂缝性储层中“基质岩块+裂缝”的结构单元作为研究对象，如图 8.2 所示。假设每个基质岩块的边长为 a_0，每条裂缝的开度为 b_0。

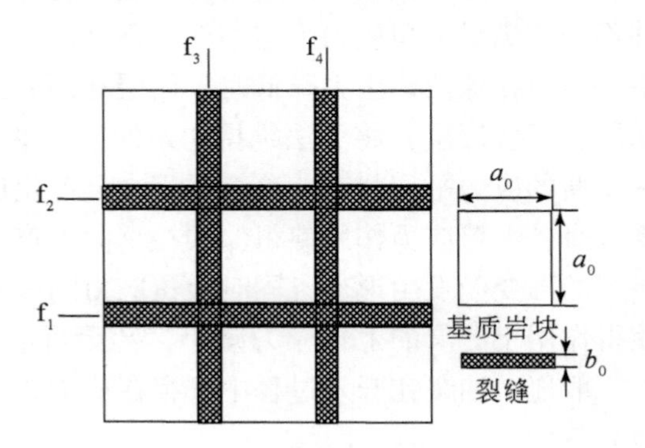

图 8.2　裂缝性储层结构单元示意图

对结构单元进行变形分析，采用以下几点假设：

（1）油藏边界固定即遵从零位移（定容）边界条件；

（2）油藏包含基质岩块和裂缝两种介质，两者均为线弹性连续介质；

（3）基质岩块内各点流体压力相同；

（4）裂缝内各点流体压力相同；

（5）基质岩块内流体压力与裂缝内流体压力瞬间达到平衡。

根据以上假设可知，开采中裂缝系统压力降低，裂缝系统内流体压力变化量相同，所有基质岩块内流体压力变化量和有效应力变化量相等。结构单元的受力分析如图 8.3 所示。每条裂缝对两侧基质岩块的作用力关于裂缝中心线呈轴对称分布，每个基质岩块对四周裂缝系统的作用力关于基质岩块中心点呈中心对称分布。其中，F_m 表示基质岩块对裂缝施加的作用力，F_f 表示裂缝对基质岩块施加的作用力。

如图 8.4 所示，取裂缝 f_1、f_2与裂缝 f_3、f_4的中心线（图中虚线）交点 A、B、C、D 所围区域进行研究，如图中实线矩形区域。初始压力条件下，基质岩块和裂缝处于原始平衡状态，基质岩块没有发生变形。

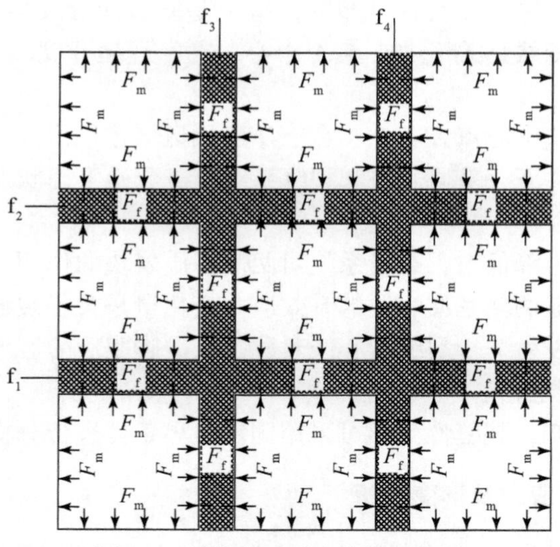

图 8.3　结构单元受力分析示意图

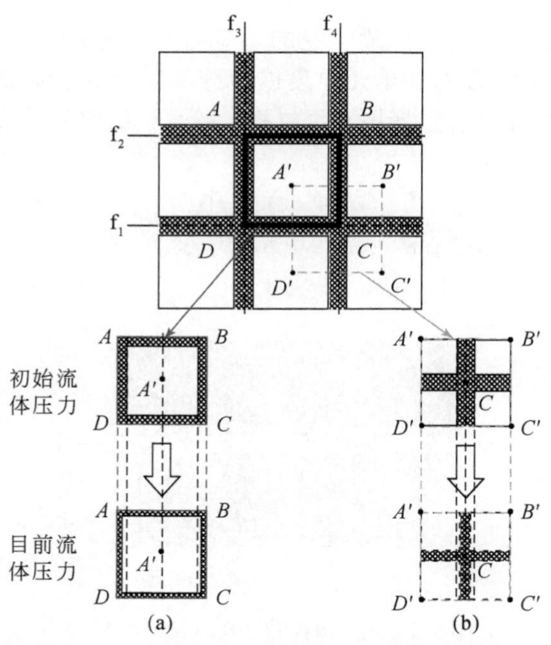

图 8.4　裂缝性介质结构单元变形分析示意图

为进行分析，假设裂缝系统压力出现下降，此时每个基质岩块受到四周裂缝的作用力降低，且降低幅度相同。因此，每个基质岩块四周所受到的有效应力变化量是关于基质岩块中心点对称分布的，每个基质岩块会发生中心点对称膨胀。膨胀后的基质岩块依然是关于中心点 A' 中心对称，裂缝开度减小，边界线 $ABCD$ 大小不变。

对于各基质岩块中心点 A'、B'、C'、D' 所围区域进行研究，即图中虚线矩形区域。初始压力条件下，基质岩块和裂缝系统处于原始平衡状态，基质岩块没有发生变形。

当裂缝系统压力降低时，裂缝系统对两侧基质岩块的作用力降低，且降低幅度相同。因此，裂缝两侧基质岩块的有效应力变化量是关于裂缝中心线对称分布的，每个基质岩块发生关于裂缝中心线对称膨胀。膨胀后的区域依然是关于中心点 C 中心对称，裂缝开度减小，边界线 $A'B'C'D'$ 大小不变。

由以上分析可知，裂缝性变形可采用固定边界条件进行分析。

8.1.4　裂缝性介质应力及形变分析

流体压力由初始压力 p_0 降至压力 p 时，单条裂缝条件下的结构单元中受力和变形分析如下。

如图 8.5 所示，结构单元四周承受的总应力大小为 σ^T；单元中裂缝初始开度为 b_0；裂缝初始长度为 L_0；单元厚度或裂缝高度为 h_0；裂缝初始间距为 d_0。对于固定边界的结构单元，边界不发生位移，那么，结构单元整体上的几何尺寸变化量等于 0，则有

$$(a_0 + b_0)\varepsilon = 0 \tag{8.5}$$

式中，a_0 为基质岩块的尺寸；ε 为结构单元的应变。

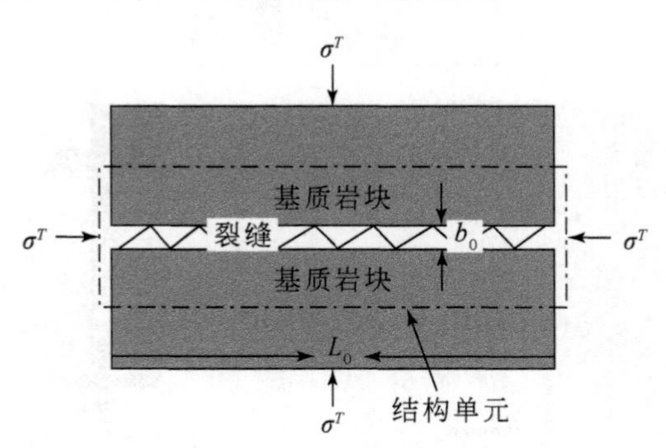

图 8.5　固定边界的结构单元示意图

当基质系统、裂缝系统中流体压力发生变化时，基质岩块和裂缝发生变形。根据应力与应变的关系，结构单元的有效应力变化量为

$$\Delta\sigma_{\text{eff}} = \bar{E}\varepsilon \tag{8.6}$$

基质系统的有效应力变化量为

$$\Delta\sigma_{\mathrm{m,eff}} = E_{\mathrm{m}}\varepsilon_{\mathrm{m}} \tag{8.7}$$

裂缝系统的有效应力变化量为

$$\Delta\sigma_{\mathrm{f,eff}} = E_{\mathrm{f}}\varepsilon_{\mathrm{f}} \tag{8.8}$$

式中，$\Delta\sigma_{\mathrm{eff}}$为结构单元的有效应力变化量；$\bar{E}$ 为结构单元平均弹性模量；E_{m} 和 E_{f} 为基质系统和裂缝系统的弹性模量；ε_{m} 和 ε_{f} 为基质系统和裂缝系统的应变。

结构单元的几何尺寸变化量为基质岩块的几何尺寸变化量加上裂缝系统的几何尺寸变化量，则有

$$(a_0 + b_0)\varepsilon = a_0\varepsilon_{\mathrm{m}} + b_0\varepsilon_{\mathrm{f}} \tag{8.9}$$

由式（8.5）~式（8.9）联立，可得

$$\frac{a_0}{E_{\mathrm{m}}}\Delta\sigma_{\mathrm{m,eff}} + \frac{b_0}{E_{\mathrm{f}}}\Delta\sigma_{\mathrm{f,eff}} = 0 \tag{8.10}$$

由式（8.10）变形可得

$$\frac{b_0}{E_{\mathrm{f}}}\Delta\sigma_{\mathrm{f,eff}} = -\frac{a_0}{E_{\mathrm{m}}}\Delta\sigma_{\mathrm{m,eff}} \tag{8.11}$$

裂缝系统的力与基质岩块系统的力是一对作用力与反作用力，在几何尺寸上裂缝与基质岩块将发生相对变化。

由式（8.11）得裂缝系统与基质系统之间有效应力变化量的关系为

$$\Delta\sigma_{\mathrm{f,eff}} = -\frac{a_0 E_{\mathrm{f}}}{b_0 E_{\mathrm{m}}}\Delta\sigma_{\mathrm{m,eff}} \tag{8.12}$$

由有效应力原理，式（8.12）可变形为

$$\frac{b_0}{E_{\mathrm{f}}}(\Delta\sigma^T - \alpha_{\mathrm{f}}\Delta p_{\mathrm{f}}) = -\frac{a_0}{E_{\mathrm{m}}}(\Delta\sigma^T - \alpha_{\mathrm{m}}\Delta p_{\mathrm{m}}) \tag{8.13}$$

式中，Δp_{f} 为裂缝系统的流体压力；Δp_{m} 为基质系统的流体压力；α_{f} 为裂缝系统的有效压力系数；α_{m} 为基质系统的有效应力系数。

基质系统和裂缝系统中流体压力瞬间平衡，则有 $\Delta p_{\mathrm{f}} = \Delta p_{\mathrm{m}} = \Delta p$。由式（8.13）计算得到总应力的变化量为

$$\Delta\sigma^T = \frac{b_0\alpha_{\mathrm{f}}E_{\mathrm{m}} + a_0\alpha_{\mathrm{m}}E_{\mathrm{f}}}{b_0E_{\mathrm{m}} + a_0E_{\mathrm{f}}}\Delta p \tag{8.14}$$

根据式（8.3）和式（8.4）可知，当流体压力降低时，Δp 为负值，裂缝系统有效应力的变化量 $\Delta\sigma_{\mathrm{f,eff}}$ 为正值，基质系统有效应力的变化量 $\Delta\sigma_{\mathrm{m,eff}}$ 为负值。在固定边界的结构单元中，流体压力降低时，裂缝系统发生收缩，基质岩块系统发生膨胀，裂缝开度减小，反之亦然；并且，基质岩块尺度和裂缝开度变化量始终大小相等，正负相反。因此，裂缝与基质岩块间的这种局部相对形变不会引起油藏的宏观形变，也不会引起基质岩块的整体位移。而裂缝开度的变化取决于其

两侧基质岩块的弹性变形。

根据线应变基本定义，裂缝开度变化量为

$$\Delta b_{\mathrm{b}} = \frac{b_0}{E_{\mathrm{f}}}(\Delta\sigma^T - \alpha_{\mathrm{f}}\Delta p) = \frac{b_0}{E_{\mathrm{f}}}\left(\frac{b_0\alpha_{\mathrm{f}}E_{\mathrm{m}} + a_0\alpha_{\mathrm{m}}E_{\mathrm{f}}}{b_0E_{\mathrm{m}} + a_0E_{\mathrm{f}}} - \alpha_{\mathrm{f}}\right)\Delta p \tag{8.15}$$

式中，Δb_{b} 为固定边界条件下的裂缝开度变化量。

从油藏角度来说，结构单元仅作为其中一个微元或者任意一点，油藏整体的形变与结构单元直接相关。在零位移（定容）边界条件下，油藏边界不发生形变，也不会产生位移，油藏体积不发生变化；但是油藏边界上的总应力是变化的。

本书后续研究中为了简便，假设油藏压力变化时总地应力在各方向的变化量相同。

8.2　各向同性弹性储层裂缝变形机理

首先，以图 8.1 中裂缝网络（d）为例介绍各向同性弹性储层中裂缝开度的变化规律。如图 8.6 所示，裂缝性储层变形包括：①基质岩块的变形；②裂缝 f_1 的变形；③裂缝 f_2 的变形。其中，裂缝 f_1 的走向与地应力主方向一致，裂缝 f_2 的走向与地应力主方向不一致，裂缝 f_1 与裂缝 f_2 的夹角为 β_2，所有裂缝面都平行于 z 轴。

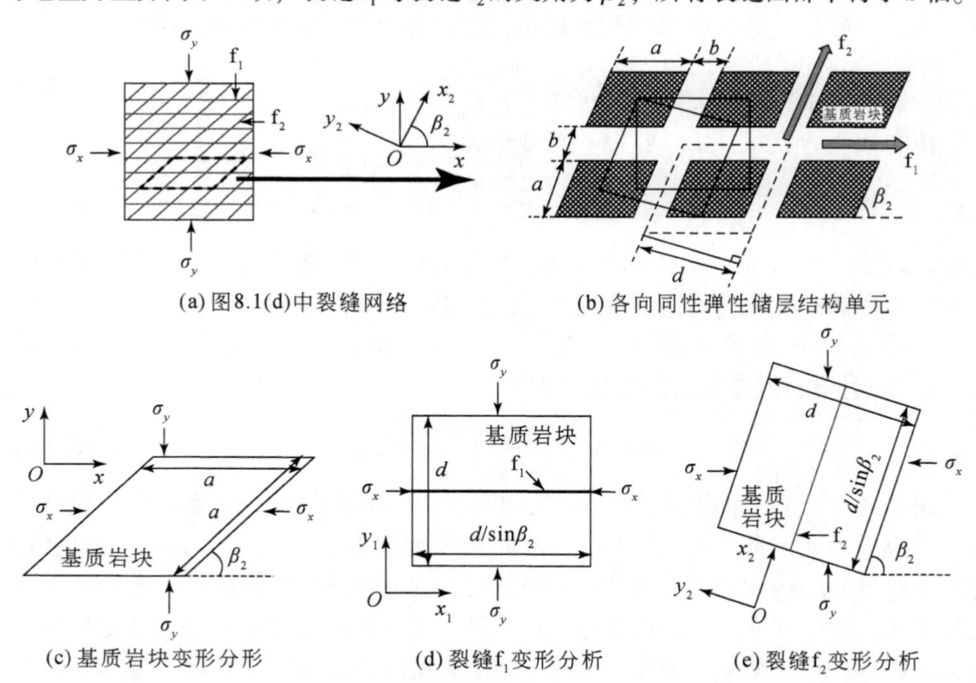

(a) 图8.1(d)中裂缝网络　(b) 各向同性弹性储层结构单元

(c) 基质岩块变形分形　(d) 裂缝f_1变形分析　(e) 裂缝f_2变形分析

图 8.6　各向同性弹性储层变形分析示意图

8.2.1 各向同性弹性储层应力应变分析

各向同性弹性储层的应力主向与应变主向是重合的，选取地应力主坐标系 xOy 为参照坐标系，基质岩块和裂缝 f_1 的变形量计算无须应力张量坐标变换，但裂缝 f_2 变形量的计算需要进行应力张量坐标变换。

根据有效应力原理，基质岩块、裂缝 f_1 和裂缝 f_2 的应力–应变关系中的应力为有效应力。在参照坐标系 xOy 中，有效应力张量 $\boldsymbol{\sigma}_{\text{eff}}$ 为

$$\begin{aligned}\boldsymbol{\sigma}_{\text{eff}} &= \boldsymbol{\sigma}^T - \alpha p\boldsymbol{I}\\ &= \begin{bmatrix}\sigma_x^T - \alpha p & 0 & 0\\ 0 & \sigma_y^T - \alpha p & 0\\ 0 & 0 & \sigma_z^T - \alpha p\end{bmatrix}\\ &= \begin{bmatrix}\sigma_x^{\text{e}} & 0 & 0\\ 0 & \sigma_y^{\text{e}} & 0\\ 0 & 0 & \sigma_z^{\text{e}}\end{bmatrix}\end{aligned} \tag{8.16}$$

式中，$\boldsymbol{\sigma}^T$ 为总应力张量；α 为有效应力系数；p 为油藏压力；$\boldsymbol{I}$ 为等同张量；$\sigma_i^T(i=x, y, z)$ 为 i 方向的总应力；$\sigma_i^{\text{e}}(i=x, y, z)$ 为 i 方向的有效应力。

如前所述，对于裂缝 f_2，需要将参照坐标系 xOy 中的有效应力张量 $\boldsymbol{\sigma}_{\text{eff}}$ 转换到裂缝 f_2 坐标系 x_2Oy_2 中：

$$\{\bar{\boldsymbol{\sigma}}_{\text{eff}}\} = [\boldsymbol{T}]_\sigma\{\boldsymbol{\sigma}_{\text{eff}}\} \tag{8.17}$$

应力转换矩阵 $[\boldsymbol{T}]_\sigma$ 为

$$[\boldsymbol{T}]_\sigma = \begin{bmatrix}m^2 & n^2 & 0 & 0 & 0 & 2mn\\ n^2 & m^2 & 0 & 0 & 0 & -2mn\\ 0 & 0 & 1 & 0 & 0 & 0\\ 0 & 0 & n & m & -n & 0\\ 0 & 0 & n & n & m & 0\\ -mn & mn & 0 & 0 & 0 & m^2-n^2\end{bmatrix} \tag{8.18}$$

式中，$m=\cos\beta_2$；$n=\sin\beta_2$。

将式（8.16）和式（8.18）代入式（8.17），化简可得在裂缝 f_2 坐标系 x_2Oy_2 中的有效应力分量表达式：

$$\begin{cases}\sigma_1 = m^2\sigma_x^T + n^2\sigma_y^T - \alpha p\\ \sigma_2 = n^2\sigma_x^T + m^2\sigma_y^T - \alpha p\\ \sigma_3 = \sigma_z^T - \alpha p\\ \tau_{23} = \tau_{31} = 0\\ \tau_{12} = -mn\sigma_x^T + mn\sigma_y^T\end{cases} \tag{8.19}$$

式中，τ_{12}，τ_{23}，τ_{31} 分别为1，2，3方向的剪应力。

若 $\Delta\sigma_x^T=\Delta\sigma_y^T=\Delta\sigma_z^T=\Delta\sigma^T$，则流体压力由 p_0 降为 p 时，在参照坐标系 xOy 中有效应力的变化量为

$$\Delta\sigma_x^{\mathrm{e}}=\Delta\sigma_y^{\mathrm{e}}=\Delta\sigma_z^{\mathrm{e}}=\Delta\sigma^{\mathrm{e}}=\Delta\sigma^T-\alpha(p-p_0) \tag{8.20}$$

在裂缝 f_2 坐标系 x_2Oy_2 中有效应力的变化量为

$$\Delta\sigma_1^{\mathrm{e}}=\Delta\sigma_2^{\mathrm{e}}=\Delta\sigma_3^{\mathrm{e}}=\Delta\sigma^{\mathrm{e}}=\Delta\sigma^T-\alpha(p-p_0) \tag{8.21}$$

剪切应力 $\tau_{23}=\tau_{31}=\tau_{12}=0$，表明流体压力变化时基质岩块体积改变，但形状不变。

设裂缝性储层初始流体压力为 p_0 时，基质岩块的长和宽均为 a_0，高为 h_0，裂缝开度为 b_0，裂缝间距为 d_0；流体压力为 p 时，基质岩块的长和宽均为 a，高为 h，裂缝开度为 b，裂缝间距为 d。在参照坐标系 xOy 中，基质岩块、裂缝 f_1 和裂缝 f_2 的应力-应变关系均为

$$\begin{cases}\varepsilon_{x_j,i}=(S_{11}+2S_{12})_i\Delta\sigma^{\mathrm{e}}\\ \varepsilon_{y_j,i}=(S_{11}+2S_{12})_i\Delta\sigma^{\mathrm{e}}\\ \varepsilon_{z_j,i}=(S_{11}+2S_{12})_i\Delta\sigma^{\mathrm{e}}\end{cases} \tag{8.22}$$

式中，$i=\mathrm{m}$，f（m表示基质岩块，f表示裂缝）；$j=1$，2；S_{11} 和 S_{12} 为弹性柔度常数。

8.2.2 各向同性弹性储层裂缝开度动态变化模型

由应变定义可得 $\varepsilon=\dfrac{\Delta b}{d}$，因此基质岩块变形引起的裂缝 f_1 的开度变化量 $\Delta_{\mathrm{m}}b_{\mathrm{f}_1}$ 为

$$\Delta_{\mathrm{m}}b_{\mathrm{f}_1}=a_0\varepsilon_{y,\mathrm{m}}\sin\beta_2 \tag{8.23}$$

裂缝 f_2 的开度变化量 $\Delta_{\mathrm{m}}b_{\mathrm{f}_2}$ 为

$$\Delta_{\mathrm{m}}b_{\mathrm{f}_2}=a_0\varepsilon_{x,\mathrm{m}}\sin\beta_2 \tag{8.24}$$

我们注意到式（8.22）中 $\varepsilon_{x,\mathrm{m}}=\varepsilon_{y,\mathrm{m}}$，因此裂缝 f_1 和 f_2 的开度变化量 Δb 相同：

$$\Delta b=\Delta_{\mathrm{m}}b_{\mathrm{f}}=a_0\frac{1-2\nu_{\mathrm{m}}}{E_{\mathrm{m}}}\sin\beta_2(\Delta\sigma^T-\alpha_{\mathrm{m}}\Delta p)) \tag{8.25}$$

式中，总应力变化量 $\Delta\sigma^T=\dfrac{b_0\alpha_{\mathrm{f}}E_{\mathrm{m}}+a_0\alpha_{\mathrm{m}}E_{\mathrm{f}}}{b_0E_{\mathrm{m}}+a_0E_{\mathrm{f}}}\Delta p$，$b_0$ 为裂缝的初始开度，α_{f} 为裂缝有效应力系数，E_{f} 为裂缝弹性模量；ν_{m} 为基质的泊松比；E_{m} 为基质的弹性模量；α_{m} 为基质有效应力系数。

则裂缝 f_1 和 f_2 的开度为

$$b(P)=b_0+a_0\frac{1-2\nu_{\mathrm{m}}}{E_{\mathrm{m}}}\left(\frac{b_0\alpha_{\mathrm{f}}E_{\mathrm{m}}+a_0\alpha_{\mathrm{m}}E_{\mathrm{f}}}{b_0E_{\mathrm{m}}+a_0E_{\mathrm{f}}}-\alpha_{\mathrm{m}}\right)\sin\beta_2(p-p_0) \tag{8.26}$$

式（8.26）即各向同性弹性储层中裂缝开度与流体压力的关系式。其中的参数，包括基质岩块尺寸、裂缝初始开度、裂缝系统的弹性参数、基质岩块的弹性参数、两组裂缝之间的夹角和两个系统的有效应力系数，均易于确定。

8.3　各向异性弹性储层裂缝变形机理

同样，以图 8.1 中裂缝网络（d）为例，介绍各向异性弹性储层中裂缝开度的变化规律。与各向同性弹性储层类似，各向异性弹性储层的变形包括：①基质岩块的变形；②裂缝 f_1 的变形；③裂缝 f_2 的变形。其中，裂缝 f_1 的走向与地应力主方向一致；裂缝 f_2 的走向与地应力主方向不一致。与各向同性弹性储层不同的是，各向异性弹性储层的弹性模量主方向与地应力主方向不一致，夹角为 θ，如图 8.7 所示。

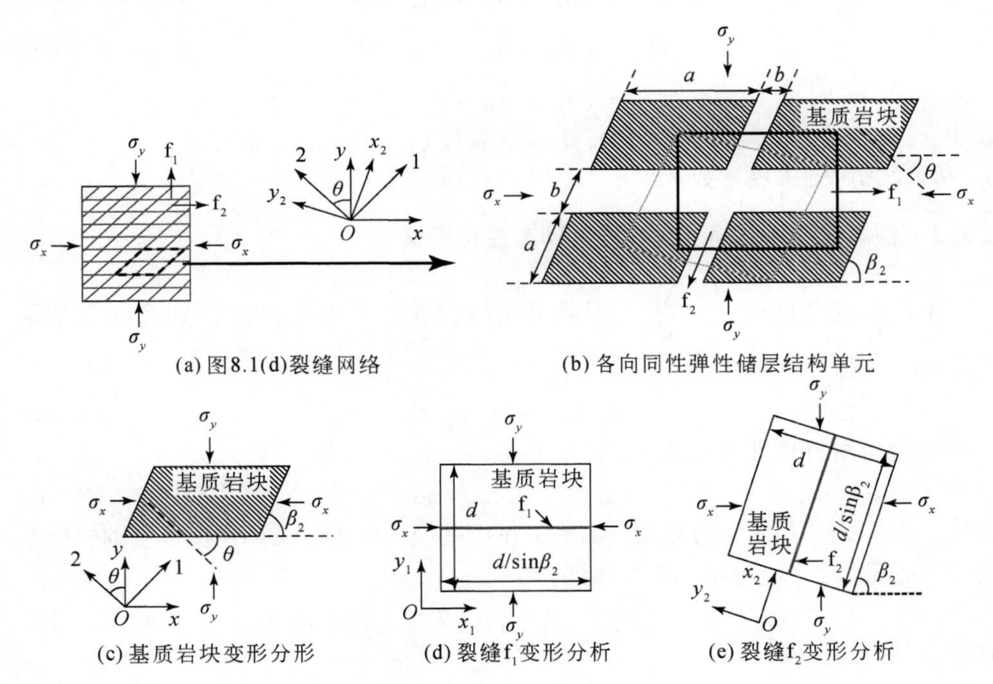

图 8.7　各向异性弹性储层变形分析示意图

8.3.1　各向异性弹性储层应力应变分析

各向异性弹性储层的应力主方向和应变主方向一般是不一致的，选取地应力主坐标系 xOy 为参照坐标系，基质岩块、裂缝 f_1 和裂缝 f_2 变形量的计算都需要进行应力张量坐标变换和应变张量坐标变换。

各向异性弹性储层的有效应力张量坐标变换与各向同性弹性储层相同，结果见式（8.16）~式（8.22）。若 $\Delta\boldsymbol{\sigma}_x = \Delta\boldsymbol{\sigma}_y = \Delta\boldsymbol{\sigma}_z = \Delta\boldsymbol{\sigma}^T$，则流体压力由 p_0 降为 p 时，在参照坐标系、裂缝坐标系和弹性模量主轴坐标系中，有效应力的变化量均为

$$\Delta\boldsymbol{\sigma}^{\mathrm{e}} = \Delta\boldsymbol{\sigma}^T - \alpha(p - p_0) \tag{8.27}$$

对于基质岩块，在弹性模量主轴坐标系中的应力-应变关系为

$$\begin{cases}\boldsymbol{\varepsilon}_{1,i} = (S_{11} + S_{12} + S_{13})_i\Delta\boldsymbol{\sigma}^{\mathrm{e}} \\ \boldsymbol{\varepsilon}_{2,i} = (S_{12} + S_{22} + S_{23})_i\Delta\boldsymbol{\sigma}^{\mathrm{e}} \\ \boldsymbol{\varepsilon}_{3,i} = (S_{13} + S_{23} + S_{33})_i\Delta\boldsymbol{\sigma}^{\mathrm{e}}\end{cases} \tag{8.28}$$

对于裂缝 f_1 和裂缝 f_2，在各自裂缝坐标系中的应力-应变关系为

$$\begin{cases}\boldsymbol{\varepsilon}_{x_j,i} = (S_{11} + S_{12} + S_{13})_i\Delta\boldsymbol{\sigma}^{\mathrm{e}} \\ \boldsymbol{\varepsilon}_{y_j,i} = (S_{12} + S_{22} + S_{23})_i\Delta\boldsymbol{\sigma}^{\mathrm{e}} \\ \boldsymbol{\varepsilon}_{z_j,i} = (S_{13} + S_{23} + S_{33})_i\Delta\boldsymbol{\sigma}^{\mathrm{e}}\end{cases} \tag{8.29}$$

式中，i=m，f（m 表示基质岩块，f 表示裂缝）；$j = 1，2$；S_{11}、S_{12}、S_{13}、S_{22}、S_{23} 和 S_{33} 为弹性柔度常数。

8.3.2 各向异性弹性储层裂缝开度动态变化模型

由应变定义可得 $\varepsilon = \dfrac{\Delta b}{d}$，因此基质岩块变形引起的裂缝 f_1 的开度变化量 $\Delta_{\mathrm{m}} b_{\mathrm{f}_1}$ 为

$$\Delta_{\mathrm{m}} b_{\mathrm{f}_1} = a_0\boldsymbol{\varepsilon}_{y,\mathrm{m}}\sin\boldsymbol{\beta}_2 \tag{8.30}$$

裂缝 f_2 的开度变化量 $\Delta_{\mathrm{m}} b_{\mathrm{f}_2}$ 为

$$\Delta_{\mathrm{m}} b_{\mathrm{f}_2} = a_0\boldsymbol{\varepsilon}_{x,\mathrm{m}}\sin\boldsymbol{\beta}_2 \tag{8.31}$$

式中，应变 $\boldsymbol{\varepsilon}_{x,\mathrm{m}}$ 和 $\boldsymbol{\varepsilon}_{y,\mathrm{m}}$ 为参照坐标系 xOy 中的应变张量，由弹性模量主轴坐标系的应变张量 $\{\boldsymbol{\varepsilon}\}_{102}$ 经过坐标变换得到：

$$\{\bar{\boldsymbol{\varepsilon}}\}_{xOy} = [\boldsymbol{T}]_{\varepsilon}^{-1}\{\boldsymbol{\varepsilon}\}_{102} = [\boldsymbol{T}]_{\varepsilon}^{-1}[\boldsymbol{S}]\{\Delta\boldsymbol{\sigma}^{\mathrm{e}}\} \tag{8.32}$$

其中

$$[\boldsymbol{T}]_{\varepsilon}^{-1} = \begin{bmatrix} m^2 & n^2 & 0 & 0 & 0 & -mn \\ n^2 & m^2 & 0 & 0 & 0 & mn \\ 0 & 0 & 1 & 0 & 0 & 0 \\ 0 & 0 & 0 & m & n & 0 \\ 0 & 0 & 0 & -n & m & 0 \\ 2mn & -2mn & 0 & 0 & 0 & m^2 - n^2 \end{bmatrix} \tag{8.33}$$

展开式（8.32）可得

$$\varepsilon_{x,\mathrm{m}} = n^2\varepsilon_1 + m^2\varepsilon_2 \tag{8.34}$$

$$\varepsilon_{y,\mathrm{m}} = n^2\varepsilon_1 + m^2\varepsilon_2 \tag{8.35}$$

对于 $\varepsilon_{x,\mathrm{m}}$，$m=\cos\theta$，$n=\sin\theta$；对于 $\varepsilon_{y,\mathrm{m}}$，$m=\cos(\theta-\beta_2)$，$n=\sin(\theta-\beta_2)$。将式（8.35）代入式（8.30），可得裂缝 f_1 的开度变化量：

$$\Delta_{\mathrm{m}} b_{\mathrm{f}_1} = a_0\left[\frac{(1-\nu_{\mathrm{m},12})\sin^2\theta-\nu_{\mathrm{m},12}}{E_{\mathrm{m},1}}+\frac{1-\nu_{\mathrm{m},23}}{E_{\mathrm{m},2}}\cos^2\theta\right]\sin\beta_2(\Delta\sigma_{\mathrm{f}_1}^T-\alpha_{\mathrm{m}}\Delta p) \tag{8.36}$$

式中，总应力变化量 $\Delta\sigma_{\mathrm{f}_1}^T=\dfrac{b_0\alpha_{\mathrm{f}}E_{\mathrm{m},2}+a_0\alpha_{\mathrm{m}}E_{\mathrm{f}_1,1}}{b_0E_{\mathrm{m},2}+a_0E_{\mathrm{f}_1,1}}\Delta p$；$\nu_{\mathrm{m},12}$ 和 $\nu_{\mathrm{m},23}$ 分别为基质岩块在1O2和2O3平面的泊松比；$E_{\mathrm{m},1}$ 和 $E_{\mathrm{m},2}$ 为基质岩块在1和2主方向上的弹性模量；$E_{\mathrm{f}_1,1}$ 为裂缝 f_1 在1主方向上的弹性模量。

将式（8.34）代入式（8.31），可得裂缝 f_2 的开度变化量为

$$\Delta_{\mathrm{m}} b_{\mathrm{f}_2} = a_0\left[\frac{(1-\nu_{\mathrm{m},12})\sin^2(\theta-\beta_2)-\nu_{\mathrm{m},12}}{E_{\mathrm{m},1}}+\frac{1-\nu_{\mathrm{m},23}}{E_{\mathrm{m},2}}\cos^2(\theta-\beta_2)\right]\cdot\sin\beta_2(\Delta\sigma_{\mathrm{f}_2}^T-\alpha_{\mathrm{m}}\Delta p) \tag{8.37}$$

式中，总应力变化量 $\Delta\sigma_{\mathrm{f}_2}^T=\dfrac{b_0\alpha_{\mathrm{f}}E_{\mathrm{m},2}+a_0\alpha_{\mathrm{m}}E_{\mathrm{f}_2,1}}{b_0E_{\mathrm{m},2}+a_0E_{\mathrm{f}_2,1}}\Delta p$；$E_{\mathrm{f}_2,1}$ 为裂缝 f_2 在1主方向上的弹性模量。

则裂缝 f_1 的开度为

$$b_{\mathrm{f}_1}(P) = b_0 + a_0\left[\frac{(1-\nu_{\mathrm{m},12})\sin^2\theta-\nu_{\mathrm{m},12}}{E_{\mathrm{m},1}}+\frac{1-\nu_{\mathrm{m},23}}{E_{\mathrm{m},2}}\cos^2\theta\right]\sin\beta_2(\Delta\sigma_{\mathrm{f}_1}^T-\alpha_{\mathrm{m}}\Delta p) \tag{8.38}$$

裂缝 f_2 的开度为

$$b_{\mathrm{f}_2}(P) = b_0 + a_0\left[\frac{(1-\nu_{\mathrm{m},12})\sin^2(\theta-\beta_2)-\nu_{\mathrm{m},12}}{E_{\mathrm{m},1}}+\frac{1-\nu_{\mathrm{m},23}}{E_{\mathrm{m},2}}\cos^2(\theta-\beta_2)\right]\cdot\sin\beta_2(\Delta\sigma_{\mathrm{f}_2}^T-\alpha_{\mathrm{m}}\Delta p) \tag{8.39}$$

式（8.38）和式（8.39）即各向异性弹性储层中裂缝 f_1 和裂缝 f_2 的开度与流体压力的关系式。可以注意到，裂缝 f_1 的开度与裂缝 f_2 的开度一般是不同的；式（8.38）和式（8.39）中压力项的系数由储层弹性参数和裂缝特征参数决定。若 $E_{\mathrm{m},1}=E_{\mathrm{m},2}$、$\nu_{\mathrm{m},12}=\nu_{\mathrm{m},23}$、$E_{\mathrm{f}_11}=E_{\mathrm{f}_12}$、$\nu_{\mathrm{f}_112}=\nu_{\mathrm{f}_123}$，$E_{\mathrm{f}_21}=E_{\mathrm{f}_22}$，$\nu_{\mathrm{f}_212}=\nu_{\mathrm{f}_223}$，式（8.38）和式（8.39）可都简化为式（8.26），可见各向同性弹性储层的裂缝开度表达式是各向异性弹性储层裂缝开度表达式的一种特殊形式。

与各向同性弹性储层不同，在各向异性弹性储层中，式（8.38）和式（8.39）的压力项系数不同，两组裂缝开度的变化率也不同。因此，各向异性弹性储层具

有更复杂的应力敏感特征。

8.4 不同类型裂缝网络的动态渗透率张量模型

8.2 节和 8.3 节以图 8.1（d）裂缝网络为例，分别分析了各向同性弹性储层和各向异性弹性储层中裂缝开度的变化机理，在此基础上本节分析建立不同类型裂缝网络的动态渗透率张量计算模型。

Reiss（1980）指出，在裂缝坐标系中，由泊肃叶定律和达西定律建立等式关系，可确定裂缝的等效渗透率。以图 8.1 中裂缝网络（d）为例，根据泊肃叶定律和达西定律的关系可得等式：

$$\frac{b^2}{12}\frac{b\cdot\sin\beta_2\cdot h}{\mu}\frac{\Delta p}{L}=\frac{(a+b)\cdot\sin\beta_2\cdot h}{\mu}k_{\mathrm{f}_1}\frac{\Delta p}{L} \tag{8.40}$$

式中，a，b 分别为基质块的长和裂缝的开度。

由式（8.40）可得在裂缝坐标系中，裂缝 f_1 和裂缝 f_2 的等效渗透率为

$$k_{\mathrm{f}_1}=k_{\mathrm{f}_2}=\frac{b^3}{12a} \tag{8.41}$$

存在多组裂缝时，先通过坐标变换将每一组裂缝的渗透率张量由裂缝坐标系转换到参照坐标系，再进行叠加可得参照坐标系下的等效裂缝渗透率张量（Ma *et al.*，2013）。设基质渗透率为 k_{m}（常数），对于图 8.1（d）裂缝网络，流体压力为 p 时，参照坐标系 xOy 中裂缝性储层的渗透率张量为

$$\boldsymbol{K}=\sum_{i=1}^{2}\begin{bmatrix}\frac{k_{\mathrm{f}_i}+2k_{\mathrm{m}}}{2}+\frac{k_{\mathrm{f}_i}}{2}\cos2\beta_i & \frac{k_{\mathrm{f}_i}}{2}\sin2\beta_i\\ \frac{k_{\mathrm{f}_i}}{2}\sin2\beta_i & \frac{k_{\mathrm{f}_i}+2k_{\mathrm{m}}}{2}-\frac{k_{\mathrm{f}_i}}{2}\cos2\beta_i\end{bmatrix} \tag{8.42}$$

式中，β_i 为第 i 组裂缝与 x 轴的夹角（逆时针为正，顺时针为负）。可以注意到，在参照坐标系中渗透率张量为全张量形式，不利于直观表示和推导，可通过 1.2.3 节式（1.15）将渗透率张量转换为对角线形式。此处给出平面内两直角坐标系之间渗透率张量的转换公式。

假设平面内有两个共原点的直角坐标系，分别记为 $z'(x', y')$ 和 $z(x, y)$，两坐标系之间的夹角为 γ，两坐标系中渗透率张量分别记为 $\boldsymbol{K}'=\begin{bmatrix}k'_{xx} & k'_{xy}\\ k'_{yx} & k'_{yy}\end{bmatrix}$ 和 $\boldsymbol{K}=\begin{bmatrix}k_{xx} & k_{xy}\\ k_{yx} & k_{yy}\end{bmatrix}$，其中 $z(x, y)$ 坐标系的坐标轴与渗透率主轴方向重合，则 $\boldsymbol{K}=\begin{bmatrix}k_{xx} & 0\\ 0 & k_{yy}\end{bmatrix}$。将 $z'(x', y')$ 坐标系中渗透率张量 $\boldsymbol{K}'$ 转换到 $z(x, y)$ 坐标系的关系

式为

$$K = \begin{bmatrix} \frac{k'_{xx}+k'_{yy}}{2}+\frac{k'_{xx}-k'_{yy}}{2}\cos 2\gamma + k'_{xy}\sin 2\gamma & 0 \\ 0 & \frac{k'_{xx}+k'_{yy}}{2}-\frac{k'_{xx}-k'_{yy}}{2}\cos 2\gamma - k'_{xy}\sin 2\gamma \end{bmatrix} \tag{8.43}$$

其中

$$\gamma = \frac{1}{2}\arctan\left(\frac{2k'_{xy}}{k'_{xx}-k'_{yy}}\right) \tag{8.44}$$

对于图8.1（d）裂缝网络，由式（8.43）和式（8.44）计算可得

$$K = \begin{bmatrix} k_{xx,(\mathrm{d})} & 0 \\ 0 & k_{yy,(\mathrm{d})} \end{bmatrix} \tag{8.45}$$

式中，$k_{xx,(\mathrm{d})} = \frac{k_{f_1}+k_{f_2}+4k_m}{2}+\frac{k_{f_1}+k_{f_2}\cos(2\beta_2)}{2}\cos(2\gamma_{(\mathrm{d})})+\frac{k_{f_2}}{2}\sin(2\beta_2)\sin(2\gamma_{(\mathrm{d})})$；$k_{yy,(\mathrm{d})} = \frac{k_{f_1}+k_{f_2}+4k_m}{2}-\frac{k_{f_1}+k_{f_2}\cos(2\beta_2)}{2}\cos(2\gamma_{(\mathrm{d})})-\frac{k_{f_2}}{2}\sin(2\beta_2)\sin(2\gamma_{(\mathrm{d})})$；$\gamma_{(\mathrm{d})} = \frac{1}{2}\arctan\left[\frac{k_{f_2}\sin(2\beta_2)}{[k_{f_1}+k_{f_2}\cos(2\beta_2)]}\right]$。此时的坐标系称为等效裂缝坐标系，该坐标系与参照坐标系 xOy 之间的夹角为 $\gamma_{(\mathrm{d})}$。

假设图8.1（a）～图8.1（f）裂缝网络每组裂缝的初始渗透率均为 k_{f0}，初始裂缝开度均为 b_0，基质岩块边长均为 a_0，图8.1（e）裂缝网络中 $\beta_1=-\beta_2=\beta$，图8.1（f）裂缝网络中 $\beta_1=-\beta_2=60°$，$\beta_3=0°$。由式（8.41）可得 $k_{f_0}/k_f=\frac{ab_0^3}{a_0b^3}$，又由于 $a/a_0\approx 1$，则裂缝渗透率 k_f 与裂缝开度 b 的关系为

$$k_f = k_{f0}\left(\frac{b}{b_0}\right)^3 \tag{8.46}$$

表8.1～表8.4分别给出了各向同性弹性储层和各向异性弹性储层裂缝网络图8.1（a）～图8.1（f）在等效裂缝坐标系中的渗透率张量对角元素及等效裂缝坐标系与参照坐标系的夹角，以及其裂缝开度。

表8.1　各向同性弹性储层的渗透率张量对角元素及等效裂缝坐标系与参照坐标系的夹角

模型	等效裂缝坐标系下渗透率张量对角元素		等效裂缝坐标系与参照坐标系的夹角 γ /（°）
	k_{xx}	k_{yy}	
图8.1（a）	k_f+k_m	k_m	0
图8.1（b）	k_f+k_m	k_m	β

续表

模型	等效裂缝坐标系下渗透率张量对角元素		等效裂缝坐标系与参照坐标系的夹角 γ / (°)
	k_{xx}	k_{yy}	
图 8.1 (c)	$k_f + k_{2m}$	$k_f + k_{2m}$	0
图 8.1 (d)	$k_{xx,(d)_{isotropy}}$	$k_{yy,(d)_{isotropy}}$	$\frac{1}{2}\beta$
图 8.1 (e)	$k_f[1+\cos(2\beta)]+2k_m$	$k_f[1-\cos(2\beta)]+2k_m$	0
图 8.1 (f)	$k_f[2+\cos(2\beta)]+3k_m$	$k_f[1-\cos(2\beta)]+3k_m$	0

注：$k_{xx,(d)_{isotropy}} = k_f + 2k_m + \frac{k_f}{2}[1+\cos(2\beta_2)]\cos(2\gamma) + \frac{k_f}{2}\sin(2\beta_2)\sin(2\gamma)$，

$k_{yy,(d)_{isotropy}} = k_f + 2k_m - \frac{k_f}{2}[1+\cos(2\beta_2)]\cos(2\gamma) - \frac{k_f}{2}\sin(2\beta_2)\sin(2\gamma)$。

表 8.2　各向同性弹性储层裂缝开度

模型	裂缝开度 b
图 8.1 (a)	$b_0 + \left(a_0\frac{1-2\nu_m}{E_m}\right)(\Delta\sigma^T - \alpha_m\Delta p)$
图 8.1 (b)	$b_0 + \left(a_0\frac{1-2\nu_m}{E_m}\right)(\Delta\sigma^T - \alpha_m\Delta p)$
图 8.1 (c)	$b_0 + \left(a_0\frac{1-2\nu_m}{E_m}\right)(\Delta\sigma^T - \alpha_m\Delta p)$
图 8.1 (d)	$b_0 + \left(a_0\frac{1-2\nu_m}{E_m}\sin\beta\right)(\Delta\sigma^T - \alpha_m\Delta p)$
图 8.1 (e)	$b_0 + \left(a_0\frac{1-2\nu_m}{E_m}\sin\beta\right)(\Delta\sigma^T - \alpha_m\Delta p)$
图 8.1 (f)	$b_0 + \left(a_0\frac{1-2\nu_m}{E_m}\sin\beta\right)(\Delta\sigma^T - \alpha_m\Delta p)$

注：$\Delta p = p - p_0$，$\Delta\sigma^T = \frac{b_0\alpha_f E_m + a_0\alpha_m E_f}{b_0 E_m + a_0 E_f}\Delta p$。

表 8.3　各向异性弹性储层的渗透率张量对角元素及等效裂缝坐标系与参照坐标系的夹角

模型	等效裂缝坐标系下渗透率张量对角元素		等效裂缝坐标系与参照坐标系的夹角 γ / (°)
	k_{xx}	k_{yy}	
图 8.1 (a)	$k_f + k_m$	k_m	0

续表

模型	等效裂缝坐标系下渗透率张量对角元素		等效裂缝坐标系与参照坐标系的夹角 γ / (°)
	k_{xx}	k_{yy}	
图 8.1 (b)	$k_f + k_m$	k_m	θ
图 8.1 (c)	$k_f + 2k_m$	$k_f + 2k_m$	0
图 8.1 (d)	$k_{xx,\text{(d)}_{\text{anisotropy}}}$	$k_{yy,\text{(d)}_{\text{anisotropy}}}$	$\gamma_{\text{(d)}_{\text{anisotropy}}}$

注：$k_{xx,\text{(d)}_{\text{anisotropy}}} = \dfrac{k_{f_1} + k_{f_2} + 4k_m}{2} + \dfrac{k_{f_1} + k_{f_2}\cos(2\beta_2)}{2}\cos(2\gamma) + \dfrac{k_{f_2}}{2}\sin(2\beta_2)\sin(2\gamma)$，

$k_{yy,\text{(d)}_{\text{anisotropy}}} = \dfrac{k_{f_1} + k_{f_2} + 4k_m}{2} - \dfrac{k_{f_1} + k_{f_2}\cos(2\beta_2)}{2}\cos(2\gamma) - \dfrac{k_{f_2}}{2}\sin(2\beta_2)\sin(2\gamma)$，

$\gamma_{\text{(d)}_{\text{anisotropy}}} = \dfrac{1}{2}\arctan\left[\dfrac{k_{f_2}\sin(2\beta_2)}{[k_{f_1} + k_{f_2}\cos(2\beta_2)]}\right]$。

表 8.4　各向异性弹性储层裂缝开度

模型	裂缝开度 b
图 8.1 (a)	$b_f(P) = b_0 + a_0\left(\dfrac{1-\nu_{m,23}}{E_{m,2}} - \dfrac{\nu_{m,12}}{E_{m,1}}\right)(\Delta\sigma_{f_1}^T - \alpha_m\Delta p)$
图 8.1 (b)	$b_f(P) = b_0 + a_0\left(\dfrac{(1-\nu_{m,12})\sin^2\theta - \nu_{m,12}}{E_{m,1}} + \dfrac{1-\nu_{m,23}}{E_{m,2}}\cos^2\theta\right)(\Delta\sigma_{f_1}^T - \alpha_m\Delta p)$
图 8.1 (c)	$b_{f_1}(P) = b_0 + a_0\left(\dfrac{1-\nu_{m,23}}{E_{m,2}} - \dfrac{\nu_{m,12}}{E_{m,1}}\right)(\Delta\sigma_{f_1}^T - \alpha_m\Delta p)$ $b_{f_2}(P) = b_0 + a_0\left(\dfrac{1-2\nu_{m,12}}{E_{m,1}}\right)(\Delta\sigma_{f_2}^T - \alpha_m\Delta p)$
图 8.1 (d)	$b_{f_1}(P) = b_0 + a_0\left(\dfrac{(1-\nu_{m,12})\sin^2\theta - \nu_{m,12}}{E_{m,1}} + \dfrac{1-\nu_{m,23}}{E_{m,2}}\cos^2\theta\right)\cdot\sin\beta_2(\Delta\sigma_{f_1}^T - \alpha_m\Delta p)$ $b_{f_2}(P) = b_0 + a_0\left\{\left[\dfrac{(1-\nu_{m,12})\sin^2(\theta-\beta_2) - \nu_{m,12}}{E_{m,1}} + \dfrac{1-\nu_{m,23}}{E_{m,2}}\cos^2(\theta-\beta_2)\right]\right\}$ $\cdot\sin\beta_2(\Delta\sigma_{f_2}^T - \alpha_m\Delta p)$

注：$\Delta p = p_0 - p$，$\Delta\sigma_{f_1}^T = \dfrac{b_0\alpha_f E_{m,2} + a_0\alpha_m E_{f_1,1}}{b_0 E_{m,2} + a_0 E_{f_1,1}}\Delta p$，$\Delta\sigma_{f_2}^T = \dfrac{b_0\alpha_f E_{m,2} + a_0\alpha_m E_{f_2,1}}{b_0 E_{m,2} + a_0 E_{f_2,1}}\Delta p$。

8.5　裂缝性油藏渗透率张量应力敏感变化规律

本节以图 8.1 (d) 裂缝网络为例，基于表 8.5 和表 8.6 中裂缝特征参数和

裂缝性储层的弹性参数，利用 8.3 节获得的渗透率张量分析各向异性弹性储层渗透率张量的应力敏感动态特征。

表 8.5 各向同性弹性储层裂缝特征参数和裂缝性储层的弹性参数

参数	取值	参数	取值
裂缝 f_1 初始渗透率 $k_{f_1,0}$/mD	5	裂缝弹性模量 E_f/bar*	500000
裂缝 f_2 初始渗透率 $k_{f_2,0}$/mD	5	裂缝泊松比 ν_f	0.2
基质渗透率 k_m/mD	0.5	基质岩块弹性模量 E_m/bar	5000000
初始裂缝开度 b_0/mm	0.1	基质岩块泊松比 ν_m	0.2
裂缝间距 d_0/mm	100	裂缝 f_2 与 x 轴夹角 β_2 /（°）	60
裂缝 f_1 与 x 轴夹角 β_1 /（°）	0		

* 1bar=1×10^{5}Pa。

表 8.6 各向异性弹性储层裂缝特征参数和裂缝性储层的弹性参数

参数	取值	参数	取值
裂缝 f_1 初始渗透率 $k_{f_1,0}$/mD	5	基质岩块弹性模量主方向 θ/（°）	60
裂缝 f_2 初始渗透率 $k_{f_2,0}$/mD	5	裂缝 f_1 与 x 轴夹角 β_1 /（°）	0
基质渗透率 k_m/mD	0.5	裂缝 f_2 与 x 轴夹角 β_2 /（°）	60
初始裂缝开度 b_0/mm	0.1	裂缝间距 d_0/mm	100
裂缝 f_1 弹性模量 E_{f_11}/bar	500000	裂缝 f_1 泊松比 ν_{f_112}	0.2
裂缝 f_1 弹性模量 E_{f_12}/bar	500000	裂缝 f_1 泊松比 ν_{f_123}	0.2
裂缝 f_2 弹性模量 E_{f_21}/bar	200000～500000	裂缝 f_2 泊松比 ν_{f_212}	0.2
裂缝 f_2 弹性模量 E_{f_22}/bar	200000～500000	裂缝 f_2 泊松比 ν_{f_223}	0.2
基质岩块弹性模量 $E_{m,1}$/bar	5000000	基质岩块泊松比 $\nu_{m,12}$	0.2
基质岩块弹性模量 $E_{m,2}$/bar	5 000 000	基质岩块泊松比 $\nu_{m,23}$	0.2

8.5.1 渗透率张量椭圆

图 8.8（a）和图 8.8（b）分别为各向同性弹性储层和各向异性弹性储层渗透率张量在不同弹性模量下随压降的变化，图中各条曲线表示不同压降下储层的渗透率张量，曲线上的数字表示压降大小，椭圆的两个轴的大小和方向分别表示渗透率张量 $\boldsymbol{K}$ 的两个主值的大小和方向。各向同性弹性储层渗透率主值大小随压降增大而减小，减小的速率与裂缝弹性模量相关：裂缝弹性模量越大，渗透率主值减小速率越小，即裂缝越不容易发生变形。

与各向同性弹性储层类似，各向异性弹性储层渗透率主值大小同样随压降增大而减小，且减小速率与两组裂缝的弹性模量相关。但各向异性弹性储层渗透率主值大小发生改变的同时，主值方向发生偏转。裂缝 f_1 的弹性模量大于裂缝 f_2（$E_{f_1,1}>E_{f_2,1}$），则裂缝 f_1 渗透率的减小速率小于裂缝 f_2（即裂缝 f_1 的应力敏感性弱于裂缝 f_2），因此等效渗透率主值方向逐渐向裂缝 f_1 偏转（x 轴方向）。如图 8.8（b）所示，初始压力下，渗透率张量椭圆长半轴最长，渗透率主值最大，主值方向介于两组裂缝之间；随着压降增大，不仅渗透率张量椭圆长轴减小，渗透率主值减小，而且主值方向朝着裂缝 f_1 方向（x 轴方向）发生了偏转；当压降很大时，裂缝 f_2 近乎闭合，渗透率主值方向趋近于裂缝 f_1。

裂缝弹性模量越大，渗透率张量主值大小减小越慢，表明裂缝应力敏感性越弱，如图 8.8（a）所示。两组裂缝弹性模量相差越大，渗透率张量主值方向偏转角度越大，表明弹性各向异性程度越强，如图 8.8（b）所示。

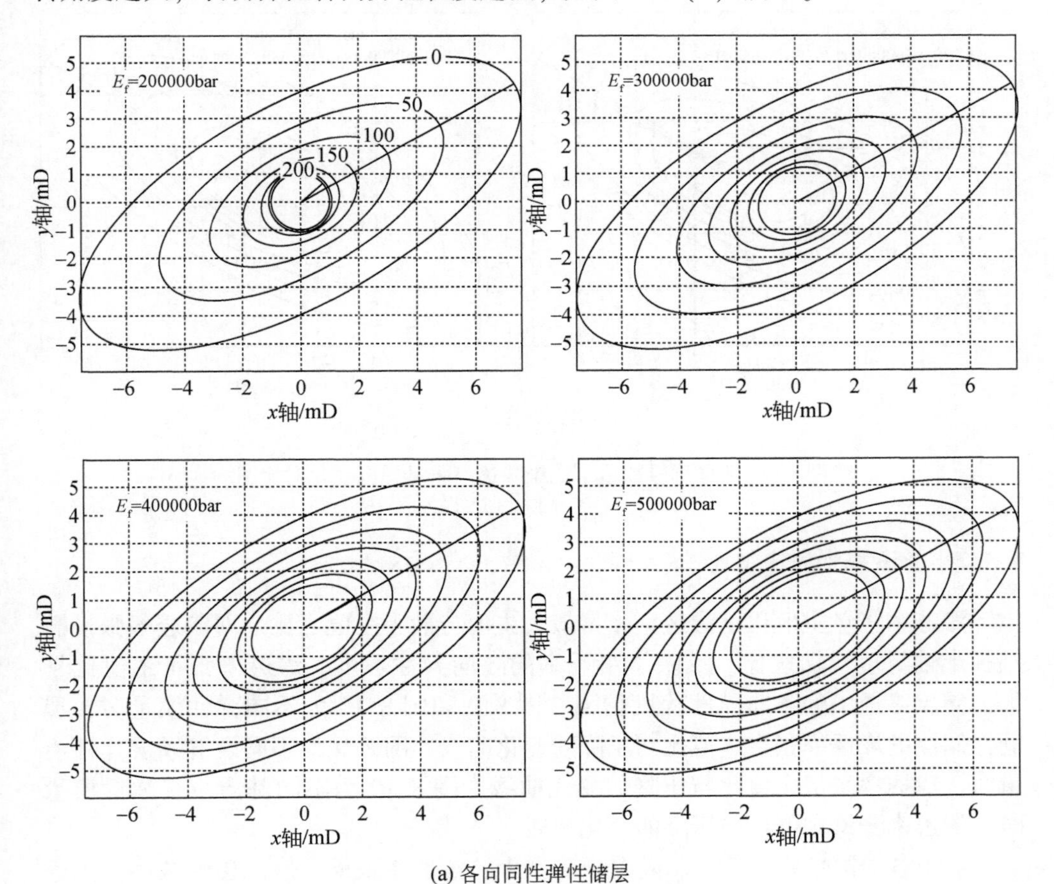

(a) 各向同性弹性储层

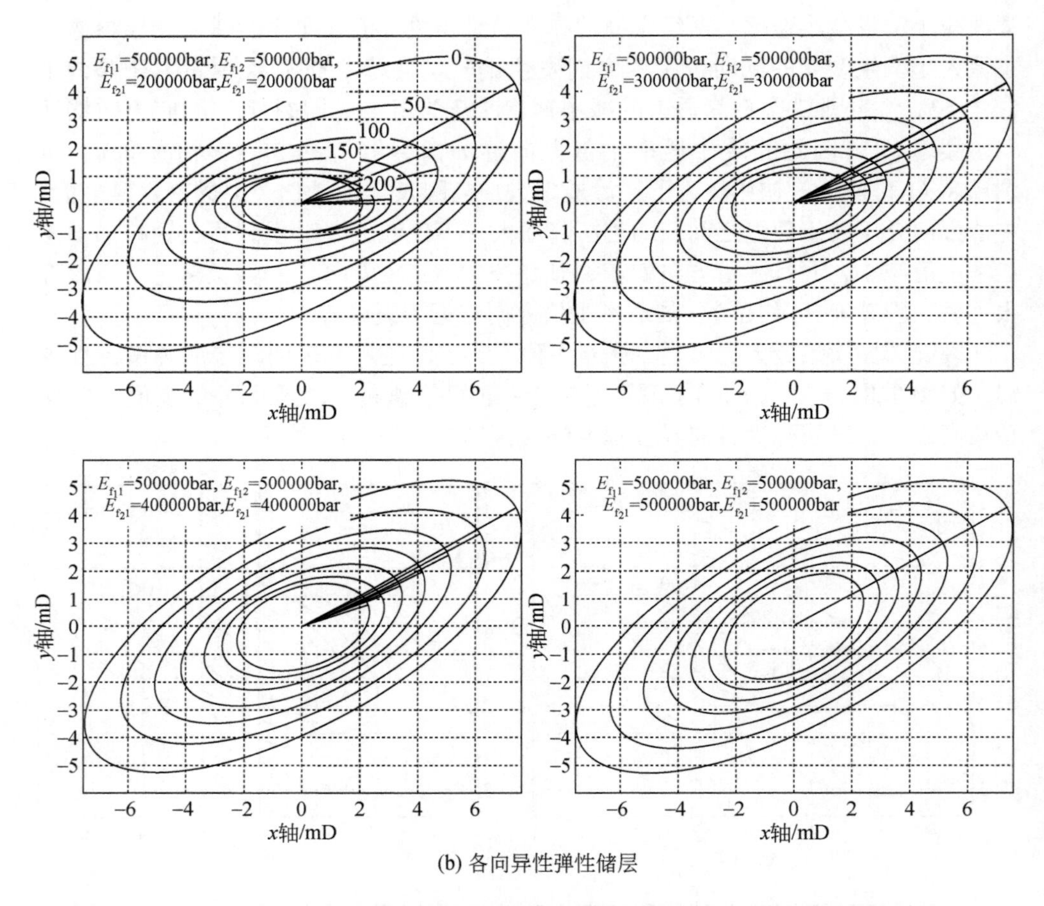

(b) 各向异性弹性储层

图 8.8　不同弹性模量下二维渗透率张量椭圆变化对比图

8.5.2　渗透率张量主值比

渗透率张量主值比是渗透率张量最大主值与最小主值之比，即渗透率张量椭圆长半轴与短半轴之比，反映了渗透率的各向异性程度。渗透率张量主值比越大，储层渗透率的各向异性程度越强。图 8.9 和图 8.10 为不同弹性模量时，裂缝性储层的渗透率张量主值比与压降的变化曲线，图 8.9 为不同裂缝系统弹性模量时，渗透率张量主值比与压降的变化曲线，图 8.10 为不同基质系统弹性模量时，渗透率张量主值比与压降的变化曲线。

对于各向同性弹性储层，随着压降增大，渗透率张量主值比逐渐减小，渗透率的各向异性程度减弱；随着弹性模量增大，渗透率张量主值比逐渐增大，渗透率的各向异性程度增强，如图 8.9（a）所示。

对于各向异性弹性储层，当裂缝 f_2 弹性模量大于 200000bar 时，随着压降增大，渗透率张量主值比逐渐减小，渗透率的各向异性程度减弱。但是当裂缝 f_2 弹性模量小于 200000bar 时，随着压降增大，渗透率张量主值比先增大后减小，增大幅度达 1.2 倍；随着裂缝 f_2 弹性模量减小，渗透率张量主值比出现峰值所需的压降减小，如图 8.9（b）所示。对比图 8.9（b）和图 8.9（c）、图 8.10（a）和图 8.10（b），可以注意到基质弹性模量对渗透率张量主值比的影响较小，渗透率张量主值比主要受裂缝系统弹性模量的影响。

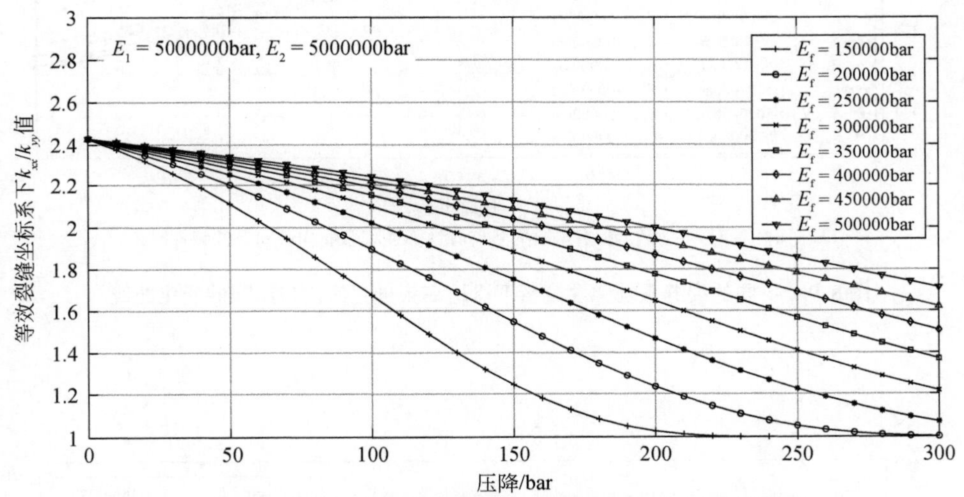

(a) 各向同性弹性储层(基质为各向同性和裂缝为各向同性弹性时)

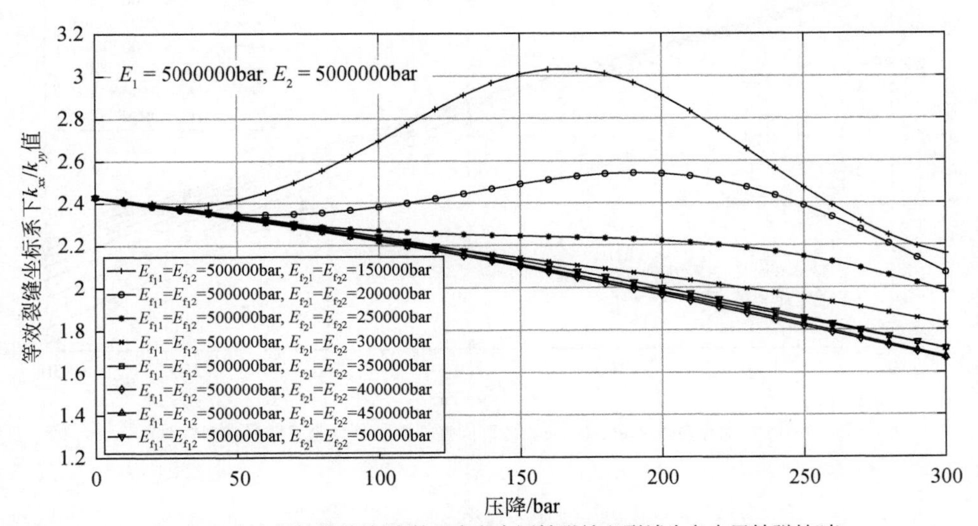

(b) 各向异性弹性储层(基质为各向同性弹性和裂缝为各向异性弹性时)

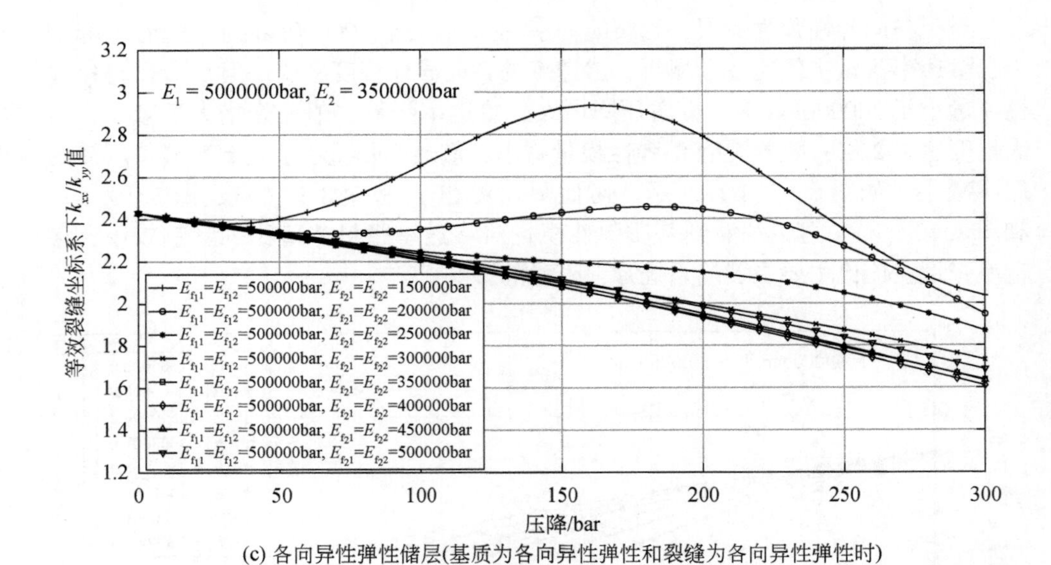

(c) 各向异性弹性储层(基质为各向异性弹性和裂缝为各向异性弹性时)

图 8.9　不同的裂缝系统弹性模量下渗透率张量主值比与压降的变化曲线

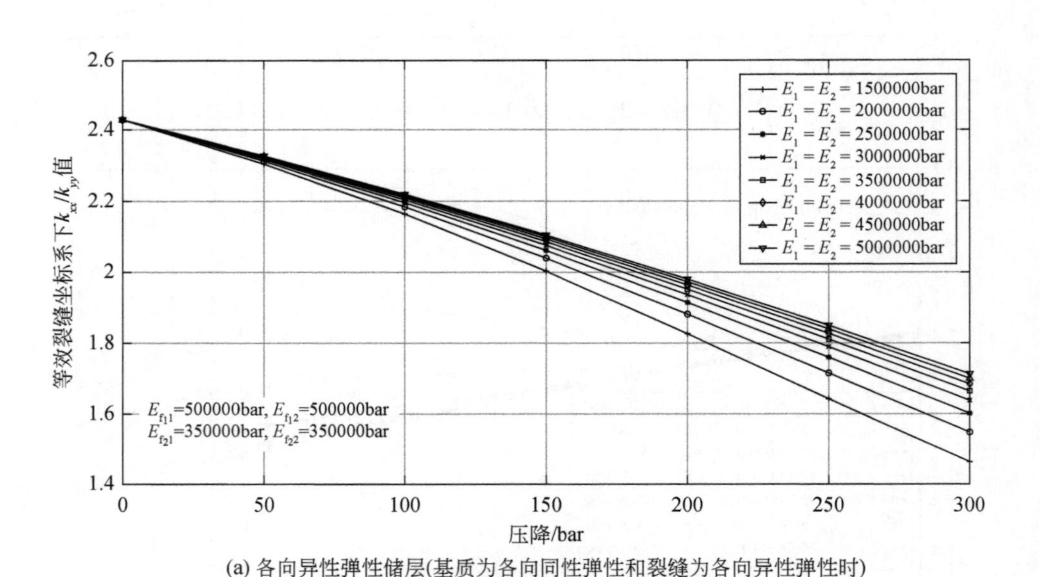

(a) 各向异性弹性储层(基质为各向同性弹性和裂缝为各向异性弹性时)

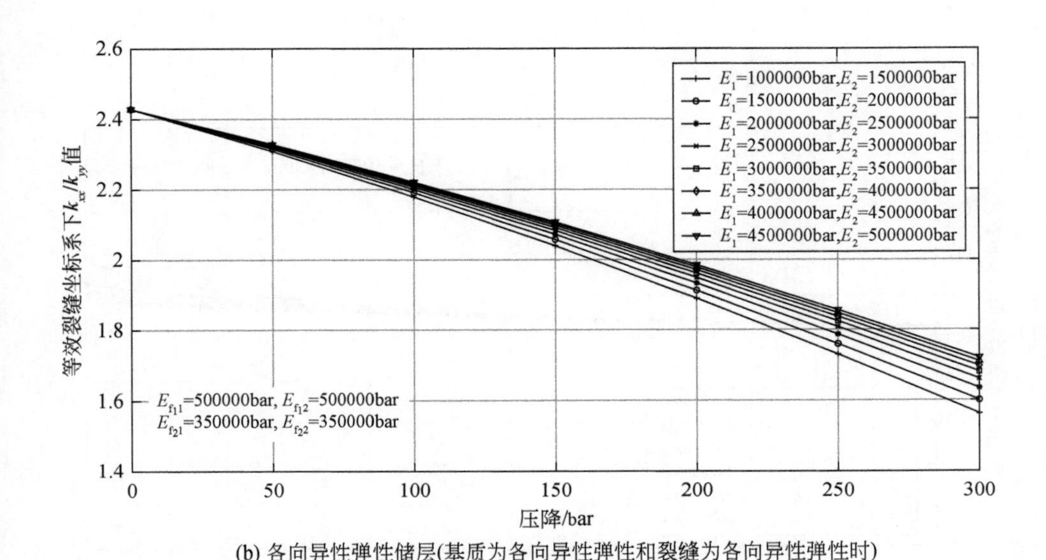

(b) 各向异性弹性储层(基质为各向异性弹性和裂缝为各向异性弹性时)

图 8. 10　不同的基质系统弹性模量下渗透率张量主值比与压降的变化曲线

8. 5. 3　渗透率张量主值方向

渗透率张量主值方向是指渗透率最大主值所在的方向，即渗透率张量椭圆长轴所在的方向。由 8. 4. 1 节的分析可知，对于各向异性弹性储层，渗透率主值大小随压降发生改变的同时，主值方向发生偏转。本小节具体分析裂缝弹性模量和基质弹性模量对主值方向偏转的影响程度。

图 8. 11 和图 8. 12 为不同弹性模量下，裂缝性储层渗透率张量主值方向（与 x 轴的夹角 β）随压降的变化曲线，图 8. 11 为不同裂缝系统弹性模量下，渗透率主值方向随压降的变化曲线，图 8. 12 为不同基质系统弹性模量下，渗透率主值方向随压降的变化曲线。

对于各向同性弹性储层，渗透率张量主值方向基本不随压降和裂缝弹性模量的变化而变化，如图 8. 11（a）所示。对于各向异性弹性储层，随着压降增大，渗透率张量主值方向与 x 轴的夹角变小；裂缝弹性模量减小，渗透率张量主值方向降低明显，降低幅度最高达 5 倍，渗透率张量主值方向朝着应力敏感性弱的裂缝发生偏转，如图 8. 11（b）所示。对比图 8. 11（b）和图 8. 11（c）、图 8. 12（a）和图 8. 12（b），可以注意到基质弹性模量对渗透率张量主值方向的影响较小，渗透率张量主值方向主要受裂缝系统弹性模量的影响。

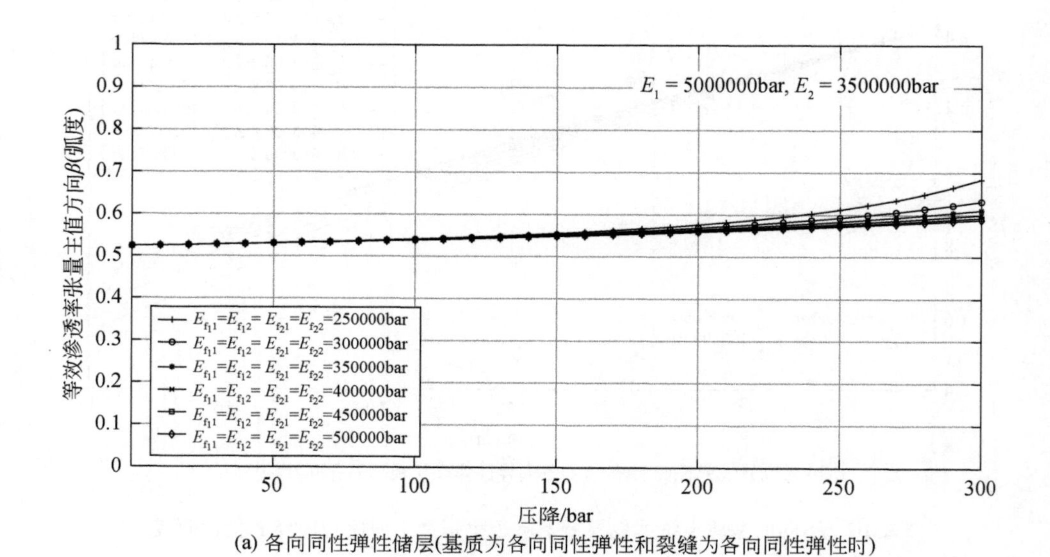

(a) 各向同性弹性储层(基质为各向同性弹性和裂缝为各向同性弹性时)

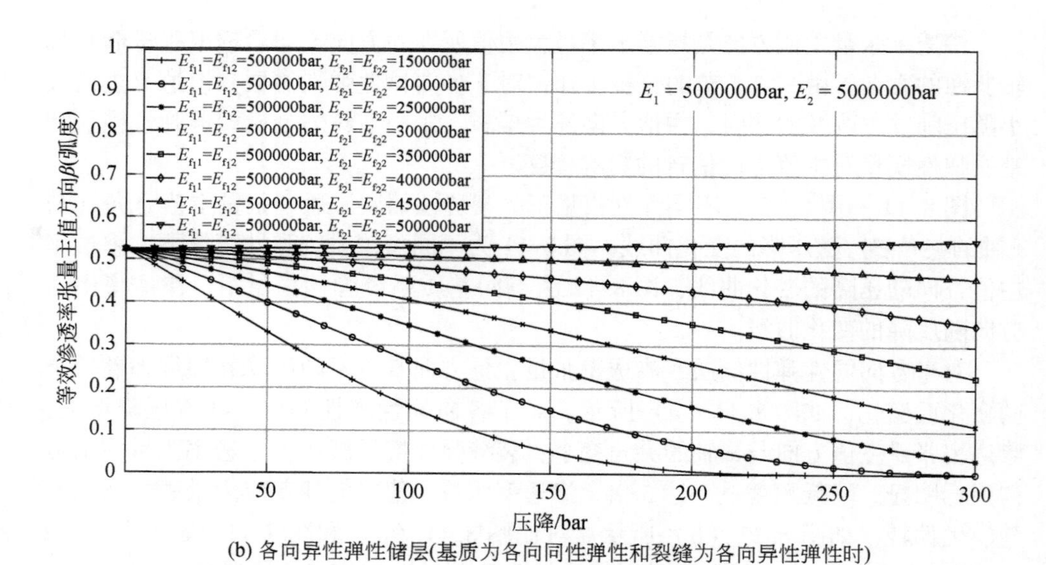

(b) 各向异性弹性储层(基质为各向同性弹性和裂缝为各向异性弹性时)

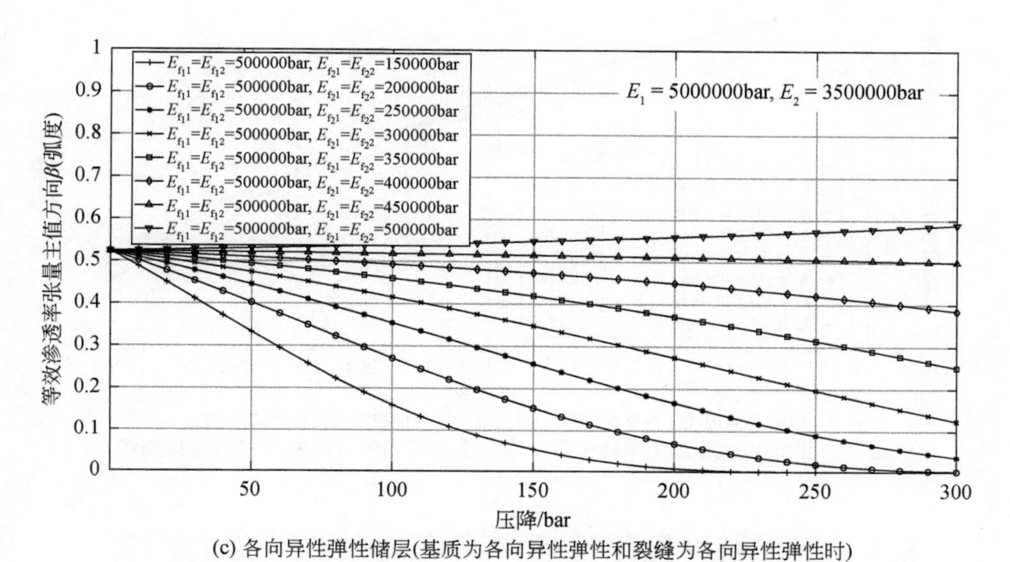

(c) 各向异性弹性储层(基质为各向异性弹性和裂缝为各向异性弹性时)

图 8. 11　不同的裂缝系统弹性模量下渗透率张量主值方向随压降的变化曲线

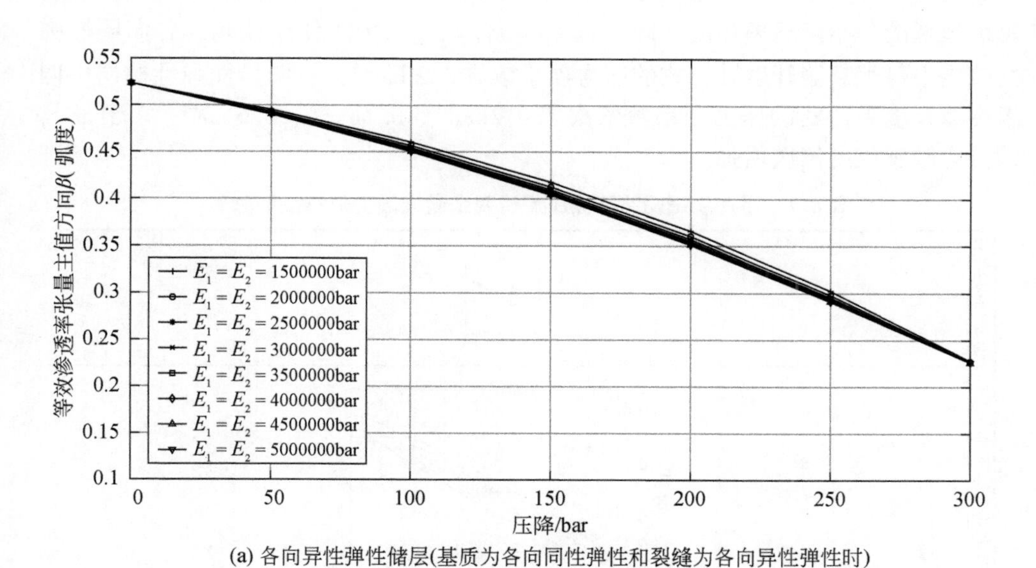

(a) 各向异性弹性储层(基质为各向同性弹性和裂缝为各向异性弹性时)

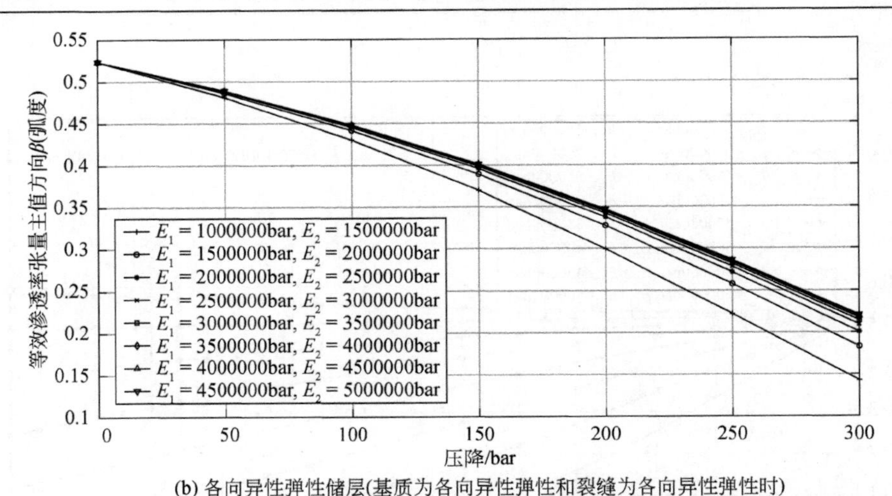

(b) 各向异性弹性储层(基质为各向异性弹性和裂缝为各向异性弹性时)

图 8.12　不同的基质系统弹性模量下渗透率张量主值方向随压降的变化曲线

8.6　不同裂缝网络渗透率张量应力敏感变化规律

本节分析了几种不同类型裂缝网络的渗透率张量随压降的变化特征，包括单组缝、两组缝、三组缝和四组缝，其中后三者根据缝间夹角是否相同，分为均匀和非均匀两种类型，分析结果见表 8.7，表中 f_1、f_2、f_3 和 f_4 分别表示四组裂缝，每组裂缝的初始渗透率相同，即 $k_{f_10}=k_{f_20}=k_{f_30}=k_{f_40}$；为了便于比较，各向同性弹性储层中每组裂缝开度计算式的压力项系数取 0. 2 bar^{-1}，各向异性弹性储层中四组裂缝开度表达式的压力项系数依次取 0. 2bar^{-1}、0. 4bar^{-1}、0. 6bar^{-1}、0. 8bar^{-1}，即应力敏感程度依次增强。

表 8.7　不同裂缝网络下储层渗透率张量椭圆变形特征汇总表

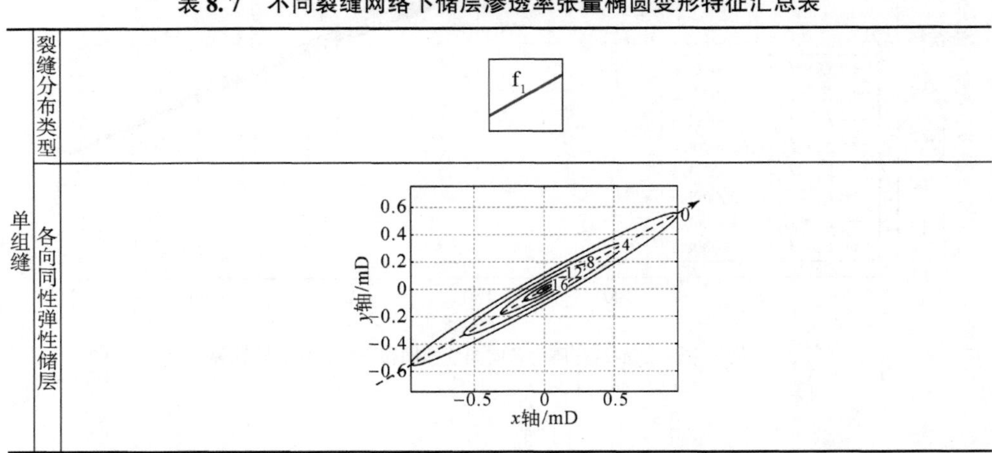

续表

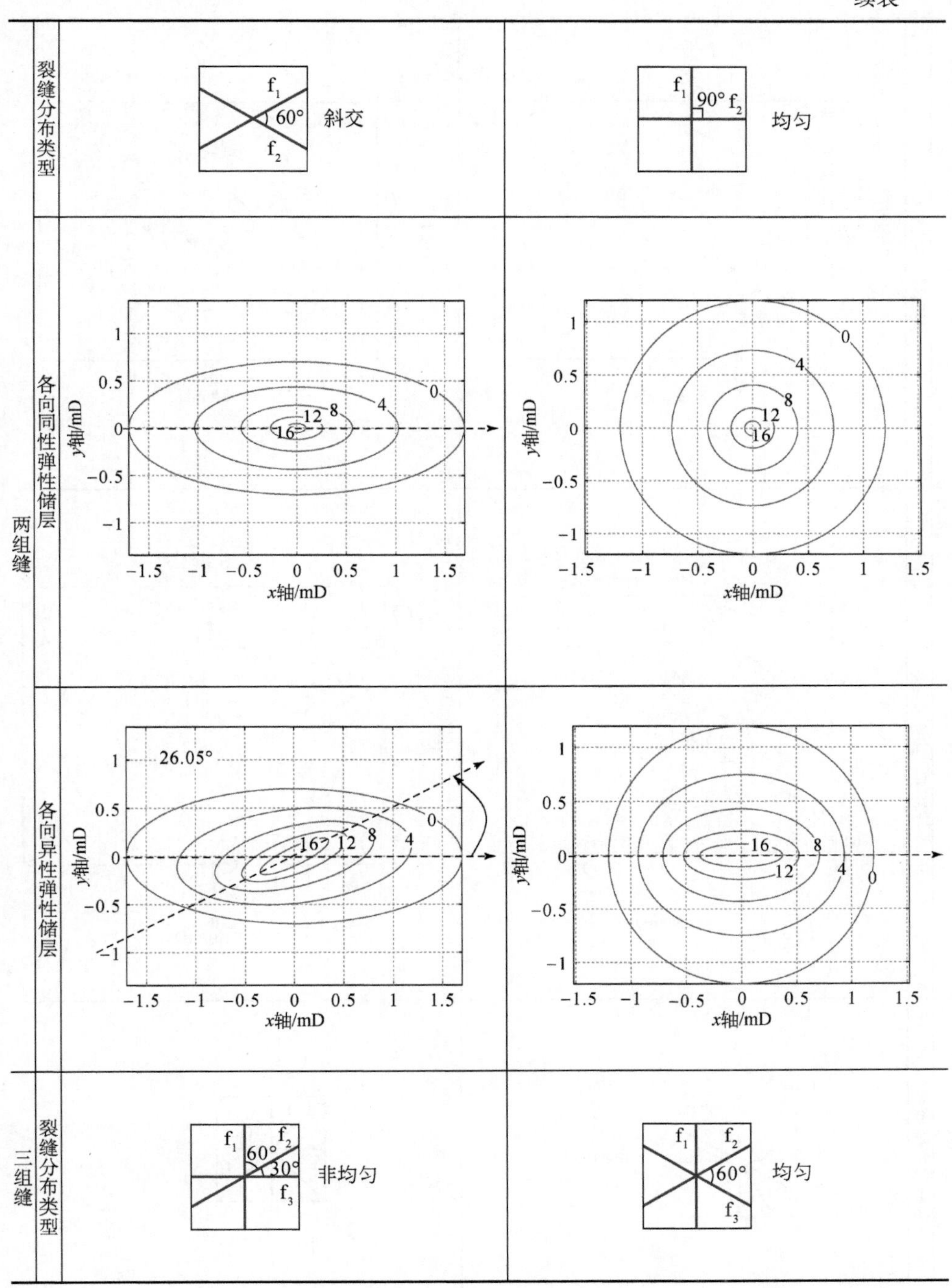
两组缝
裂缝分布类型
f1
60°
f2
斜交
f1
90°
f2
均匀
各向同性弹性储层
y轴/mD
x轴/mD
0
4
8
12
16
各向异性弹性储层
26.05°
三组缝
裂缝分布类型
f1
f2
60°
30°
f3
非均匀
f1
f2
60°
f3
均匀

续表

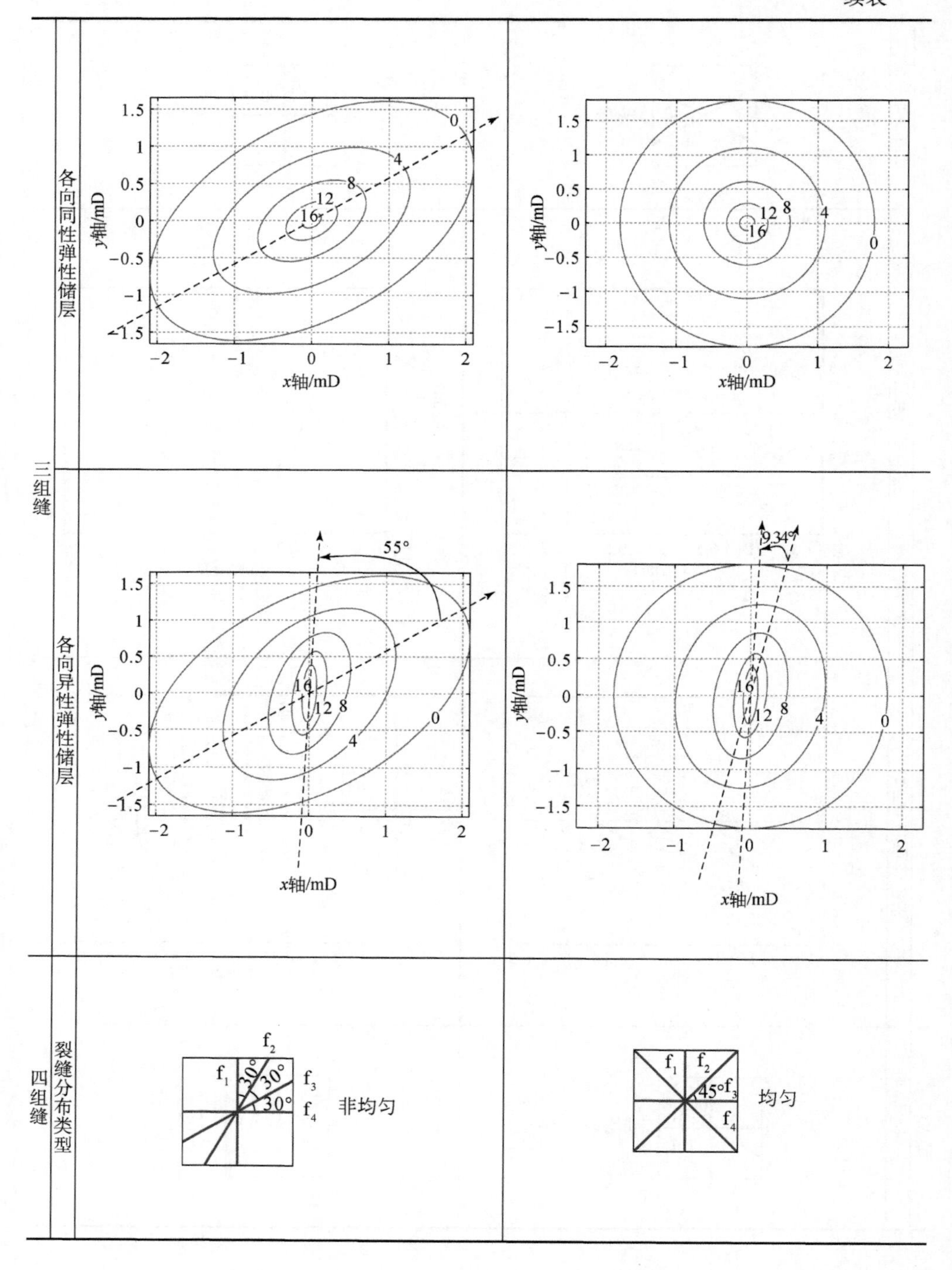
三组缝
各向同性弹性储层
各向异性弹性储层
四组缝
裂缝分布类型
y轴/mD
x轴/mD
55°
9.34°
f_1
f_2
f_3
f_4
30°
45°
非均匀
均匀

续表

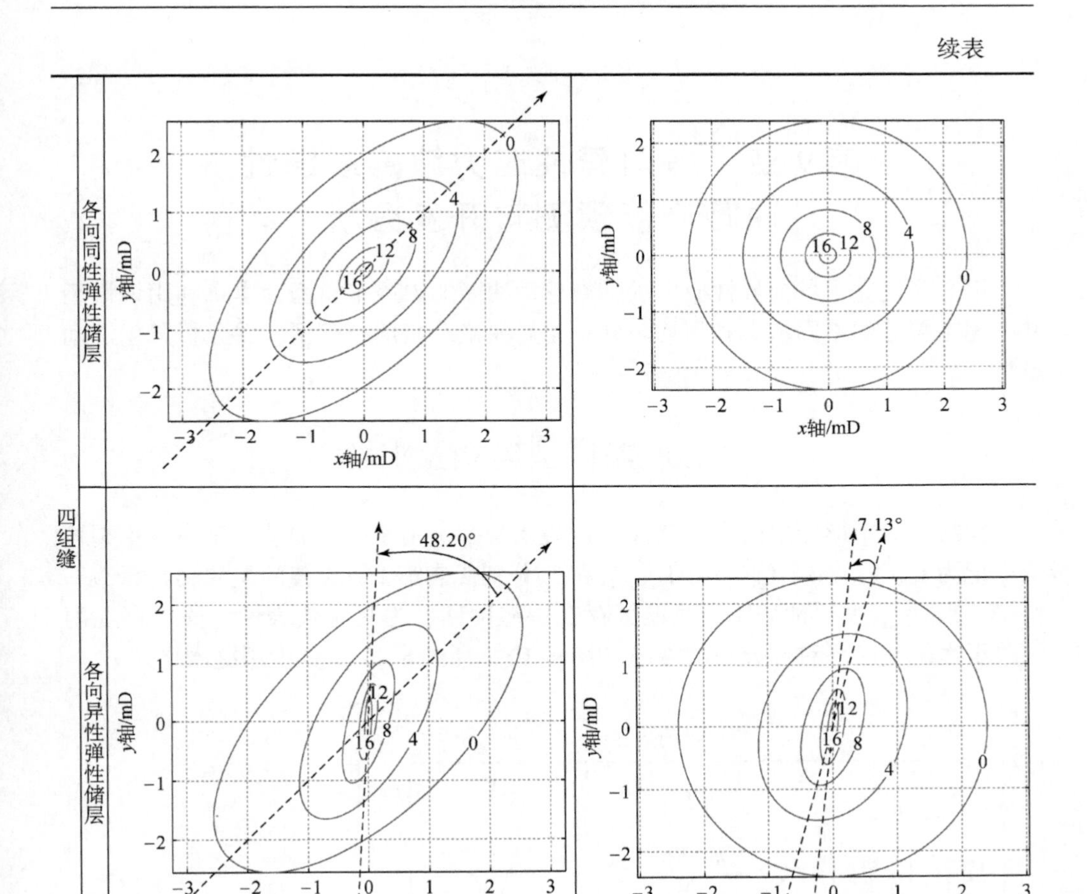

对于各向同性弹性储层，无论裂缝网络是何种类型，在压降增大时，只有渗透率主值发生变化，而主值方向不变。对于各向异性弹性储层，大部分裂缝网络在压降增大时，渗透率主值大小和方向均发生变化，主值方向逐渐偏向于应力敏感程度最弱的一组裂缝，即表中的裂缝 f_1；渗透率主值方向不发生变化的情况只发生在两组分布均匀且初始渗透率相同的裂缝网络中。

均匀裂缝相较于非均匀裂缝各向异性程度降低，渗透率主值偏转角减小。因此，在油藏开发中，大规模体积压裂的目标即在储层中压裂形成裂缝充分发育的缝网，以减弱渗透率强各向异性和主值方向偏转对油藏井位部署和生产带来的不利影响。

第9章　各向异性应力敏感裂缝性油藏产能预测与开发分析

第8章建立了各向异性应力敏感裂缝性油藏的渗透率模型，本章利用该模型并考虑主裂缝的不同形态和不均匀分布建立油藏产能预测模型，并分析其生产动态特征。

9.1　产能模型建立及求解

在封闭的矩形储层内有一口 N 级压裂水平井，沿水平井筒从左至右，主裂缝依次记为 f_1、f_2、…、f_k、…、f_N，f_{k1} 和 f_{k2} 分别代表第 k 级裂缝的左翼和右翼，$k=1, 2, 3, \cdots, N$。油藏压裂改造区存在裂缝网络，为具有代表性，假设存在两组关于水平井筒不对称分布的裂缝（图9.1），即图8.1（d）中裂缝网络。

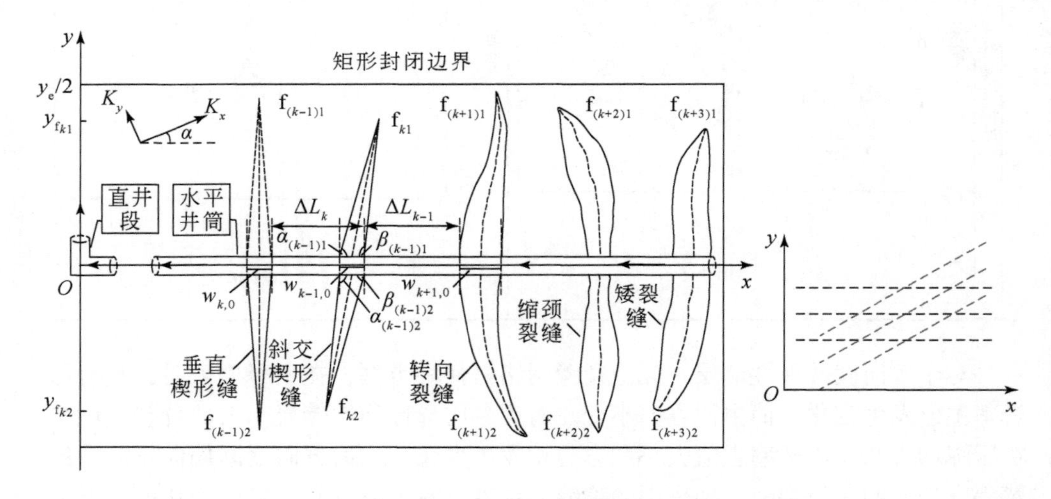

图9.1　模拟压裂水平井平面示意图

产能模型的建立基于如下基本假设：①忽略压裂改造区以外区域的流体流动，压裂改造区具有渗透率各向异性特征，采用等效渗透率计算不同方向的渗透率 K_x、K_y、K_z，裂缝网络和主裂缝具有应力敏感特征；②主裂缝具有不规则形态，主裂缝之间存在相互干扰；③主裂缝和裂缝网络垂直贯穿储层；④流体仅通过主裂缝流入井筒，考虑水平井筒中的摩阻压力降和加速度压力降；⑤流体为单相微可压缩流体，流动满足达西定律。

9.1.1　不规则形态主裂缝离散

如图 9.2 所示，以任意形态的主裂缝 f_k 为例，将左翼 f_{k1} 裂缝面记为 $A_{k1}B_{k1}C_{k1}$，中心线记为 $C_{k1}D_{k1}$。流体由远处汇流至裂缝面，主裂缝 f_k 可视为由许多沿裂缝中心线分布的线汇组成，记为 $XH_{k1,1}$，$XH_{k1,2}$，…，$XH_{k1,6}$，线汇的位置记为 $O_{k1,i}(i=1, 2, \cdots, 6)$。将线汇与裂缝面中心线的交点（$x_{k1,i}$，$y_{k1,i}$，$z_{k1,i}$）记为线汇 $XH_{k1,i}$ 的坐标。$O_{k1,0}$ 和 $O_{k2,0}$ 分别表示左翼 f_{k1} 和右翼 f_{k2} 与水平井筒壁的交汇点。$O_{k1,i+1}$ 和 $O_{k1,i}$ 之间是一个共有（$ns-i$）个线汇流量流经的矩形微元段，矩形的长度等于裂缝 f_k 在点（$x_{k1,i}$，$y_{k1,i}$，$z_{k1,i}$）处的开度，矩形的宽度等于线汇 $XH_{k1,i+1}$ 和 $XH_{k1,i}$ 之间的垂直距离。采用上述处理方法，将任意形态的裂缝考虑为若干变宽度的矩形微元段拼接而成。对于几何形状不规则的裂缝，两个裂缝面可视为两段连续的曲线，两条曲线的垂直距离即裂缝开度。结合压裂模拟和监测获得的裂缝形态数据，通过数值逼近获取左边曲线 $A_{k1}C_{k1}$ 的函数表达式 $F_l(x, y)$，右边曲线 $B_{k1}C_{k1}$ 的函数表达式 $F_r(x, y)$。对于矩形缝，$F_l(x, y)$ 和 $F_r(x, y)$ 是两个常数项不相等但斜率相等的一次函数；对于楔形缝，$F_l(x, y)$ 和 $F_r(x, y)$ 是两个斜率不相等的一次函数。

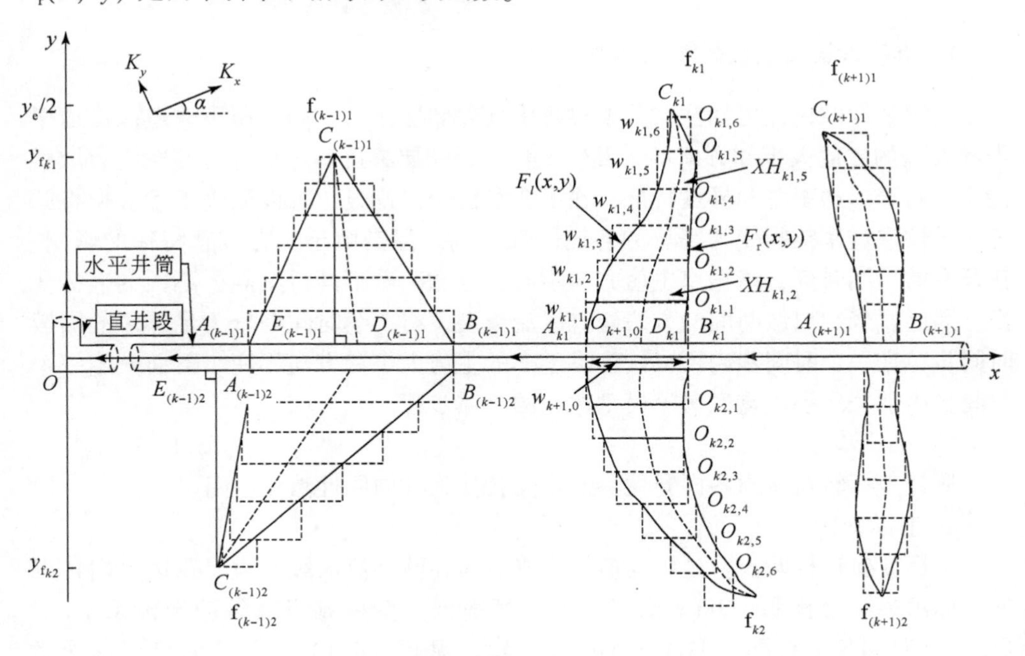

图 9.2　主裂缝离散处理示意图

9.1.2 主裂缝和油藏压裂改造区渗透率模型

主裂缝渗透率 K_f 的应力敏感特征由以下函数确定：

$$K_f = K_{f0}e^{\alpha_1(p-p_{ini})} \tag{9.1}$$

式中，K_{f0} 为主裂缝初始渗透率；p_{ini} 为初始流体压力；α_1 为主裂缝的应力敏感程度，由主裂缝初始特征参数、弹性参数决定。

油藏压裂改造区（stimulated reservoir volume，SRV）的基质渗透率 k_m 为常数，裂缝网络在等效裂缝坐标系 x、y、z 三个方向的等效渗透率分别记为 k_{fx}、k_{fy}、k_{fz}，则压裂改造区的渗透率 $\boldsymbol{K}_{SRV}$ 为

$$\boldsymbol{K}_{SRV} = \begin{bmatrix} K_x & & \\ & K_y & \\ & & K_z \end{bmatrix} = \begin{bmatrix} k_{fx}+k_m & & \\ & k_{fy}+k_m & \\ & & k_{fz}+k_m \end{bmatrix} \tag{9.2}$$

对于图 8.1（d）中裂缝网络，考虑其为二维流动，k_{fx}、k_{fy} 与流压的关系式见表 8.3。$\boldsymbol{K}_{SRV}$ 的计算分为两步：①利用面积加权法求得油藏压裂改造区的平均压力；②将平均压力代入 k_{fx}、k_{fy} 与流压关系式即可求得渗透率 $\boldsymbol{K}_{SRV}$。

9.1.3 储层渗流模型

1. 油藏压裂改造区的渗流模型

由第 8 章的讨论可知油藏开发过程中随着储层压力下降，压裂改造区渗透率张量 $\boldsymbol{K}_{SRV}$ 的主值大小和方向均会发生变化，即储层渗透率存在各向异性应力敏感特征。对于渗透率各向异性特征，在第 2 章已经讨论过，可以通过坐标变换将原各向异性渗透率空间变为等价的各向同性空间。但是由于应力敏感特征的影响，在开发的不同时刻，渗透率主值方向不同，这意味着不同时刻需要不同的坐标变换。因此，采用离散时间的方法建立渗流模型，将连续时间划分为足够多的离散时间步，在一个时间步内可以认为渗透率的主值大小和方向不变。下面介绍一个时间步内油藏压裂改造区渗流模型建立的具体步骤。

1）第一步

通过坐标转换将原各向异性渗流空间转换为各向同性渗流空间。

a. 坐标变换

坐标变换包括两步：坐标变换①是将各向异性渗流区域的边界及边界内各点的坐标由参照坐标系 xOy（x 轴与水平井筒平行）变换到等效裂缝坐标系 $x'Oy'$（由当前时间步裂缝网络的渗透率张量确定，见式（8.43），初始时刻裂缝网络图 8.1（d）等效裂缝坐标系与参照坐标系之间的夹角记为 α；坐标变换②是将等

效裂缝坐标系中的各向异性渗流区域变换为各向同性渗流区域（图 9.3）。原参照坐标系中某点的坐标记为（x，y），等效裂缝坐标系中该点的坐标记为（x'，y'），各向同性区域中该点变换后的坐标记为（xx，yy）。下面以初始时刻为例，详细介绍坐标变换过程。

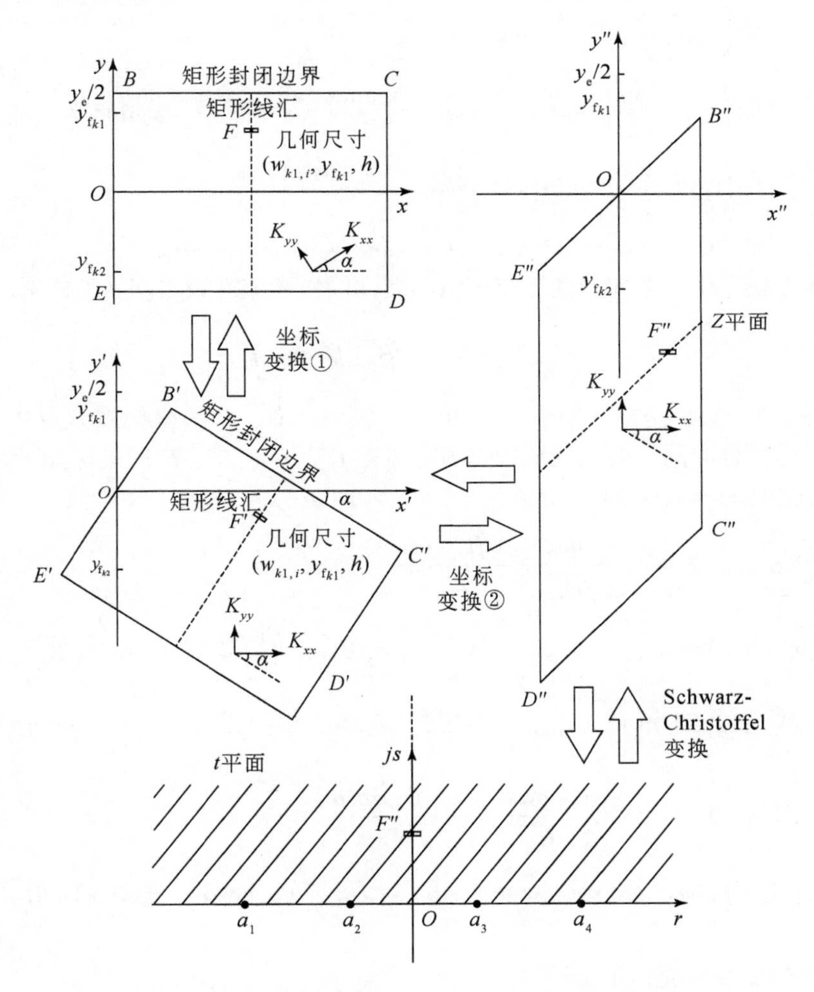

图 9.3　坐标变换和 Schwarz-Christoffel 变换示意图

坐标变换①中，原参照坐标系与等效裂缝坐标系之间的转换式为

$$\begin{cases} x' = x\cos\alpha + y\sin\alpha \\ y' = y\cos\alpha - x\sin\alpha \end{cases} \tag{9.3}$$

如图 9.3 所示，将参照坐标系中点 O、B、C、D、E、F 的坐标按式（9.3）

进行变换，可得等效裂缝坐标系中点 O'、B'、C'、D'、E'、F'的坐标如下。

$$\begin{cases} O:(0,0)\Rightarrow O':(0,0) \\ B:\left(0,\dfrac{y_e}{2}\right)\Rightarrow B':\left(\dfrac{y_e\sin\alpha}{2},\dfrac{y_e\cos\alpha}{2}\right) \\ C:\left(x_e,\dfrac{y_e}{2}\right)\Rightarrow C':\left(x_e\cos\alpha+\dfrac{y_e\sin\alpha}{2},\dfrac{y_e\cos\alpha}{2}-x_e\sin\alpha\right) \\ D:\left(x_e,-\dfrac{y_e}{2}\right)\Rightarrow D':\left(x_e\cos\alpha-\dfrac{y_e\sin\alpha}{2},-\dfrac{y_e\cos\alpha}{2}-x_e\sin\alpha\right) \\ E:\left(0,-\dfrac{y_e}{2}\right)\Rightarrow E':\left(-\dfrac{y_e\sin\alpha}{2},-\dfrac{y_e\cos\alpha}{2}\right) \\ F:(x_w,y_w)\Rightarrow F':(x_w\cos\alpha+y_w\sin\alpha,y_w\cos\alpha-x_w\sin\alpha) \end{cases} \tag{9.4}$$

坐标变换②中，各向异性渗流区域与各向同性渗流区域之间转换式为

$$xx=\frac{x'}{\sqrt{\beta_{xy}}},yy=y'\sqrt{\beta_{xy}},\beta_{xy}=\sqrt{\frac{K_{x'}}{K_{y'}}} \tag{9.5}$$

如图 9.3，裂缝坐标系中点 O'、B'、C'、D'、E'、F'的坐标按式（9.5）进行变换，可得各向同性渗流区域内点 O''、B''、C''、D''、E''、F''的坐标如下。

$$\begin{cases} O':(0,0)\Rightarrow O'':(0,0)\Rightarrow(0,0) \\ B':(x'_B,y'_B)\Rightarrow B'':\left(\dfrac{y_e\sin\alpha}{2\sqrt{\beta_{xy}}},\dfrac{y_e\sqrt{\beta_{xy}}\cos\alpha}{2}\right) \\ C':(x'_C,y'_C)\Rightarrow C'':\left[\left(x_e\cos\alpha+\dfrac{y_e\sin\alpha}{2}\right)\Big/\sqrt{\beta_{xy}},\left(\dfrac{y_e\cos\alpha}{2}-x_e\sin\alpha\right)\sqrt{\beta_{xy}}\right] \\ D':(x'_D,y'_D)\Rightarrow D'':\left[\left(x_e\cos\alpha-\dfrac{y_e\sin\alpha}{2}\right)\Big/\sqrt{\beta_{xy}},\left(-\dfrac{y_e\cos\alpha}{2}-x_e\sin\alpha\right)\sqrt{\beta_{xy}}\right] \\ E':(x'_E,y'_E)\Rightarrow E'':\left(-\dfrac{y_e\sin\alpha}{2\sqrt{\beta_{xy}}},-\dfrac{y_e\sqrt{\beta_{xy}}\cos\alpha}{2}\right) \\ F':(x'_F,y'_F)\Rightarrow F'':[(x_w\cos\alpha+y_w\sin\alpha)/\sqrt{\beta_{xy}},(y_w\cos\alpha-x_w\sin\alpha)\sqrt{\beta_{xy}}] \end{cases} \tag{9.6}$$

b. 坐标变换后面积不变证明

当且仅当 $\beta_{xy}=1$，储层渗透率为各向同性时，储层的矩形边界经过坐标变换后的形状仍为矩形。当储层渗透率为各向异性时，矩形边界经过坐标变换后为平行四边形，如图 9.3 所示。经验证，$S_{B'C'D'E'}(L_{BC'},\ L_{DEC})=S_{B''C''D''E''}(L_{BC''},\ L_{DE''})$，即变换前后渗流面积保持不变，验证坐标变换的准确性。

2）第二步

将平行四边形区域的各向同性渗流空间经 Schwarz-Christoffel 变换为无限大上

半平面内的各向同性渗流空间。

a. Schwarz-Christoffel 变换

利用 Schwarz-Christoffel 反变换将平行四边形转换为无限大上半平面（图 9.3）。在 Z 平面内，B''、E''关于原点对称，所以转换到上半平面 t 上仍然是关于原点对称。t 平面上的点映射到 Z 平面的 Schwarz-Christoffel 变换计算为

$$\frac{\mathrm{d}z}{\mathrm{d}t} = K \cdot (t - a_1)^{\alpha_1 - 1} \cdot (t - a_2)^{\alpha_2 - 1} \cdot (t - a_3)^{\alpha_3 - 1} \cdot (t - a_4)^{\alpha_4 - 1} \tag{9.7}$$

b. 确定 Schwarz-Christoffel 变换参数 a_j、K 和 C

采用积分形式表示 t 平面上的点映射到 Z 平面的 Schwarz-Christoffel 变换计算为

$$Z = K \cdot \int_0^t (t - a_1)^{\alpha_1 - 1} \cdot (t - a_2)^{\alpha_2 - 1} \cdot (t - a_3)^{\alpha_3 - 1} \cdot (t - a_4)^{\alpha_4 - 1}\mathrm{d}t + C \tag{9.8}$$

式中，K 为形状系数；C 为位置系数；$a_j(j = 1, 2, 3, 4)$ 为 t 平面中实轴上的点。$\alpha_j(j =1, 2, 3, 4)$ 是多边形内角（表 9.1），则有

$$Z = K \cdot \int_0^t (t - a_1)^{-\frac{\arcsin B}{\pi}} \cdot (t - a_2)^{\frac{\arcsin B}{\pi} - 1} \cdot (t - a_3)^{\frac{\arcsin B}{\pi}} \cdot (t - a_4)^{-\frac{\arcsin B}{\pi}}\mathrm{d}t + C \tag{9.9}$$

式（9.9）较为复杂，不能用一个简单的显式表达式给出结论（王新稳，2011；崔建斌等，2017），因此，实际计算中需采用数值方法求出数据曲线表，通过数值计算确定 $Z \rightarrow t$ 之间的变换。

表 9.1　多边形的内角

多边形顶点	D''	E''	B''	C''
多边形内角	$\arcsin B$	$\pi-\arcsin B$	$\arcsin B$	$\pi-\arcsin B$

崔建斌等（2016）研究指出，为了确定式（9.9），参数 a_j（j=1，2，3，4）中有 3 个必须是给定的。可假设 a_1=−1，a_3=1，a_4=∞。则式（9.9）可表示为

$$Z = K \cdot \int_0^t (t - a_1)^{-\frac{\arcsin B}{\pi}} \cdot (t - a_2)^{\frac{\arcsin B}{\pi} - 1} \cdot (t - a_3)^{\frac{\arcsin B}{\pi}}\mathrm{d}t + C \tag{9.10}$$

式中，$a_1 = -1 < a_2 < a_3 = 1$。

由式（9.10），可确定多边形的顶点 $Z_i(i = 1, 2, 3)$ 为

$$Z_i = K \cdot \int_0^{a_i} \prod_{j=1}^{N-1} (t - a_j)^{\alpha_j - 1}\mathrm{d}t + C \tag{9.11}$$

根据式（9.11）可得

$$Z_{i+1} - Z_i = K \cdot \int_{a_i}^{a_{i+1}} \prod_{j=1}^{N-1} (t - a_j)^{\alpha_j - 1} \mathrm{d}t \tag{9.12}$$

根据式（9.12），由比值法约去形状系数，可得

$$\frac{Z_{i+1} - Z_i}{Z_2 - Z_1} = \frac{\int_{a_i}^{a_{i+1}} \prod_{j=1}^{N-1} (t - a_j)^{\alpha_j - 1} \mathrm{d}t}{\int_{a_1}^{a_2} \prod_{j=1}^{N-1} (t - a_j)^{\alpha_j - 1} \mathrm{d}t} \tag{9.13}$$

令

$$I_i = \int_{a_i}^{a_{i+1}} \prod_{j=1}^{N-1} (t - a_j)^{\alpha_j - 1} \mathrm{d}t \tag{9.14}$$

则式（9.13）可表示为

$$I_i = I_1 \frac{Z_{i+1} - Z_i}{Z_2 - Z_1}, \quad i = 2, 3, \cdots, N-2 \tag{9.15}$$

设 $\lambda_i = \dfrac{Z_{i+1} - Z_i}{Z_2 - Z_1}$，未知量为 a_j，建立方程组：

$$\begin{cases} I_2 - I_1 \lambda_2 = 0 \\ I_3 - I_1 \lambda_3 = 0 \\ \cdots \\ I_{N-3} - I_1 \lambda_{N-3} = 0 \\ I_{N-2} - I_1 \lambda_{N-2} = 0 \end{cases} \tag{9.16}$$

通过求解非线性方程组式（9.16）可确定未知参数 a_j，再结合式(9.12）可确定形状系数 K 为

$$K = \frac{Z_2 - Z_1}{\int_{a_1}^{a_2} \prod_{j=1}^{N-1} (t - a_j)^{\alpha_j - 1} \mathrm{d}t} \tag{9.17}$$

进而根据式（9.11），可确定位置系数 C 为

$$C = Z_1 - K \cdot \int_{0}^{a_1} \prod_{j=1}^{N-1} (t - a_j)^{\alpha_j - 1} \mathrm{d}t \tag{9.18}$$

将参数 a_j、K 和 C 代入式（9.12），通过分离奇点法进行积分计算，再计算其模得到 Z 平面上 $Z_{i+1} - Z_i$ 的计算值（崔建斌等，2016）。利用已有的多边形顶点数据，可确定 Z 平面中 $|Z_{i+1} - Z_i|$ 的真值，通过计算真值和计算值可

进行精度评定：

$$\text{error} = \max\left\{ \left| (|Z_{i+1} - Z_i|) - \left(\left| K \cdot \int_{a_i}^{a_{i+1}} \prod_{j=1}^{N-1} (t - a_j)^{\alpha_j - 1} \mathrm{d}t \right| \right) \right| \right\} \tag{9.19}$$

$$(i = 1, 2, 3, \cdots, N - 2)$$

对于初始时刻裂缝网络图 8.1（d），表 9.2 是 Schwarz-Christoffel 变换参数 a_j、K 和 C 的计算结果和误差。

表 9.2　Schwarz-Christoffel 变换参数计算结果和误差

迭代次数	a_1	a_2	a_3	a_4	误差
初值	-1	-1	1	Inf	6.58145×10^{-1}
1	-1	-0.952 56	1	Inf	4.95326×10^{-1}
5	-1	-0.685 24	1	Inf	2.68162×10^{-1}
10	-1	-0.405 62	1	Inf	6.15284×10^{-3}
15	-1	-0.386 92	1	Inf	3.56294×10^{-7}
19	-1	-0.382 56	1	Inf	2.85955×10^{-9}
21	-1	-0.369 54	1	Inf	6.58162×10^{-10}
22	-1	-0.365 55	1	Inf	1.25489×10^{-10}
结果	-1	-0.365 55	1	Inf	1.25489×10^{-10}
K	-0.8625+2.66258i				—
C	-0.9852-1.26515i				1.95642×10^{-9}

c. 确定 Z 平面上线汇在 t 平面上坐标

确定 a_j、K 和 C 后，给定积分范围［0，a_j］即可通过式（9.11）确定 t 平面坐标与 Z 平面坐标的对应关系。如图 9.4 所示，Z 平面中的一线汇变换到 t 平面时，线汇坐标是关于虚部的函数。此时，实部是一个确定的非零值。

d. 确定 Z 平面上任意点在 t 平面上坐标

对于 Z 平面上任意点与 t 平面坐标的对应关系，可通过设定 t 平面不同实部的值，得到随着虚部变化的坐标对应关系，从而确定两个平面上点与点之间的一一对应关系。

3）第三步

基于已知的渗流基本解，给出油藏压裂改造区的压力表达式。

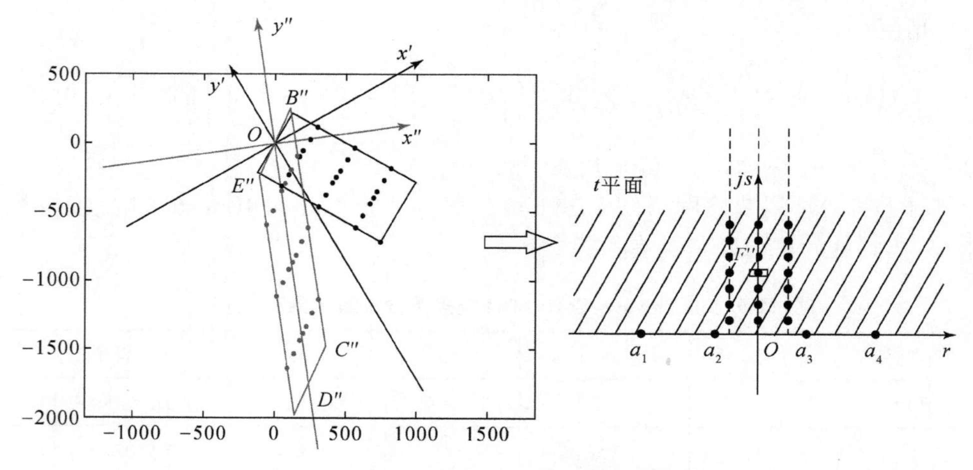

图 9.4　Z 平面与 t 平面之间坐标转换示意图

a. 渗流基本解

经过坐标变换和 Schwarz-Christoffel 变换，渗透率各向异性矩形封闭储层中一个线汇定产生产问题已经转换为各向同性渗透率无限大上半平面中的一个线汇定产生产问题。假设从初始时刻 $t_0=0\sim\Delta t$ 内，主裂缝 f_k 左翼上任意线汇 $XH_{k1,\ i}$ 以 $q_{k1,\ i}$ 的速度流入裂缝，线汇坐标为（$x_{k1,\ i}$，$y_{k1,\ i}$，$z_{k1,\ i}$）。在 Δt 时刻，主裂缝上所有线汇在主裂缝 f_k 上 $XH_{k1,\ i}$ 线汇处产生的总压降为（Penmatcha，1997）：

$$
\begin{aligned}
\Delta p(x_{k1,j},y_{k1,j},z_{k1,j},\Delta t) = p_{\text{ini}} - p_{k1,j} &= \sum_{s=1}^{N}\left[\sum_{i=1}^{ns}(\Delta p_{s1,i}+\Delta p_{s2,i})\right] \\
&= \frac{\mu}{4\pi kh}\sum_{s=1}^{N}\left(\sum_{i=1}^{ns}\left\{q_{s1,i}\left[-Ei\left(-\frac{(x-x_{\mathrm{w}})^2-(y-y_{\mathrm{w}})^2}{4\eta\Delta t}\right)\right.\right.\right. \\
&\quad \left.-Ei\left(-\frac{4d^2}{4\eta\Delta t}\right)\right]_{s1,i} \\
&\quad +q_{s2,i}\left[-Ei\left(-\frac{(x-x_{\mathrm{w}})^2-(y-y_{\mathrm{w}})^2}{4\eta\Delta t}\right)\right. \\
&\quad \left.\left.\left.-Ei\left(-\frac{4d^2}{4\eta\Delta t}\right)\right]_{s2,i}\right\}\right)_{(x_{k1,j},y_{k1,j},z_{k1,j})}
\end{aligned}
\tag{9.20}
$$

b. 储层任意位置压力表达式

产能模型采取离散时间迭代求解。设在 $n\Delta t$ 时刻，已经计算得到了第 1 时间步至第 n 时间步所有线汇的流量，应用 Duhamel 原理可确定 $n\Delta t$ 时刻储层中任意位置（x，y，z）的压力表达式：

$$
\begin{aligned}
p(x,y,z,n\Delta t) &= p_{\text{ini}} - \Delta p(x,y,z,n\Delta t) \\
&= \sum_{s=1}^{N}\left\{\sum_{i=1}^{ns}\left[\Delta p_{s1,i}(n\Delta t)+\Delta p_{s2,i}(n\Delta t)\right]_{(x,y,z)}\right\}
\end{aligned}
$$

$$
\begin{aligned}
&= \sum_{s=1}^{N}\left\{\sum_{i=1}^{ns}\left[\sum_{k=1}^{n}\left(q_{s1,i}^{k\Delta t}\left\{-Ei\left[-\frac{(x-x_{\mathrm{w}})^2-(y-y_{\mathrm{w}})^2}{4\eta\Delta t}\right]\right.\right.\right.\right.\\
&\quad \left. - Ei\left(-\frac{4d^2}{4\eta\Delta t}\right)\right\}_{s1,i}\\
&\quad \left. + q_{s2,i}^{k\Delta t}\left\{-Ei\left[-\frac{(x-x_{\mathrm{w}})^2-(y-y_{\mathrm{w}})^2}{4\eta\Delta t}\right]-Ei\left(-\frac{4d^2}{4\eta\Delta t}\right)\right\}_{s2,i}\right)\\
&\quad - \sum_{g=1}^{n-1}\left(q_{s1,i}^{g\Delta t}\left\{-Ei\left[-\frac{(x-x_{\mathrm{w}})^2-(y-y_{\mathrm{w}})^2}{4\eta\Delta t}\right]-Ei\left(-\frac{4d^2}{4\eta\Delta t}\right)\right\}_{s1,i}\right.\\
&\quad \left.\left.\left. + q_{s2,i}^{g\Delta t}\left\{-Ei\left[-\frac{(x-x_{\mathrm{w}})^2-(y-y_{\mathrm{w}})^2}{4\eta\Delta t}\right]-Ei\left(-\frac{4d^2}{4\eta\Delta t}\right)\right\}_{s2,i}\right)\right]_{(x,y,z)}\right\}
\end{aligned}
\tag{9.21}
$$

式（9.21）为像平面 t 中的压力分布表达式，需要通过 Schwarz-Christoffel 变换和坐标变换还原得到原物平面中的压力分布。物平面 Z 中所有线汇位置是关于 t 平面中虚部的函数，平行四边形的四角顶点位置是关于 t 平面的实部的函数，这两部分的转换关系比较容易确定。而平行四边形内其他点是关于 t 平面中虚部和实部的函数，需通过 t 平面中虚部和实部的组合完成逐个点对应，进而确定 Z 平面中压力分布。

2. 主裂缝的渗流模型

假设主裂缝 f_k 内的流体流动为线性流动，则计算可得左翼 f_{k1} 上任意线汇位置 $O_{k1,j}$ 和 $O_{k1,0}$ 之间的压降（即 $O_{k1,j}$ 到水平井筒壁之间的压降）为

$$p_{k1,j} - p_{k1,0} = \sum_{i=1}^{j}\frac{Q_{k1,i}\mu y_{\mathrm{f}_{k1}}}{K_{\mathrm{f}} w_{k1,i} hns} \tag{9.22}$$

式中，K_{f} 为主裂缝渗透率。同理，可得右翼内任意线汇位置 $O_{k2,j}$ 和 $O_{k2,0}$ 之间的压降。

9.1.4 水平井筒有限导流模型

水平井筒内的压降包括摩擦压力降和加速度压力降。如图 9.7 所示，水平井筒被主裂缝分割为多个流动段，假设流体密度均匀分布，第 k 井段的摩擦压力降为

$$\Delta p_{\text{摩擦}} = p_{k+1,1} - p_{k,2} = f_{rk}\frac{\rho Q_k^2}{4\pi^2 r_{\mathrm{w}}^5}\Delta L_k \tag{9.23}$$

第 k 井段的加速度压力降为

$$\Delta p_{\text{加速度}} = p_{k,1} - p_{k,2} = \frac{\rho}{\pi^2 r_{\mathrm{w}}^4}(Q_{k-1}^2 - Q_k^2) \tag{9.24}$$

主裂缝的跟端压力（即缝口压力）p_{f_k} 近似为

$$p_{f_k} = \frac{p_{k,1} + p_{k,2}}{2} \tag{9.25}$$

水平井筒跟端处 $p_{0,1} = p_{0,2} = p_{wf}$。若摩擦压力降和加速度压力降都等于零，即 $p_{f_1} = p_{f_2} = \cdots = p_{f_k} = \cdots = p_{f_N}$，则井筒中的流动为无限导流。

9.1.5　模型耦合及求解

如图 9.5 所示，选取节点一至节点三作为研究对象，两个子系统的压降表达式为

$$p_{ini} - p_{f_k} = (p_{ini} - p_{k1,j}) + (p_{k1,j} - p_{f_k}) \tag{9.26}$$

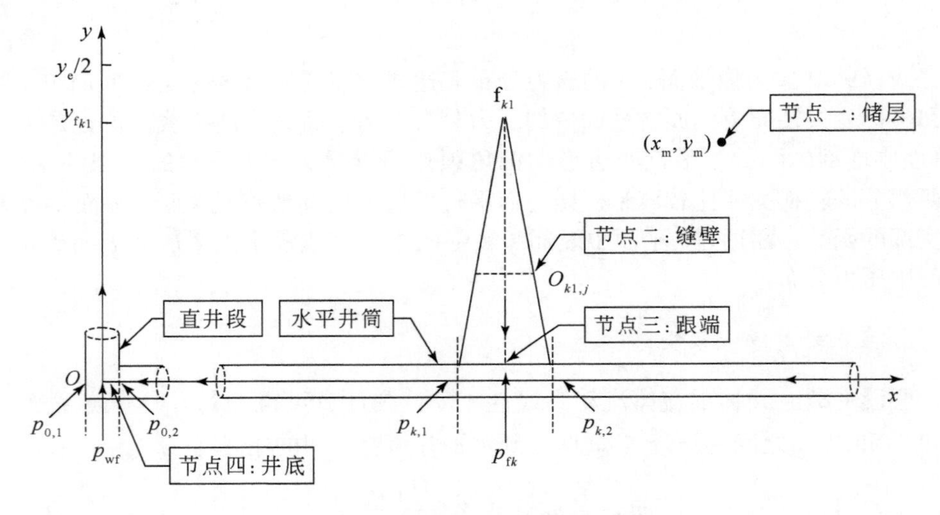

图 9.5　流动节点系统分析示意图

已知 N 级压裂水平井，共计得到关于 $2N \cdot ns$ 个未知线汇流量的 $2N \cdot ns$ 个方程，得到 $2N \cdot ns$ 阶线性方程组。此外，任意线汇是变质量流动，应用 Duhamel 原理确定任意线汇处的压力降。采取离散时间处理，在时间步 $n\Delta t$ 将式（9.26）展开可得

$$\begin{aligned}
p_{ini} - p_{f_k} &= (p_{ini} - p_{k1,j}) + (p_{k1,j} - p_{f_k}) \\
&= C_{\mathrm{III}} \sum_{s=1}^{N} \left(\sum_{i=1}^{ns} \left\{ q_{s1,i} \left[-Ei\left(-\frac{(x - x_w)^2 - (y - y_w)^2}{4\eta t} \right) \right. \right. \right. \\
&\quad \left. - Ei\left(-\frac{4d^2}{4\eta t} \right) \right]_{s1,i} \\
&\quad \left. \left. + q_{s2,i} \left[-Ei\left(-\frac{(x - x_w)^2 - (y - y_w)^2}{4\eta t} \right) - Ei\left(-\frac{4d^2}{4\eta t} \right) \right]_{s2,i} \right\} \right)_{(x_{k1,j}, y_{k1,j}, z_{k1,j})}
\end{aligned}$$

$$+\sum_{i=1}^{j}\frac{Q_{k1,i}\mu y_{\mathrm{f},k1}}{k_{\mathrm{f}}w_{k1,i}hns}-C_{\mathrm{III}}\sum_{g=1}^{n-1}\left(\sum_{i=1}^{ns}\left\{q_{k1,i,g}\left[-Ei\left(-\frac{(x-x_{\mathrm{w}})^{2}-(y-y_{\mathrm{w}})^{2}}{4\eta\Delta t}\right)\right.\right.\right.$$
$$\left.-Ei\left(-\frac{4d^{2}}{4\eta\Delta t}\right)\right]_{s1,i}$$
$$\left.\left.+q_{k2,i,g}\left[-Ei\left(-\frac{(x-x_{\mathrm{w}})^{2}-(y-y_{\mathrm{w}})^{2}}{4\eta\Delta t}\right)-Ei\left(-\frac{4d^{2}}{4\eta\Delta t}\right)\right]_{s2,i}\right\}\right)_{(x_{k1,j},y_{k1,j},z_{k1,j})}\tag{9.27}$$

依据式（9.26），提取线性方程组的系数矩阵，得到时间步 $n\Delta t$ 下线性方程组为 $\boldsymbol{A}\cdot\boldsymbol{q}_{n\Delta t}=\boldsymbol{B}$。

其中，系数矩阵 $\boldsymbol{A}$ 为

$$\begin{aligned}\boldsymbol{A}=[&A_{1,1,1},A_{1,1,2},\cdots,A_{1,1,ns},A_{1,2,1},A_{1,2,2},\cdots,A_{1,2,ns},\\&A_{2,1,1},A_{2,1,2},\cdots,A_{2,1,ns},A_{2,2,1},A_{2,2,2},\cdots,A_{2,2,ns},\\&\vdots\\&A_{k,1,1},A_{k,1,2},\cdots,A_{k,1,ns},A_{k,2,1},A_{k,2,2},\cdots,A_{k,2,ns},\\&\vdots\\&A_{N,1,1},A_{N,1,2},\cdots,A_{N,1,ns},A_{N,2,1},A_{N,2,2},\cdots,A_{N,2,ns}]\end{aligned}\tag{9.28}$$

式（9.28）中各元素的计算通式如下：

$$\begin{aligned}\boldsymbol{A}_{m,d,n}=[&C_{\mathrm{III}}\zeta_{(1)1,1,(m)d,n},C_{\mathrm{III}}\zeta_{(1)1,2,(m)d,n},\cdots,C_{\mathrm{III}}\zeta_{(1)1,ns,(m)d,n},C_{\mathrm{III}}\zeta_{(1)2,1,(m)d,n},\\&C_{\mathrm{III}}\zeta_{(1)2,2,(m)d,n},\cdots,C_{\mathrm{III}}\zeta_{(1)2,ns,(m)d,n},C_{\mathrm{III}}\zeta_{(2)1,1,(m)d,n},C_{\mathrm{III}}\zeta_{(2)1,2,(m)d,n},\cdots,\\&C_{\mathrm{III}}\zeta_{(2)1,ns,(m)d,n},C_{\mathrm{III}}\zeta_{(2)2,1,(m)d,n},C_{\mathrm{III}}\zeta_{(2)2,2,(m)d,n},\cdots,C_{\mathrm{III}}\zeta_{(2)2,ns,(m)d,n},\cdots,\\&C_{\mathrm{III}}\zeta_{(m)1,1,(m)d,n}+D_{(m)1,1},C_{\mathrm{III}}\zeta_{(m)1,2,(m)d,n}+\sum_{i=1}^{2}D_{(m)1,i},\cdots,\\&C_{\mathrm{III}}\zeta_{(m)1,n,(m)d,n}+\sum_{i=1}^{n}D_{(m)1,i},\cdots,C_{\mathrm{III}}\zeta_{(m)1,ns,(m)d,n}+\sum_{i=1}^{n}D_{(m)1,i},\\&C_{\mathrm{III}}\zeta_{(m)2,1,(m)d,n},C_{\mathrm{III}}\zeta_{(m)2,2,(m)d,n},\cdots,C_{\mathrm{III}}\zeta_{(m)2,ns,(m)d,n},\cdots,\\&C_{\mathrm{III}}\zeta_{(N)1,1,(m)d,n},C_{\mathrm{III}}\zeta_{(N)1,2,(m)d,n},\cdots,C_{\mathrm{III}}\zeta_{(N)1,ns,(m)d,n},C_{\mathrm{III}}\zeta_{(N)2,1,(m)d,n},\\&C_{\mathrm{III}}\zeta_{(N)2,2,(m)d,n},\cdots,C_{\mathrm{III}}\zeta_{(N)2,ns,(m)d,n}]\end{aligned}\tag{9.29}$$

式中，$d=1,2$；$m=1,2,\cdots,N$；$n=1,2,\cdots,ns$。

时间步 $n\Delta t$ 下的未知量矩阵为

$$\boldsymbol{q}_{n\Delta t}=[q_{(1)},q_{(2)},\cdots,q_{(k)},\cdots,q_{(N)}]^{\mathrm{T}}{}_{n\Delta t}\tag{9.30}$$

式中，$q_{(k)}=[q_{(k)1,1},\ q_{(k)1,2},\ \cdots,\ q_{(k)1,ns},\ q_{(k)2,1},\ q_{(k)2,2},\ \cdots,\ q_{(k)2,ns}]_{n\Delta t}$。

常数项矩阵为

$$\boldsymbol{B}=[\Delta p_{\mathrm{f}_1},\Delta p_{\mathrm{f}_2},\cdots,\Delta p_{\mathrm{f}_k},\cdots,\Delta p_{\mathrm{f}_N}]^{\mathrm{T}}-\Delta_n\tag{9.31}$$

式中，$\Delta p_{\mathrm{f}_k}=[p_{\mathrm{ini}}-p_{\mathrm{f}_k},\ p_{\mathrm{ini}}-p_{\mathrm{f}_k},\ \cdots,\ p_{\mathrm{ini}}-p_{\mathrm{f}_k}]$，

$$\Delta_n = [C_{\mathrm{III}}\sum_{g=1}^{n\Delta t}\sum_{i=1}^{ns}(q_{k1,i,g}\zeta'_{(k)1,i,(1)1,1} + q_{k2,i,g}\zeta'_{(k)1,i,(1)1,1}),\cdots,$$

$$C_{\mathrm{III}}\sum_{j=1}^{n\Delta t}\sum_{i=1}^{ns}(q_{k1,i,j}\zeta'_{(k)1,i,(1)1,ns} + q_{k2,i,j}\zeta'_{(k)1,i,(1)1,ns}),$$

$$C_{\mathrm{III}}\sum_{g=1}^{n\Delta t}\sum_{i=1}^{ns}(q_{k1,i,g}\zeta'_{(k)1,i,(1)1,1} + q_{k2,i,g}\zeta'_{(k)1,i,(1)2,1}),\cdots,$$

$$C_{\mathrm{III}}\sum_{j=1}^{n\Delta t}\sum_{i=1}^{ns}(q_{k1,i,j}\zeta'_{(k)1,i,(1)1,ns} + q_{k2,i,j}\zeta'_{(k)1,i,(1)2,ns}),$$

$$\vdots$$

$$C_{\mathrm{III}}\sum_{g=1}^{n\Delta t}\sum_{i=1}^{ns}(q_{k1,i,g}\zeta'_{(k)1,i,(ns)1,1} + q_{k2,i,g}\zeta'_{(k)1,i,(ns)1,1}),\cdots,$$

$$C_{\mathrm{III}}\sum_{j=1}^{n\Delta t}\sum_{i=1}^{ns}(q_{k1,i,j}\zeta'_{(k)1,i,(ns)1,ns} + q_{k2,i,j}\zeta'_{(k)1,i,(ns)1,ns}),$$

$$C_{\mathrm{III}}\sum_{g=1}^{n\Delta t}\sum_{i=1}^{ns}(q_{k1,i,g}\zeta'_{(k)1,i,(ns)1,1} + q_{k2,i,g}\zeta'_{(k)1,i,(ns)2,1}),\cdots,$$

$$C_{\mathrm{III}}\sum_{j=1}^{n\Delta t}\sum_{i=1}^{ns}(q_{k1,i,j}\zeta'_{(k)1,i,(ns)1,ns} + q_{k2,i,j}\zeta'_{(k)1,i,(ns)2,ns}),]^{\mathrm{T}}_{n\Delta t}。$$

矩阵中相应系数计算表达式为

$$C_{\mathrm{III}} = \frac{\mu}{4\pi kh},\ D_{(k)1,i} = \frac{\mu y_{\mathrm{f}_{k1}}}{k_{\mathrm{f}}w_{k1,i}hns},\ D_{(k)2,i} = \frac{\mu y_{\mathrm{f}_{k2}}}{k_{\mathrm{f}}w_{k2,i}hns}$$

$$\zeta_{(k)1,i,(m)d,j} = \left\{\left[-Ei\left(-\frac{(x-x_{\mathrm{w}})^2-(y-y_{\mathrm{w}})^2}{4\eta t}\right)-Ei\left(-\frac{4d^2}{4\eta t}\right)\right]_{s1,i}\right\}_{(x_{(m)d,j},y_{(m)d,j},z_{(m)d,j})}$$

$$\zeta_{(k)2,i,(m)d,j} = \left\{\left[-Ei\left(-\frac{(x-x_{\mathrm{w}})^2-(y-y_{\mathrm{w}})^2}{4\eta t}\right)-Ei\left(-\frac{4d^2}{4\eta t}\right)\right]_{s2,i}\right\}_{(x_{(m)d,j},y_{(m)d,j},z_{(m)d,j})}$$

$$\zeta'_{(k)1,i,(m)d,j} = \left\{\left[-Ei\left(-\frac{(x-x_{\mathrm{w}})^2-(y-y_{\mathrm{w}})^2}{4\eta\Delta t}\right)-Ei\left(-\frac{4d^2}{4\eta\Delta t}\right)\right]_{s1,i}\right\}_{(x_{(m)d,j},y_{(m)d,j},z_{(m)d,j})}$$

$$\zeta'_{(k)2,i,(m)d,j} = \left\{\left[-Ei\left(-\frac{(x-x_{\mathrm{w}})^2-(y-y_{\mathrm{w}})^2}{4\eta\Delta t}\right)-Ei\left(-\frac{4d^2}{4\eta\Delta t}\right)\right]_{s2,i}\right\}_{(x_{(m)d,j},y_{(m)d,j},z_{(m)d,j})}$$

产能模型采用离散时间步求解，计算流程如图 9. 6 所示。

9.2 模型验证

杨俊峰（2012）应用 Arps 模型预测了中 Bakken 致密油井 B-1#压裂水平井产能，用改进的 Ambrose 模型预测了中 Bakken 致密油井 B-6#压裂水平井产能。本节对中 Bakken 致密油井 B-1#和 B-6#开展模拟计算，计算中采用的参数与杨俊峰（2012）的保持一致，见表 9. 3。通过离散时间的方法，运用 9. 1 节半解析模型

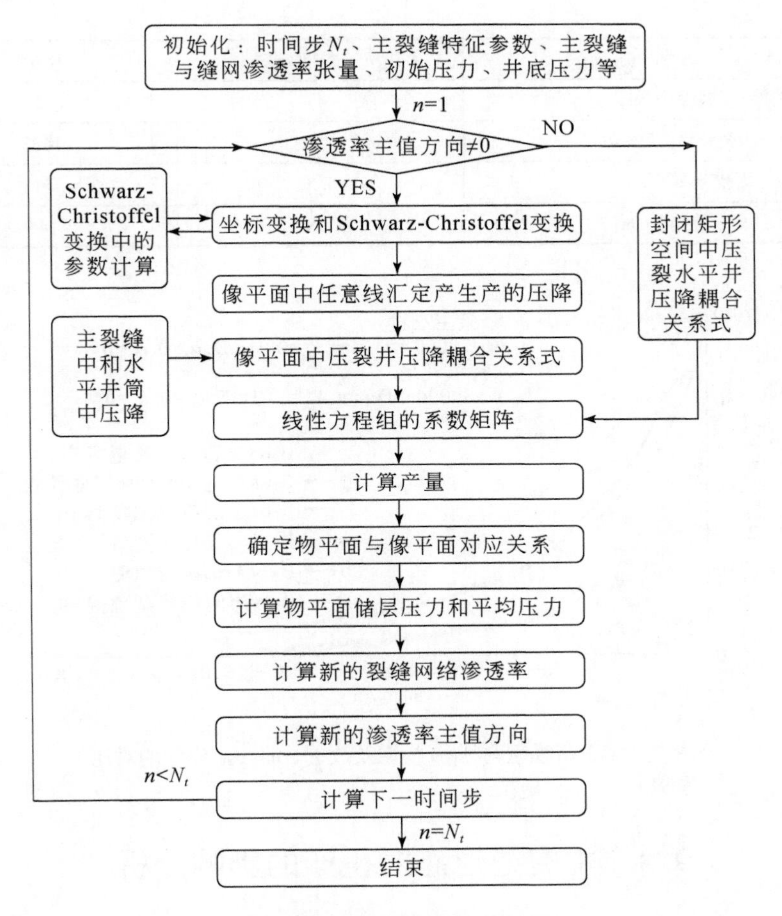

图9.6　模型求解流程图

n为当前时间步

计算了压裂水平井全生产过程，计算结果如图9.7所示，半解析模型计算结果能够描述两口井的生产变化。

表9.3　中Bakken致密油井B-1#和B-6#的基础参数

井名	B-1#	B-6#
初始压力/bar	132	142
孔隙度/%	8	13
基质渗透率/mD	0.01	0.01
裂缝导流能力/（mD·mm）	80000	70000

续表

井名	B-1#	B-6#
裂缝条数	4	15
水平井长度/m	732	1463
储层厚度/m	5.5	11
裂缝半长/m	158	144

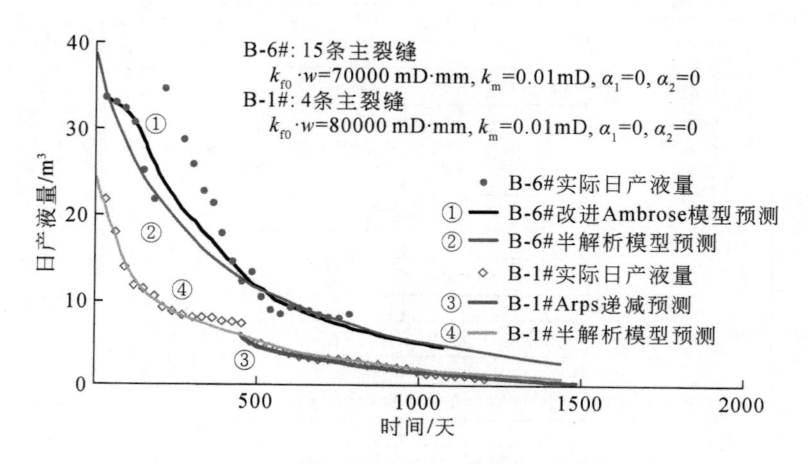

图 9.7　半解析模型与 Arps 模型及改进 Ambrose 模型的对比

9.3　主裂缝形态对生产的影响分析

本节主要讨论主裂缝形态对生产的影响，为便于分析，裂缝网络考虑为弹性各向同性且渗透率主值方向与水平井筒一致，裂缝网络的应力敏感程度用 α_2 表征：$k_{fx} = k_{fy} = k_{f0}e^{\alpha_2(p-p_{ini})}$，$\alpha_2$ 由裂缝网络弹性模量确定。

9.3.1　主裂缝形态与线汇流量关系

在压裂水平井模型中设计了 9 种不同形态的中心对称裂缝：裂缝形状包括矩形、楔形和颈缩三种，每种形状根据裂缝与井筒的关系不同分为垂直、斜交和转向三种，总共 9 种不同形态的中心对称缝，如图 9.8 编号①～⑨。其中，主裂缝⑦和⑧采用抛物线方程描述，主裂缝⑥和⑨采用双曲线方程近似描述，主裂缝③采用线性关系式描述。方程中的系数根据裂缝的平均开度、趾端与跟端宽度、垂直长度和水平长度计算得到。9 种裂缝的平均开度相同，趾端与井筒的垂直距离相同。

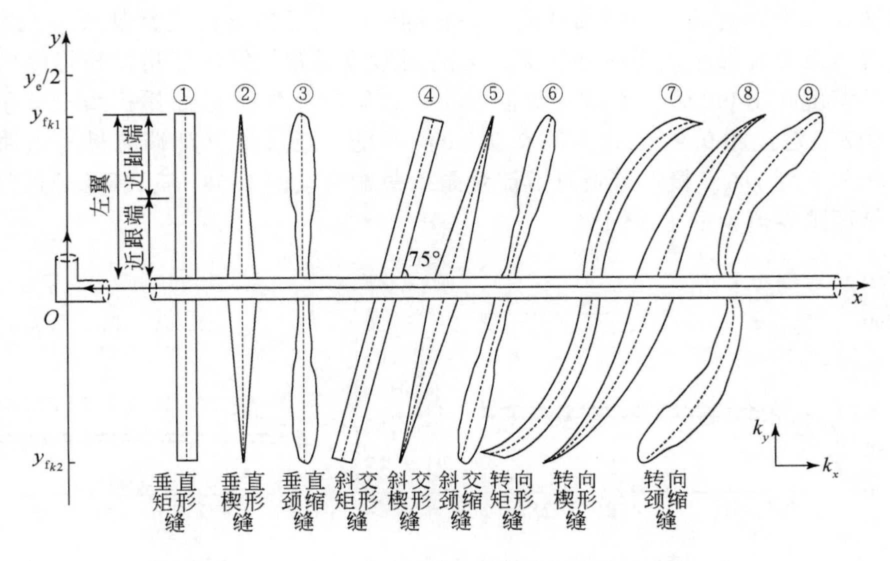

图 9. 8　主裂缝形态示意图

通过压裂施工模拟、微地震监测和示踪剂测试解释来获取主裂缝、水平井和油藏的参数，计算各级裂缝线汇流量的基础参数见表 9. 4。

表 9. 4　储层及压裂水平井的参数

变量名称	取值	变量名称	取值
储层长度 x_e/m	1000	流体黏度 μ /mPa · s	4
储层宽度 y_e/m	500	储层条件下流体密度 ρ/（kg/m^3）	850
储层厚度 h /m	15	井筒粗糙度 f_τ	0. 001
x 方向的渗透率 k_x /mD	0. 1	井筒直径 r_w/m	0. 05
y 方向的渗透率 k_y /mD	0. 1	体积系数	1. 2
z 方向的渗透率 k_z /mD	0. 1	水平井段长度 L /m	1000
孔隙度 ϕ	0. 15	主裂缝半长 y_f/m	180
综合压缩系数 C_t/bar^{-1}	0. 00004	主裂缝平均宽度 w_m/m	0. 00315
主裂缝缝口宽度 w_m/m	0. 006	主裂缝级数 N	10
主裂缝趾端宽度 w_{tip}/m	0. 0003	主裂缝渗透率 k_f/mD	10000

图 9. 9 为裂缝之间无干扰时 9 种形态裂缝的线汇累积流量计算结果。裂缝形状相同时，垂直缝的累积流量明显低于斜交缝和转向缝，因为斜交缝和转向

缝的缝长大于垂直缝。裂缝与井筒关系相同时，楔形缝累积线流量最大，颈缩缝次之，矩形缝最小。跟端导流能力大的楔形缝的累积线汇流量比矩形缝的累积线汇流量高出 6.5%，跟端导流能力小的颈缩缝比矩形缝的累积线汇流量高出 6.3%。对比图 9.9（a）～图 9.9（c）可见，矩形缝近趾端流量与近跟端流量相差不到 1%；楔形缝近趾端流量是近跟端流量的 1.58 倍；颈缩缝近趾端流量是近跟端流量的 1.55 倍。

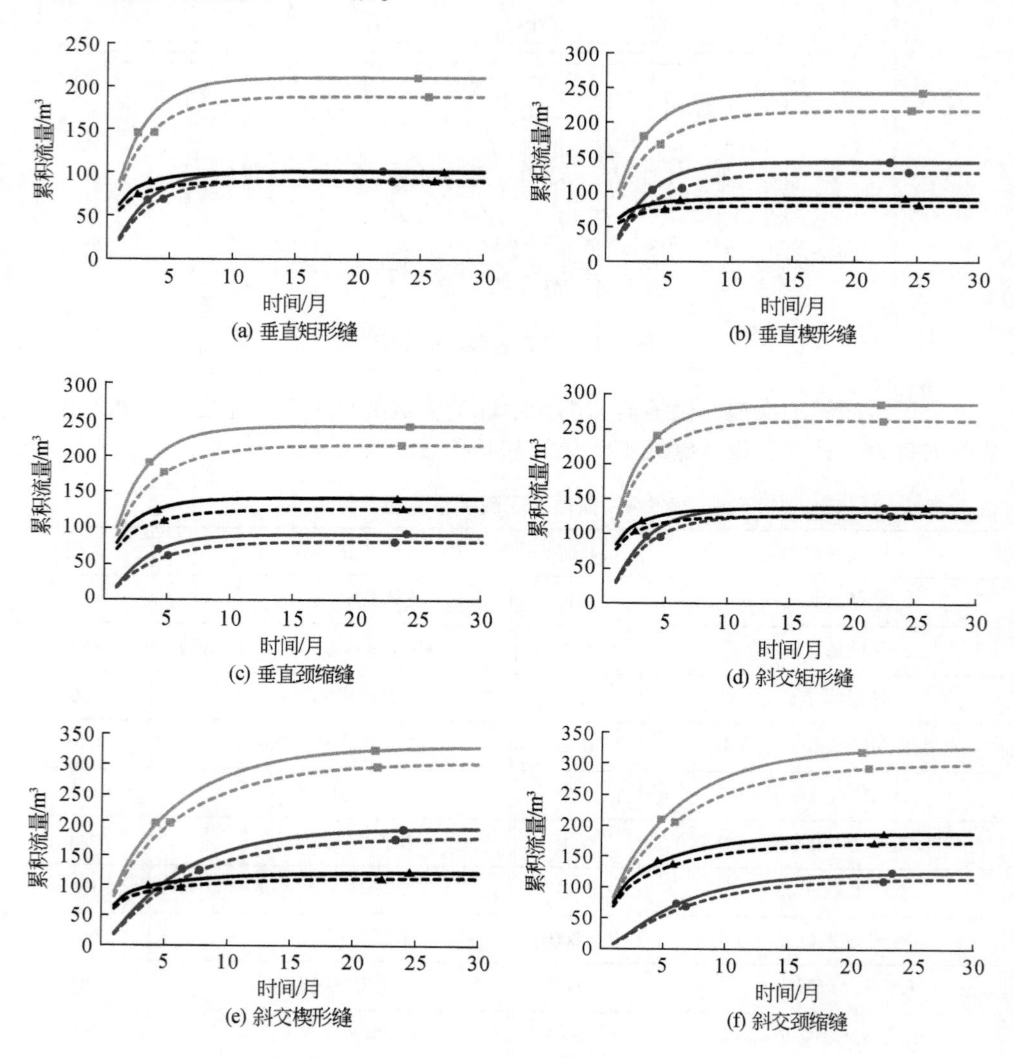

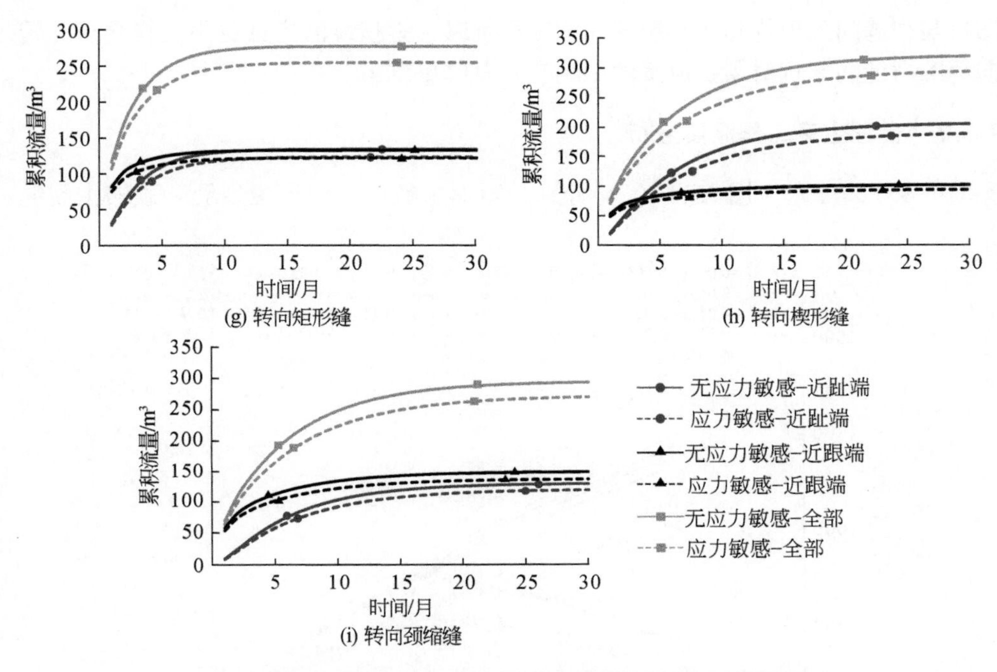

图9.9 9种裂缝形态下线汇累积流量计算结果（左翼缝）

9.3.2 主裂缝干扰与线汇累积流量关系

图9.10为裂缝间存在干扰和无干扰时，9种裂缝形态下累积线汇流量对比

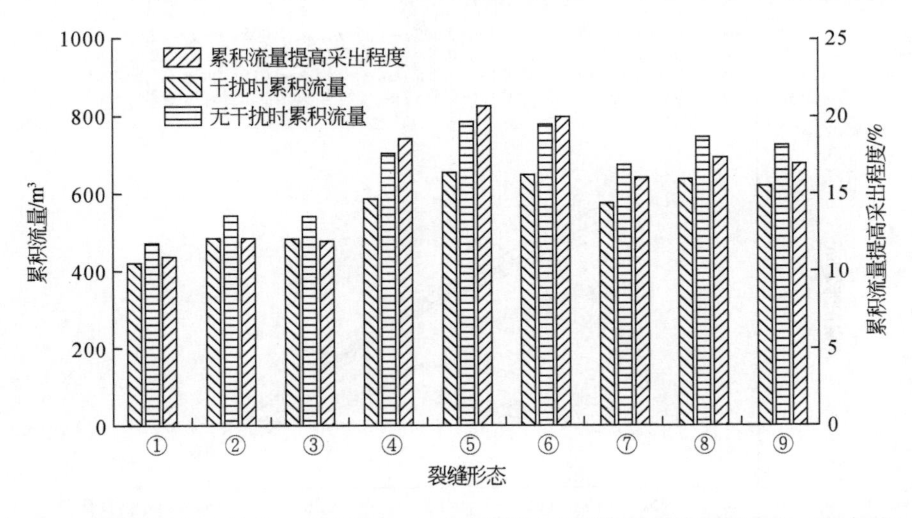

图9.10 裂缝间存在干扰和无干扰时，9种裂缝形态下累积线汇流量对比图（整条缝）

图。与裂缝间无干扰相比，裂缝间存在干扰时，累积线汇流量更小。斜交缝和转向缝的裂缝间干扰对累积流量的影响较垂直缝更严重。

9.3.3 合理生产工作制度分析

图 9.11（a）~图 9.11（c）分别为矩形主裂缝、楔形主裂缝和颈缩主裂缝

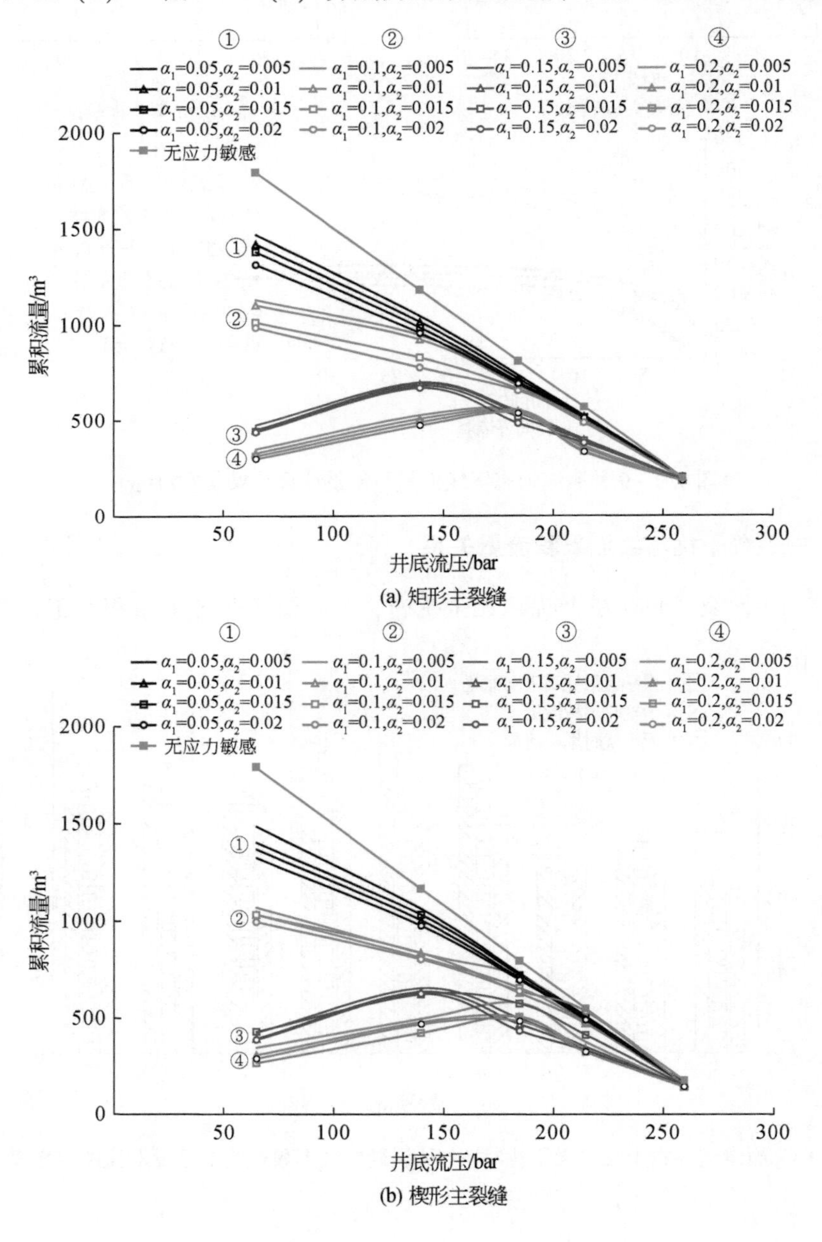

(a) 矩形主裂缝

(b) 楔形主裂缝

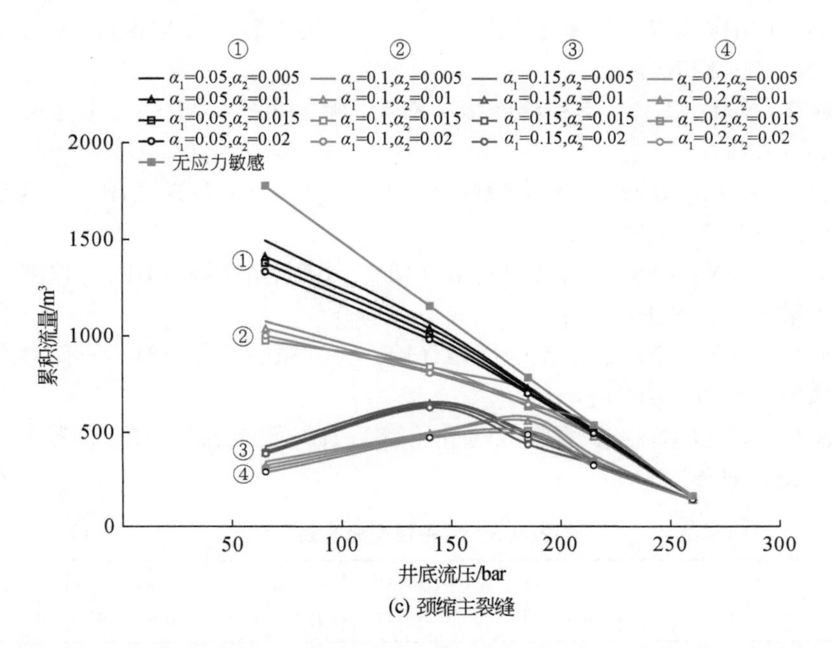

(c) 颈缩主裂缝

图9.11　三种裂缝形态在不同应力敏感系数时累积流量随井底流压变化的曲线图

在不同应力敏感系数时累积流量随井底流压变化的曲线图，图中编号相同的曲线代表主裂缝应力敏感系数相同，线形相同的曲线代表裂缝网络应力敏感系数相同。

矩形主裂缝、楔形主裂缝和颈缩主裂缝曲线变化趋势一致。以矩形主裂缝为例，当主裂缝应力敏感系数相同时，裂缝网络应力敏感系数越大，累积流量越小，但裂缝网络应力敏感系数 α_2 的变化对累积流量影响很小。

当忽略应力敏感时，随着井底流压降低，累积流量线性增加。当主裂缝应力敏感系数为0.05（曲线①）时，随着井底流压降低，累积流量逐渐增加；当主裂缝应力敏感变形系数为0.15（曲线③）或0.2（曲线④）时，随着井底流压降低，累积流量先增加后降低，即存在最优井底流压，此时的井底流压为最佳的工作制度。

9.4　裂缝系统对生产的影响分析

本节以图8.1（d）所示的裂缝网络为例，讨论各向同性弹性储层和各向异性弹性储层中裂缝系统对压裂水平井产能的影响。根据是否有主裂缝，是否考虑裂缝网络和主裂缝的应力敏感，模型设计分为6种（表9.5），具体如下。

Case 1（NHF_KFNS）：有裂缝网络（KF）、无主裂缝（NHF），不考虑裂缝网络应力敏感（KFNS）；

Case 2（NHF_KFS）：有裂缝网络（KF）、无主裂缝（NHF），考虑裂缝网络应力敏感（KFS）；

Case 3（KFNS_KFNS）：有裂缝网络（KF）、10 条主裂缝（HF），不考虑二者应力敏感（KFNS_HFNS）；

Case 4（HFNS_KFS）：有裂缝网络（KF）、10 条主裂缝（HF），仅考虑裂缝网络应力敏感（KFS_HFNS）；

Case 5（HFS_KFNS）：有裂缝网络（KF）、10 条主裂缝（HF），仅考虑主裂缝应力敏感（KFNS_HFS）；

Case 6（KFS_HFS）：发育裂缝网络（KF）、10 条主裂缝（HF），考虑二者应力敏感（KFS_HFS）。

表 9.5 六种模型分类表

考虑内容	Case 1（NHF_KFNS）	Case 2（NHF_KFS）	Case 3（KFNS_KFNS）	Case 4（HFNS_KFS）	Case 5（HFS_KFNS）	Case6（KFS_HFS）
裂缝网络	✓	✓	✓	✓	✓	✓
裂缝网络应力敏感		✓		✓		✓
主裂缝			✓	✓	✓	✓
主裂缝应力敏感					✓	✓

主裂缝为均匀分布的垂直矩形缝，基础参数见表 9.4。KF 表示裂缝网络；KFS 表示考虑裂缝网络的应力敏感特征，KFNS 表示不考虑裂缝网络的应力敏感特征；HF 表示主裂缝，NHF 表示无主裂缝；HFNS 表示不考虑主裂缝的应力敏感特征，HFS 表示考虑主裂缝的应力敏感特征。模型 Case 1 和 Case 2 为未压裂井，地质模型如图 9.12（a）所示。模型 Case 3 ~ Case 6 为压裂井，地质模型如图 9.12（b）所示，其中，模型 Case 3 存在主裂缝和裂缝网络，但不考虑二者的应力敏感特征，与 Case 4 ~ Case 6 分别对比即可分析应力敏感特征对生产的影响，下面进行具体分析。

9.4.1 未压裂井生产分析

图 9.13 是模型 Case 1 的累积流量和模型 Case 2 中裂缝网络在不同弹性模量条件下的累积流量对比结果。可以注意到，模型 Case 1 的累积流量最大，模型

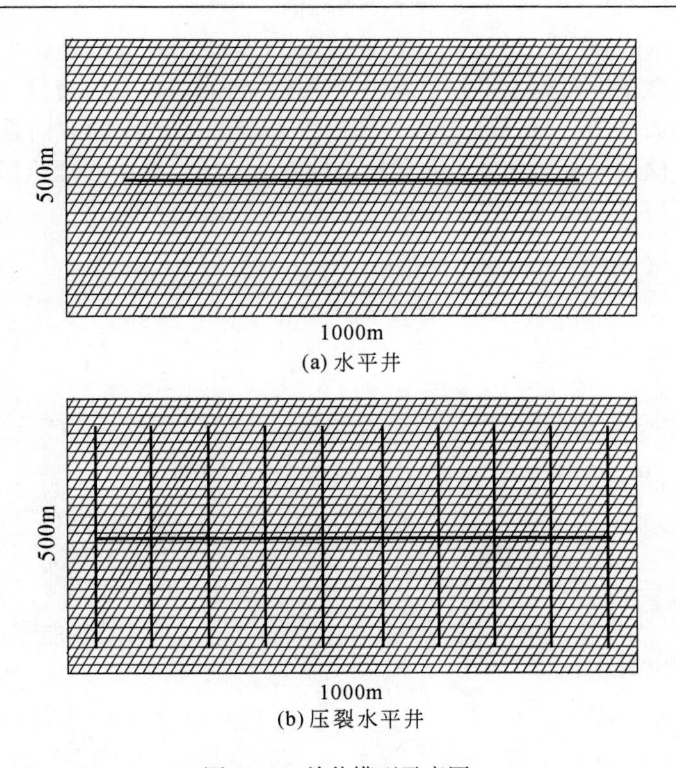

图 9.12　单井模型示意图

Case 2 中裂缝弹性模量相差越大，累积流量越小，即裂缝性储层的应力敏感特征影响了油井的产量，应力敏感各向异性程度越强，油井的累积产量越小。

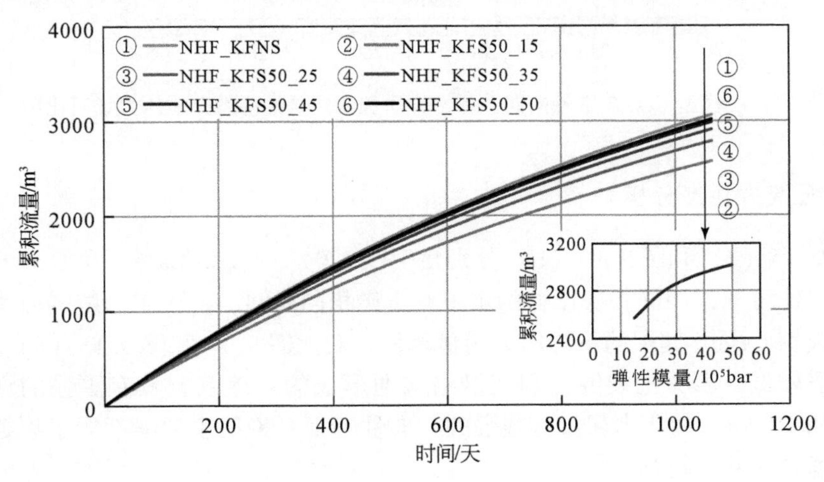

图 9.13　模型 Case 1 和 Case 2 累积流量对比图

图 9. 14 (a) 和图 9. 14 (b) 分别是模型 Case2 中各向同性弹性储层和各向异性弹性储层在不同时刻水平井定压生产的压力分布。可以注意到，在初始生产阶段，两个压力场中心低压区形状（图中中心椭圆区域）的方向是一致的。随着生产进行，储层压降增大，各向异性弹性介质中压力场中心低压区形状的方向朝着第二组裂缝（与 x 轴夹角为 60°）方向发生轻微的转向。

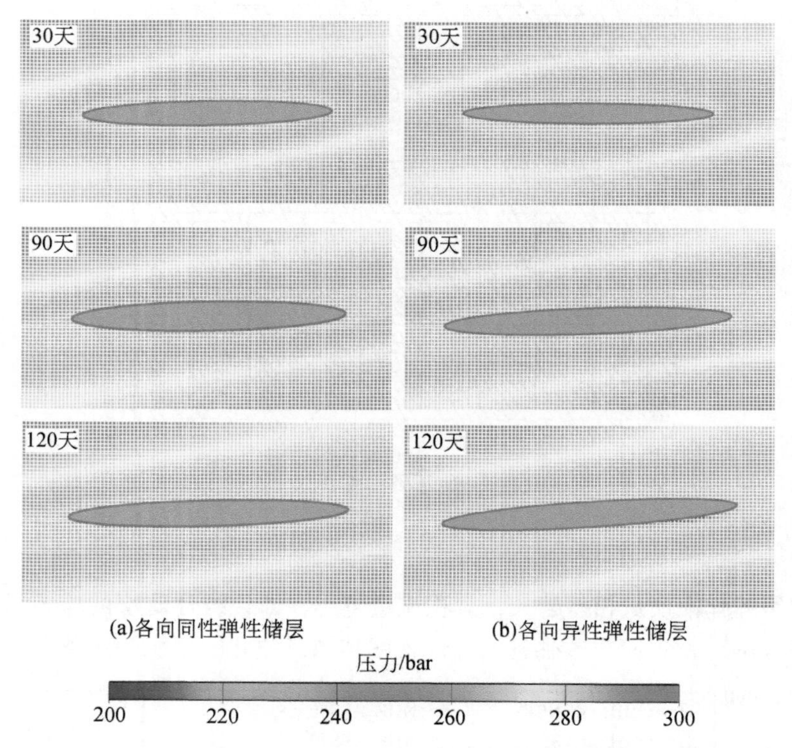

图 9. 14　模型 Case 2 中各向同性弹性介质和各向异性弹性介质压力场对比图

9. 4. 2　压裂井生产分析

图 9. 15 (a) 和图 9. 15 (b) 分别是生产 120 天时模型 Case 4 和 Case 6 的压力场。对比可知，相同井底压力的水平井生产相同时间，由于主裂缝的应力敏感特征，模型 Case 6 储层的平均压力明显降低。对比图 9. 14 和图 9. 15 (a)，后者压力明显较低，表明主裂缝与裂缝网络沟通形成的裂缝系统具有更强的导流能力。图 9. 15 (a) 的压力场没有很强的方向性特征，说明主裂缝削弱了裂缝网络的渗透率各向异性特征。

图 9. 16 (a) 为模型 Case 3 的累积流量和模型 Case 4 中裂缝网络在不同

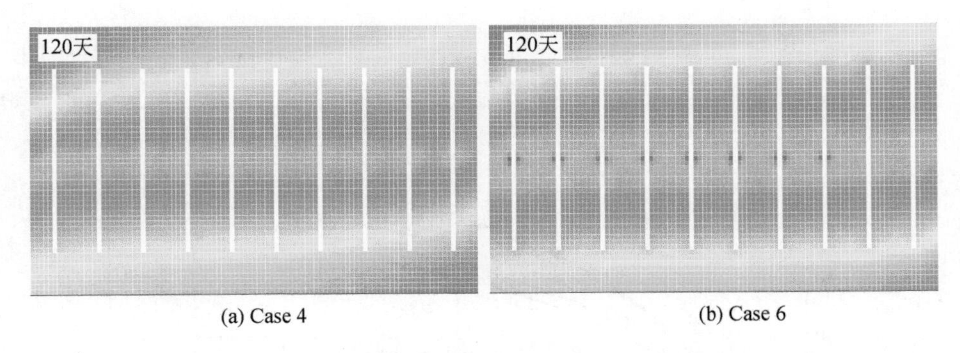

(a) Case 4　　(b) Case 6

图 9.15　各向异性弹性储层压裂水平井生产压力场图

弹性模量下的累积流量对比结果。与未压裂井类似，压裂井中裂缝网络的应力敏感各向异性程度越强，累积流量越小。对比图 9.13 和图 9.16（a）累积流量的大小，后者累积流量较前者提高了 1 倍左右，表明主裂缝明显提高了油井产能。

图 9.16（b）是模型 Case 3 的累积流量和模型 Case 5 中主裂缝在不同应力敏感系数下的累积流量对比结果。与裂缝网络类似地，主裂缝应力敏感程度越强，累积流量越小。对比图 9.16（a）和图 9.16（b），后者累积流量降低幅度明显大于前者，表明生产中长期维持主裂缝有效性对提高产能是非常重要的。

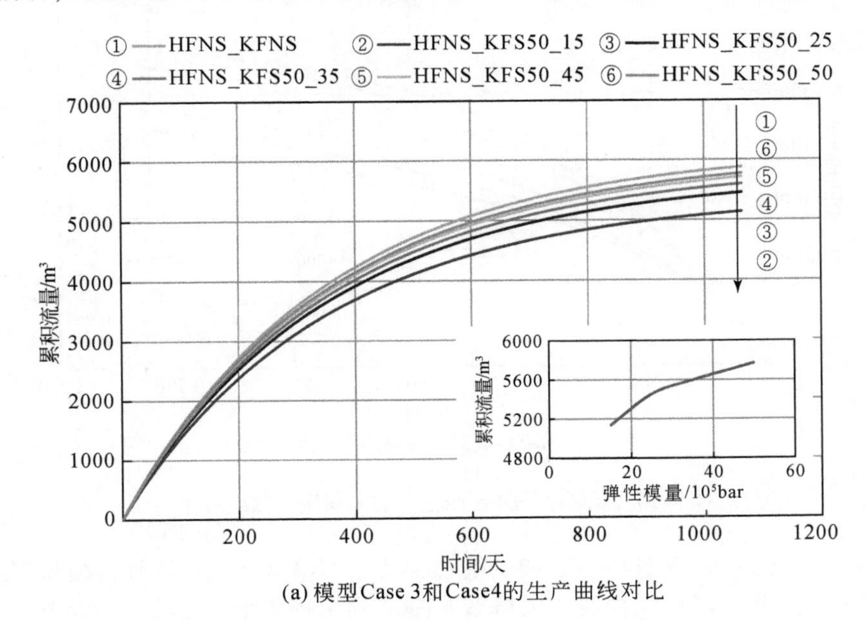

(a) 模型Case 3和Case4的生产曲线对比

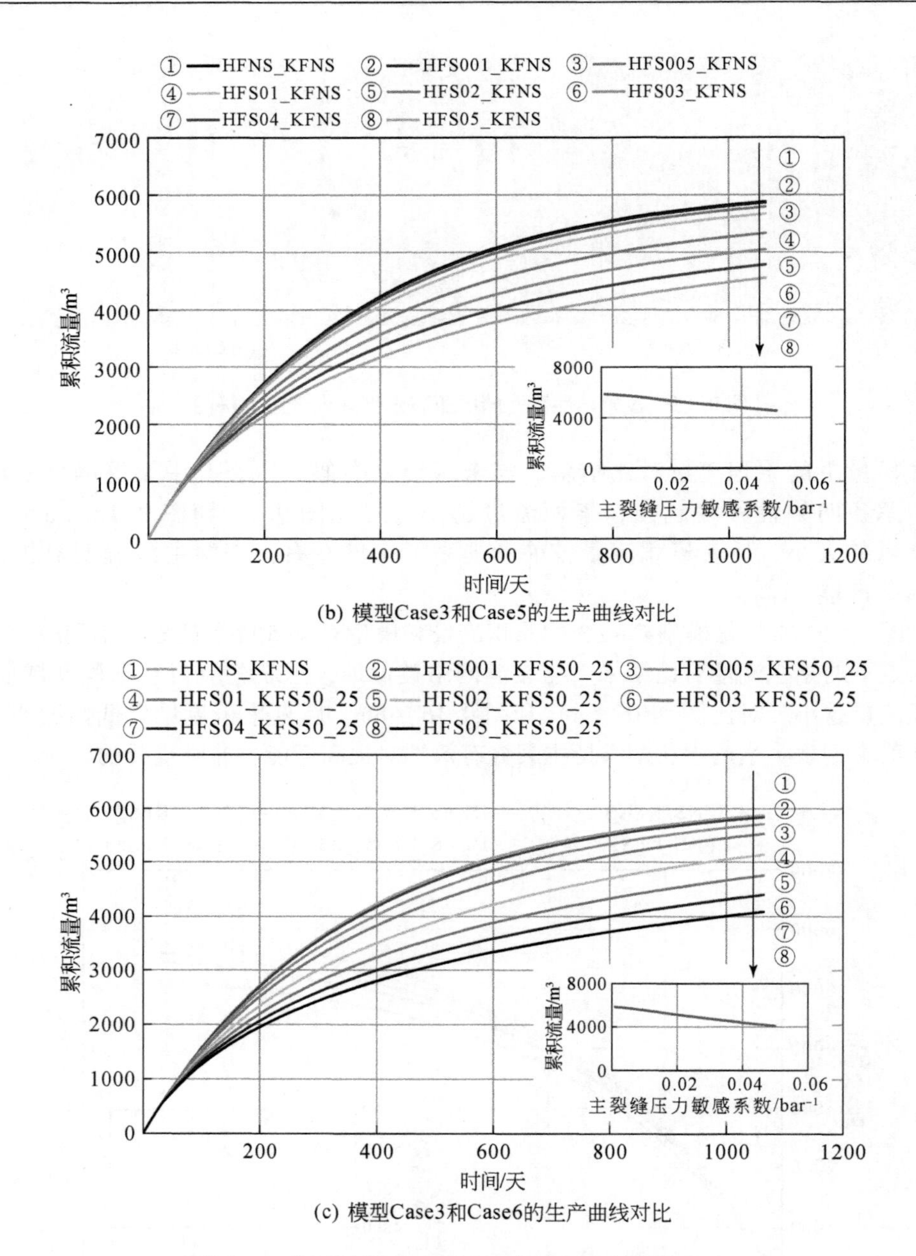

(b) 模型Case3和Case5的生产曲线对比

(c) 模型Case3和Case6的生产曲线对比

图 9.16 压裂水平井定压生产的累积流量曲线对比

图 9.17（a）是模型 Case 2 和模型 Case 4 中裂缝网络在不同弹性模量下的累积流量对比结果。其中，曲线①为模型 Case 4 的累积流量，曲线②为模型 Case 2 的累积流量，曲线③为模型 Case 4 的累积流量减去模型 Case 2 的累积流量。可

观察到，压裂后大幅提高了水平井的产量；裂缝网络弹性各向异性程度越弱，水平井压裂后提高的累积流量越大。

图9.17（b）中，曲线①表示主裂缝应力敏感导致的油井产量减小量（模型 Case 3 的产量减去模型 Case 5 的产量）与裂缝网络应力敏感导致的油井产量减小量（模型 Case 3 的产量减去模型 Case 4 的产量）之和；曲线②表示主裂缝应力敏感和裂缝网络应力敏感同时作用导致的油井产量减小量（模型 Case 3 的产量减去模型 Case 6 的产量）；曲线③表示主裂缝应力敏感导致的油井产量减小量（模型 Case 3 的产量减去模型 Case 5 的产量）。可观察到，主裂缝和裂缝网络都存在应力敏感时，压裂水平井产量的减小量最大，表明主裂缝和裂缝网络应力敏感共同作用会加剧压裂水平井累积流量的减小，并且这种加剧作用会随着主裂缝应力敏感程度增大而增强。

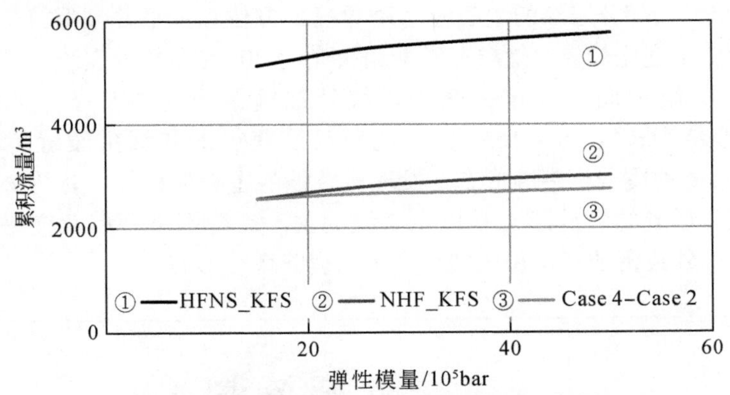

(a) Case 2和Case 4在不同的弹性模量下的累积流量对比

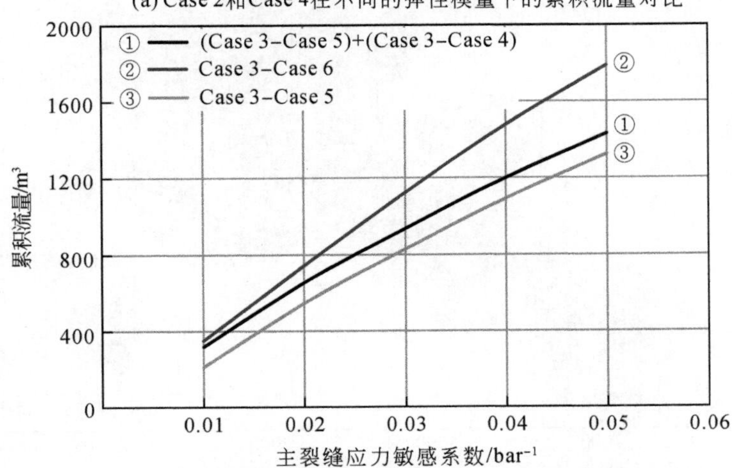

(b) 主裂缝和裂缝网络应力敏感共同作用对累积流量的影响

图9.17　累积流量综合对比曲线图

9.4.3 实例应用——压裂水平井×××017 生产分析

以吉木萨尔致密油压裂水平井×××017 为例，开展生产拟合分析。×××017 是昌吉油田致密油先导性试验区针对上甜点部署的 1 口水平开发井。井底压力为 400bar，井底温度 100℃，井底垂深 3290m。上甜点储层平均孔隙度为 10.99%，平均渗透率为 0.012mD。核磁测井解释油层平均厚度 28.34m，地面原油密度为 0.888g/cm^3，50 ℃下黏度为 73.45mPa · s，属于中质、较高凝固点的高含蜡原油。

从地质资料给出的天然微裂缝发育情况来看，天然裂缝网络不发育，主要通过压裂改造生产。如图 9.18 所示，×××017 水平段长 1801 m，采用固井桥塞射孔联作 HiWAY 多级压裂，总共压裂级数 24 级，施工总液量 25417.7 m^3，支撑剂总量 1361.8 m^3。大部分层级的主裂缝（诱导缝）方位和水平井轴保持垂直，但有部分裂缝倾斜角度比较大。储层存在两组夹角为 30°的高角度裂缝，其中一组走向为 0°，另一组走向为 330°，全井段统计裂缝条数为 275 条。主裂缝高度 20～40m，裂缝半长度 95～165m，微地震反演获得的各级主裂缝特征参数见表 9.6。通过微地震分析裂缝形态，发现有较强的主裂缝特征，认为该区致密油储层体积压裂形成的裂缝形态是以主裂缝为主、裂缝网络开启及交错为辅的缝网，不同于国外致密油气体积压裂后产生的裂缝系统形态。

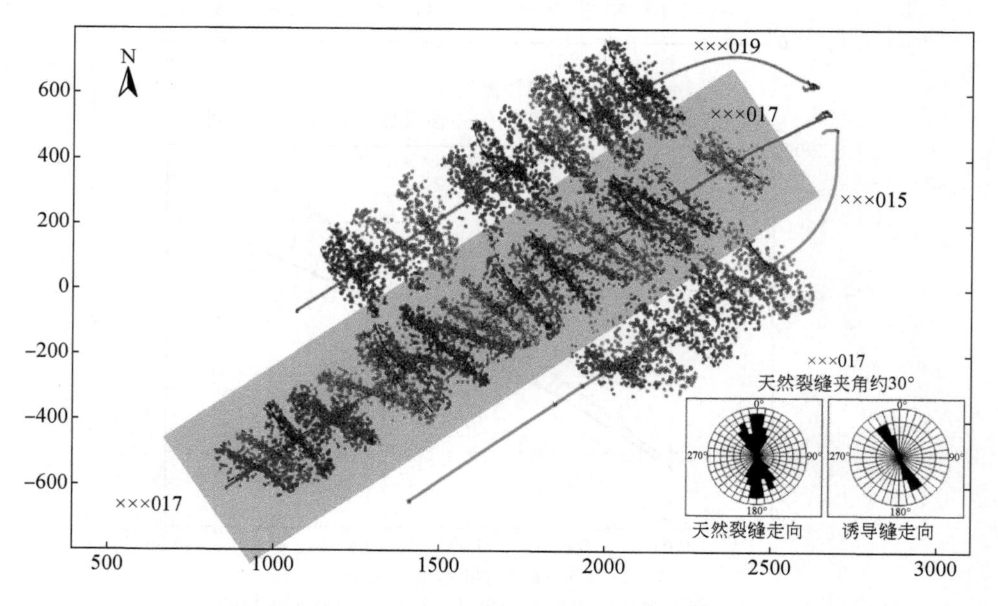

图 9.18 压裂水平井×××017 的微地震监测平面投影及数值模型边界设计图

表 9.6 压裂水平井×××017 微地震监测反演结果

级数	1	2	3	4	5	6	7	8	9	10	11	12
缝长/m	220	210	230	240	270	280	270	280	280	260	220	240
缝高/m	30	30	40	30	30	30	40	40	30	40	40	30
方位/(°)	290	300	320	120	105	140	135	280	130	260	120	310
类型	双翼	双翼	双翼	双翼	双翼	双翼	双翼	双翼	双翼	双翼	双翼	双翼
级数	13	14	15	16	17	18	19	20	21	22	23	24
缝长/m	250	240	250	280	310	290	280	280	290	240	210	190
缝高/m	30	30	40	30	40	40	30	40	40	30	30	20
方位/(°)	320	330	320	290	300	120	300	130	290	130	135	125
类型	双翼	双翼	双翼	双翼	双翼	双翼	双翼	双翼	双翼	双翼	双翼	双翼

参照图9.18、表9.6和其他储层基础参数，建立×××017井的半解析产能模型。如图9.19所示，模型长为1950m，宽为580m，高为30m。模型中包含24级主裂缝与两组裂缝组成的裂缝网络。裂缝网络渗透率k_{ffo}为1.5mD，基质渗透率k_m为0.1mD。设置衰竭开采压差为100bar。

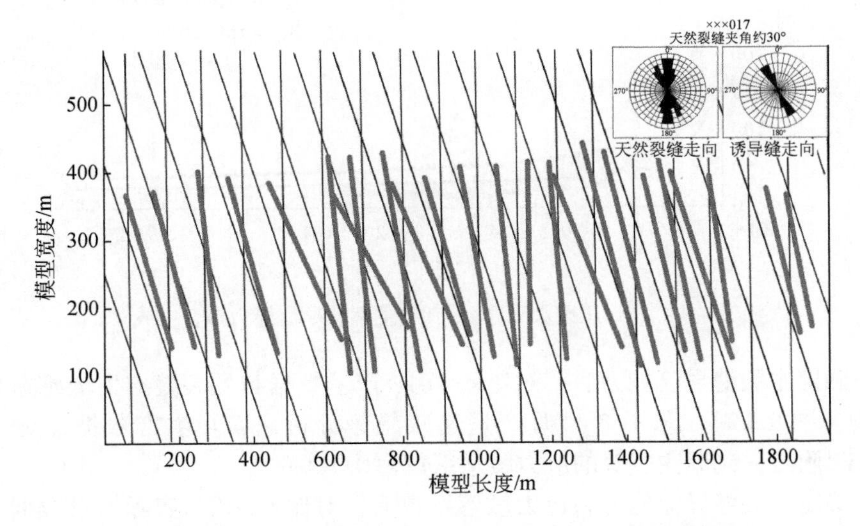

图9.19 压裂水平井×××017 模型（用于半解析产能模型计算）

根据压裂水平井产能变化特征与储层参数之间的关系，确定了开展压裂水平井生产拟合计算步骤，如图9.20所示。通过“主裂缝导流能力（$k_f \cdot w$）+主裂缝压力敏感系数（HFS）+裂缝网络各向异性弹性模量（KFS）”的组合思路，开展产能计算分析，确定压裂水平井中主裂缝导流能力、应力敏感系数和裂缝网络中两组裂缝的弹性模量。

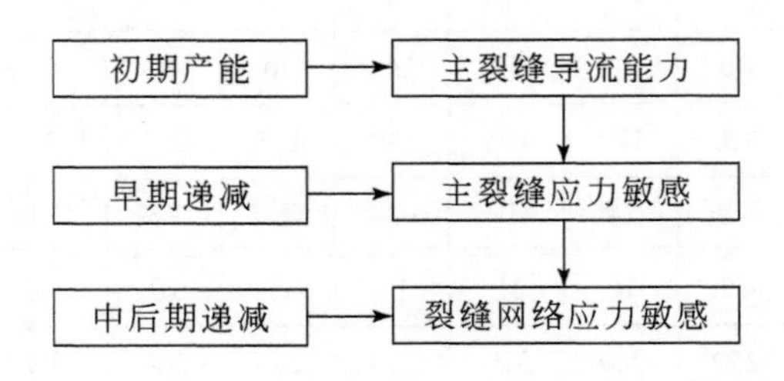

图 9.20　压裂水平井生产拟合计算步骤

如图 9.21 所示，对比×××017 水平井早期产能（2014 年 11 ~ 12 月）与主裂缝导流能力影响图版，早期产能曲线分布在 $k_{f0} \cdot w = 100000$ mD · mm 附近，判断储层主裂缝导流能力大小平均为 100000mD · mm。

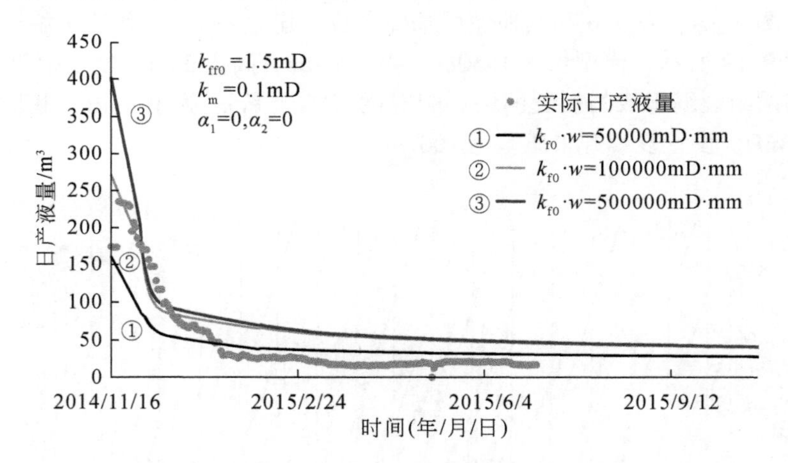

图 9.21　压裂水平井×××017 主裂缝导流能力拟合

在确定主裂缝导流能力后，对比×××017 产量数据与主裂缝应力敏感系数影响图版（图 9.22）。从前 3 个月产量递减趋势分析，实际生产数据点分布在 0.10bar^{-1}附近，判断主裂缝的应力敏感系数为 0.10bar^{-1}。

在确定主裂缝导流能力和应力敏感系数后，对比×××017 实际产量数据与裂缝弹性模量影响图版（图 9.23）。从 3 个月之后的产量变化趋势分析，实际生产数据点分布在 50-30 附近，判断两组裂缝的弹性模量分别为 500000bar 和 300000bar。

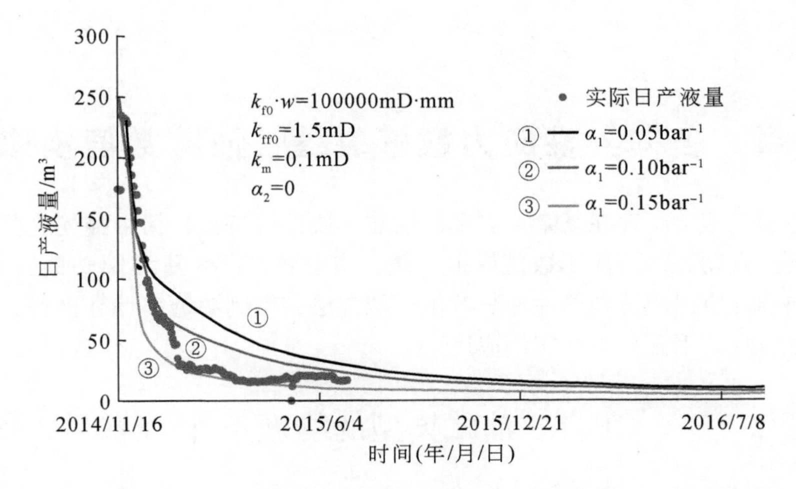

图9.22　压裂水平井×××017主裂缝压力敏感系数拟合

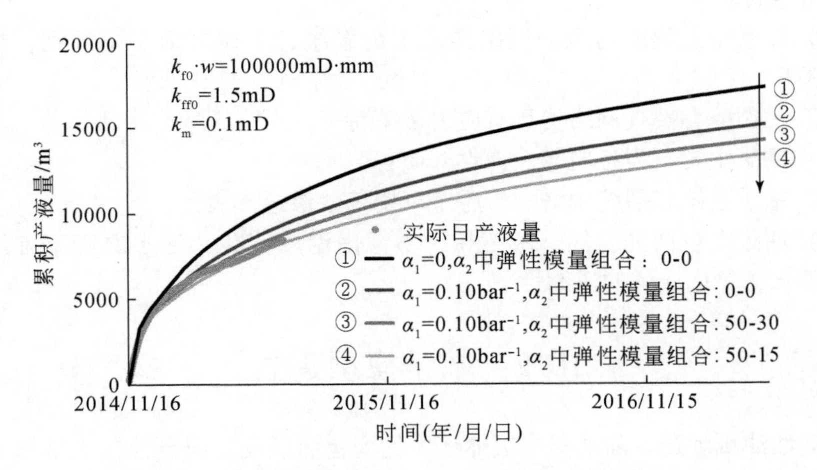

图9.23　裂缝网络中两组裂缝的各向异性弹性参数拟合

α_2中弹性模量组合单位为10^4bar

第 10 章　各向异性应力敏感裂缝性油藏数值模拟方法

实际裂缝性油藏存在复杂边界和储层非均质性等特征，精细描述这些油藏内的渗流与开发动态需要使用数值模拟方法。本章将在第 8 章和第 9 章的基础上，建立各向异性应力敏感裂缝性油藏数值模拟方法，编制渗透率计算模块，并进行模型验证、影响因素分析和实例应用。

10.1　油藏模型的物理条件

裂缝性油藏模型用于模拟实际矿场压裂水平井开发生产过程。模型建立遵从以下物理条件：

（1）油藏中主裂缝与裂缝网络构成裂缝系统，主裂缝形态不规则，裂缝网络分布不均匀；

（2）主裂缝和裂缝网络均具有应力敏感特征；

（3）油藏中岩石为各向异性弹性介质；

（4）基质系统和裂缝网络的渗透率可用等效渗透率表示；

（5）油藏中包括油、气、水三相，不考虑温度变化，油水之间不互溶，气相不溶于水，考虑流体的压缩性。

10.2　数学模型建立

裂缝性油藏渗透率随油藏内流体压力的变化而呈现各向异性应力敏感动态变化，因此将第 8 章的渗透率模型用于运动方程，建立油藏渗流数学模型。

10.2.1　绝对渗透率

假设裂缝为垂直贯穿缝，以图 8.1（d）裂缝网络为例，三维渗透率张量表达式为

$$\boldsymbol{K} = \begin{bmatrix} k_{xx} & k_{xy} & 0 \\ k_{yx} & k_{yy} & 0 \\ 0 & 0 & k_{zz} \end{bmatrix}$$

$$
= \sum_{i=1}^{2} \begin{bmatrix} \frac{k_{f_i} + 2k_m}{2} + \frac{k_{f_i}}{2}\cos 2\beta_i & \frac{k_{f_i}}{2}\sin 2\beta_i & 0 \\ \frac{k_{f_i}}{2}\sin 2\beta_i & \frac{k_{f_i} + 2k_m}{2} - \frac{k_{f_i}}{2}\cos 2\beta_i & 0 \\ 0 & 0 & k_{zz} \end{bmatrix} \tag{10.1}
$$

式中，$k_{f_i} = k_{f0}\left(\frac{b_{f_i}}{b_0}\right)^3$；$k_m$ 为常数。

$$
b_{f_1}(p) = b_0 + a_0\left[\frac{(1-\nu_{m,12})\sin^2\theta - \nu_{m,12}}{E_{m,1}} + \frac{1-\nu_{m,23}}{E_{m,2}}\cos^2\theta\right] \cdot \sin\beta_2(\Delta\sigma_{f_1}^T - \alpha_m \Delta p) \tag{10.2}
$$

$$
b_{f_2}(p) = b_0 + a_0\left[\frac{(1-\nu_{m,12})\sin^2(\theta-\beta_2) - \nu_{m,12}}{E_{m,1}} + \frac{1-\nu_{m,23}}{E_{m,2}}\cos^2(\theta-\beta_2)\right] \cdot \sin\beta_2(\Delta\sigma_{f_2}^T - \alpha_m \Delta p) \tag{10.3}
$$

10.2.2　渗流数学模型

建立三维渗流数学模型，包括单相模型和油、气、水三相模型。

1. 单相压力敏感渗流数学模型

$$
\frac{\partial}{\partial x}\left(k_{xx}\frac{\partial p}{\partial x} + k_{xy}\frac{\partial p}{\partial y} + k_{xz}\frac{\partial p}{\partial z}\right) + \frac{\partial}{\partial y}\left(k_{yx}\frac{\partial p}{\partial x} + k_{yy}\frac{\partial p}{\partial y} + k_{yz}\frac{\partial p}{\partial z}\right) + \frac{\partial}{\partial z}\left(k_{zx}\frac{\partial p}{\partial x} + k_{zy}\frac{\partial p}{\partial y} + k_{zz}\frac{\partial p}{\partial z}\right) = \frac{1}{\eta}\frac{\partial p}{\partial t} \tag{10.4}
$$

式中，$\eta = \frac{1}{\mu C_t}$。

2. 三相压力敏感渗流数学模型

油组分：

$$
\begin{aligned}
&\frac{\partial}{\partial x}\left\{\frac{k_{ro}\rho_o}{\mu_o}\left[k_{xx}\left(\frac{\partial p_o}{\partial x} - \gamma_{og}\frac{\partial D}{\partial x}\right) + k_{xy}\left(\frac{\partial p_o}{\partial y} - \gamma_{og}\frac{\partial D}{\partial y}\right) + k_{xz}\left(\frac{\partial p_o}{\partial z} - \gamma_{og}\frac{\partial D}{\partial z}\right)\right]\right\} \\
&+ \frac{\partial}{\partial y}\left\{\frac{k_{ro}\rho_o}{\mu_o}\left[k_{yx}\left(\frac{\partial p_o}{\partial x} - \gamma_{og}\frac{\partial D}{\partial x}\right) + k_{yy}\left(\frac{\partial p_o}{\partial y} - \gamma_{og}\frac{\partial D}{\partial y}\right) + k_{yz}\left(\frac{\partial p_o}{\partial z} - \gamma_{og}\frac{\partial D}{\partial z}\right)\right]\right\} \\
&+ \frac{\partial}{\partial z}\left\{\frac{k_{ro}\rho_o}{\mu_o}\left[k_{zx}\left(\frac{\partial p_o}{\partial x} - \gamma_{og}\frac{\partial D}{\partial x}\right) + k_{zy}\left(\frac{\partial p_o}{\partial y} - \gamma_{og}\frac{\partial D}{\partial y}\right) + k_{zz}\left(\frac{\partial p_o}{\partial z} - \gamma_{og}\frac{\partial D}{\partial z}\right)\right]\right\} \\
&+ q_o = \frac{\partial(\phi\rho_o S_o)}{\partial t}
\end{aligned} \tag{10.5}
$$

气组分：

$$
\begin{aligned}
&\frac{\partial}{\partial x}\left\{\frac{k_{\mathrm{ro}}\rho_{\mathrm{od}}}{\mu_{\mathrm{o}}}\left[k_{xx}\left(\frac{\partial p_{\mathrm{o}}}{\partial x}-\gamma_{\mathrm{og}}\frac{\partial D}{\partial x}\right)+k_{xy}\left(\frac{\partial p_{\mathrm{o}}}{\partial y}-\gamma_{\mathrm{og}}\frac{\partial D}{\partial y}\right)+k_{xz}\left(\frac{\partial p_{\mathrm{o}}}{\partial z}-\gamma_{\mathrm{og}}\frac{\partial D}{\partial z}\right)\right]\right.\\
&\left.+\frac{k_{\mathrm{rg}}\rho_{\mathrm{g}}}{\mu_{\mathrm{o}}}\left[k_{xx}\left(\frac{\partial p_{\mathrm{o}}}{\partial x}-\gamma_{\mathrm{g}}\frac{\partial D}{\partial x}\right)+k_{xy}\left(\frac{\partial p_{\mathrm{o}}}{\partial y}-\gamma_{\mathrm{g}}\frac{\partial D}{\partial y}\right)+k_{xz}\left(\frac{\partial p_{\mathrm{o}}}{\partial z}-\gamma_{\mathrm{g}}\frac{\partial D}{\partial z}\right)\right]\right\}\\
&+\frac{\partial}{\partial y}\left\{\frac{k_{\mathrm{ro}}\rho_{\mathrm{od}}}{\mu_{\mathrm{o}}}\left[k_{yx}\left(\frac{\partial p_{\mathrm{o}}}{\partial x}-\gamma_{\mathrm{og}}\frac{\partial D}{\partial x}\right)+k_{yy}\left(\frac{\partial p_{\mathrm{o}}}{\partial y}-\gamma_{\mathrm{og}}\frac{\partial D}{\partial y}\right)+k_{yz}\left(\frac{\partial p_{\mathrm{o}}}{\partial z}-\gamma_{\mathrm{og}}\frac{\partial D}{\partial z}\right)\right]\right.\\
&\left.+\frac{k_{\mathrm{rg}}\rho_{\mathrm{g}}}{\mu_{\mathrm{o}}}\left[k_{yx}\left(\frac{\partial p_{\mathrm{o}}}{\partial x}-\gamma_{\mathrm{g}}\frac{\partial D}{\partial x}\right)+k_{yy}\left(\frac{\partial p_{\mathrm{o}}}{\partial y}-\gamma_{\mathrm{g}}\frac{\partial D}{\partial y}\right)+k_{yz}\left(\frac{\partial p_{\mathrm{o}}}{\partial z}-\gamma_{\mathrm{g}}\frac{\partial D}{\partial z}\right)\right]\right\}\\
&+\frac{\partial}{\partial z}\left\{\frac{k_{\mathrm{ro}}\rho_{\mathrm{od}}}{\mu_{\mathrm{o}}}\left[k_{zx}\left(\frac{\partial p_{\mathrm{o}}}{\partial x}-\gamma_{\mathrm{og}}\frac{\partial D}{\partial x}\right)+k_{zy}\left(\frac{\partial p_{\mathrm{o}}}{\partial y}-\gamma_{\mathrm{og}}\frac{\partial D}{\partial y}\right)+k_{zz}\left(\frac{\partial p_{\mathrm{o}}}{\partial z}-\gamma_{\mathrm{og}}\frac{\partial D}{\partial z}\right)\right]\right.\\
&\left.+\frac{k_{\mathrm{rg}}\rho_{\mathrm{d}}}{\mu_{\mathrm{o}}}\left[k_{zx}\left(\frac{\partial p_{\mathrm{o}}}{\partial x}-\gamma_{\mathrm{g}}\frac{\partial D}{\partial x}\right)+k_{zy}\left(\frac{\partial p_{\mathrm{o}}}{\partial y}-\gamma_{\mathrm{g}}\frac{\partial D}{\partial y}\right)+k_{zz}\left(\frac{\partial p_{\mathrm{o}}}{\partial z}-\gamma_{\mathrm{g}}\frac{\partial D}{\partial z}\right)\right]\right\}\\
&+R_{\mathrm{s}}q_{\mathrm{o}}+q_{\mathrm{g}}=\frac{\partial(\phi\rho_{\mathrm{gd}}S_{\mathrm{o}})}{\partial t}+\frac{\partial(\phi\rho_{\mathrm{g}}S_{\mathrm{g}})}{\partial t}
\end{aligned}
\tag{10.6}
$$

水组分：

$$
\begin{aligned}
&\frac{\partial}{\partial x}\left\{\frac{k_{\mathrm{rw}}\rho_{\mathrm{w}}}{\mu_{\mathrm{w}}}\left[k_{xx}\left(\frac{\partial p_{\mathrm{w}}}{\partial x}-\gamma_{\mathrm{w}}\frac{\partial D}{\partial x}\right)+k_{xy}\left(\frac{\partial p_{\mathrm{w}}}{\partial y}-\gamma_{\mathrm{w}}\frac{\partial D}{\partial y}\right)+k_{xz}\left(\frac{\partial p_{\mathrm{w}}}{\partial z}-\gamma_{\mathrm{w}}\frac{\partial D}{\partial z}\right)\right]\right\}\\
&+\frac{\partial}{\partial y}\left\{\frac{k_{\mathrm{rw}}\rho_{\mathrm{w}}}{\mu_{\mathrm{w}}}\left[k_{yx}\left(\frac{\partial p_{\mathrm{w}}}{\partial x}-\gamma_{\mathrm{w}}\frac{\partial D}{\partial x}\right)+k_{yy}\left(\frac{\partial p_{\mathrm{w}}}{\partial y}-\gamma_{\mathrm{w}}\frac{\partial D}{\partial y}\right)+k_{yz}\left(\frac{\partial p_{\mathrm{w}}}{\partial z}-\gamma_{\mathrm{w}}\frac{\partial D}{\partial z}\right)\right]\right\}\\
&+\frac{\partial}{\partial z}\left\{\frac{k_{\mathrm{rw}}\rho_{\mathrm{w}}}{\mu_{\mathrm{w}}}\left[k_{zx}\left(\frac{\partial p_{\mathrm{w}}}{\partial x}-\gamma_{\mathrm{w}}\frac{\partial D}{\partial x}\right)+k_{zy}\left(\frac{\partial p_{\mathrm{w}}}{\partial y}-\gamma_{\mathrm{w}}\frac{\partial D}{\partial y}\right)+k_{zz}\left(\frac{\partial p_{\mathrm{w}}}{\partial z}-\gamma_{\mathrm{w}}\frac{\partial D}{\partial z}\right)\right]\right\}\\
&+q_{\mathrm{w}}=\frac{\partial(\phi\rho_{\mathrm{w}}S_{\mathrm{w}})}{\partial t}
\end{aligned}
\tag{10.7}
$$

式中，$k_{ij}=k_{ji}$；k_{ro} 为油的相对渗透率；ρ_{o} 为油的密度；γ_{og} 为含气原油的相对密度；D 为重力势能；q_{o} 为油的产量；S_{o} 为油的饱和度；ρ_{od} 为脱气原油的密度；k_{rg} 为气的相对渗透率；ρ_{g} 为气的密度；R_{s} 为气油比；q_{g} 为气的产量；k_{rw} 为水组分的相对渗透率；ρ_{w} 为水组分的密度；μ_{w} 为水组分的黏度；γ_{w} 为水组分的相对密度；q_{w} 为水的产量。

式（10.4）～式（10.7）是描述各向异性弹性储层的渗流数学模型。当式（10.2）和式（10.3）中弹性模量数值相等时，上述渗流数学模型退化为各向同性弹性储层的渗流数学模型。

10.3　数值模型建立

如图 10.1 所示，裂缝性油藏的精细建模包括两部分工作，一是油藏压裂改造区中裂缝网络的精细建模；二是不规则形态和不均匀分布主裂缝的精细建模。数值模型包括不均匀裂缝网络及主裂缝不规则形态的精细描述、裂缝性储层应力敏感模型置入和非均质场参数的计算和导入。

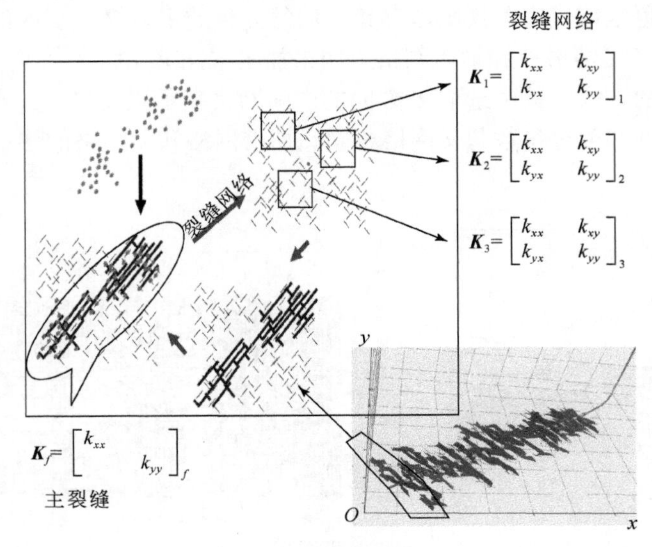

图 10.1　裂缝系统示意图

10.3.1　模型建立技术流程

图 10.2 给出了利用 Eclipse 软件 E300 模拟器的 Black Oil 模型，编写渗透率计算模块，建立各向异性应力敏感裂缝性油藏数值模型的技术思路。计算模块的核心思想是通过显式方法计算下一时间步的渗透率场，通过更新渗透率场，实现考虑裂缝应力敏感的生产模拟。

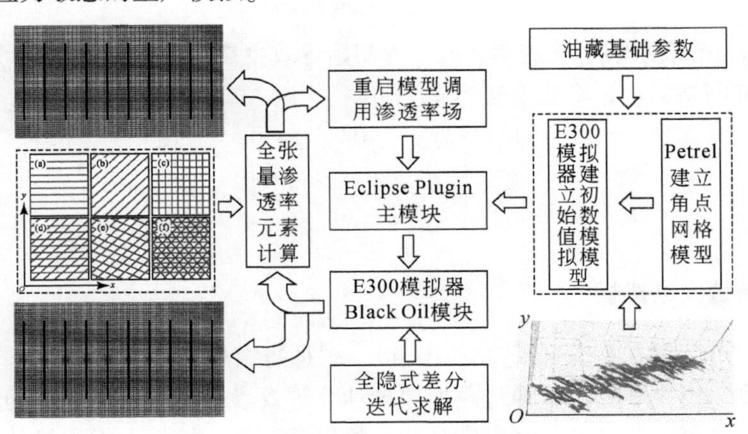

图 10.2　计算模块技术流程图

10.3.2 主裂缝建模

采用局部网格加密方法描述不规则形态和不均匀分布的主裂缝，如图 10.3 所示，图中黑色区域代表不规则形态和不均匀分布的主裂缝，全区的网格被划分为未加密网格（父网格）和加密网格。网格加密采用 Z 方向不加密，X 方向和 Y 方向均匀加密的方式，其中选取 X 方向的中间网格表示主裂缝。加密网格的孔隙度、净毛比和饱和度等参数与父网格相同。加密网格和父网格的渗透率由计算模块赋值。

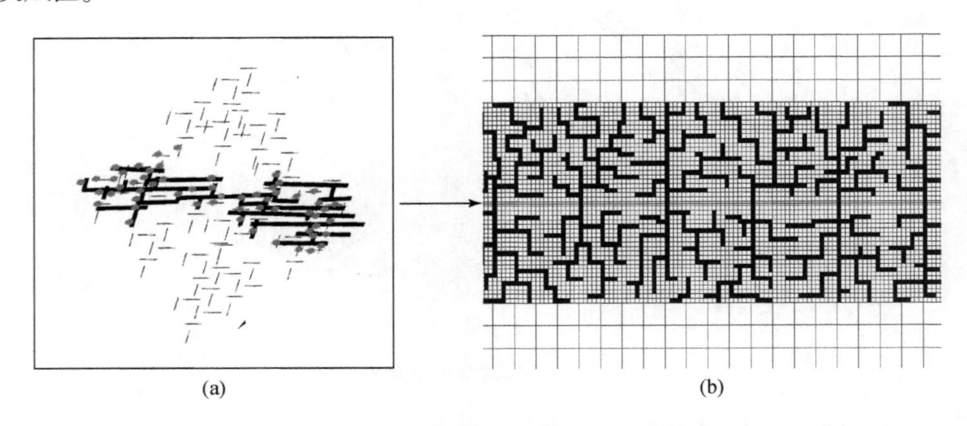

图 10.3 网格加密描述不规则形态主裂缝示意图

利用等效裂缝导流能力方法确定主裂缝网格渗透率：等效主裂缝渗透率 $k_{f,eff}$×网格尺寸=主裂缝渗透率 k_f×主裂缝开度。

与式（9.1）相似，等效主裂缝渗透率 $k_{f,eff}$应力敏感表达式为

$$k_{f,eff} = k_{f0,eff} e^{\alpha_1 (p - p_{ini})} \tag{10.8}$$

式中，$k_{f,eff}$为等效主裂缝渗透率；$k_{f0,eff}$为初始等效主裂缝渗透率。

主裂缝网格的渗透率张量表达式为

$$\boldsymbol{K} = \begin{bmatrix} k_{f,eff} & 0 & 0 \\ 0 & k_{f,eff} & 0 \\ 0 & 0 & k_{f,eff} \end{bmatrix} \tag{10.9}$$

10.3.3 裂缝网络建模

网格中可能存在多组裂缝（图 10.4），根据每组裂缝的特征参数，如初始渗透率、开度、密度和方位，通过叠加原理计算等效渗透率张量，即可确定每个网格的渗透率张量。此处的裂缝密度是狭义的裂缝密度，指某一组裂缝的密度，控

制着该组裂缝在空间的分布特征，如储层划分为 N_g 个网格，共有 5 组裂缝。裂缝的宽度构成一个 1×5 的一维数组，利用该数组来描述网格内的裂缝分布特征，即需要给出 N_g 个 1×5 的一维数组来描述裂缝的空间分布。当网格中某组裂缝密度等于 0 时，则表示该网格中不存在该组裂缝。设定裂缝密度为 1 时的渗透率为单位渗透率或者基准渗透率。当裂缝密度为 0 ~ n 之间时，该裂缝网络的渗透率就等于基准渗透率乘以密度。对于多组裂缝（两组以上），可将多组裂缝通过叠加，最终等效为两组裂缝，给出等效裂缝开度的计算表达式。以上即裂缝网络建模的基本思路。

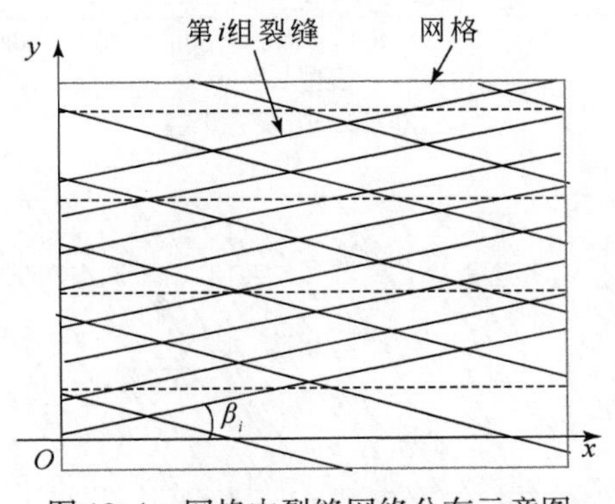

图 10.4　网格中裂缝网络分布示意图

采用等效渗透率思想，编写渗透率张量计算程序来完成裂缝网络建模，确定储层中不均匀分布裂缝网络的全张量渗透率场。计算程序能够实现裂缝性各向异性弹性储层中渗透率张量的计算。接下来，给出渗透率张量的计算步骤。

1. 第一步——绘出裂缝网络分布图

目前，有多种方法可以获得储层裂缝分布情况，如地震、地应力场分析与模拟。在裂缝分布未知的情况下，可以使用随机模拟方法生成裂缝，如序贯高斯模拟。以图 8.1（d）裂缝网络为例，给定每组裂缝的密度、方向、分布范围、长度，随机生成裂缝分布场，如图 10.5（a）和图 10.5（b）所示。两组裂缝构成的裂缝网络与主裂缝分布如图 10.5（c）所示。

2. 第二步——计算每个网格中所包含的裂缝条数

图 10.6（a）为两组裂缝分布示意图，图中水平和倾斜线段分别表示两组裂缝。将每组裂缝离散到网格中，确定每个网格所包含的裂缝条数，如图 10.6（b）所示。以第一步中裂缝网络为例，计算裂缝条数分布场，如图 10.7 所示，可见网格中最大的裂缝条数为 6 条。

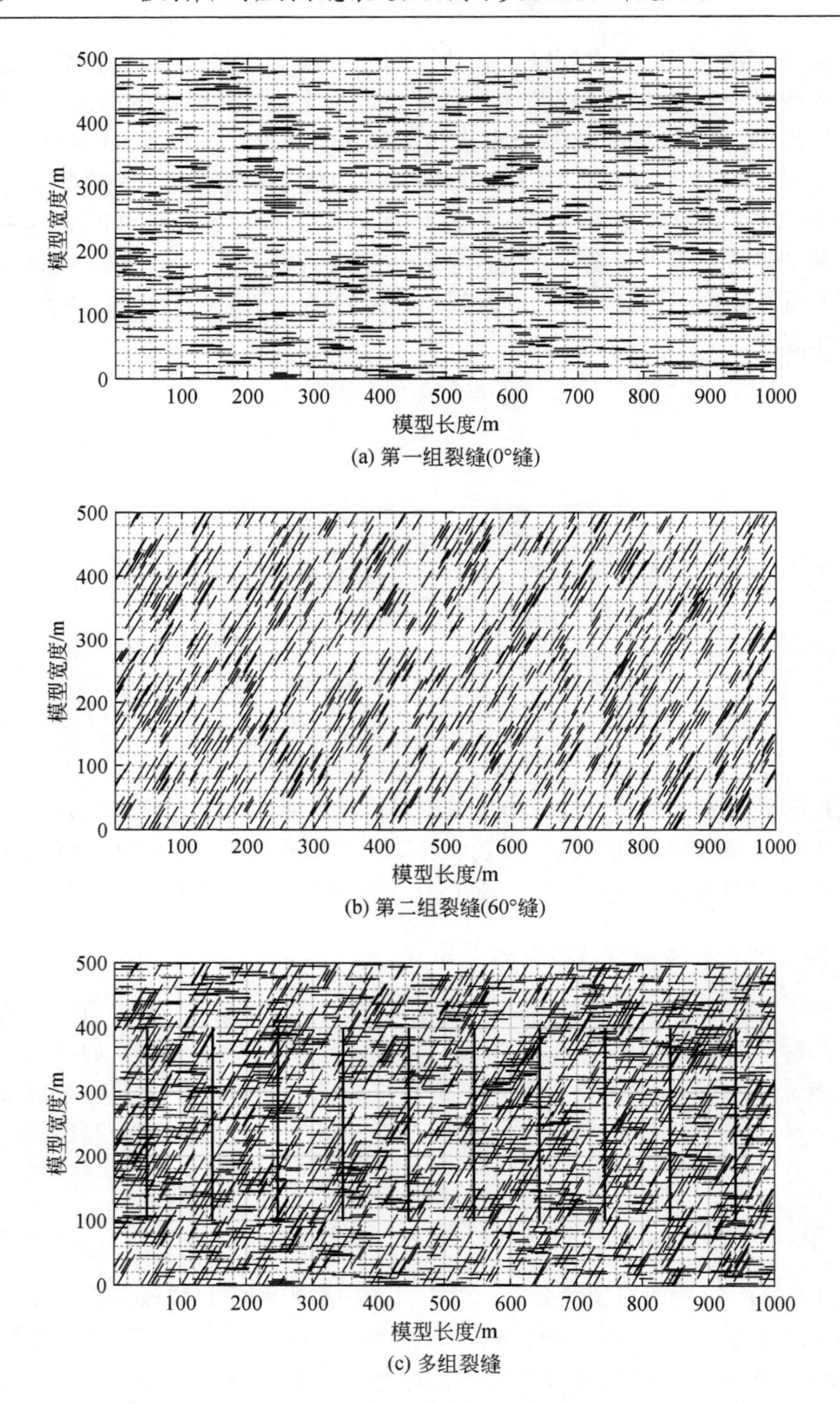

(a) 第一组裂缝(0°缝)

(b) 第二组裂缝(60°缝)

(c) 多组裂缝

图 10.5　随机生成裂缝网络图

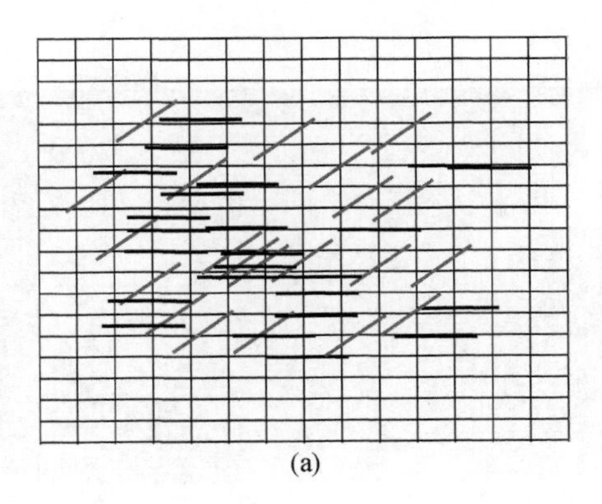
(a)

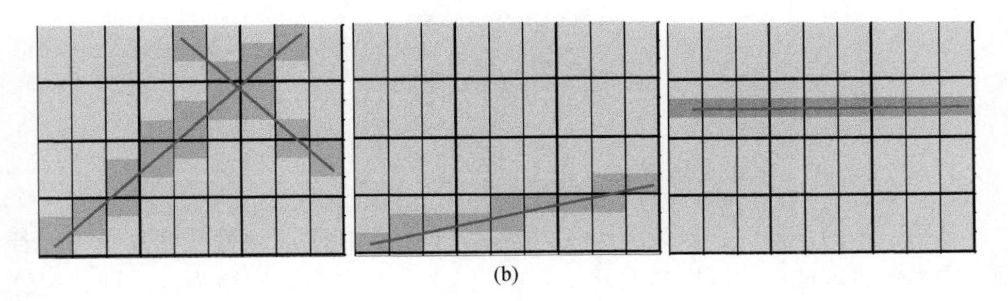
(b)

图 10.6　裂缝在网格中的分布示意图

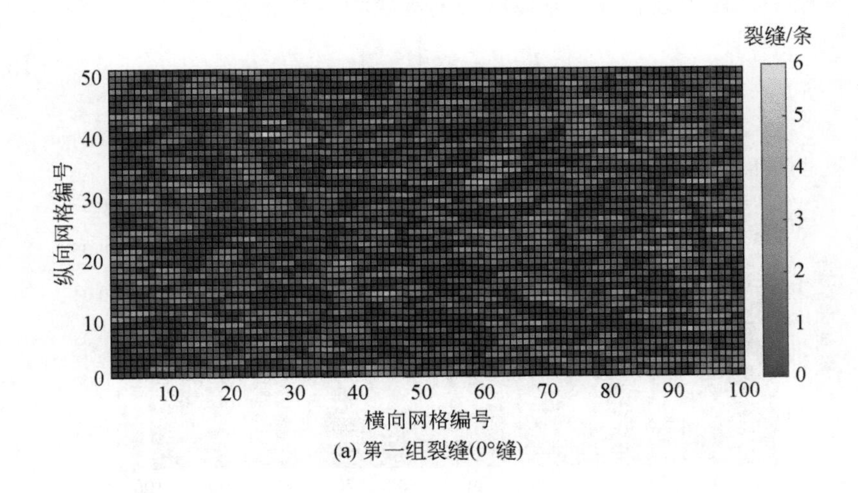

(a) 第一组裂缝(0°缝)

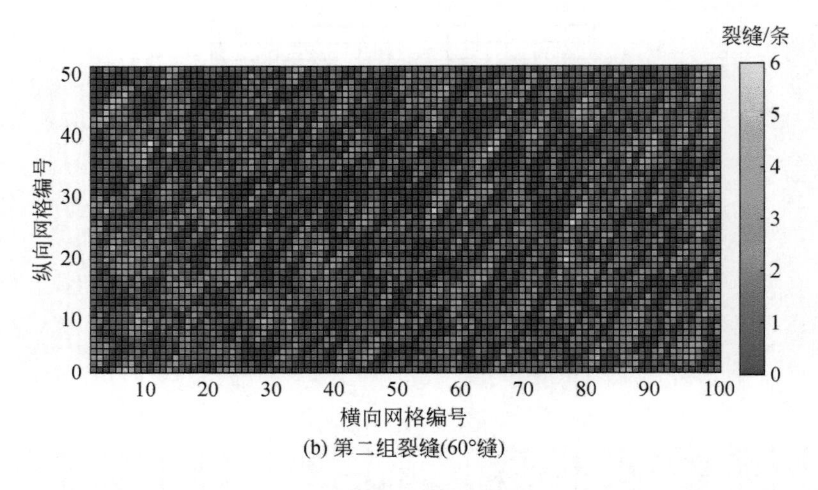

(b) 第二组裂缝(60°缝)

图 10.7　裂缝条数分布图

3. 第三步——计算网格中裂缝开度

在第二步的基础上，以裂缝条数为控制条件，随机生成裂缝开度分布场。若网格中不包含裂缝，则该网格的开度为 0。以第一步中裂缝网络为例，计算裂缝开度分布场，如图 10.8 所示。

4. 第四步——计算网格中渗透率

若网格中存在单条裂缝，则该网格的等效渗透率计算式为

$$k_{\mathrm{f,w\text{-}s}} = k_{\mathrm{f0}} \left(\frac{b_{\mathrm{w\text{-}s}}}{b_0} \right)^3 \tag{10.10}$$

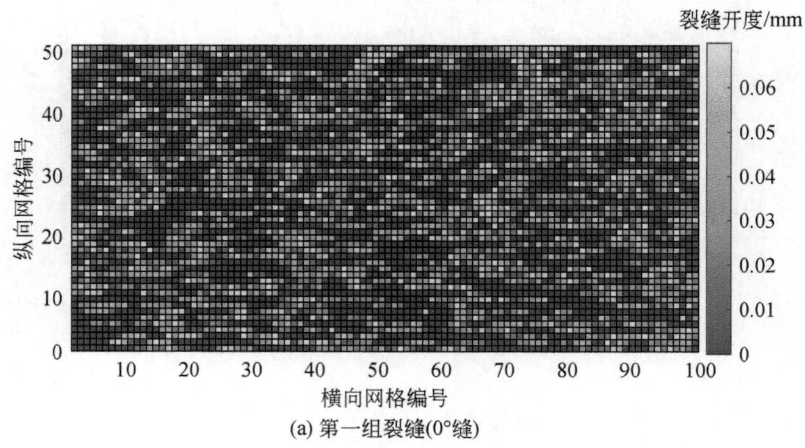

(a) 第一组裂缝(0°缝)

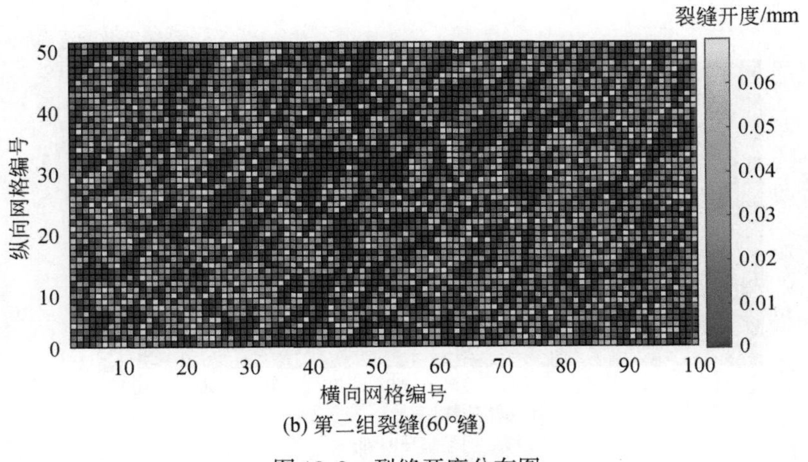

(b) 第二组裂缝(60°缝)

图 10.8　裂缝开度分布图

式中，k_{f0}为裂缝的初始渗透率；$b_{w\text{-}s}$为单条裂缝的开度；b_0为单条裂缝的初始开度。

若网格中存在多条裂缝，则该网格的等效渗透率为单条裂缝等效渗透率之和：

$$k_{f,w\text{-}m} = \sum_{i=1}^{n} k_{f,w\text{-}s} \tag{10.11}$$

以第一步中裂缝网络为例，计算裂缝等效渗透率场，如图 10.9 所示。

5. 第五步——计算网格中裂缝间距

当裂缝与网格边线的夹角为 0° ~45°时，裂缝间距的计算公式为

$$d = \frac{a}{n\cos\beta} \tag{10.12}$$

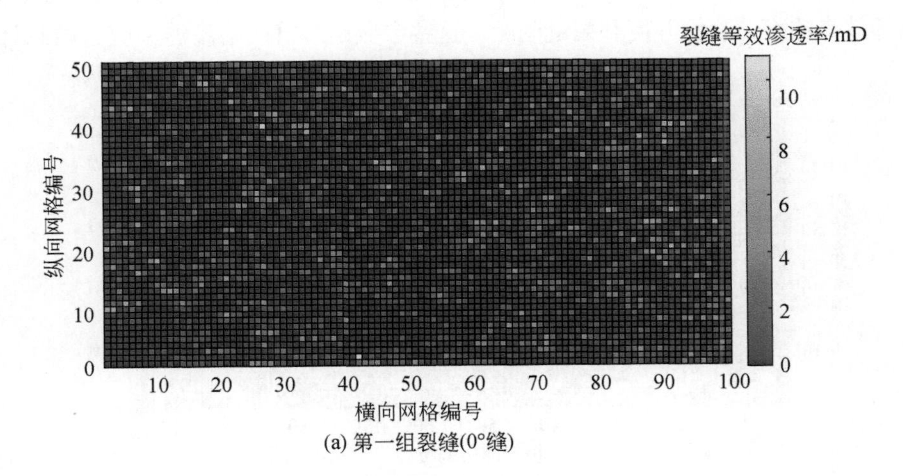

(a) 第一组裂缝(0°缝)

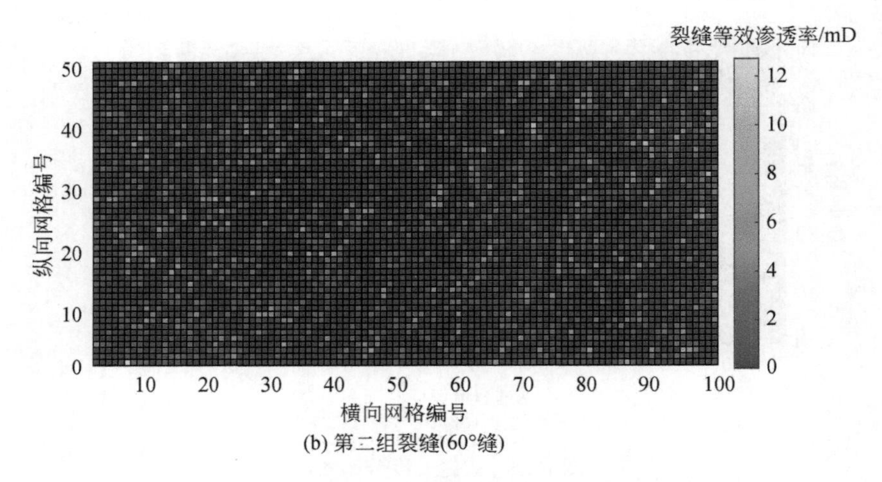

(b) 第二组裂缝(60°缝)

图 10.9　裂缝等效渗透率分布图

式中，a 为网格尺寸；n 为网格内的裂缝密度；β 为裂缝与 x 轴的夹角（逆时针时为正，顺时针时为负）。

当裂缝与网格边线的夹角为 45°～90°时，裂缝间距的计算公式为

$$d = \frac{a}{n\sin\beta} \tag{10.13}$$

以第一步中裂缝网络为例，计算裂缝间距分布，如图 10.10 所示。

6. 第六步——输出裂缝网络数据场

综合图 10.5～图 10.10 中几个场数据，输出的参数包括裂缝方位、裂缝条数、裂缝等效渗透率、裂缝开度和裂缝间距，这些参数是裂缝网络渗透率应力敏感计算

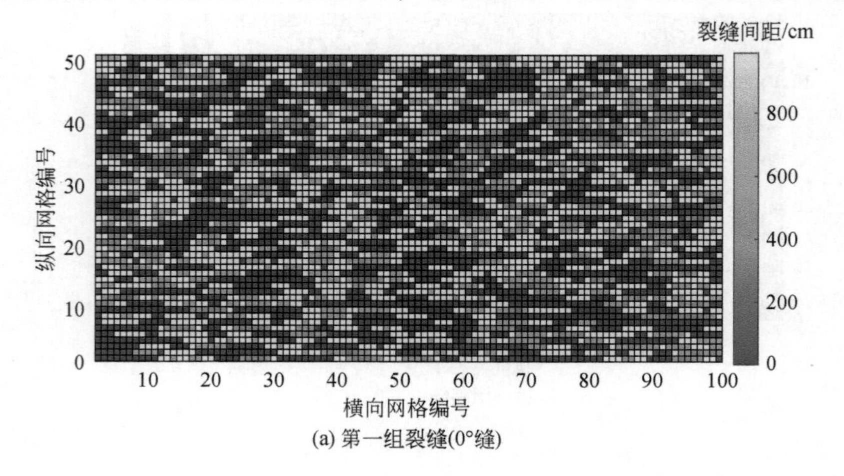

(a) 第一组裂缝(0°缝)

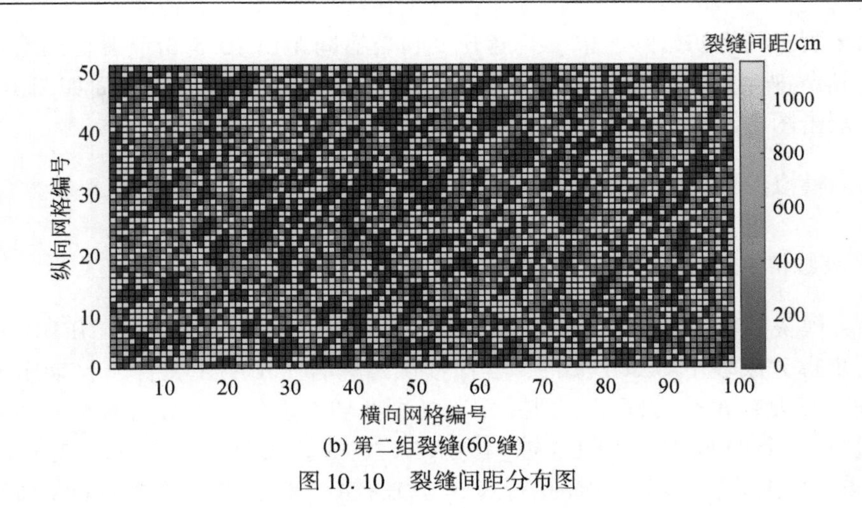

(b) 第二组裂缝(60°缝)

图 10.10　裂缝间距分布图

的基础数据。裂缝网络数据输出以单组裂缝为对象，参数名称及含义如下：

（1）裂缝等效渗透率，指一个网格中单组裂缝的等效渗透率。

（2）裂缝开度，指一个网格中单组裂缝的开度。

（3）裂缝间距，指一个网格中单组裂缝的间距。

（4）裂缝倾角，该参数预先设定。

（5）辅助参数，包括网格中每一组裂缝的条数，用于检验参数场的正确性。

10.3.4　渗透率应力敏感模型及场参数置入

式（10.1）、式（10.2）和式（10.3）给出了裂缝网络渗透率应力敏感计算

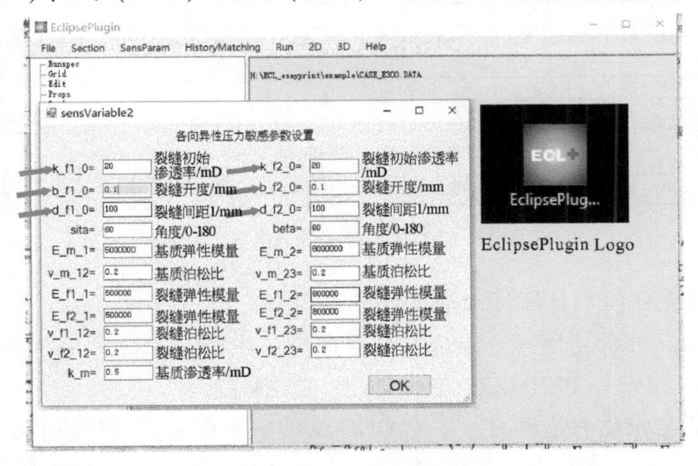

图 10.11　场参数导入程序界面

式，其中裂缝网络初始渗透率、裂缝开度和裂缝间距由 10. 3. 3 节裂缝网络建模获得，其余物性参数根据储层实际物性特征直接输入，参数设置界面如图 10. 11 所示，双击图中箭头位置可导入场数据文件，其他参数可手动输入。

10. 3. 5　模拟步骤及计算结果

1. 模拟实现过程

计算模块实现步骤具体如下，将一个原始的 DATA 文件按照 SCHEDULE 中的时间步拆分成多个 DATA 文件，程序依次运算各个 DATA 文件，自动实现整个过程。假设有 N 个时间步，则拆分为 N 个 DATA 文件，拆分后每个 DATA 文件仅包含一个时间步，如 CASE_1. DATA、CASE_2. DATA、CASE_3. DATA、CASE_4. DATA 等，然后按次序执行这 N 个 DATA 文件，使上一个 DATA 文件的输出结果作为下一个 DATA 文件的初始化输入参数，每个时间步输出的参数包括孔隙度、渗透率、压力、饱和度、溶解气油比、泡点压力等。DATA 文件经过运算后会产生批量文件，这些文件的组织形式如图 10. 12 所示。

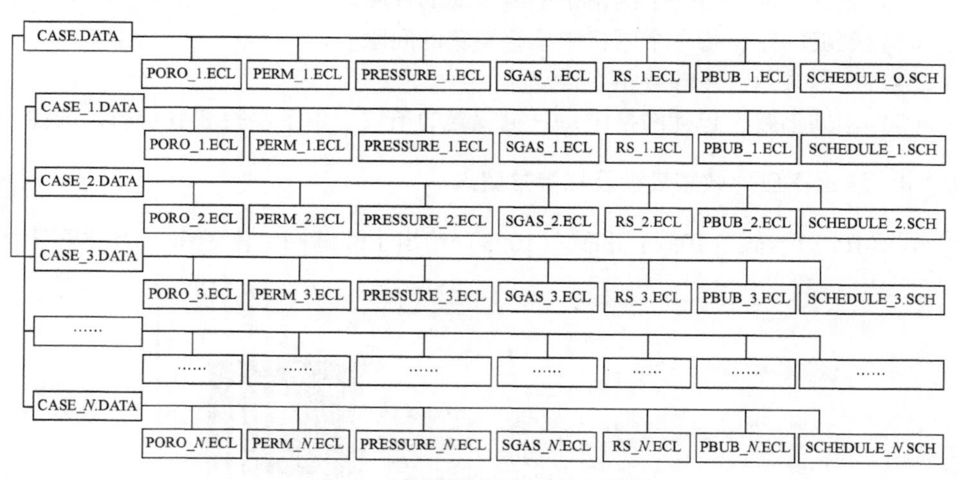

图 10. 12　模拟结果文件汇总图

其中，计算模块中具体技术细节如下：

（1）在 grid 部分使用 6 个渗透率分量模拟三维渗流问题，分别为 PERMXX、PERMXY、PERMYY、PERMZX、PERMYZ、PERMZZ。

（2）设置全张量渗透率时，要求 GGO 文件中采用角点网格进行建模。因此，采用 flogrid 或 petrel 先建立网格模型，根据 COORD 和 ZCRON 中的数据要求建立 GGO 文件。

(3) 模型初始化采用枚举法赋值或平衡法赋值，渗透率更新采用调用PERM_#. ECL (#表示数字) 文件的方式。外挂计算模块只读取原始的渗透率，用于计算后续时间步的渗透率，并生成PERM1. ECL文件。初始渗透率场需要单独计算并手写生成调用文件。初始渗透率场是根据每一组裂缝的渗透率、裂缝与x轴夹角、基质岩块渗透率，通过叠加原理计算得到张量中每个元素的大小。当前渗透率场的ECL文件是PERM_#. ECL (#≥2)。计算渗透率时，如果裂缝开度和压差是线性关系，采用初始渗透率和当前渗透率作为基础渗透率，两种计算方法都是正确的；如果裂缝开度和压差不是线性关系，则仅能采用当前渗透率作为基础渗透率。渗透率场的计算采用显式方法，因此查看第一时间步的压力场需要调用FGRID_1，而查看第一时间步的渗透率场需要调用FGRID_2，调用FGRID_1可查看初始渗透率场数据。

(4) 井筒射孔处，除了必要的参数要赋值，其他参数选择DEFAULT模式，使用软件默认的算法，自动根据其他参数得到井筒中计算所需的参数，避免了修改井筒网格渗透率导致的井筒参数不能实时更新问题。

(5) 可输出的模拟结果——产油速度、累产油、渗透率场、压力场等（从初始时刻开始以及后续不同时刻）。

2. 模拟结果

程序能够生成单独结果文件，便于查看不同时间步的压力场、渗透率场、饱和度场和生产曲线等结果，开展不同模型之间的模拟结果对比分析。结果文件的导入及查看与Eclipse商业软件的操作完全相同。以未压裂水平井和压裂水平井衰竭开采为例，展示输出结果。

1) 渗流场图

图10.13展示了不存在应力敏感和存在应力敏感两种情形下未压裂水平井的压力场对比图。初始时间两个压力场是相同的；后续时间步中，存在应力敏感时的储层压力明显低于不存在应力敏感时的储层压力。图10.14展示了存在应力敏感时某一时刻压裂水平井的压力场和渗透率场。可以注意到，渗透率的分布与储层压力分布特征是一致的，储层压力较低的区域渗透率也较低。

2) 生产曲线

由于渗透率采用显式计算方法，模型通过不断重启更新每个时间步的渗透率场进行运算。如图10.15所示，计算结果显示了日产油、每个时间步的累积产油曲线。其中，曲线①表示不存在应力敏感时的日产油曲线；而由多个时间步拼接的曲线②表示存在应力敏感时的日产油曲线；由每个时间步下随时间上升的曲线③表示存在应力敏感时每个时间步的累积产油曲线。因此，累积产油曲线需要统计日产油数据来获取，不能直接在结果中查看曲线及分析累产油的变化特征。

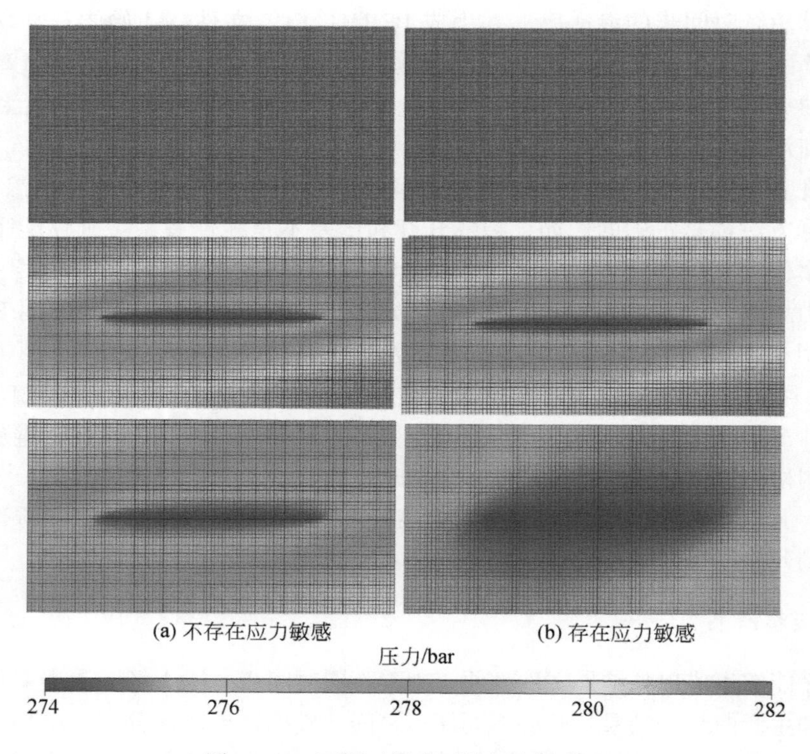

图 10.13　不同时间步下的压力场对比

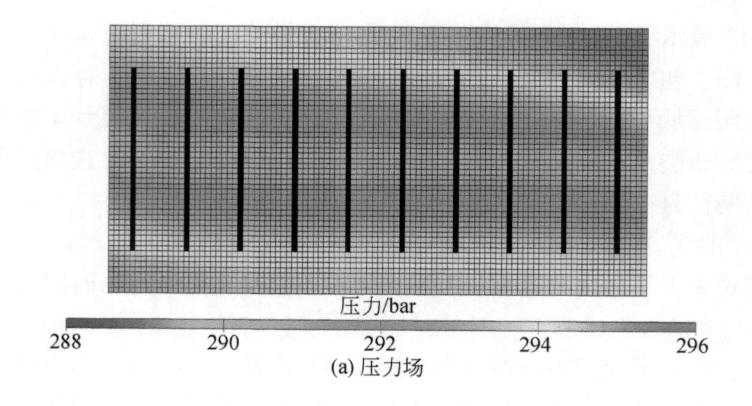

(a) 压力场

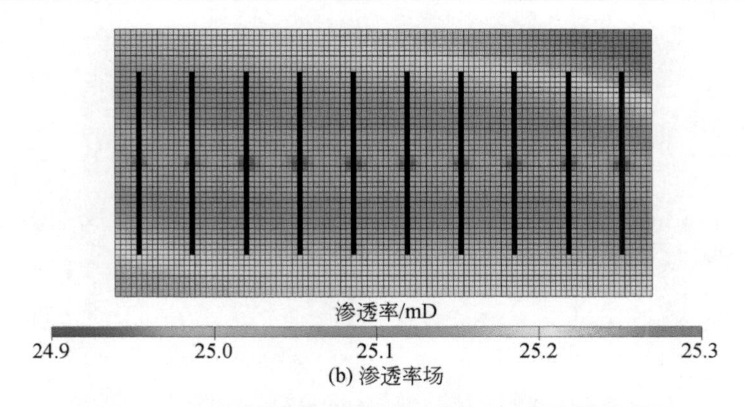

(b) 渗透率场

图 10.14　网格加密模拟压裂水平井的压力场和渗透率场

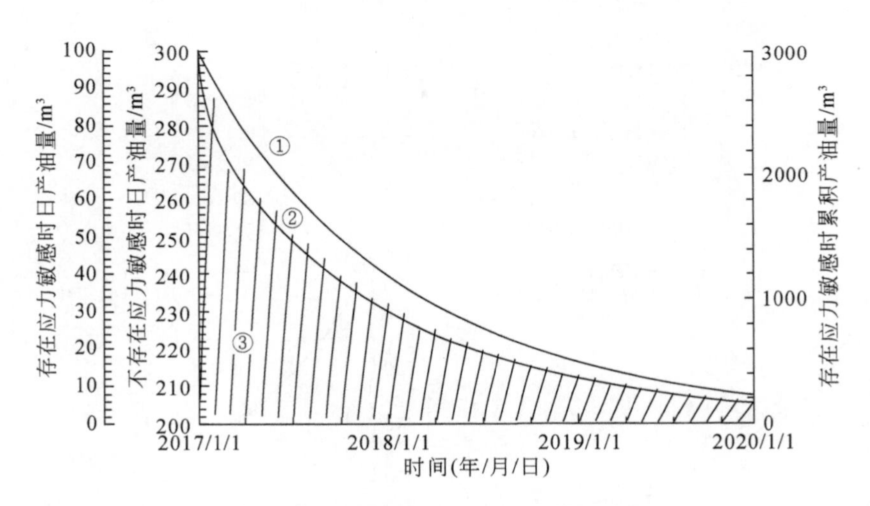

图 10.15　考虑压敏时压裂水平井的日产油量及累积产油量曲线

10.4　模 型 验 证

10.4.1　与 Eclipse 商业模拟软件进行对比

建立考虑无应力敏感的水平井单井模型，模型中储层基础参数见表 9.4，对比外挂计算模块模拟结果与 Eclipse 模拟结果，如图 10.16 所示，二者的压力场分布相同，生产曲线差异在误差允许范围内，说明计算模块的正确性。

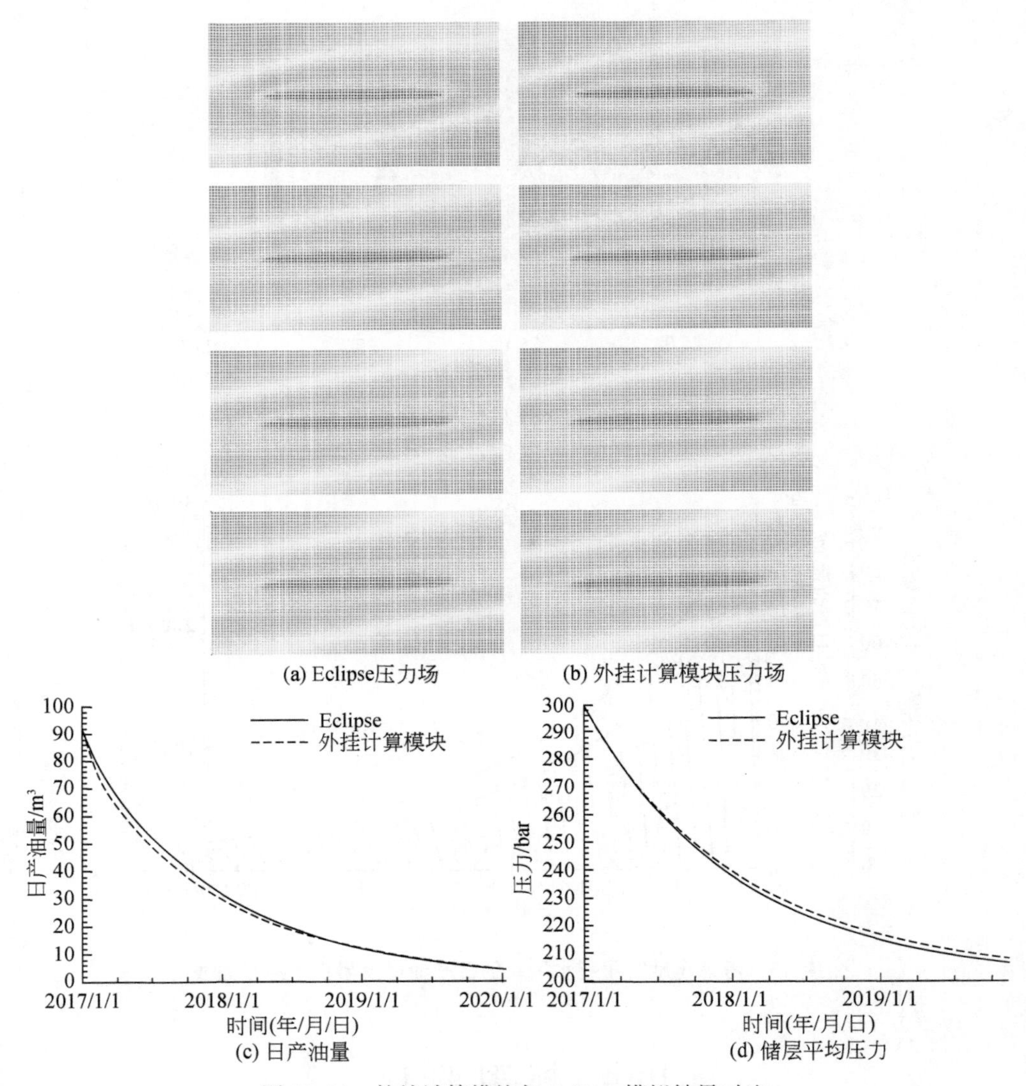

图 10.16　外挂计算模块与 Eclipse 模拟结果对比

10.4.2　与 MATLAB 计算渗透率结果对比

导出计算模块中第一时间步得到的渗透率场和压力场数据，利用初始压力和第二时间步的压力，代入渗透率的理论计算公式［式（10.1）和式（10.8）］中，计算第二时间步的渗透率。将理论计算结果与 Eclipse Plugin 计算模块的渗透率场数据对比，检验软件计算结果是否正确。如图 10.17 所示，二者计算结果一致，计算结果在误差影响范围内。

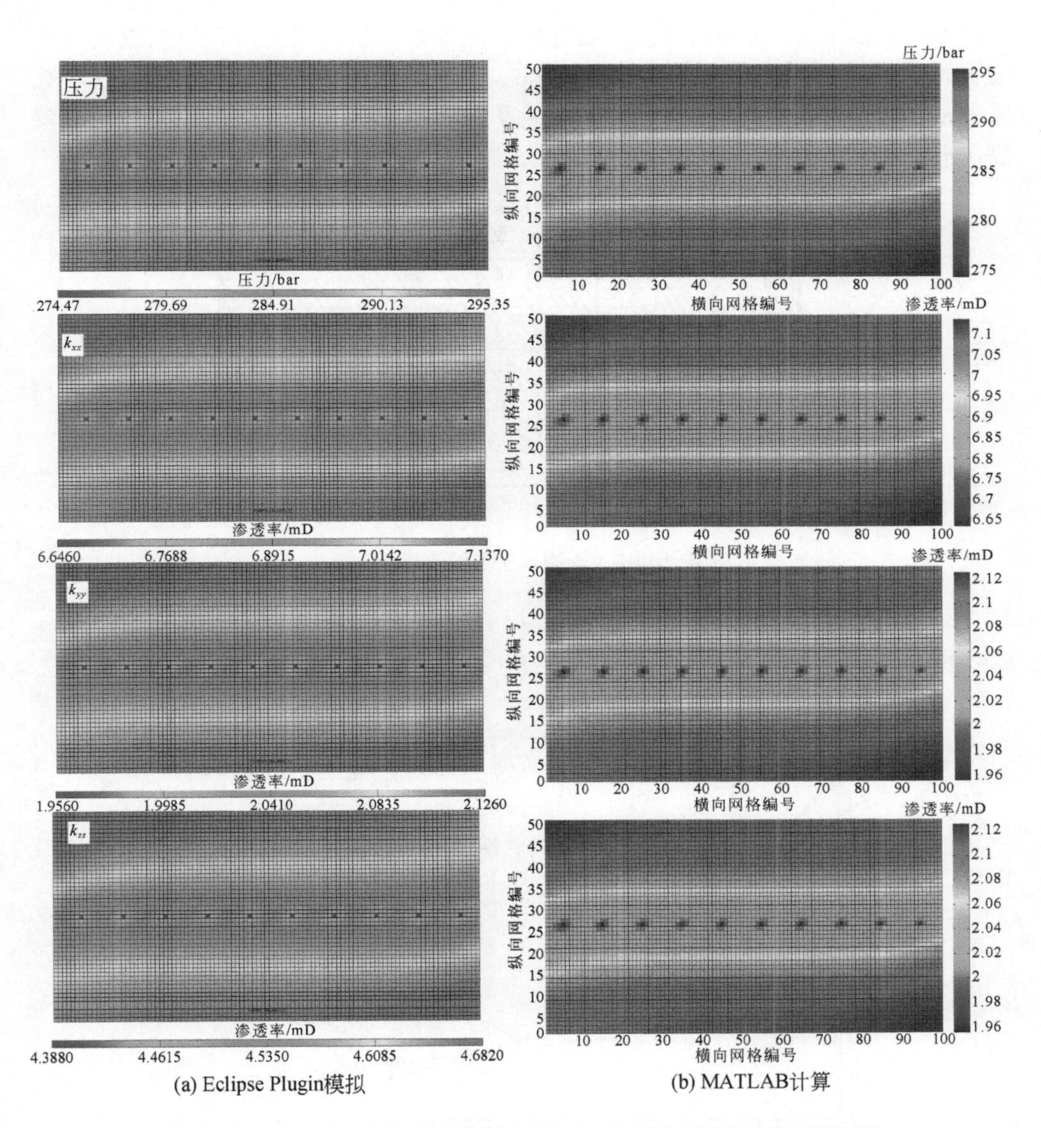

图 10.17　Eclipse Plugin 计算模块和 MATLAB 计算渗透率结果对比图

10.5　压裂水平井生产模拟及结果分析

利用编制的油藏数值模拟程序，模拟各向异性应力敏感裂缝性油藏中压裂水平井衰竭开采，并对结果进行分析，明确裂缝系统对产能大小、产能递减速率的影响。如图 10.18 所示，建立了主裂缝均匀分布的压裂水平井模型。模型中储层基础参数见表 9. 4，裂缝网络和主裂缝均假设为垂直贯穿缝，即裂缝的缝高等于储层的厚度。设定油藏初始压力为 300bar，井底流压为 200bar。储层的力学参数见表 8. 5 和表 8. 6，假设基质系统和裂缝系统为线弹性介质，储层的弹性力学参数在水平两个主方向上是不相等的。

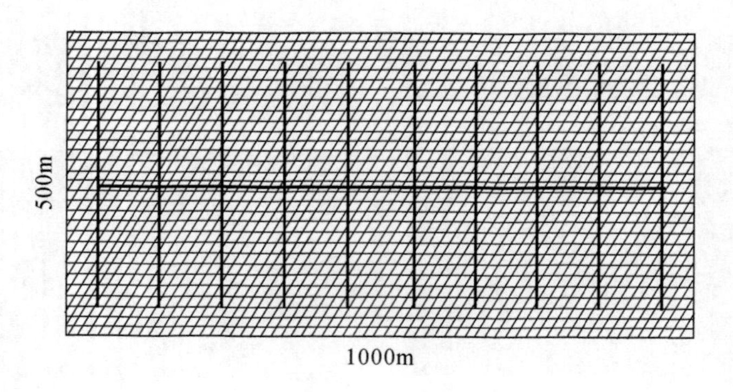

图 10. 18　压裂水平井模型结构图

图 10. 19 为主裂缝在不同导流能力时的产油速度曲线。可以注意到，主裂缝导流能力对初期产能的影响显著，导流能力越大，初期产能越高。

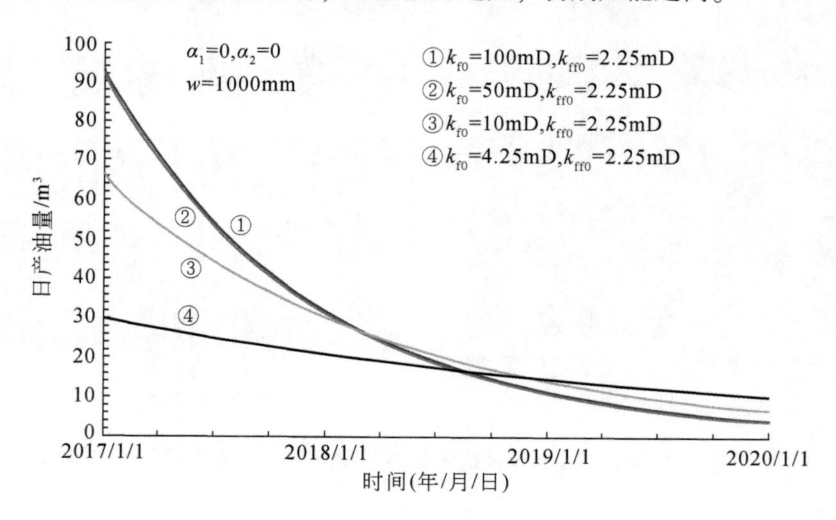

图 10. 19　主裂缝在不同导流能力时的产油速度曲线

图 10. 20 为主裂缝在不同应力敏感系数时的产油速度曲线。可以注意到，初期产量相等时，早期（2017 年前 3 个月）产能递减速率随着主裂缝应力敏感系数增大而增大。对比无应力敏感情形的初期产能，主裂缝的应力敏感引起产能下

降幅度高达 45%。

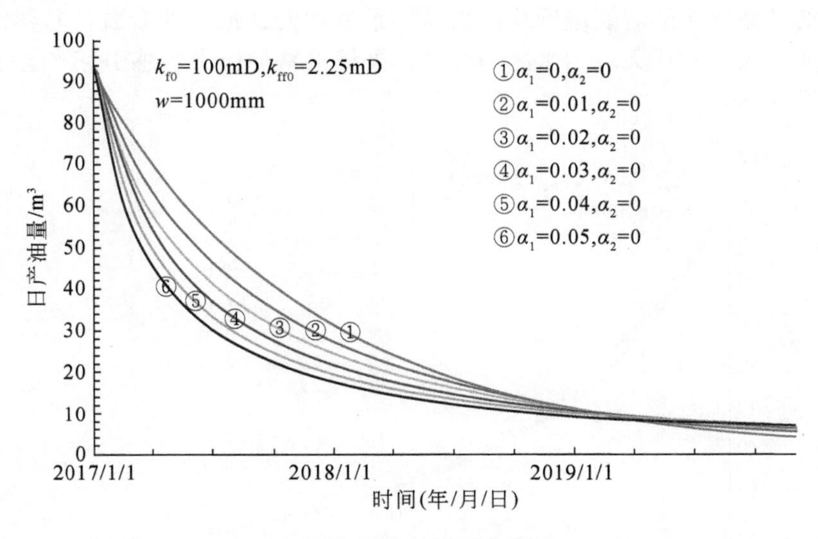

图 10.20　主裂缝在不同应力敏感系数时的产油速度曲线

图 10.21 为裂缝网络在不同渗透率时的产油速度曲线。可以注意到，相比主裂缝渗透率对初始产能大小的影响，裂缝网络渗透率对初始产能大小的影响程度较低。

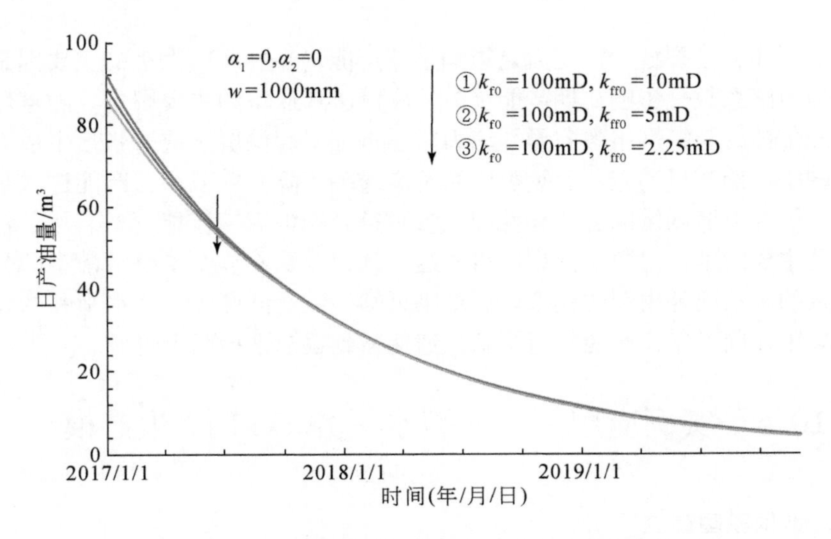

图 10.21　裂缝网络不同渗透率下的产油速度曲线

图 10.22 为裂缝网络在不同综合应力敏感系数（各向异性弹性介质）时的

产油速度曲线。可以注意到，初始产能近似相等时，中后期产能（2017 年 3 月后）的递减速率随着裂缝网络应力敏感系数增大（或弹性参数各向异性程度增大）而增大。对比无应力敏感的情形，裂缝网络的应力敏感引起产能下降幅度达10% ~15%。

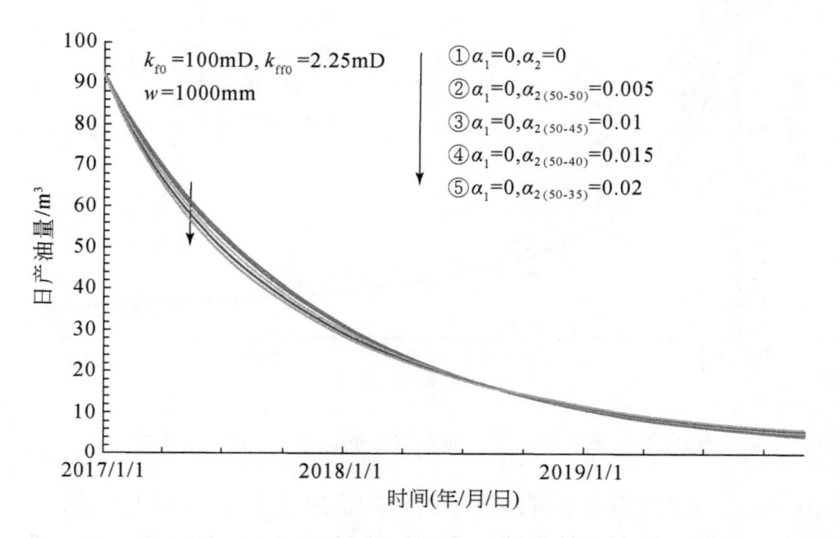

图 10.22　裂缝网络在不同综合应力敏感系数时的产油速度曲线
α_2 括号内弹性模量单位为 10^4bar

综上所述，主裂缝导流能力是影响早期产能（1 个月）大小的主要因素，主裂缝应力敏感系数是影响初期产能（3 个月）递减速率的主要因素。随着压力波逐渐向外传播，裂缝网络各向异性应力敏感特征引起储层渗透率张量主值方向偏转，加剧中后期产量递减；后续裂缝系统渗透率下降幅度减小，产能进入平稳下降阶段，因此裂缝网络的各向异性弹性参数是影响中后期产能（3 个月之后）递减速率的主要因素。由数值模型取得的这一认识与 9.4 节中半解析模型的分析结果是一致的。从两种模型的模拟计算结果可知，致密储层中压裂水平井的衰竭生产主要集中在前 3 年，产能经历了从快速递减到逐渐平稳两个阶段。

10.6　实例应用——压裂水平井×××017 生产模拟

10.6.1　数值模型建立

参照 9.4.3 节中压裂水平井×××017 的微地震解释和初步生产拟合分析确定的储层参数，建立×××017 数值模型。数值模型长 1950m，宽 580m，高 30m，网格尺寸为 10m×10m×30m。根据微裂缝监测点分布确立主裂缝的空间分布位置，所有裂缝均垂直贯穿储层，第 1 ~ 24 级主裂缝之间相距 1600m，如图 10.23 所示。模型建立结果如图 10.24 所示。

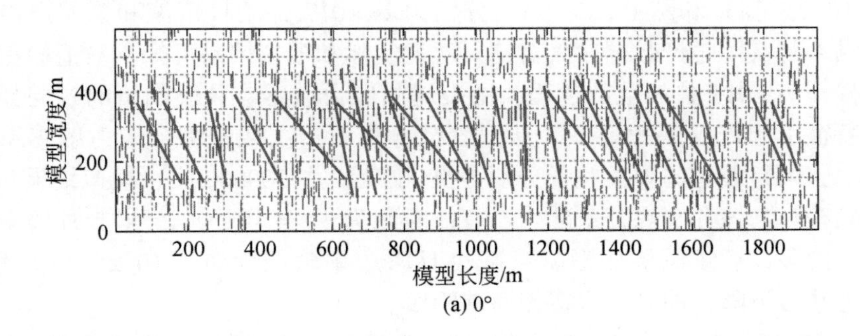

(a) 0°

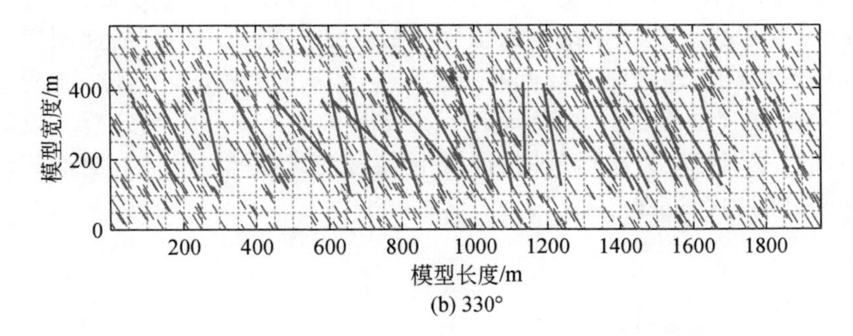

(b) 330°

图 10.23　×××017 主裂缝和裂缝网络分布

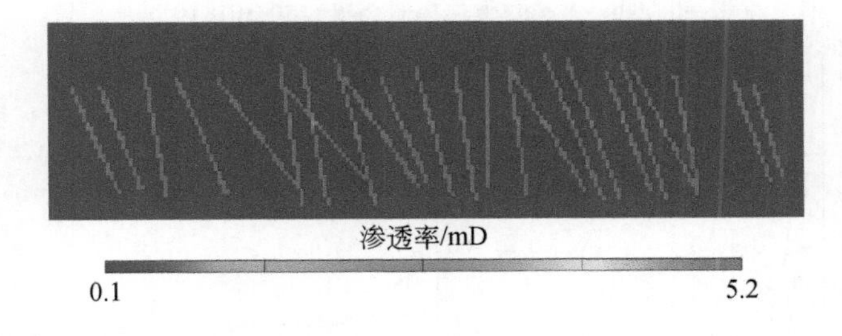

图 10.24　×××017 数值模拟模型

10.6.2　拟合计算及对比

根据 9.4.3 节分析可知，压裂水平井×××017 的主裂缝具有强应力敏感特征，裂缝网络具有各向异性弹性特征。数值模型中主裂缝与裂缝网络的应力敏感参数参照半解析模型的分析结果。根据早期产能大小、初期与中后期产能的递减特征，进行数值模型调试和参数拟合，模型中主裂缝初始导流能力为100000mD · mm，裂缝网络初始渗透率为 1.5mD，未受效储层渗透率为 0.1mD。模拟计算表明两类模型能够得出较一致的拟合分析结果。

图 10.25（a）和图 10.25（b）分别为×××017 井的日产液和累积产液的拟合预测结果与实际生产数据曲线对比。对比实际和模拟结果可知，数值模型能够较好地模拟×××017 井的生产过程，主裂缝的应力敏感与裂缝网络的各向异性应力敏感特征引起产量快速递减。从拟合计算来看，主裂缝综合应力敏感系数为 0.10bar^{-1}，两组裂缝的弹性模量分别为 500000bar 和 300000bar，模拟结果和历史数据比较符合。该井衰竭开采的生产有效时间为 3～4 年，2015 年 5 月处于衰竭中期生产阶段，后续储层变形幅度减小且渗透率较低，如图 10.25（c）所示，储层压力平缓下降，油井进入缓慢递减阶段。

如图 10.25（b）所示，对比数值模型与 SC-CFR 模型（方文超等，2017）对×××017 井生产拟合模拟结果。数值模型的初期产能、初期产能递减率、中后期产能和中后期产能递减率更接近油井实际生产状况（散点），日产液量（曲线③）和累产液量（曲线①）的误差更小。根据 9.4.3 节中生产分析，数值模型通过分步确定主裂缝应力敏感系数和裂缝网络各向异性弹性参数，更准确地拟合了压裂水平井的生产过程。

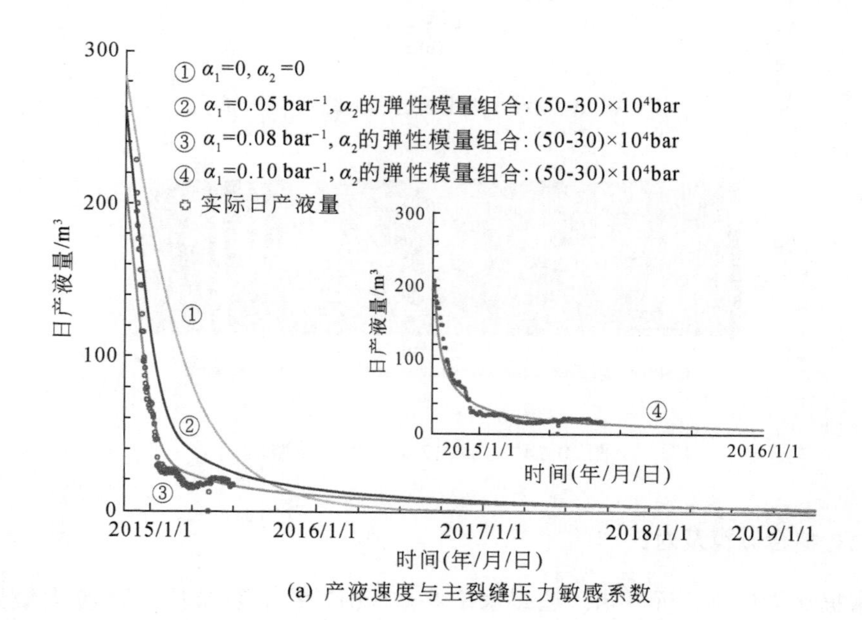

(a) 产液速度与主裂缝压力敏感系数

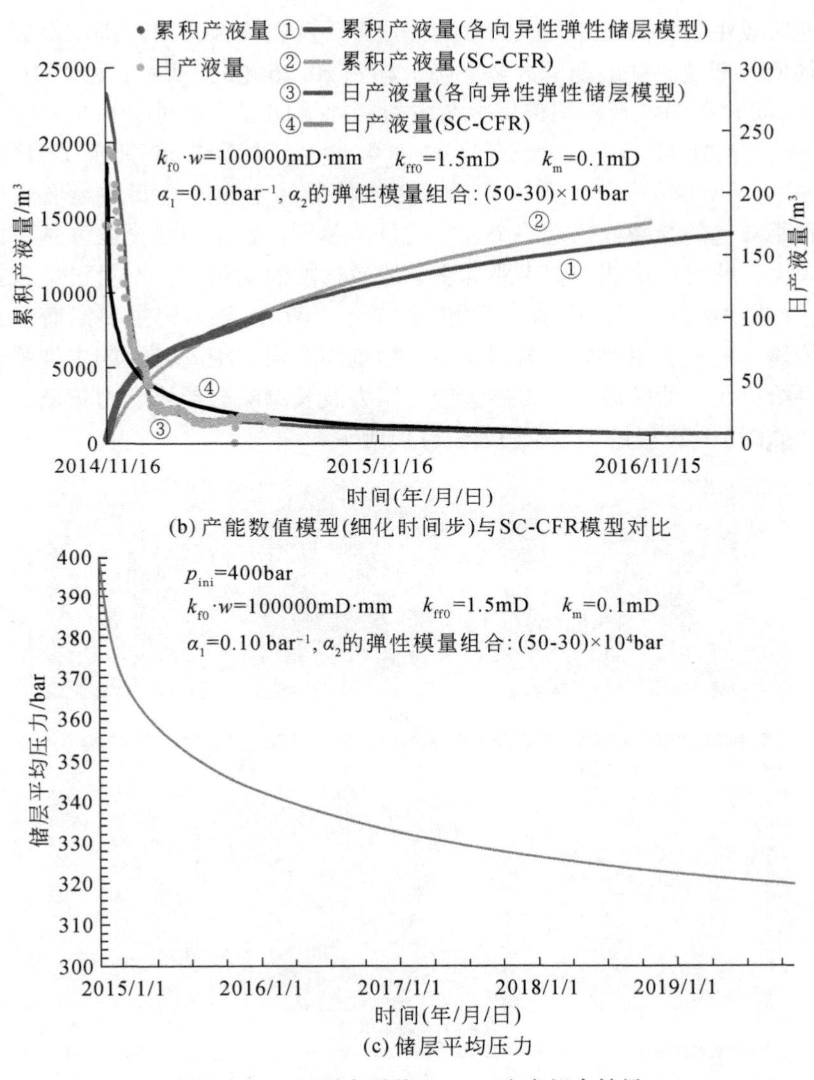

(b) 产能数值模型(细化时间步)与SC-CFR模型对比

(c) 储层平均压力

图 10.25　压裂水平井×××017 生产拟合结果

10.6.3　模拟压力场及渗透率场

压裂水平井衰竭开采的生产有效时间为 3～4 年，图 10.26（a）～图 10.26（f）为生产初期至三年后的压力场、主裂缝和裂缝网络渗透率计算模拟结果。可以注意到，压力首先沿主裂缝方向传播。在早期生产 2 个月时，压力下降集中在与井筒连接的主裂缝的中段位置，此时能量充足且波及储层的导流能力强，产液速度高，如图 10.26（a）所示；进入 6 个月时，压力沿着主裂缝向外围波及至储层深部，此阶段主裂缝附近压降大，因此渗透率下降幅度大，但外围波及储层的导流能力很低，产液速度出现了大幅下降，如图 10.26（b）所示；生产 10 个月时（即当前时间）压力波及范围仍集中在主裂缝周围储层，相对于 6 个月时的压力波及范围扩大速度缓慢，大部分的主裂缝之间还未出现压力干扰，如图 10.26（c）所示；预测生产 1 年后，距离较近的主裂缝之间逐渐形成压力干扰，但是距离远的主裂缝仍是一个独立的供给单元，且主裂缝全段渗透率的下降幅度都较大，此阶段产能主要由距离主裂缝较远的储层供给，产量已进入持续低产阶段，如图 10.26（d）所示；预测生产 2 ~ 3 年后，压力仍主要沿着主裂缝延伸方向传播，垂直于主裂缝方向的压力传播范围有限，距离较远的主裂缝仍然是独立的供给单元，此阶段压力传播缓慢，压力波及储层的导流能力较低，产量持续低产，如图 10.26（e）和图 10.26（f）所示。

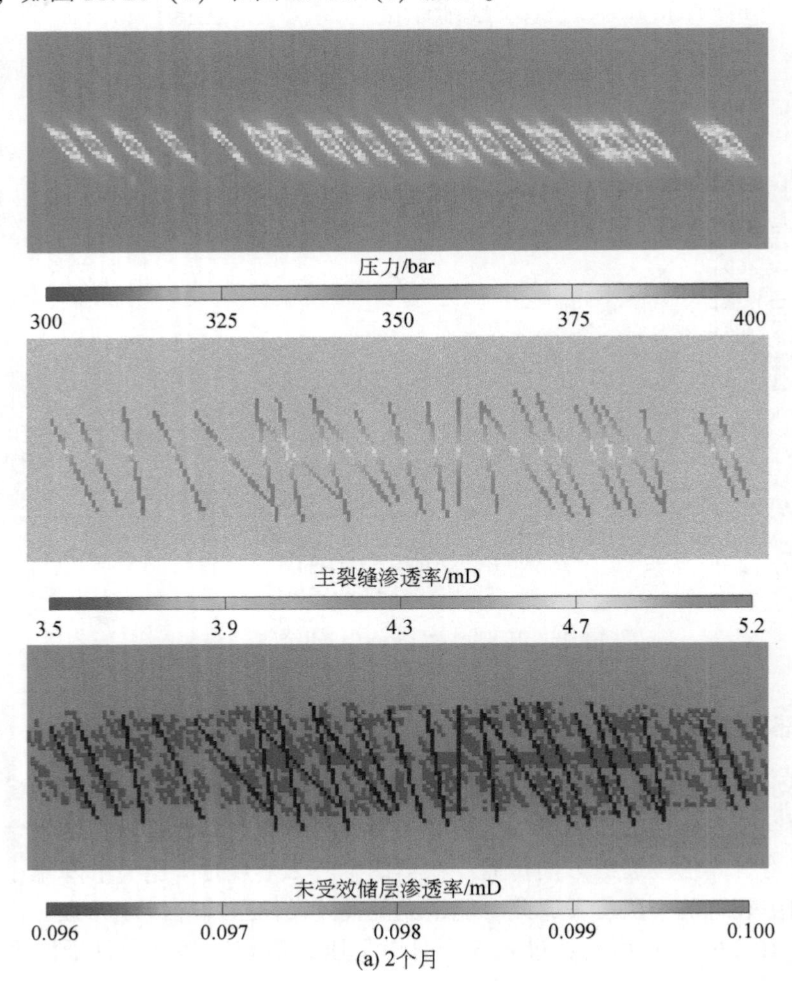

(a) 2个月

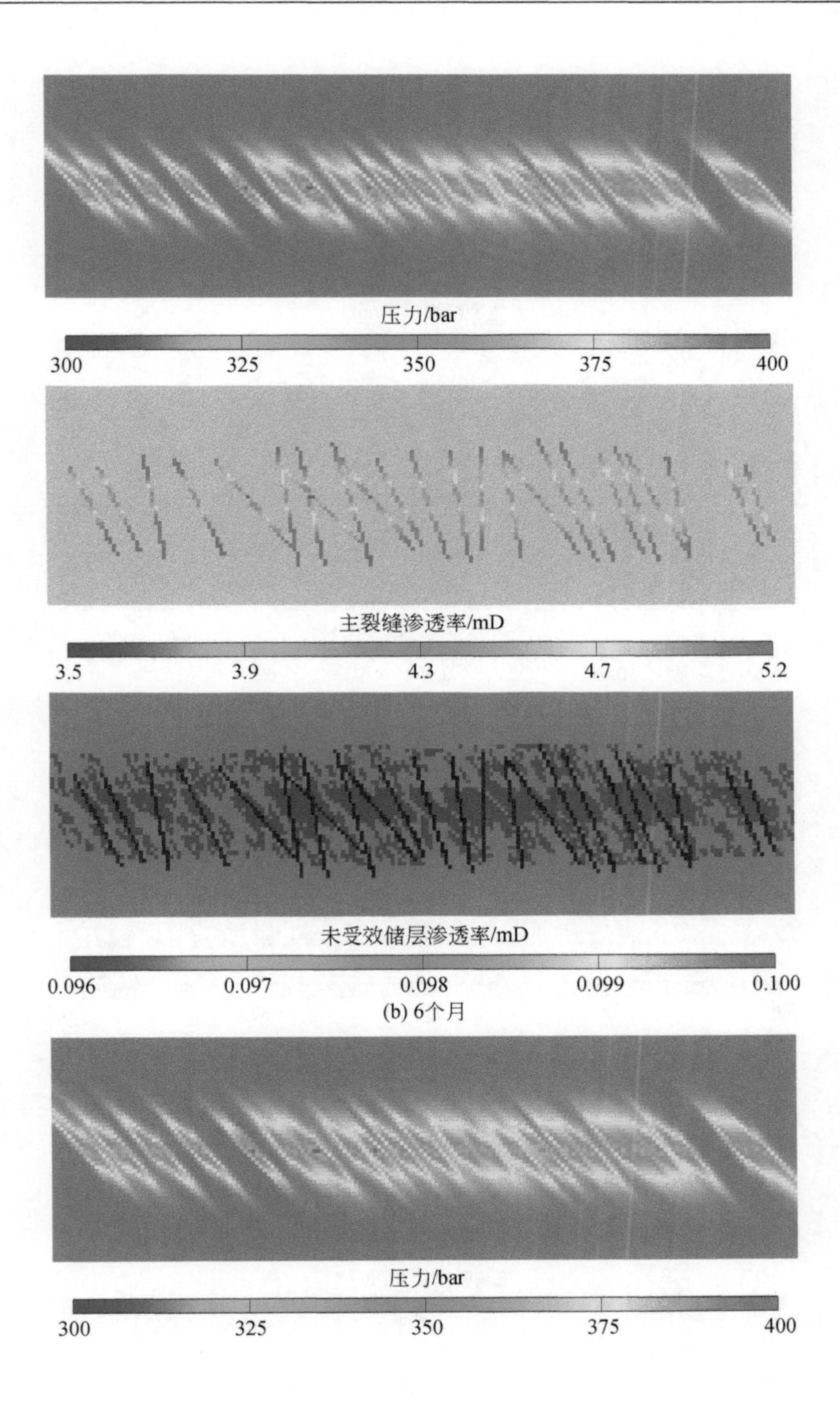
压力/bar
300
325
350
375
400
主裂缝渗透率/mD
3.5
3.9
4.3
4.7
5.2
未受效储层渗透率/mD
0.096
0.097
0.098
0.099
0.100
压力/bar
300
325
350
375
400

(b) 6个月

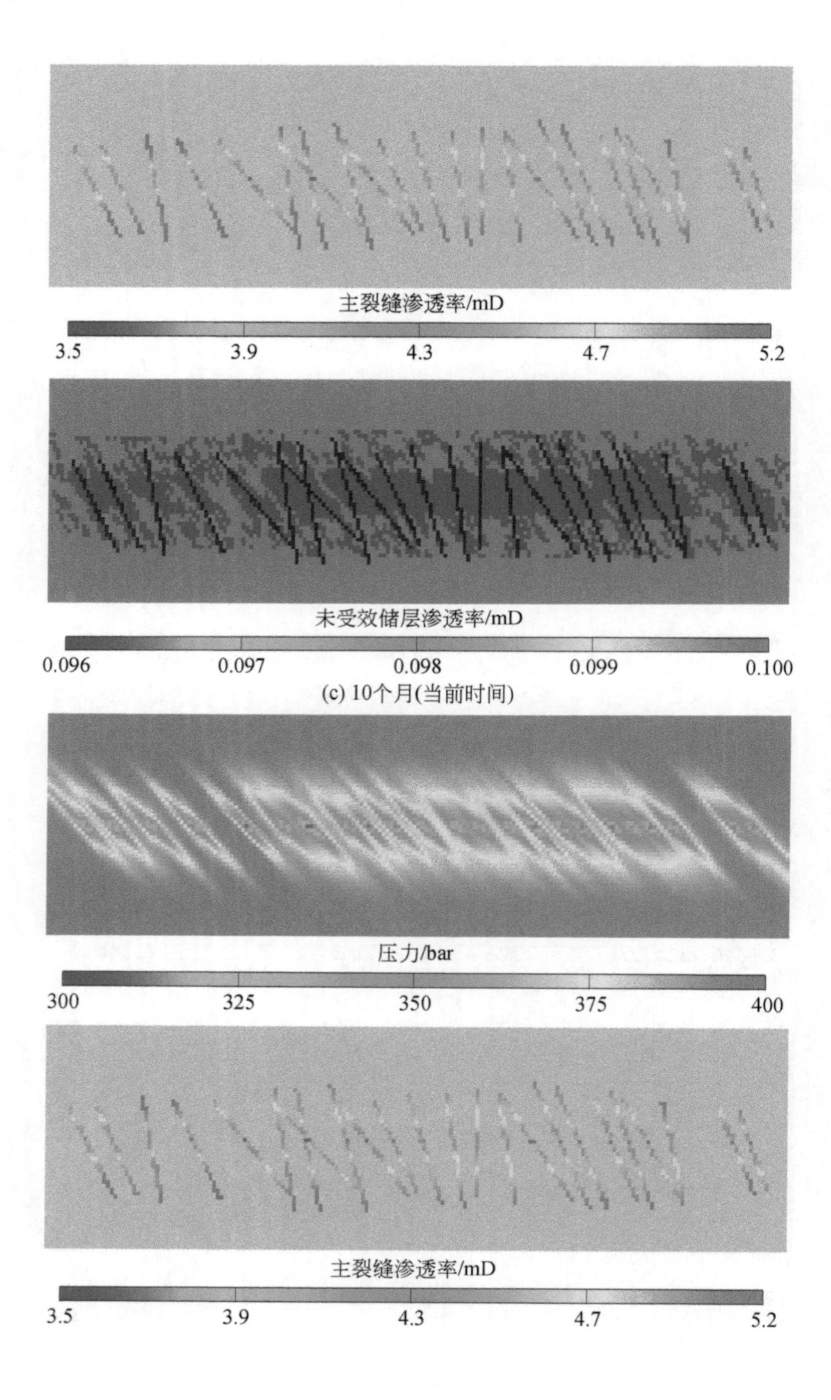
主裂缝渗透率/mD
3.5
3.9
4.3
4.7
5.2
未受效储层渗透率/mD
0.096
0.097
0.098
0.099
0.100
(c) 10个月(当前时间)
压力/bar
300
325
350
375
400
主裂缝渗透率/mD
3.5
3.9
4.3
4.7
5.2

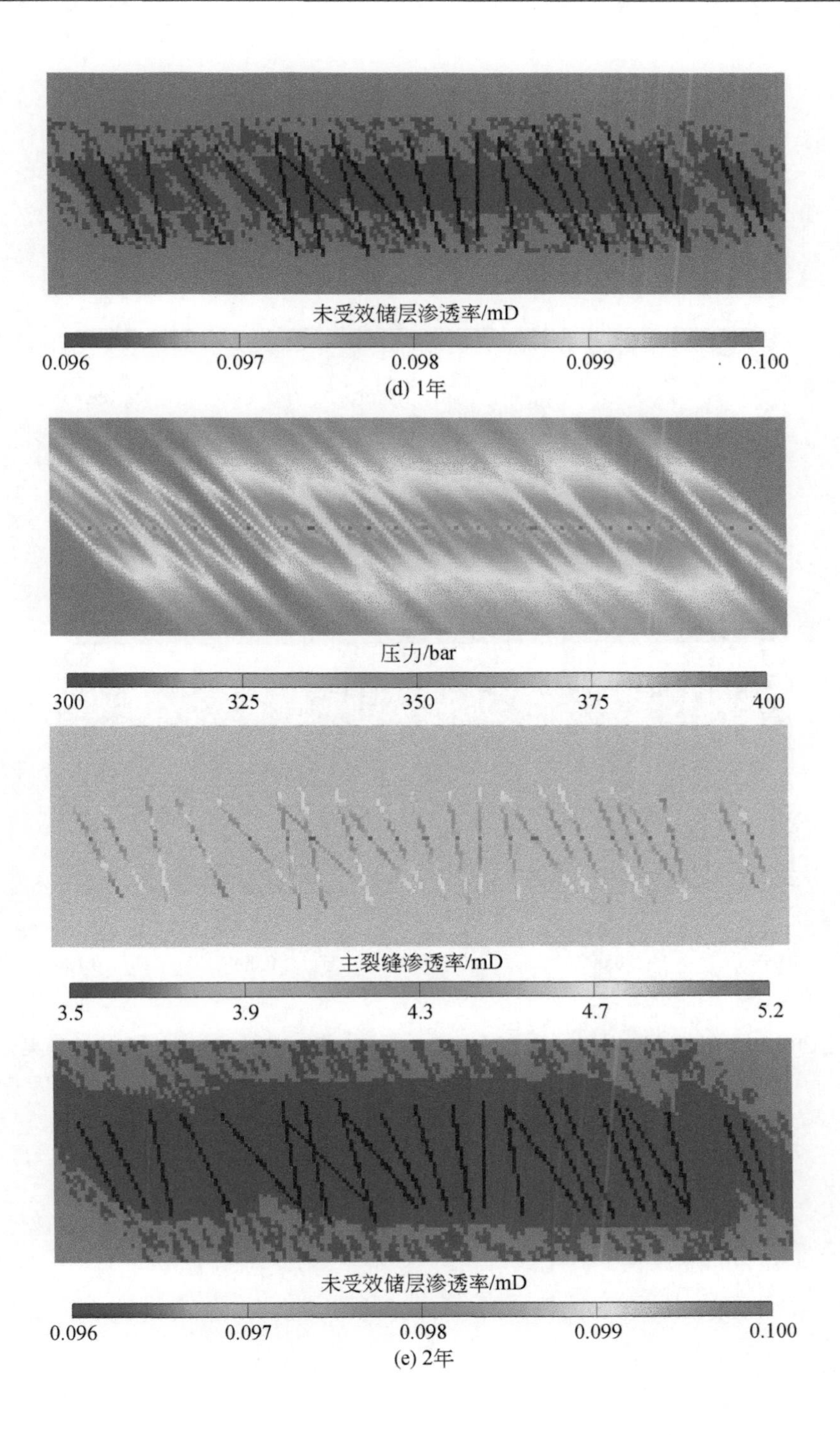
未受效储层渗透率/mD
0.096
0.097
0.098
0.099
0.100
压力/bar
300
325
350
375
400
主裂缝渗透率/mD
3.5
3.9
4.3
4.7
5.2
未受效储层渗透率/mD
0.096
0.097
0.098
0.099
0.100

(d) 1年

(e) 2年

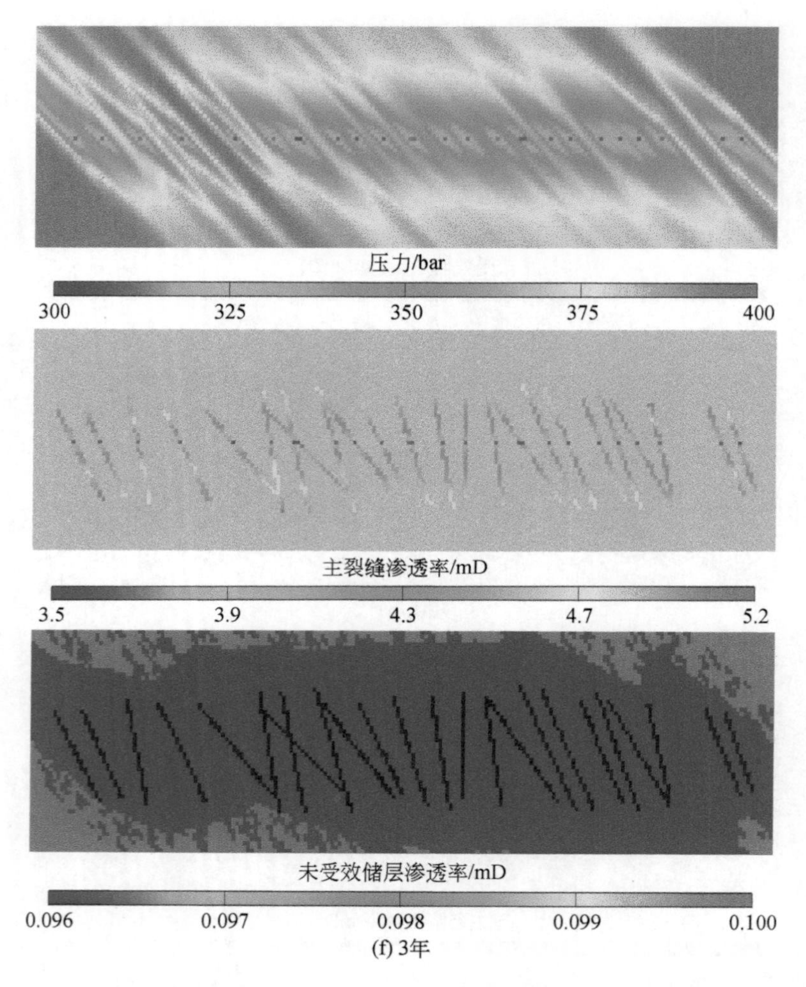

(f) 3年

图 10.26　压裂水平井×××017 压力场及主裂缝和裂缝网络渗透率模拟计算结果

参 考 文 献

阿肯弗 . 1986. 矢量、张量与矩阵 . 曹富田，译 . 北京：计量出版社 .

陈永生 . 1993. 油田非均质对策论 . 北京：石油工业出版社 .

崔辉，王世信 . 1998. 吐哈盆地油气田开发工程 . 北京：石油工业出版社 .

崔建斌，姬安召，鲁洪江，等 . 2016. Schwarz Christoffel 变换数值解法 . 山东大学学报（理学版），51（4）：104-111.

崔建斌，姬安召，王玉风，等 . 2017. 单位圆到任意多边形区域的 Schwarz-Christoffel 变换数值解法 . 浙江大学学报（理学版），44（2）：161-167.

方文超，姜汉桥，李俊键，等 . 2017. 致密储集层跨尺度耦合渗流数值模拟模型 . 石油勘探与开发，44（3）：415-422.

高尔夫–拉特 范 T D. 1989. 裂缝油藏工程基础 . 北京：石油工业出版社 .

高稚文，马志元 . 1991. 柱状岩心水平渗透率张量的测量解释方法 . 石油学报，12（4）：75-79.

葛家理，宁正福，刘月田，等 . 2001. 现代油藏渗流力学原理 . 北京：石油工业出版社 .

郭大立，曾晓慧，江茂泽 . 2014. 计算各向异性岩心渗透率的方法研究 . 水动力学研究与进展，19（1）：61-64.

郭日修 . 1998. 张量分析与弹性力学 . 哈尔滨：哈尔滨船舶工程学院出版社 .

郭仲衡 . 1988. 张量（理论和应用）. 北京：科学出版社 .

韩大匡，陈钦雷，闫存章 . 1993. 油藏数值模拟基础 . 北京：石油工业出版社 .

侯连华，吴锡令，林承焰，等 . 2003. 礁灰岩储层渗透率确定方法 . 石油学报，24（5）：67-70.

黄克智，薛明德，陆明万 . 1986. 张量分析 . 北京：清华大学出版社 .

黄祖良，陈强顺 . 1989. 矢量分析与张量分析 . 上海：同济大学出版社 .

科林斯 R E. 1984. 流体通过多孔材料的流动 . 北京：石油工业出版社 .

况昊 . 2012. 准噶尔盆地白家海地区侏罗系地层岩性油气藏成藏规律研究 . 长江大学博士学位论文 .

郎兆新，张丽华，程林松，等 . 1993. 多井底水平井渗流问题某些解析解 . 石油大学学报（自然科学版），17（4）：40-47.

李传亮 . 1997. 双重各向异性介质的发现及其渗透率模型的建立 . 中国海上油气，11（4）：289-292.

李道品 . 1997. 低渗透砂岩油田开发 . 北京：石油工业出版社 .

刘月田 . 2005. 各向异性油藏注水开发布井理论与方法 . 石油勘探与开发，32（5）：101-104.

刘月田 . 2008. 各向异性油藏水平井开发井网设计方法 . 石油勘探与开发，（5）：112-117.

刘月田，葛家理. 1999. 油藏渗透率各向异性与非均质的讨论. 低渗透油气田，(1)：5-8.
刘月田，郭分乔，涂彬. 2005. 全岩心非均匀径向渗流各向异性渗透率测定方法. 石油学报，26（6）：66-68.
柳毓松，王才经. 2003. 自动识别油藏渗透率分布微分方程反演算法. 石油学报，24（4）：73-76.
聂立新，黄炳家，王才经. 1997. 各向异性天然裂缝油藏裂缝方位的确定. 石油大学学报（自然科学版），6（21）：39-41.
牛滨华，孙春岩，杨宝俊. 2002. 半空间介质与地震波传播. 北京：石油工业出版社.
数学手册编写组. 1979. 数学手册. 北京：高等教育出版社.
斯特列尔特索娃 T D. 1992. 非均质地层试井. 北京：石油工业出版社.
王新稳. 2011. 复解析保角变换在电磁工程中的应用研究. 西安电子科技大学博士学位论文.
杨俊峰. 2012. Bakken 致密油藏储层特征与多段压裂水平井开发技术研究. 中国地质大学（北京）博士论文.
赵成刚，白冰，王运霞. 2009. 土力学原理. 北京：清华大学出版社，北京交通大学出版社.
中国石油天然气总公司开发生产局. 1994. 低渗透油田开发技术——全国低渗透油田开发技术座谈会论文选. 北京：石油工业出版社.
Advani S H，Khattab H，Lee J K. 1992. 水力压裂几何形态的模拟、预测及比较. 王东森，译//低渗透油气田开发译文集（下册）. 蒋阗，康德泉，余克让，等，译. 北京：石油工业出版社.
Aguilera R，Ng M C. 1992. 非均质天然裂缝油藏中水平井的不稳定压力分析. 郑俊德，张艳秋译//水平井开采技术译文集（上册）. 罗英俊，等，译. 北京：石油工业出版社.
Barfield E C，Jordan J K，Moore W D. 1959. An Analysis of Large Scale Flooding in the Fractured Spraberry Frend Area Reservoir. Journal of Petroleum Technology，11（4）：15-19.
Biot M. A. 1941. General theory of three- dimensional consolidation. Journal of Applied Physics，12（2）：155-164.
Branagan P T，Cipolla C L，Lee S J，et al. 1992. 天然裂缝性沼泽相地层中的水力压裂裂缝动态的实例：伤害的暂时影响. 王佩禹，译//低渗透油气田开发译文集（下册）. 蒋阗，康德泉，余克让，等，译. 北京：石油工业出版社.
Britt L K，Benett C O. 1992. 应用双线性流动原理测定中渗透油层裂缝的导流能力. 宋鸿珍，译//低渗油田开发译文集（下册）. 蒋阗，康德泉，余克让，等，译. 北京：石油工业出版社.
Connell L D. 2009. Coupled flow and geomechanical processes during gas production from coal seams. International Journal of Coal Geology，79（1）：18-28.
Connell L D，Detournay C. 2009. Coupled flow and geomechanical processes during enhanced coal seam methane recovery through CO_2 sequestration. International Journal of Coal Geology，77（1）：222-233.
Crawford D A. 1991. 西德克萨斯-碳酸盐岩油藏压力降落试井的常规分析和典型曲线分析的对比. 王国清，译//中国石油天然气总公司情报研究所. 裂缝性碳酸盐岩油藏的测试及分析. 北京：石油工业出版社.
Gelinsky S. 1998. Anisotropic permeability in fractured reservoirs from integrated acoustic

measurements. Seg Technical Program Expanded Abstracts，17（1）：956-959.

Golf- Racht T D V. 1982. Fundamentals of fractured reservoir engineering. New York：Elsevier Scientific Publishing Company.

Goode P A，Thambynayagam R K M. 1992. 各向异性介质中水平井的压降和压力恢复分析．杜霞，译．//水平井开采技术译文集（上册）．罗英俊，等，译．北京：石油工业出版社．

Greenkorn R A，Johnson C R. 1964. Directional permeability of heterogeneous anisotropic porous media. Society of Petroleum Engineers Journal，4（2）：115-123.

Johnson W E，Hughes R V. 1948. Directional Permeability Measurements and Their Significance. Producers Monthly，13（1）：17-25.

Lee C H，Farmer L. 1992. Fluid Flow in Discontinuous Rocks. New York：Chapman and Hall.

Lee W S. 1992. 利用 Lagrangian 公式对盆型和 Perkins- Kern 几何模型的裂缝延伸理论和压力递减特性的分析．刘立方，译//低渗透油气田开发译文集（下册）．蒋阗，康德泉，余克让，等，译．北京：石油工业出版社．

Lorenz E N. 1997. 混沌的本质．北京：气象出版社．

Ma Q，Harpalani S，Liu S. 2011. A simplified permeability model for coalbed methane reservoirs based on matchstick strain and constant volume theory. International Journal of Coal Geology，85（1）：43-48.

Ma C Y，Liu Y T，Wu J L. 2013. Simulated flow model of fractured anisotropic medium：Permeability and fracture. Theoretical and Applied Fracture Mechanics，65：28-33.

Massarotto P，Golding S D，Rudolph V. 2009. Constant volume CBM reservoirs：an important principle. Tuscaloosa：University of Alabama.

Meng H Z，Brown K E. 1992. 最优化水利压裂设计中的产量预测、裂缝几何要求及施工程序的组合．蒋阗，译//低渗透油气田开发译文集（下册）．蒋阗，康德泉，余克让，等，译．北京：石油工业出版社．

Mortda M，Nabor G W. 1961. An Approximate Method for Determining Areal Sweep Efficiency and Flow Capacity in Formations with Anisotropic Permeability. Society of Petroleum Engineers Journal，1（4）：277-286.

Mschoviois Z A. 1992. 用同时压裂的方法实现井间连通——一种新的增产措施技术．何百平，译//低渗透油气田开发译文集（下册）．蒋阗，康德泉，余克让，等，译．北京：石油工业出版社．

Muskat M. 1937. The Flow of Homogeneous Fluids through Porous Me dia. New York：Mcgraw- Hill Book Company.

Najjurieta H L，Robles O O，Edwards D P. 1991. 干扰试井预测天然裂缝性油藏中的早期水窜．朱恩灵，译//中国石油天然气总公司情报研究所．裂缝性碳酸盐岩油藏的测试及分析．北京：石油工业出版社．

Nelson R A. 1985. Geologic Analysis of Naturally Fractured Reservoirs. Houston：Gulf Publishing Company.

Niko H. 1991. 带表皮效应和续流效应的非均质油藏的试井解释- 几种新的理论解和一般现场经

验．滕学顺，译//中国石油天然气总公司情报研究所．裂缝性碳酸盐岩油藏的测试及分析．北京：石油工业出版社．

Papadopalos I S. 1965. Nonsteady Flow to a Well in an Infinite Anisotropic Aquifer. Dubrovnik: Proceedings of Symposium International Association of Scientific Hydrology.

Penmatcha V R. 1997. Modeling of horizontal wells with pressure drop in the well. California: Stanford University.

Prats M. 1956. The Breakthrough Sweep Efficiency of the Staggered Line Drive. Journal of Petroleum Technology, 207: 361-362.

Ranmey H J. 1975. Interference Analysis for Anisotropic Formations-A Case History. Journal of Petroleum Technology, 27 (10): 1290-1298.

Reiss L H. 1980. The reservoir engineering aspects of fractured formations. Paris: Editions Technip.

Richard M M. 1991. 普鲁德霍湾油井早期压力恢复分析．蔡建华，译//中国石油天然气总公司情报研究所．裂缝性碳酸盐岩油藏的测试及分析．北京：石油工业出版社．

Romero D J, Valko P P, Economides M J. 2003. Optimization of the productivity index and the fracture geometry of a stimulated well with fracture face and choke skins. Society of Petroleum Engineers Production and Facilities, 8 (1): 57-64.

RoseW. 1982. The anisotropy of permeability in the low permeable formations. Society of Petroleum Engineers, 10810: 195-201.

Sampson L E. 1991. 裂缝性碳酸盐岩油藏干扰试井：lisburne油藏实例研究//中国石油天然气总公司情报研究所．裂缝性碳酸盐岩油藏的测试及分析．北京：石油工业出版社．

Wang S, Elsworth D, Liu J. 2012. A mechanistic model for permeability evolution in fractured sorbing media. Journal of Geophysical Research: Solid Earth, 117: B6.

Warren J E, Root P J. 1963. The Behavior of Naturally Fractured Reservoirs. Society of Petroleum Engineers Journal, 3 (3): 245-255.

Willard E J, Richard V H. 1948. Directional permeability measurements and their significance. Producers Monthly, 10 (11): 17-25.

Zhang L, Dusseault M B. 1996. Anisotropic permeability estimation by horizontal well tests. Calgary: International Conference on Horizontal Well Technology.